Integriertes und
integrierendes Raummanagement

Europäische Hochschulschriften
Publications Universitaires Européennes
European University Studies

Reihe V
Volks- und Betriebswirtschaft

Série V Series V
Sciences économiques, gestion d'entreprise
Economics and Management

Bd./Vol. 2783

PETER LANG
Frankfurt am Main · Berlin · Bern · Bruxelles · New York · Oxford · Wien

Thomas Kienle

Integriertes und integrierendes Raummanagement

Entwicklungslinien, Probleme und Lösungsansätze einer modernisierten Raumordnung und Raumplanung

PETER LANG
Europäischer Verlag der Wissenschaften

Die Deutsche Bibliothek - CIP-Einheitsaufnahme

Kienle, Thomas:

Integriertes und integrierendes Raummanagement : Entwicklungslinien, Probleme und Lösungsansätze einer modernisierten Raumordnung und Raumplanung / Thomas Kienle. - Frankfurt am Main ; Berlin ; Bern ; Bruxelles ; New York ; Oxford ; Wien : Lang, 2001
(Europäische Hochschulschriften : Reihe 5, Volks- und Betriebswirtschaft ; Bd. 2783)
Zugl.: Erlangen, Nürnberg, Univ., Diss., 2001
ISBN 3-631-37681-2

D 29 (n 2)
ISSN 0531-7339
ISBN 3-631-37681-2

www.peterlang.de

Vorwort

Die vorliegende Schrift entstand als Dissertation am Lehrstuhl für Volkswirtschaftslehre und Sozialpolitik der Universität Erlangen-Nürnberg. Vielen Personen bin ich für ihre Unterstützung zu Dank verpflichtet. Besonders hervorzuheben ist dabei mein Doktorvater und akademischer Lehrer Herr Professor Dr. Joachim Klaus, der mich lehrte, daß die Ökonomie nie Selbstzweck sein kann und darf, sondern immer in ihren Verflechtungen mit anderen Disziplinen zu sehen ist. In dieser offenen Grundhaltung formulierte er entscheidende Fragen und stand stets mit wertvollem Rat zur Seite. An dieser Stelle ist auch Herrn Professor Dr. Siegfried Maas herzlich zu danken. Trotz zahlreicher Verpflichtungen übernahm er bereitwillig die Aufgabe des Korreferenten.

Ebenfalls einen Anteil am Entstehen dieser Arbeit hatten meine Lehrstuhlkollegen. Ihr Beitrag liegt insbesondere in der Bereitschaft zu Diskussionen, die in kritischer und zugleich konstruktiver Art immer wieder wertvolle Impulse für den Fortgang der Arbeit gaben. Hierfür danke ich Herrn Dr. Michael Rothgang und Herrn Dr. Bernd Waldmüller. Zudem ist Frau Elisabeth Braun zu erwähnen, die mir den Rücken von verwaltungstechnischen Aufgaben frei hielt.

Ein besonderer Dank gilt schließlich meiner ganzen Familie. Ohne deren materielle und menschliche Unterstützung wäre meine langjährige Ausbildung gar nicht möglich gewesen. Daß meine Familie - ebenso wie meine Freunde - zudem überzeugt hinter meinem Vorhaben stand und ihr festes Vertrauen in den Erfolg meiner Arbeit zu keinem Zeitpunkt erschüttert werden konnte, hat mich zusätzlich motiviert.

Euch allen herzlichen Dank!

Nürnberg, im Februar 2001 *Thomas Kienle*

Inhaltsverzeichnis

Viertes Kapitel
Grundlegendes Problem: (Selbst-)Verständnis der Raumplanung

Fünftes Kapitel
Integriertes Raummanagement - Ansatz und Ausgestaltung

Sechstes Kapitel
Wege aus der Krise

Siebtes Kapitel
Realisierungschancen der Veränderungsnotwendigkeiten

Achtes Kapitel
Zusammenfassung der Ergebnisse und Ausblick

Abbildungsverzeichnis

Seite

Abkürzungsverzeichnis

ARGE ALP	Arbeitsgemeinschaft der Alpenländer
AGEG	Arbeitsgemeinschaft Europäischer Grenzregionen
ARL	Akademie für Raumforschung und Landesplanung
BfLR	Bundesforschungsanstalt für Landeskunde und Raumordnung
BMBau	Bundesministerium für Raumordnung, Bauwesen und Städtebau
BROG	Bundesraumordnungsgesetz
CEMT	Europäische Verkehrsministerkonferenz
EFTA	Europäische Freihandelsassoziation
EG	Europäische Gemeinschaften
EU	Europäische Union
GA	Gemeinschaftsaufgabe
GG	Grundgesetz
HDWW	Handbuch der Wirtschaftswissenschaften
IGO	Internationale staatliche Organisationen
KWA	Kosten-Wirksamkeits-Analysen
LPlG	Landesplanungsgesetze
MKRO	Ministerkonferenz für Raumordnung
NATO	Nordatlantische Verteidigungsgemeinschaft
NEPP	Nationaler Umweltplan der Niederlande
NGO	Internationale nicht-staatliche Organisationen
NIÖ	Neue institutionelle Ökonomie
NKA	Nutzen-Kosten-Analyse
NPÖ	Neue politische Ökonomie

NWA	Nutzwert-Analyse
OECD	Organisation für wirtschaftliche Zusammenarbeit und Entwicklung
PPP	Private-Public-Partnership
RGE	Rat der Gemeinden Europas
RuR	Raumforschung und Raumordnung
SEA	Stategic Environmental Analysis
UNO	Vereinte Nationen
UVA	Umweltverträglichkeits-Analysen
UVP	Umweltverträglichkeitsprüfung
WCED	Worl Commission on Environment and Development
WTO	World Trade Organization
ZAU	Zeitschrift für angewandte Umweltforschung

Erstes Kapitel
Ziel und Aufbau der Arbeit

„Wir wissen nicht, wie die treibenden Baumstämme, die einen Fluß blockieren, ineinander verhakt sind, so daß die Entfernung eines bestimmten Baumstammes nur zu einer geringfügigen Verschiebung der Sperre führt, während die Beseitigung eines anderen, für den Zusammenhalt des Ganzen scheinbar unbedeutenden Baumstammes das gesamte Gefüge auflöst und flußabwärts treiben läßt. Wir kennen nicht die funktionalen Beziehungen zwischen den - politischen, wirtschaftlichen und kulturellen - Elementen unserer Gesellschaft."[1]

1. Gegenstand und Motivation der Untersuchung

Der durch Menschen nutzbare Raum ist im Gegensatz zu anderen, vermehrbaren natürlichen Ressourcen begrenzt und jede nicht nur flüchtig angelegte Raumnutzung schließt in der Regel eine zeitgleiche anderweitige Nutzung aus. Daraus resultieren ständig direkte oder indirekte Konflikte der Raumbeanspruchung. Um diese zu lösen, oder besser noch zu vermeiden, muß ein System der gesellschaftlichen Raumnutzung organisiert werden. Dabei versteht man unter `Raumnutzung´ alle Vorgänge, die der materiellen Sicherung der Lebensansprüche von Menschen dienen. Anders ausgedrückt bedeutet dies, daß jede materielle Beanspruchung einer Eigenschaft des Raums einen Teil der Raumnutzung darstellt. So sind neben der Land- und Forstwirtschaft beispielsweise auch Wasserentnahme, Emissionen sowie die von Menschen geschaffene bauliche Umwelt samt den mit ihr verbundenen Eigenschaften der sozialen Umwelt, Nutzungsformen des Raumes.[2]
Somit stellt der Raum[3], als einer der Grundbegriffe der Raumordnung und Raumforschung, „nicht nur ein indifferentes Betätigungsfeld, sondern das eng verflochtene, empfindliche Wirkungsfeld aller Maßnahmen und Prozesse" dar, auf dem sich negative wie positive Einzelwirkungen niederschlagen können.[4] Seine Struktur ist somit gleichzeitig Träger des Systems der gesellschaftlichen Raumnutzung als auch dessen Ergebnis, von dem wiederum

---

1 KAUFMANN, S.: Die globale Zivilisation. In: N.N.: Denkanstöße ´98 - Ein Lesebuch aus Philosophie, Natur- und Humanwissenschaften. München 1997, S.153

2 vgl. STORBECK, D.: Gesellschaft und Raum. In: ARL (Hrsg.): Grundriß der Raumordnung, Hannover 1982, S.3

3 Vom Raum grenzen BASTIAN/SCHREIBER die Umwelt dergestalt ab, daß die Umwelt im weiteren Sinne die Gesamtheit aller Faktoren darstellt, „die für Lebewesen und Lebensgemeinschaften (Biozinosen) von Bedeutung sind." Vgl. BASTIAN, O.; SCHREIBER, K.-F.: Analyse und ökologische Bewertung der Landschaft. Jena u. Stuttgart 1994, S.19. Dieser Definition folgend bildet die Umwelt die Basis für den Raum.

4 vgl. OTREMBA, E.: Der Raum und sein Wirkungsgefüge. In: ARL (Hrsg.): Grundriß der Raumordnung. Hannover 1982, S.16, der den Raum mittels seiner Eigenschaften, nämlich der Individualität, der Komplexität und der nicht autonomen Existenz, charakterisiert. Ähnlich auch LENDI, der als Gegenstand der Raumplanung den Lebensraum des Menschen, der Flora und Fauna nennt, wobei dieser insbesondere durch menschliches Verhalten dynamischen Prozessen unterliegt. Diese werden durch biologische Bedürfnisse, sozio-kulturelle Beziehungen, politisches Engagement sowie ethisch-moralischen Einstellungen hervorgerufen und beeinflußt. Vgl. LENDI, M.: Grundriß einer Theorie der Raumplanung - Einleitung in die raumplanerische Problematik. 2. Aufl., Zürich 1995, S.116

zahlreiche Rückkopplungen auf die Komponenten des Systems hin zu den gesellschaftlichen Steuerungsgrößen ausgehen.[5]

Prägt zwar die physische Umwelt wiederum die soziale Umwelt, so ist doch zu beachten, daß der offensichtliche Wandel der Raum-, Landschafts- und Siedlungsstruktur lediglich eine Folge insbesondere der Veränderungen der Sozialstrukturen ist, die durch wirtschaftliche Entwicklung, technischen Fortschritt sowie politische und rechtliche Maßnahmen induziert werden. Zugrunde liegen Verschiebungen der Werte und damit der Bedürfnisse einer Gesellschaft, welche Orientierung und Verhalten der Individuen und Gruppen zeitgleich oder zeitversetzt beeinflußt haben.[6]
Folgt man dieser Betrachtungsweise des Raums, so existiert in entwickelten Gesellschaften praktisch kein und auch in gering entwickelten Gesellschaften kaum ein freier Raum in dem Sinne, daß er von gesellschaftlichen oder individuellen Ansprüchen unbelegt wäre. Selbst Schutzzonen und Grenzräume sind dann wegen ihrer funktionalen Belegung genutzte Räume.[7]

In der überaus dicht besiedelten Bundesrepublik ergaben sich in den vergangen Jahrzehnten massive Veränderung in der Raumnutzung. Hier sind gewandelte Ansprüche an die Fläche durch die Funktionen[8] Wohnen, Arbeit, Versorgung, Verkehr sowie die Naturerhaltung zu beobachten. Deshalb ist die vordringliche Aufgabe der Raumordnung die sinnvolle Nutzung des immer knapper werdenden Flächenangebots ebenso, wie ein „fairer Interessenausgleich" der unterschiedlichen Flächenansprüche der diversen Nutzungsformen.[9]
Eine der Voraussetzung hierfür ist die Raumanalyse (s. Kapitel V 2.1). Sie muß - wissenschaftlich fundiert - eine „ausgewogene Betrachtung aller Daseinsbereiche, die in ihrer Individualität, ihrer Mannigfaltigkeit und ihrer Komplexität einen Raum prägen", gewährleisten. Bei der Vielzahl der raumwirksamen Faktoren kommt es vor allem darauf an, deren relative Wirksamkeit im Hinblick auf die planerisch gestellte Frage zu eruieren.[10] Dabei ist allerdings zu beachten, daß sich eine Hervorhebung einzelner Faktoren ebenso wie einzelner Funktionen des Lebensraums lediglich als methodisches Hilfsmittel zum Beitrag zur Problemlösung rechtfertigen läßt, will man den Blickwinkel nicht zu sehr verengen und Räume in ihrem gesamten Wirkungsgefüge verstehen.[11]

---

5 vgl. STORBECK, D.: Gesellschaft und Raum. In: ARL (Hrsg.): Grundriß der Raumordnung, Hannover 1982, S.6f.

6 vgl. HÜBLER, K.-H.: Raumordnungspolitik und Wertewandel - Überlegungen zur Fortentwicklung der Raumordnungspolitik. In: ARL (Hrsg.): Beiträge, Bd.103, Hannover 1987, S.4f., der zur Veränderung der Sozialstrukturen auf PLANK, U.: Wertewandel und demographische Veränderungen. ARL (Hrsg.): Beiträge, Bd.91, Hannover 1986, S.27-48, verweist.

7 vgl. STORBECK, D.: Gesellschaft und Raum. In: ARL (Hrsg.): Grundriß der Raumordnung, Hannover 1982, S.3

8 Den räumlichen Funktionen entsprechen die Strukturelemente des Raums, wie etwa Landschaft, Siedlung, Verkehr, Kommunikation, Wirtschaft, Erholung, u.v.m. Dabei hat die Siedlungsstruktur zusammen mit der natürlichen Struktur eine besondere Stellung. Beide zusammen bilden die materielle Basis der gesellschaftlichen Raumnutzung. Die Siedlungsstruktur ist, wenn auch nur langfristig, veränderbar. Vgl. STORBECK, D.: Gesellschaft und Raum. In: ARL (Hrsg.): Grundriß der Raumordnung, Hannover 1982, S.7

9 vgl. BENDER, H.-U.; KÜMMERLE, U.; RUHREN, N.v.d.; THIERER, M.: Räume und Strukturen. 1. Aufl., Stuttgart 1985, S.231

10 vgl. OTREMBA, E.: Der Raum und sein Wirkungsgefüge. In: ARL (Hrsg.): Grundriß der Raumordnung. Hannover 1982, S.16

11 Vgl. hierzu auch die Argumentation bei LENDI, M.: Grundriß einer Theorie der Raumplanung - Einleitung in die raumplanerische Problematik. 2. Aufl., Zürich 1995, S.119f., der diese Komplexitätsreduktion auch nur aus eben jenem pragmatischen Gesichtspunkten zuläßt.

Da sich die Resultate dieser laufenden Raumbeobachtung aufgrund der Veränderungen im Raum, aber auch durch die sich wandelnden Werthaltungen einer Gesellschaft und damit in den Ansprüchen an den Raum ändern, ist die Prognose zukünftiger Raumbedürfnisse schwierig. Räumliche Planung, die diesen Umständen gerecht werden will, kann deshalb nicht endgültig festgelegt werden, sondern bedarf ständiger Revision. Damit ist beispielsweise auch zu erklären, warum sich bestehende, historisch-konkrete Raummuster immer wieder als ungeeignet erweisen und in der Folge neue Systeme der gesellschaftlichen Raumnutzung entwickelt werden müssen.[12]

Darüber hinaus bestimmen auch nach Jahrzehnten der - laut Bundesraumordnungsgesetz (BROG) „aufeinander und untereinander abstimmenden" - Raumplanung (§§4 und 5) immer noch isolierte und unkoordinierte Maßnahmen unterschiedlicher Fachpolitiken die räumliche Entwicklung in der Bundesrepublik.
Mit der vorliegenden Arbeit soll gezeigt werden, welche politischen und institutionellen Voraussetzungen gegeben sein müßten, damit eine - nach dem Wechsel ihres Paradigmas und der Veränderung ihres Leitbildes - auf `Nachhaltigkeit´[13] angelegte Raumplanung sowohl ihrer originären Fachplanungsfunktion als auch ihrer Querschnittsfunktion gerecht werden kann. Dazu scheint ein verändertes, integrativ angelegtes Planungsverständnis, weg von der reinen Zusammenfassung der Pläne der diversen Politikbereiche, hin zu einem umsetzungsorientierten, mit eigener Gestaltungskraft versehenem Aufgabenverständnis dringend vonnöten.
Unter diesen Aspekten sollen neben den dazu notwendigen Voraussetzungen auch die Umsetzungserfordernisse für eine solchermaßen angelegte Raumplanung - im Sinne eines Raummanagements - dargestellt, eventuell auftretende Kompetenz- und Legitimationsprobleme herausgearbeitet sowie Vorteile und Lösungsansätze aufgezeigt werden, die fallspezifische Formen der horizontalen und vertikalen Zusammenarbeit der Beteiligten im Raumplanungsprozeß ermöglichen könnten.

2. Thematischer Rahmen

In der vorliegenden Arbeit soll herausgearbeitet werden, warum es sinnvoll erscheint, die traditionellen Planungsansätze der Raumplanung und deren Instrumentierung auf den verschiedenen institutionellen Ebenen zu überdenken und zumindest teilweise zu überarbeiten oder zu ergänzen.
Dies wird in Form einer eher theoretisch angelegten Untersuchung der relevanten Sachverhalte geschehen, da ansonsten der Rahmen der Arbeit gesprengt würde. Trotzdem werden selbstverständlich praktisch-konkrete Aspekte berücksichtigt, da diese an vielen Stellen als zum Verständnis notwendig erscheinen. Eine rein empirische Arbeit hätte sicherlich nicht die Möglichkeit, Eckpunkte des gewachsenen Systems der Raumordnung und Raumplanung in der Bundesrepublik so grundsätzlich in Frage zu stellen.

---

12 vgl. BENDER, H.-U.; KÜMMERLE, U.; RUHREN, N.v.d.; THIERER, M.: Räume und Strukturen. 1. Aufl., Stuttgart 1985, S.231

13 Der Begriff `Nachhaltigkeit´ soll hier nicht in jenem diffusen Sinne verstanden werden, wie er in der öffentlichen Diskussion heute zu jedem Thema - ob passend und unpassend - verwandt wird. Vielmehr bezieht sich die Nachhaltigkeit auf das Prinzip der Möglichkeit einer andauernden Nutzung vorhandener Ressourcen durch den Menschen. In der Raumplanung umfaßt der Ressourcenbegriff dabei nicht nur die ökologische sondern auch die ökonomische und soziale Dimension (vgl. Kapitel VI 1.3).

Dazu sollen in einem ersten Schritt die vielfältigen, sich teilweise inhaltlich überlagernden Begrifflichkeiten voneinander abgegrenzt werden (vgl. Abb.1), bevor in einem zweiten Schritt die Fundamente der Raumordnung, insbesondere die geschichtlichen Hintergründe und die Begründungen für ein Tätigwerden staatlicher und kommunaler Planungs- und Entscheidungsträger im Raumentwicklungsprozeß, dargestellt werden. Anschließend wird die institutionelle und instrumentelle Ausgestaltung des bestehenden Planungssystems skizziert.

Abb.1: Themengebiete und Aufbau der Arbeit

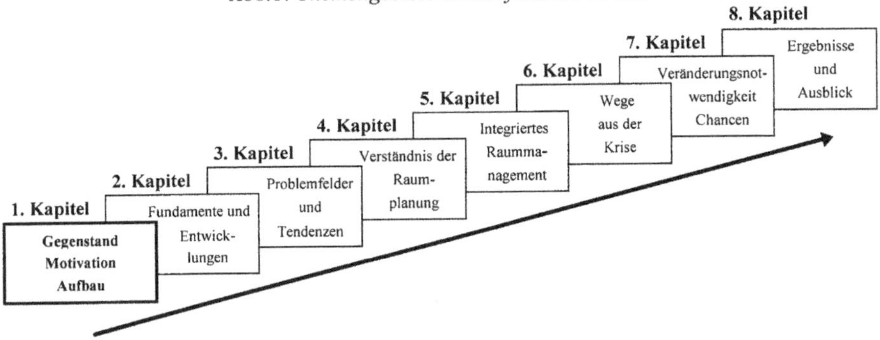

Quelle: Eigene Darstellung

Ursachen für die Unzulänglichkeiten der Raumplanung/-ordnung werden anhand der in Literatur und Planungspraxis immer wieder geäußerten Kritik bestehender Ansätze und Konzepte herausgearbeitet, um das notwendige Verständnis für die Veränderungsnotwendigkeit, anhand der bisherigen Entwicklungen und aktuellen Tendenzen, zu gewinnen.

Ein integrativer Ansatz, den gewandelten Ansprüchen an die Raumordnung und Raumplanung gerecht zu werden, wird dann vor einer kurzen Darstellung bislang gestarteter, meist nur auf Teilprobleme ausgerichteter Lösungsversuche, vorgestellt. Mit diesem positiven Verständnis wird aufgezeigt, in welcher Weise diese Änderungen ansetzen könnten beziehungsweise vielleicht sogar müßten. Zentrale Idee einer solchermaßen gestalteten Raumplanung, die dann eher einem integrierten Raummanagementkonzept entspricht, wird es sein, planungstheoretische Ansätze aus dem privatwirtschaftlichen Bereich (wie etwa bei Großunternehmen) auf die `strategische´ Zukunftsplanung des öffentlichen Bereichs zu übertragen. Ein Versuch, der aufgrund vergleichbar hoher Komplexität[14] des jeweiligen Handlungsumfelds, durchaus erfolgversprechend erscheint.

Es wird dabei allerdings sichtbar werden, auf welche massiven organisatorischen, institutionellen sowie politischen Widerstände solch fundamentale Änderungsvorschläge und Änderungsnotwendigkeiten stoßen dürften, so daß die Umsetzbarkeit notwendiger Maßnahmen noch einmal einer separaten Diskussion bedarf. Eine günstige Voraussetzung könnte

[14] Eine genaue Bestimmung, was die so häufig genannte Komplexität darstellt, findet man nur selten, aber „in general, we seem to associate complexity with anything we find difficult to understand." FLOOD, R.L.: Complexity: A Definition by Construction of a Conceptual Framework. In: Systems Research, Vol.4, No.3, 1987, S.177

allerdings der derzeit stattfindende Paradigmenwechsel der Raumordnung in Verbindung mit der Neuorientierung der Raumplanung bieten.

Somit setzt sich die vorliegende Arbeit in den ersten Kapiteln primär mit den Entwicklungslinien der Raumordnung und Raumplanung, deren aktuellen Stand sowie dessen Bedingungen auseinander. Dem entsprechend ist der Fokus in diesem Teil objektorientiert. Jegliche Auseinandersetzung mit diesem Thema muß aber immer auch handlungsorientiert sein, will man den Aspekten Raum-`ordnung´ und Raum-`planung´ gerecht werden und bestimmte Problemlösungen erreichen.[15] Diese Sichtweise dominiert die zweite Hälfte der Arbeit.

2.1 Raumordnung und Raumplanung - Gegenstände der Analyse

„Ordnung ist der zweckmäßig geregelte Zusammenhang von Elementen, die nicht Teilglieder eines Ganzen, sondern selbständige Größen oder Wesen sind, deren Beziehung zueinander aber einem bestimmten, auch gelegentliche Änderungen überdauernden inneren Gesetz unterstehen." Somit kann Ordnung aus soziologischer Sicht als „Orientierungshilfe für das Handeln der Beteiligten im sozialen Gebilde" verstanden werden, wobei „die Geltung der Ordnung ... dabei durch ein Gefüge von Normen verkörpert" wird.[16]

„Planung ist der geistige, auch organisatorisch und institutionell ausgeformte Vorgang, durch Abschätzungen, Entwürfe und Entscheidungen festzulegen, auf welchen Wegen, mit welchen Schritten, in welcher zeitlichen und organisatorischen Abfolge, unter welchen Rahmenbedingungen und schließlich mit welchen Kosten und Folgen ein bestimmtes Ziel erreichbar erscheint. Anthropologisch gesehen ist Planung der Versuch, die Zufälligkeit der Welt, die Vielfalt möglicher Alternativen und die Zukunftsunsicherheit, auch das Nichtwissen über mögliche Nebenfolgen beziehungsweise Rückkopplungseffekte von Handlungen zu reduzieren, daß Risikominimierung und zieladäquate Handlungsauswahl möglich werden."[17]

Raumordnung, Raumplanung, Landes- und Regionalplanung sowie eine große Zahl daran angelehnter Begrifflichkeiten finden sich in einem bunten Durcheinander in der Literatur. Meist verstehen die Autoren Ähnliches, manchmal Vergleichbares und leider auch oft Unterschiedliches mit ein und dem selben Begriff. Zumeist wird aber die Klarstellung der jeweils gemeinten Bedeutung unterlassen. Wahrscheinlich genügt man damit dem Vorsichtsprinzip, denn aufgrund fehlender Legaldefinitionen begibt man sich hierbei auf schwankenden Boden. Dem zum Trotz soll eine Abgrenzung der zentralen Begriffe vorgenommen, Überschneidungen aufgezeigt und somit in der Folge ein - hoffentlich - klareres Verständnis ermöglicht werden.

---

15 Zur Objekt- und Handlungsorientierung der Raumordnung und Raumplanung vgl. beispielsweise SCHAFFER, F.: Die Sozialgeographie im Dienste der Öffentlichkeit - Karl Ruppert zum 65. Geburtstag. In: GOPPEL, K.; LENDI, M.; SCHAFFER, F. (Hrsg.): Raumplanung in den 90er Jahren. Grundlagen, Konzepte, politische Herausforderungen in Deutschland und Europa - Bayern im Blickpunkt. Festkolloquium für Karl Ruppert, Augsburg 1991, S.16

16 BROCKHAUS - Die Enzyklopädie: in 24 Bänden. 20. Überarbeitete und aktualisierte Aufl., Leipzig/Mannheim 1996, Bd. 16, S.281

17 BROCKHAUS - Die Enzyklopädie: in 24 Bänden. 20. Überarbeitete und aktualisierte Aufl., Leipzig/Mannheim 1996, Bd. 17, S.211

Raumordnung

Raumordnung, gesetzlich nicht definiert[18], ist durch zwei Dimensionen charakterisiert: Einmal versteht man darunter die Leitvorstellungen zur Ordnung und Entwicklung des Raumes und die Mittel zu deren Verwirklichung.[19] Dies entspricht einer ordnungstheoretischen Betrachtungsweise, wie sie beispielsweise LAMPERT[20] in seiner Ordnungsdefinition für den wirtschaftspolitischen Bereich trifft: Er beschreibt Ordnung rein instrumental und damit wertfrei als Sammelbegriff für „Organisationsprinzipien, Normen, Lenkungs- und Entscheidungsmechanismen, Einrichtungen und Verhaltensweisen, die die wirtschaftlichen Aktivitäten in einer Gesellschaft steuern - unabhängig davon, ob diese Regelelemente bestimmten Bedingungen - etwa der Konsistenz oder der Rationalität - genügen oder bestimmten Zielvorstellungen - etwa dem Ziel sozialer Gerechtigkeit, (wirtschaftlicher) Freiheit, dem einer „natürlichen", ständestaatlichen, elitären oder egalitären „Ordnung" entsprechen." In diesem Sinne hat auch eine nicht planvoll geregelte, nur unzulänglich funktionierende, chaotische (Wirtschafts-)Gesellschaft eine Ordnung. Dementsprechend ist es nicht entscheidend ob der räumliche Status Quo durch steuernde Eingriffe zustande kam oder Ergebnis rein evolutorischer Vorgänge ist.

Die zweite Dimension hingegen zielt auf den gestalterischen Aspekt. Sie ist gekennzeichnet durch fachübergreifendes staatliches Handeln, das der Zielsetzung folgt, die räumliche Struktur eines Staatsgebiets (z.B. Wohnungen, Arbeitsstätten, Infrastruktur) entsprechend eines gesamträumlichen Leitbilds zu entwickeln und dabei konkurrierende Nutzungsansprüche an den Raum aufeinander abzustimmen. Dazu stimmt sie alle raumbedeutsamen Fachplanungen[21] aufeinander ab. Dementsprechend handelt es sich um eine Querschnittsaufgabe, die ihre Funktion, Nutzungsansprüche und Raumangebot, unter Berücksichtigung der Tragfähigkeit und der Aufgabe des Gesamtraums und seiner Teilräume, im Rahmen des Ganzen und seiner Entwicklung, gemäß festgelegter Zielsetzungen in Übereinstimmung zu bringen, nur integrativ erfüllen kann.[22]

Damit kann Raumordnung als Oberbegriff für die mehrstufige staatliche Planungshierarchie der Raumplanung auf Bundes-, Länder-, Planungsregions- und Gemeindeebene verstanden werden.[23]

---

[18] vgl. BMBau (Hrsg.): Raumordnung in Deutschland. Bonn 1996, S.3

[19] vgl. SCHÖNHOFER, J.: Begriffe der Raumplanung. In: ARL (Hrsg.): Daten zur Raumplanung. Zahlen - Richtwerte - Übersichten (Teil A), Hannover 1981, I.(1)

[20] vgl. LAMPERT, H.: Die Wirtschaftsordnung - Begriff, Funktionen und typologische Merkmale. In: WiSt, H.8+9/73, München u. Frankfurt/Main 1973, S.394

[21] Folgt man der Definition von SCHÖNHOFER, so werden unter Fachplanungen „die von Fachbehörden entwickelten Zielvorstellungen sowie die systematische Vorbereitung von Maßnahmen, die auf die Entwicklung bestimmter Sachbereiche ausgerichtet sind" verstanden. Siehe SCHÖNHOFER, J.: Begriffe der Raumplanung. In: ARL (Hrsg.): Daten zur Raumplanung. Zahlen - Richtwerte - Übersichten. Teil A I. (2), Hannover 1981

[22] vgl. BASTIAN, O.; SCHREIBER, K.-F.: Analyse und ökologische Bewertung der Landschaft. Jena u. Stuttgart 1994, S.20, der sich bei seiner Definition auf BUCHWALD (1980) beruft.

[23] vgl. BROCKHAUS - Die Enzyklopädie: in 24 Bänden. 20. Überarbeitete und aktualisierte Aufl., Leipzig/Mannheim 1991, Bd. 18, S.80
Diese Sicht spiegelt sich auch bei LAMPERT wieder, der in seiner Definition weiter ausführt: „... wird der Begriff als Wert im Sinne einer Summe von Organisationsprinzipien, Normen, Mechanismen, Einrichtungen und Verhaltensweisen verstanden, die bestimmten Bedingungen und Zielvorstellungen wie etwa einem anthropologisch orientierten, humanistischen Leitbild genügen. Der Begriff ist dann gleichbedeutend mit der sinnvollen Zusammenfügung von Teilen zu einem Ganzen (Ordnung)." LAMPERT, H.: Die Wirtschaftsordnung - Begriff, Funktionen und typologische Merkmale. In: WiSt, H.8+9/73, München u. Frankfurt/Main 1973, S.394

Raumplanung[24]

Wird Planung allgemein als die „systematische Vorbereitung zukünftigen Handelns, um ein Ziel unter den gegebenen Verhältnissen auf die beste Weise zu erreichen“[25], definiert, so gilt dies auch für die Raumplanung. Sie steht als allgemeiner Oberbegriff für die vorausschauende räumliche Planung der öffentlichen Hand auf allen Ebenen und Sachgebieten. So werden meist die Raumordnung und die Landesplanung, teilweise auch Regional- und gemeindliche Bauleitplanung sowie die raumbedeutsamen fachlichen Planungen, darunter subsummiert.[26] Ein Vorgehen, dem hier (siehe die Abgrenzung unten) nicht gefolgt werden wird, da Raumordnung und Raumplanung nicht deckungsgleich sind.

Da das Veränderungspotential der räumlichen Strukturen kurzfristig eher gering ist und größere Personengruppen, Einrichtungen und Aktivitäten nicht ohne Überwindung von Hemmnissen an beliebige Orte im Raum transferiert werden können, ist der Planungshorizont der Raumplanung zumindest mittelfristig, meist sogar langfristig angelegt und damit wesentlich länger als der Planungshorizont der meisten Fachplanungen.[27]
Zudem ist die Raumplanung durch Interdisziplinarität gekennzeichnet. So sind neben Geographie, Ökonomie, Politologie, und Rechtswissenschaften auch Umwelt- und Planungswissenschaften sowie Soziologie mit ihren jeweiligen Beiträgen beteiligt. Ob dabei die Raumplanung eher auf der physischen Seite oder auf der Seite der wirtschaftlichen, sozialen oder politischen Aktivitäten anzusetzen hat muß je nach Gegebenheiten entschieden werden. Entscheidend ist, daß unter Einbeziehung der Werthaltungen die Verknüpfung der möglichen Ansatzpunkte beachtet wird. Welche dieser Punkte im Vordergrund steht, hängt nicht zuletzt wiederum von der Werthaltung ab.[28]

Die Raumplanung weist zwei wesentliche Komponenten auf (vgl. Abb.2). Einmal eine deskriptiv-analytische, mit der sie die Basis für die eigentliche Planungsleistung legt. Indem sie räumliche Prozesse erfaßt und unterliegende Faktoren bestimmt, zeigt sie Tendenzen der räumlichen Entwicklung auf. Zum zweiten arbeitet sie gemäß den normativen Vorstellungen, die sie quasi als Vorgabe aus der Raumordnungspolitik bekommt. Hier findet die eigentliche Planung auf eine angestrebte räumliche Ordnung[29] hin statt.

---

24 Auch Raumplanung kommt in deutschen Gesetzen nicht als definierter Begriff vor. Trotzdem wird er in der Literatur häufig verwendet, i.d.R. als Synonym von Raumordnung. Vgl. BROCKHAUS - Die Enzyklopädie: in 24 Bänden. 20. Überarbeitete und aktualisierte Aufl., Leipzig/Mannheim 1991, Bd. 18, S.83

25 SCHÖNHOFER, J.: Begriffe der Raumplanung. In: ARL (Hrsg.): Daten zur Raumplanung. Zahlen - Richtwerte - Übersichten (Teil A), Hannover 1981, I.(1)

26 vgl. hierzu BROCKHAUS - Die Enzyklopädie: in 24 Bänden. 20. Überarbeitete und aktualisierte Aufl., Leipzig/Mannheim 1991, Bd. 18, S.80 u. S.83 i.V.m. STORBECK, D.: Gesellschaft und Raum. In: ARL (Hrsg.): Grundriß der Raumordnung, Hannover 1982, S.12 und SCHÖNHOFER, J.: Begriffe der Raumplanung. In: ARL (Hrsg.): Daten zur Raumplanung. Zahlen - Richtwerte - Übersichten (Teil A), Hannover 1981, I.(2)

27 STORBECK, D.: Gesellschaft und Raum. In: ARL (Hrsg.): Grundriß der Raumordnung, Hannover 1982, S.12

28 vgl. LENDI, M.: Grundriß einer Theorie der Raumplanung - Einleitung in die raumplanerische Problematik. 2. Aufl., Zürich 1995, S.116ff. u. S.124f.

29 Unter räumlicher Ordnung versteht man den Zustand eines bestimmten Raumes, unabhängig davon ob und inwieweit dieser Zustand einer bestimmten raumordnerischen Vorstellung (`Leitbild´) entspricht. Vgl. SCHÖNHOFER, J.: Begriffe der Raumplanung. In: ARL (Hrsg.): Daten zur Raumplanung. Zahlen - Richtwerte - Übersichten (Teil A), Hannover 1981, I.(1)

Abb.2: Komponenten der Raumplanung[30]

1. *Deskriptiv-analytisch*: Räumliches Geschehen erfassen und dessen bestimmende Faktoren herausarbeiten (Tendenzen in der Entwicklung).
2. *Normativ*: Entwicklungsprozesse gemäß normativen Vorstellungen planen/gestalten zu können (hin auf eine räumlichen Ordnung).

Quelle: Eigene Darstellung

Zweigeteilt ist die Raumplanung auch in Bezug auf die Art der Planung: Einerseits absorbiert sie als Negativplanung unerwünschte Entwicklungen durch begrenzende Maßnahmen, und andererseits werden im Sinne einer Positivplanung für die Entfaltung menschlicher Aktivitäten erforderliche Maßnahmen getroffen. Diese theoretisch so klar zu treffende Unterscheidung ist in der Planungsrealität oftmals schwierig, treten beide Maßnahmen doch häufig gemeinsam auf.[31]

Unabhängig von der jeweils konkreten Ausprägung der Planungsart, sind Raumordnung wie Raumplanung ausgesprochen zukunftsorientiert. Dabei ist jedoch die Raumordnung in ihrer Konzeption weit weniger von den Bedingungen der Vergangenheit und der Gegenwart abhängig, als die Raumplanung, deren Einfluß zwar ebenfalls erst in der Zukunft spürbar wird, in ihren Bemühungen einen angestrebten Raumzustand zu erreichen, aber von einem konkreten Zustand ausgehen muß. So gesehen, ist die Raumplanung also eher \`reaktiv´ angelegt.

Raumordnungspolitik[32]

Raumordnungspolitik muß dazu befähigen, räumliche Probleme zu erkennen, inhaltliche Konzepte sowie Programme zur Verfügung zu stellen sowie Maßnahmen zu steuern und durchzusetzen. Zudem muß sie die Raumplanung demokratisch legitimieren und somit Vertrauen schaffen, damit sie die Verwaltung, die Individuen, die Wirtschaft und die Gesellschaft als Ganzes einbinden kann.

Somit ist durch die Raumordnungspolitik die „politische Kehrseite der Raumplanung" gegeben. Sie kann als die kontinuierliche Bewältigung räumlicher Probleme seitens der Politik angesehen werden. Sie greift dazu als „Politik der Problembewußtseinsbildung, als programmatische Gestaltung, als Führung des Gemeinwesens und als gemeinsame Bewältigung gemeinsamer Aufgaben in politische Verfahren ein, die räumliche Probleme behandeln." Sie handelt auf dem Fundament legitimierter Macht. Impulse erhält sie von der Raumplanung, die sie als Problemlösungsverfahren in der Umsetzung unterstützt. Sie agiert als Fach- und Querschnittsplanung ebenso, wie als Beitrag zur politischen Planung.

---

30 Eine vergleichbare Aufteilung in diese beiden Komponenten findet sich bei LENDI, M.: Grundriß einer Theorie der Raumplanung - Einleitung in die raumplanerische Problematik. 2. Aufl., Zürich 1995, S.124f.

31 vgl. LENDI, M.: Grundriß einer Theorie der Raumplanung - Einleitung in die raumplanerische Problematik. 2. Aufl., Zürich 1995, S.40f.

32 Auch hier kommt, wie bei der Raumordnung, der unterschiedliche weit greifende Begriff \`Ordnung´ zum tragen. Während die allgemeine Ordnungspolitik (vgl. hierzu BERG, H.; CASSEL, D.: Theorie der Wirtschaftspolitik. In: Vahlen´s Kompendium der Wirtschaftstheorie und Wirtschaftspolitik, Bd.2, München 1990, S.203) Entscheidungen darüber umfaßt, welche Institutionen geschaffen, welche Träger bestimmt und mit welchen Kompetenzen und Instrumenten ausgestattet werden, kommt bei der Raumordnungspolitik ergänzend wieder der gestalterische Aspekt zu. In beiden Fällen jedoch gilt doch für sie die EUCKEN´sche Forderung nach Konstanz der eingeschlagenen Politik. Vgl. dazu EUCKEN, W.: Grundsätze der Wirtschaftspolitik. 5.Aufl., Tübingen 1975, S. 221

„Die Raumordnungspolitik setzt die räumlichen Probleme auf die Traktandenliste der Politik und macht aus Plänen Instrumente, die realiter greifen. Die Raumordnungspolitik dient wie die Raumplanung der Bewältigung räumlicher Probleme, aber sie wird von der organisierten öffentlichen Rechtsgemeinschaft, von den einzelnen, von der Wirtschaft sowie von der Gesellschaft politisch getragen und durch politisch-programmatisch unterlegte Konfliktregelungen und Konsensbildungen geprägt. Die Politik als Dimension der Wirklichkeit macht aus der Raumplanung die Raumordnungspolitik."[33] Raumordnungspolitik ist dann also der Teil des politischen Handelns, der zu einer zielgerichteten Ordnung und Entwicklung des Raums beitragen soll.[34]

Landesplanung

Die Landesplanung entspricht der Raumordnung und -planung, wie sie auf Bundesebene erfolgt. Dabei hat sie jedoch bereits die Vorgaben des auf Bundesebene verabschiedeten Rahmens zu beachten. Sie weist somit neben positiven immer auch noch normative Aspekte auf.[35]

Regionalplanung und Bauleitplanung

Wenngleich im Sprachgebrauch der Volkswirtschaftslehre Regionalplanung zumeist als Synonym für Raumordnung und Landesplanung verwendet wird, so ist sie im Rechtssinne lediglich eine Unterform der Landesplanung,[36] die auf regionaler Ebene, die Vorgaben von Bundes- und Landesebene berücksichtigend, plant. Sie hat für die Planungsobjekte und Planungssubjekte ebenso verbindlichen Charakter, wie die Bauleitplanung, die auf Stadt- und Gemeindeebene Flächennutzungspläne aufstellt. Beide sind aber in ihrer Konstruktion nicht mehr originär normativ sondern handeln innerhalb des vorgegebenen rechtlichen Rahmens.

Eine detailliertere Darstellung der institutionellen und instrumentellen Beziehungen raumbedeutsamer Planungen und Maßnahmen[37] auf den einzelnen Planungsebenen erfolgt in Kapitel II.

2.2 Abgrenzung der Raumordnungspolitik von der Regional- und Umweltpolitik

Die mangelnde Differenzierung der Begrifflichkeiten findet man auch bezüglich der Regionalpolitik[38], die oftmals mit räumlicher Politik gleichgesetzt wird. Dabei weist sie nur ein

33 LENDI, M.: Grundriß einer Theorie der Raumplanung - Einleitung in die raumplanerische Problematik. 2. Aufl., Zürich 1995, S.108f.

34 vgl. SCHÖNHOFER, J.: Begriffe der Raumplanung. In: ARL (Hrsg.): Daten zur Raumplanung. Zahlen - Richtwerte - Übersichten (Teil A), Hannover 1981, I.(1)

35 vgl. Gabler (Hrsg.): Wirtschaftslexikon (Bd.4). 12. Aufl., Wiesbaden 1988, S.44

36 vgl. BROCKHAUS - Die Enzyklopädie: in 24 Bänden. 20. Überarbeitete und aktualisierte Aufl., Leipzig/Mannheim 1991, Bd. 18, S.80

37 Raumbedeutsame Planungen und Maßnahmen (§3 Abs.1 ROG) umfassen alle Planungen und Maßnahmen, die Grund und Boden in Anspruch nehmen und/oder die räumliche Entwicklung eines Gebiets beeinflussen. Vgl. SCHÖNHOFER, J.: Begriffe der Raumplanung. In: ARL (Hrsg.): Daten zur Raumplanung. Zahlen - Richtwerte - Übersichten (Teil A), Hannover 1981, I.(2)

38 Rechtsgrundlage für die Regionalplanung ist das Gesetz über die Gemeinschaftsaufgabe „Verbesserung der regionalen Wirtschaftsstruktur" vom 6.10.1969 (BGBl I 1861) mit allen späteren Änderungen.

gewisses Maß an Überschneidungen mit der Raumordnungspolitik und der Raumplanung auf (vgl. Abb.3). So zielt die Regionalpolitik auf Ebene des Bundes und der Länder - im Rahmen der Gemeinschaftsaufgaben zum Beispiel durch die gemeinsame Abgrenzung von Fördergebieten in einem Rahmenplan - darauf ab, Pläne und Maßnahmen der Wirtschaftspolitik zu beschließen, um regionale Unterschiede in der ökonomischen Leistungsfähigkeit von Regionen abzubauen. Hier erfolgt also eindeutig eine Verengung des Fokus auf ökonomische Ziele[39], deren Erreichen durch Umsetzen der Rahmenpläne und unter Einbezug anderer Politikbereiche Aufgabe der Länder ist. Daß die Regionalpolitik dabei mit den Grundsätzen der allgemeinen Wirtschaftspolitik, mit den Zielen und Erfordernissen der Raumordnung und Landesplanung übereinstimmen soll und mit anderen öffentlichen Entwicklungsvorhaben abzustimmen ist, bedeutet nicht, daß Regionalpolitik mit Raumordnungspolitik und -planung identisch ist.

Ein weiterer Unterschied liegt in der räumlichen Eingrenzung der Regionalpolitik auf Gebiete in denen „die Wirtschaftskraft erheblich unter dem Bundesdurchschnitt liegt oder erheblich darunter abzusinken droht oder in denen Wirtschaftszweige vorherrschen, die vom Strukturwandel in einer Weise betroffen oder bedroht sind, daß negative Rückwirkungen auf das Gebiet in erheblichem Umfang eingetreten oder absehbar sind."[40]

Abb.3: Politikbereiche und ihre Verflechtungen

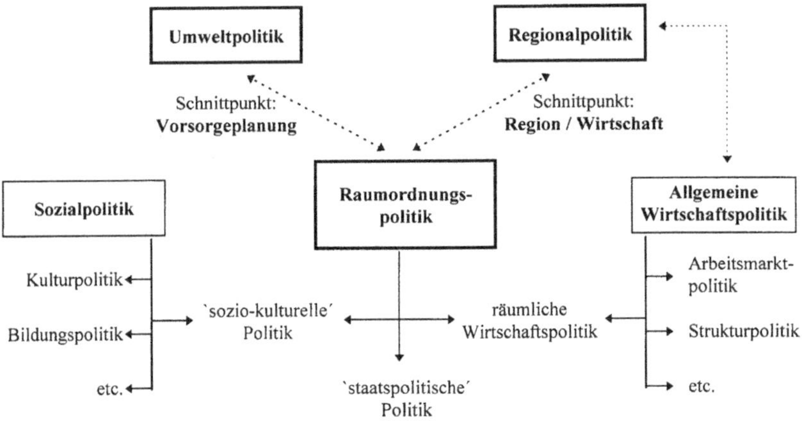

Quelle: Eigene Darstellung

Die natürliche Umwelt ist ein knappes öffentliches Gut, dessen Kosten mittels des Marktes in den meisten Fällen nicht mit vertretbarem Aufwand zu internalisieren sind. Aus diesem Grund sind imperative Maßnahmen des Staates zur Bewirtschaftung der Umwelt notwendig. Die Umweltpolitik stellt hierzu die Ziele und die zu ihrer Erreichung notwendigen

39 Regionalpolitik läßt sich letztlich in zwei Komponenten aufspalten: einmal entsprechend ihrer konzeptionell-organisatorischen Gestaltung und Zielorientierung als gezielt regionale Wirtschaftspolitik beziehungsweise als „eigenständige Wirtschaftspolitik der Regionen" und zum zweiten als die wirtschaftliche Dimension der Raumordnung beziehungsweise als „Regionalisierung der Wirtschaftspolitik". Vgl. hierzu JÜRGENSEN, H.: Raumwirtschaft II: Politik. In: HdWW, Bd.6, Stuttgart, S.429.

40 Vgl. zu diesem Gesamtabsatz Gabler (Hrsg.): Wirtschaftslexikon (Bd.5). 12. Aufl., Wiesbaden 1988, S.1204f.

Entscheidungen, umweltpolitischen Instrumente und Maßnahmen zur Verfügung. Letztlich ist die Umweltpolitik auf Art und Ausmaß des Abbaus natürlicher Ressourcen, der Umweltbelastung durch Produktionsprozesse und der Regeneration der natürlichen Umwelt gerichtet, damit die Umwelt als Lebensgrundlage gesichert bleibt.[41] Hier treffen sich Raumordnungspolitik und Umweltpolitik. Beide sind auf die langfristige Sicherung der Lebensgrundlagen der Menschen gerichtet. Da deren zukünftigen Bedarfe nicht endgültig bestimmt werden können, unterliegen beide Politikbereiche dem Vorsorgeprinzip. Auf diese Weise werden Handlungsmöglichkeiten sowohl für den Fall gleichbleibender wie auch sich ändernder Anforderungen bereitgestellt.
Würde die Gefährdung des Lebensraums nicht erkannt, verlören sowohl Raumordnungspolitik als auch Umweltpolitik die ihnen zukommende Beachtung und damit die notwendige Unterstützung und Durchsetzungskraft.

3. Grundlage konzeptioneller Änderungen der Raumordnungspolitik - Paradigmenwechsel und Veränderung des Leitbilds

„A ... characteristic has been the redistributive character of past regional policies whereas the development if indigenous resources or, as L. KOWALSKI called it, „helping regions to help themselves“ will have to be on the foreground.“[42]

War in der frühen Phase der Raumordnungspolitik und Raumplanung um die Jahrhundertwende noch die höchstmögliche technische Effizienz das Hauptziel einer jeden Planungstätigkeit (vornehmlich im Städtebau), so wurde dieses ab der Wiederaufbauphase zum Ende der vierziger bis hinein in die siebziger Jahre vom Ziel der größtmöglichen Steigerung des Sozialprodukts abgelöst. Räumliche Planungen beschränkten sich überwiegend auf die Beeinflussung der wirtschaftlichen Faktoren. Soziale Faktoren wurden insoweit mit in die Planungen einbezogen, als sie Wachstumsprozesse und die damit verbundenen Wandlungen in der Gesellschaft unterstützten beziehungsweise erleichterten.
Demgegenüber rücken heute in einer Phase sich abschwächenden Wachstums und relativ hohem Wohlstandsniveau zusätzliche gesellschaftliche Zielvorstellungen wie Umwelt[43] und regionale Effekte in den Vordergrund. Soziale Aspekte gewinnen zudem zunehmend an Eigenständigkeit und lösen sich von der rein instrumentell-funktionalen Betrachtungsweise hinsichtlich ihres Beitrags zur ökonomischen Entwicklung einer Gesellschaft und deren Teilräumen.[44]

---

41 vgl. Gabler (Hrsg.): Wirtschaftslexikon (Bd.6). 12. Aufl., Wiesbaden 1988, S.2066f.

42 STÖHR, W.B.: Regional Policy at the Crossroads - An Overview. In: ALBRECHTS, L; MOULAERT, F.; et al. (Hrsg.): Regional Policy at the Crossroads - European Perspectives. London 1989, S.193

43 An dieser Stelle soll lediglich die Umwelt als `neuer´ Zielbereich der Raumordnung und Raumplanung erläutert werden. Überlegungen, ob Umweltschutz überhaupt von der Gemeinschaft oder aber von individuellen Verursachern getragen werden soll oder überhaupt kann, ist hier nicht Gegenstand der Diskussion sein. Das bedeutet, daß hier überwiegend der Teil des Umweltschutzes im Vordergrund steht, der mit Hilfe des Einsatzes öffentlicher Mittel gemäß dem Gemeinlastprinzip Umweltbelastungen oder -schädigungen entgegentritt. Daß natürlich auch Maßnahmen entsprechend dem Verursacherprinzip ergiffen werden können und den Kanon der gesamten Instrumente abrunden, ist selbstverständlich. Vgl. dazu WICKE, L.: Umweltökonomie: Eine praxisorientierte Einführung. 4. Aufl., München 1993, S.351

44 vgl. KLAUS, J.: Grundlegende Aspekte der Planungsrationalität und Planungsmethodik. In: KLAUS, J.: Entscheidungshilfen für die Infrastrukturplanung - Neuere Entwicklungen auf dem Gebiet der Analyse und Bewertung öffentlicher Projekte. Sonderdruck, Baden-Baden, o.J., S.22f.

Zusammenfassend kann damit ein Wechsel des zugrunde liegenden Paradigmas weg von der Koordination des Wachstums und der `Kanalisierung´ der damit in Zusammenhang stehenden Folgen, hin zur Unterstützung der Wandlungsprozesse konstatiert werden.

Abb.4: Paradigmenwechsel in Raumordnung und Raumplanung

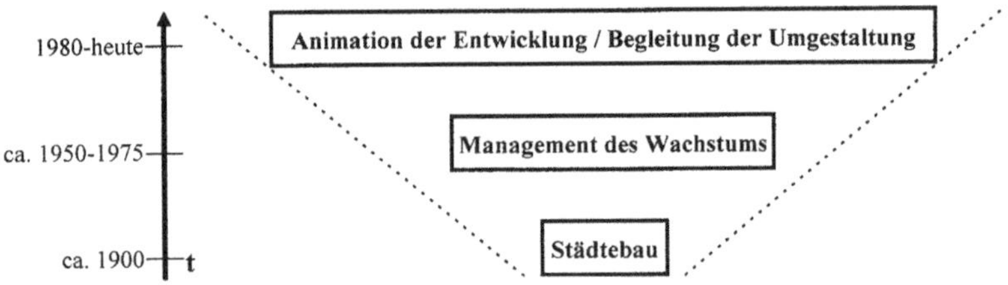

Quelle: Eigene Darstellung

Dies bedeutet jedoch nicht, daß die wirtschaftlichen Faktoren in den Hintergrund treten. Unter dem Eindruck zunehmender Globalisierung der Ökonomie wandelten sich auch auf diesem Feld die Leitbilder der räumlichen Ordnung. Früher ging es überwiegend darum „gleichwertige Lebensbedingungen“[45] zu schaffen und zu erhalten und dazu wurde angestrebt räumliche Disparitäten zu verringern und vergleichbare Einkommensniveaus zu gewährleisten. Heute versteht man Disparitäten auch positiv - durchaus im SCHUMPETERschen Sinne, daß nämlich Ungleichgewichte der Normalfall der Marktwirtschaft sind und „offene, unregelmäßig-dynamische Systeme ... vielleicht leistungsfähiger“ sind.[46]
So stehen heute wirtschaftliche, soziale, kulturelle wie ökologische Faktoren gleichberechtigt nebeneinander (vgl. Abb.5).

Das ökologische Ziel `Erhaltung der natürlichen Lebensgrundlagen´ bezieht sich insbesondere auf die sparsame und schonende Flächennutzung. Dauerhafte Beeinträchtigungen der Entwicklungsmöglichkeiten betroffener Regionen sowie deren ökologischen Potentiale sollen vermieden werden. Wobei stets das Problem auftaucht, daß viele Nutzungsformen kaum mehr oder nur unter extrem hohem Aufwand umkehrbar sind. Zu denken wäre etwa an Siedlungsnutzung des Raums, einmal getroffene Entscheidungen sind praktisch irreversibel.
Der hierzu notwendige vorbeugende Umweltschutz wird in wesentlichen Zügen zukünftig über die Raumordnungspolitik verwirklicht werden, da nämlich bereits in der Planung umweltrelevanter Aktivitäten sowie deren potentiell raumbedeutsamen Auswirkungen untersucht werden können. Bislang konzentrierte sich die Umweltpolitik vorrangig auf die Abwehr aktueller Gefahren und die Reparatur eingetretener Schäden.
Die neue Form des Umweltschutzes ist mit Sicherheit - sowohl auf der Ebene des Individuums wie der Gesellschaft - effektiver und mittel- beziehungsweise langfristig auch kostengünstiger.[47]

---

[45] Das Ausgleichsziel wird neuerdings eher so verstanden, daß es um gleichwertige Chancen in allen Teilräumen geht, so daß beispielsweise auf Schaffung von Arbeitsplätzen, gleichwertigen Bildungs- und Erziehungsmöglichkeiten und ärztliche Versorgung Wert gelegt wird. Vgl. BENDER, H.-U.; KÜMMERLE, U.; RUHREN, N.v.d.; THIERER, M.: Räume und Strukturen. 1. Aufl., Stuttgart 1985, S.232

[46] vgl. dazu ZALAD, K.: Von der Raumplanung zum Raummanagement? In: ORL (Hrsg.): Planungssysteme - Planungskonzepte, wie weiter? ORL-Bericht 101/1996, Zürich 1996, S.87

[47] vgl. BMBau (Hrsg.): Raumordnung in Deutschland. Bonn 1996, S.9

Abb.5: Bestimmungsfaktoren der Raumordnung und Raumplanung

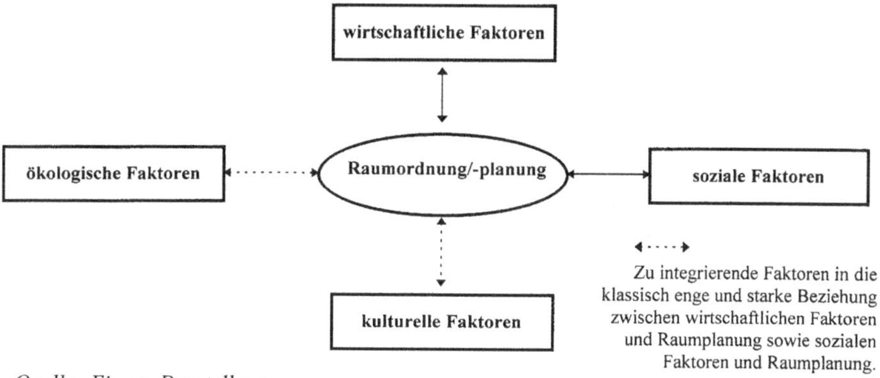

Quelle: Eigene Darstellung

Die verstärkte Berücksichtigung der ökologischen Komponente findet seinen Niederschlag in der 'Nachhaltigkeit' als neuem, übergeordnetem Leitbild der Entwicklung und Planung (vgl. Kapitel II 1.1.2 und Kapitel VI 1.2.4). Übergeordnet deswegen, da im Bundesraumordnungsgesetz - zusammen mit der konkreteren Ausgestaltung im Bundesraumordnungsprogramm und den Raumordnungsberichten - die Leitbilder der verschiedenen 'Zielbereiche' festlegt werden. Angestrebtes Ziel der Nachhaltigkeit ist es, die Lasten für die Zukunft möglichst gering zu halten.

Abb.6: Flankierende Ideen der Raumordnung und Raumplanung

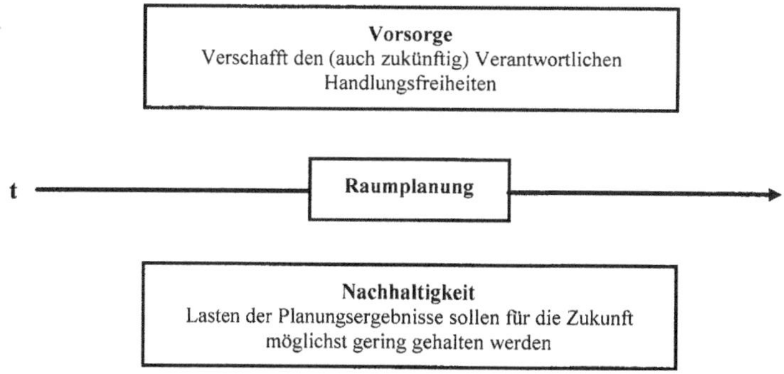

Quelle: Eigene Darstellung

Dabei bezieht sich der Nachhaltigkeits-Begriff nicht nur - wie in der öffentlichen Wahrnehmung und im tagtäglichen politischen Sprachgebrauch so oft benutzt - auf den ökologischen Bereich. Er schließt in seiner raumordnerischen Verwendung auch die soziale und wirtschaftliche Nachhaltigkeit mit ein. Hier soll einerseits die effiziente Nutzung der Produktionsfaktoren, etwa die Recycling-Wirtschaft, andererseits aber auch eine langfristig tragfähige und damit den gesellschaftlichen Frieden sichernde gesellschaftliche Entwicklung gewährleistet werden.

In Verbindung mit dem dargestellten Vorsorgeprinzip, das den Trägern der Planung auch für die Zukunft Handlungsalternativen ermöglichen soll, prägt die Nachhaltigkeit den Raumplanungsprozeß als zweite leitende Idee (vgl. Abb.6).[48]

4. Europäische Dimension der Raumordnung

Der supranationale Aspekt der Raumordnung tritt im Rahmen dieser Arbeit zurück. Internationale Sichtweisen werden nur an den Stellen in die Untersuchung mit einbezogen, an denen dies aufgrund der räumlichen Problemlagen unabdingbar erscheint. Fragestellungen, die sich in ihrer überwiegenden Erscheinungsform auf nationaler und regionaler[49] Ebene zeigen und auch auf den entsprechenden föderalen Ebenen bearbeitet werden können, stehen im wesentlichen aus zwei Gründen im Vordergrund:

- So ist eine europäische Raumordnung, die diesen Namen verdient, derzeit nicht in Sicht. Zwar werden Abstimmungen mit europäischen Planungen gefordert und auch Pläne im europäischen Maßstab skizziert[50], die bleiben aber in ihrem Konkretisierungsgrad noch weit hinter den Plänen auf nationaler Ebene zurück (und werden in absehbarer Zukunft diesen Konkretisierungsgrad wohl auch nicht erreichen). Dabei stellt sich die Frage, ob es überhaupt sinnvoll sein kann eine nochmals übergeordnete Planungsebene einzuziehen, obgleich (vgl. Kapitel II 2.1) Vorstellungen und Formulierungen bereits auf Bundes- und Landesebene teilweise sehr abstrakt sind.
- Zudem beziehen sich die bislang bestehenden Pläne nur auf einzelnen Felder, insbesondere des Verkehrs und der allgemeinen Infrastruktur und haben eher solitär stehende Ziele, wie etwa das Erreichbarkeitsziel für großen Agglomerationen im europäischen Verkehrsnetz. Ein komplexes, an räumlichen Belangen orientiertes Zielsystem ist praktisch nicht auszumachen. Hier sind einzig die Ziele der europäischen Strukturpolitik zu sehen, die aber überwiegend rein ökonomisch motiviert sind.

Weiter stellt sich die Frage, wie sinnvoll europäische Ansätze vor dem Hintergrund der Diskussion um Föderalismus und Subsidiarität innerhalb der Europäischen Gemeinschaft sein können? Ist es denn sinnvoll, eine weitere zentrale Ebene einzuziehen?
Zudem herrschen zwar innerhalb der Bundesrepublik prinzipiell einheitliche und aufeinander abgestimmte institutionelle Strukturen, die eine gemeinsame Grundlage für alle planenden Ebenen schaffen und somit Kompatibilität bei gemeinsamen Planungen gewährleisten. Da dies aber für den internationalen Vergleich nicht gilt, können Planungsprinzipien ebenso wie Ordnungsprinzipien nur äußerst schlecht so gestaltet werden, daß sie unabhängig vom jeweils zugrunde liegenden politisch-institutionellen System einsetzbar wären.[51]

---

48 vgl. LENDI, M.: Grundriß einer Theorie der Raumplanung - Einleitung in die raumplanerische Problematik. 2. Aufl., Zürich 1995, S.75f.

49 'Regional' meint hier eine abgegrenzte räumliche Einheit innerhalb eines Staatsgebietes.

50 Vgl. BMBau (Hrsg.): Grundlagen einer Europäischen Raumentwicklungspolitik. Bonn 1995, in dem wesentliche Grundsätze einer entsprechenden Politik, wie sie am 21./22. September 1994 in Leipzig verabschiedet wurden, zusammengefaßt sind, sowie BMBau (Hrsg.): Raumordnung in Deutschland. Bonn 1996, S.4ff. i.V.m. S.38ff.

51 So ist zum Beispiel die Raumordnung in Frankreich - ebenso wie die ganze politische Struktur - sehr stark auf den Zentralstaat zugeschnitten, was breiteren föderalen Tendenzen entgegen läuft. Vgl. etwa

Hier scheinen Vorschläge, die eine freiwillige Zusammenarbeit im Rahmen konkreter grenzüberschreitender Problemlagen bevorzugen - nicht zuletzt im Hinblick auf die Operationalisierbarkeit der Maßnahmen - interessantere und erfolgversprechendere Aspekte in die Debatte einzubringen.

Ein beachtenswertes Argument gegen eine, wie auch immer zu gestaltende europäische Raumordnung setzt an Wettbewerbsüberlegungen an. Entsteht im Zuge der europäischen Integration zunehmend ein grenzenloser Raum, so erhöht dies die Bedeutung der verbleibenden Regelungsbereiche und der verbleibenden Unterschiede. Grenzüberschreitende Wirtschaftstätigkeiten, bei bestehenden nationalen und/oder regionalen Raumordnungskompetenzen, läßt die Raumordnung zu einem wesentlichen Element der Konkurrenzfähigkeit werden. Somit konkurrieren verschiedene Raumordnungen und Raumqualitäten zunehmend um Ressourcen und Legitimität.[52]

KISTENMACHER, H.: Raumordnung und raumbezogene Politik in Frankreich und Deutschland. In: ARL (Hrsg.): Beiträge, Bd.129, Hannover 1994 oder DAVID, C.-H.: Ausländische Raumordnungsprobleme in rechtsvergleichender Sicht. In: Beiträge zum Siedlungs- und Wohnungswesen und zur Raumplanung, Bd.30, Münster 1975

52 vgl. ZALAD, K.: Von der Raumplanung zum Raummanagement? In: ORL (Hrsg.): Planungssysteme - Planungskonzepte, wie weiter? ORL-Bericht 101/1996, Zürich 1996, S.92 oder auch EU/EUROPÄISCHE KOMMISSION (Hrsg.): „Europa 2000+". Einleitung u. S.92

Zweites Kapitel

Fundamente und Entwicklungslinien der Raumordnung und Raumplanung in der Bundesrepublik Deutschland

Einordnung des Kapitels in den Gesamtzusammenhang

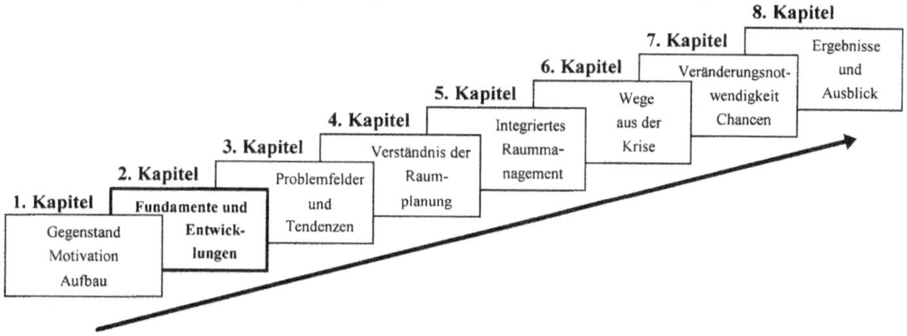

Quelle: Eigene Darstellung

1. Gesellschaftliche Wertvorstellungen - Fundamente der Raumordnung

„Raumplanung kann traditionell oder ideologisch begründete Werthaltungen aufbrechen, Fehleinschätzungen korrigieren und vorherrschende Orientierungen durch die Vorstellung alternativer Leitbilder oder Verhaltensmaßstäbe in die Diskussion ziehen und so die Bewußtseinslage beeinflussen."[1]

Jegliche politische Aktivität mit ihren je spezifischen Zielen steht immer auch vor der Frage, welche Prozesse und Entwicklungen zu ihren Zielen geführt haben, welche Einordnung diesen im gesamtgesellschaftlichen Zielsystem zukommt und wie ihre Ziele sich im Zeitverlauf verändern beziehungsweise durch welche Faktoren deren Gewichte innerhalb des Zielkatalogs verändert werden.
Neben der Zielanalyse, die sich aus entsprechenden gesellschaftlichen, naturräumlichen und wirtschaftlichen Tendenzen geriert, muß aber immer auch die Rechtfertigung der Verfolgung solchermaßen entstandener Ziele stehen. Denn selbst wenn Ziele auf den ersten Blick einleuchtend erscheinen, kann in einem demokratisch verfaßten Staat niemals eine intuitive Übereinstimmung bei der Ausrichtung entsprechender Politiken befriedigen, sondern müssen in einem argumentativen Ringen Grundlagen geschaffen werden, die auch dauerhaft einer späteren Überprüfung standhalten und die eine Basis durch Legitimation im gesellschaftlichen System finden.

Dabei sind einerseits die naturräumlichen Gegebenheiten und deren Entwicklung Ausgangspunkt der Raumordnung, denn sie bilden die Grundlage des Lebens und Wirtschaftens im Raum. Andererseits prägt der gesellschaftliche und wirtschaftliche Status Quo sowie dessen Entwicklung wiederum die unterliegenden Wertvorstellungen einer Gesellschaft mit ihren

---

[1] STORBECK, D.: Gesellschaft und Raum. In: ARL (Hrsg.): Grundriß der Raumordnung, Hannover 1982, S.12

daraus resultierenden räumlichen Ordnungsvorstellungen. Die vorherrschenden Werte prägen den allgemeinen Umgang mit Flächen, Böden und Naturgütern insbesondere durch die Bereiche Wohnen, Arbeiten, Kommunikation, Bildung und Freizeit sowie nicht zuletzt dem generativen Verhalten. All dies findet seinen Niederschlag in der Raumstruktur.[2]
Gesellschaftliche Anforderungen an den Raum und Verhaltensweisen von Individuen müssen hierbei unterschieden werden. Während letztere eher Anpassung an bestehende Zustände darstellen, repräsentieren erstere den Ausdruck gesellschaftlicher Aktivität zur Veränderung räumlicher Strukturen.[3]

1.1 Gesellschaftliches Zielsystem - Ausprägung in der Raumordnungspolitik

„Triff niemals Entscheidungen im Namen eines abstrakten oder utopischen Ziels - wie etwa des Gemeinwohls."[4]

Für die Analyse von Zielsystemen sind die Ziel-Mittel-Relationen von Bedeutung. Enthält doch jedes Zielsystem Ziele, die sich auf allgemeinereTatbestände beziehen und andere Ziele, die sich auf speziellere Tatbestände beziehen und die darum im Regelfall hierarchisch geordnet werden können. Dabei gilt, daß ein Ziel umso höher in der Zielhierarchie steht, je allgemeiner es ist. Speziellere Ziele können dagegen als Unterziele aufgefaßt werden und sind durch ihre einfachere Operationalisierbarkeit gekennzeichnet.
Faßt man Instrumente als jeden Tatbestand auf, der zur Zielerreichung beitragen kann, so stellen Unterziele ebenfalls Instrumente dar.[5] Im engeren Sinne jedoch lassen sich Unterziele nicht als Instrumente der Raumordnungspolitik verwenden; dann sind Instrumente lediglich Tatbestände, die als Handlungsregeln für die politischen Entscheidungsträger formuliert werden können. Das begründet, warum auf den unteren Ebenen der Zielhierarchie die Trennungslinie zwischen Zielen und Instrumenten bisweilen fließend ist.[6]

Bei der Aufstellung von Ziel-Mittel-Systemen müssen die folgenden, zu beobachtenden Grundprinzipien der gesellschaftlichen Raumnutzung berücksichtigt werden, sollen sie nicht am grundsätzlichen Bedarf vorbei entwickelt werden: So ist (1) das soziale Grundprinzip der allgemeinen Konzentration in Verbindung mit dem der Besiedelung zu beachten, das Zentralisierung im Sinne von CHRISTALLER/LÖSCH[7] zur Folge hat. Ebenso müssen (2) die Grundprinzipien der Arbeitsteilung sowie des Güter- und Leistungsaustauschs, die einen lokalen oder regionalen Leistungsverbund begründen, beachtet werden. Die Spezialisierung führt dann

2 vgl. HÜBLER, K.-H.: Raumordnungspolitik und Wertewandel - Überlegungen zur Fortentwicklung der Raumordnungspolitik. In: ARL (Hrsg.), Bd.103, Hannover 1987, S.4

3 vgl. STORBECK, D.: Gesellschaft und Raum. In: ARL (Hrsg.): Grundriß der Raumordnung, Hannover 1982, S.12

4 POPPER, K. zitiert nach: ANDERS, P.E.: Betriebswirtschaft non olet - Humor oeconomici mit süss-saurem haut goût. Wiesbaden 1995, S.159

5 Zum gleitenden Übergang von Zielen und Instrumenten beispielsweise BERG, H.; CASSEL, D.: Theorie der Wirtschaftspolitik. In: Vahlen´s Kompendium der Wirtschaftstheorie und Wirtschaftspolitik, Bd.2, München 1990, S.196ff.

6 Vgl. hierzu etwa die Abgrenzung von Ziel-Mittel-Systemen in der Regionalpolitik von BÖVENTER, E.v.; HAMPE, J.; STEINMÜLLER, H.: Theoretische Ansätze zum Verständnis räumlicher Prozesse. In: ARL (Hrsg.): Grundriß der Raumordnung, Hannover 1982, S.89

7 hierzu LÖSCH, A.: Die räumliche Ordnung der Wirtschaft. Stuttgart 1962 und CHRISTALLER, W.: Das Grundgerüst der räumlichen Ordnung in Europa - Die Systeme der europäischen zentralen Orte. Frankfurt 1950

verstärkt dort, wo natürliche Ressourcen nur in bestimmten Raumeinheiten zur Verfügung stehen - zu einem funktionalen System von Standorten und somit zu ganz speziellen Raumnutzungsmustern.

1.1.1 Allgemeine gesellschaftliche Zielhierarchie

Um überhaupt handeln zu können, muß auf der politischen Ebene die Richtung vorgegeben werden in die Maßnahmen zielen sollen. So verstanden sind Ziele „Vorstellungen über die erwünschte Lage“. Im politischen Alltag findet man - trotz konkret anmutender Begriffe (zum Beispiel `Zielfunktion') - meist keine eindeutig formulierten Ziele. Und selbst die vorzufindenden Zielformulierungen sind in sich nicht widerspruchsfrei (vgl. Kapitel II 1.1.3). Die Gründe für diesen `Leerformel'-Charakter zahlreicher Ziele sind unterschiedlich. Einer findet seinen Ursprung in der Tatsache, daß es praktisch eine unbegrenzte Zahl politisch wünschenswerter Vorstellungen gibt, für die es „nur im Denkvermögen und in der Phantasie des (Wirtschafts-)Politikers eine Grenze“ (WÜRGLER) gibt. Richtiger wäre es an dieser Stelle von Wünschen, denn von Zielen zu sprechen.
Zudem werden meist verschiedene Zielebenen unterschieden (vgl. Abb.7). Je höher die Zielebene um so geringer ist die inhaltliche Konkretisierung der Ziele. Dies ist am `Gemeinwohl' als übergeordnetes Ziel der Staats- und Gesellschaftspolitik deutlich zu sehen. Dieses Ziel erfährt zwar eine Aufspaltung in Subziele, die aber wiederum für sich genommen einen nach wie vor unbefriedigend hohen Abstraktionsgrad aufweisen. Erst wenn man sich dem Fundament der Zielpyramide nähert, werden die Ziele operationalisierbar.

Um dem Ziel gesellschaftlicher Wohlfahrt (`Volkswohlstand') näher zu kommen, leistet auch die Raumordnungspolitik auf ihren Feldern `Ökonomie', `Ökologie', `Soziales' sowie `Kultur' koordinierte Handlungsbeiträge. Dazu bedarf es besonderer politischer Gestaltungskraft und Problemnähe.

Raumordnunspolitik und deren Leitbilder einer angestrebten räumlichen Ordnung, verstanden als „die umfassende Ausgestaltung der Lebensverhältnisse in den Teilgebieten des Lebensraumes einer Gemeinschaft von Menschen“, bezieht sich normativ wie faktisch auf die regionale Dimension des Wohlstandsziels, wie der Verteilung sowie der relativen Entwicklung von Aktivitäten, der dazugehörigen Einrichtungen und der Lebensmöglichkeiten insgesamt. Darüber hinaus werden auch die Beziehungen zwischen den Teilräumen mit berücksichtigt. Ein solcher, umfassend angelegter Ansatz zur Ausgestaltung der Lebensverhältnisse erstreckt sich auf alle denkbaren gesellschaftlichen Tatbestände. Dementsprechend ist eine Beschränkung auf rein wirtschaftliche Aspekte nicht möglich, vielmehr sind neben den ökonomischen Zielsetzungen immer auch die außerökonomischen mit zu behandeln und dabei ist zu beachten, daß es an einer Vielzahl von Punkten zu Verflechtungen der Ziele, Maßnahmen, Prozesse und Ergebnisse dieser Bereiche kommt.
Dessen ungeachtet sind raumwirtschaftliche Vorstellungen mit den räumlichen Ordnungskonzeptionen aufs engste verbunden. Die räumliche Wirtschaftspolitik (Raumwirtschaftspolitk) „trifft in dieser Sicht sowohl bei den Zielen als auch bei den Maßnahmen, Prozessen und Ergebnissen nur einen Ausschnitt.“ Als wirtschaftliche Dimension der Raumordnung ist sie jedoch deren integraler Bestandteil.[8]

---

8 vgl. KLAUS, J. Raumwirtschaft III: Ordnung. In. HDWW, Bd. 6, Stuttgart 1981, S.Bd.9, S.442

Abb.7: Verhältnis des gesellschaftlichen und raumordnungspolitischen Zielsystems

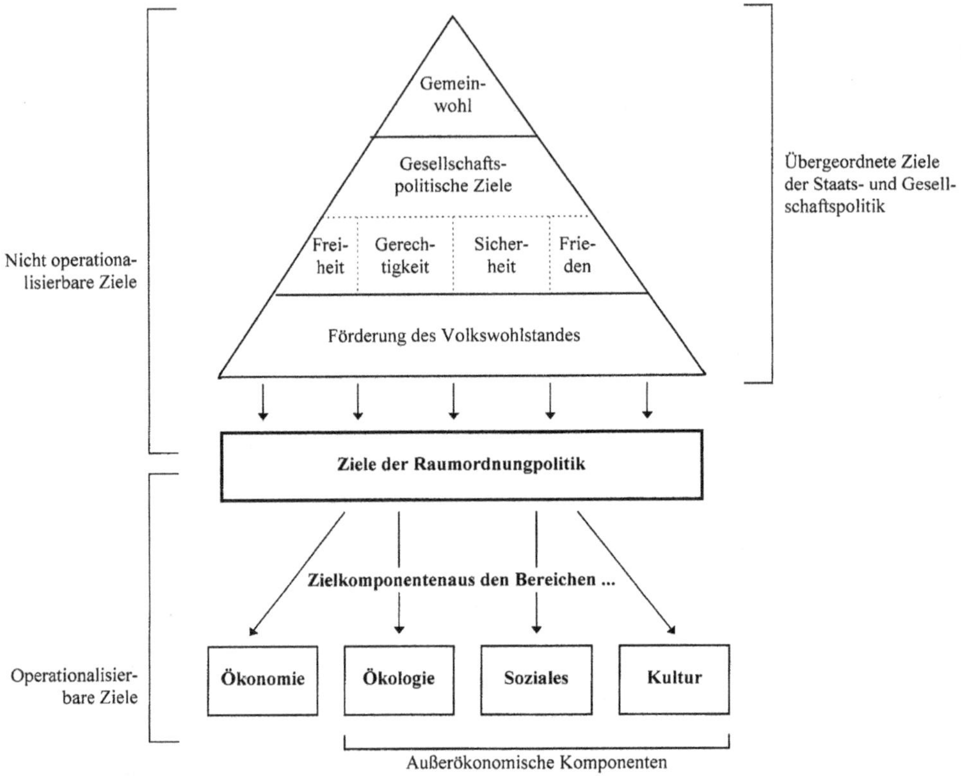

Quelle: Eigene Darstellung in Verbindung mit Teilen der Zielpyramide von TUCHTFELD, E.: Wirtschaftspolitik. In: HDWW, Bd. 9, Stuttgart 1983, S.183

1.1.2 Zieldualität versus `Magisches Dreieck der Raumordnungsziele´

In diesem Abschnitt wird aufgezeigt, wie sich das Zielsystem der Raumordnung über die Zeit hinweg entwickelt hat. Wandelten sich doch die Zielschwerpunkte parallel zu den Entwicklungen in der Gesellschaft - und dabei insbesondere in der Wirtschaft - und damit zu den der Veränderungen der gesellschaftlichen Bedürfnisse.

Eine Zusammenschau der Einflußfaktoren auf raumordnerische Vorstellungen und damit auf die Raumordnungspolitik gibt die folgende Abbildung. Eine zentrale Determinante, und deswegen auch hervorgehoben, ist der räumliche Status Quo. Er bildet Ausgangspunkt und Umfeld jedweder gestaltender räumlicher Aktivitäten, aber auch der übrigen Einflußfaktoren. Zweiter zentraler Punkt sind die politischen Entscheidungen unterliegenden Werte und deren

Veränderungen im Zeit- und Entwicklungsverlauf[9]. Auch in ihnen spiegeln sich die Einflüsse der übrigen Bereiche, die den Strukturwandel - und damit auch die Raum- und Siedlungsstruktur - maßgeblich beeinflussen werden, wider. Der Einfluß der veränderten Werte löst dann wiederum Veränderungen im Zielsystem einerseits und in den daraus abgeleiteten Grundsätzen einer modernen Raumordnung sowie der einzusetzenden Instrumente andererseits nach sich, so daß mit diesen Rückkopplungen eine geschlossene Wirkungskette entsteht.[10] Dabei wird diese Wirkungskette durch individuelles Verhalten zusammengehalten, denn die Individuen sind die 'Sensoren' und die 'Aktoren' im System, das heißt sie nehmen externe und interne Einflüsse auf und verändern durch ihre Verhaltensanpassungen das System.

Abb.8: Einflußfaktoren der Raumordnungspolitik

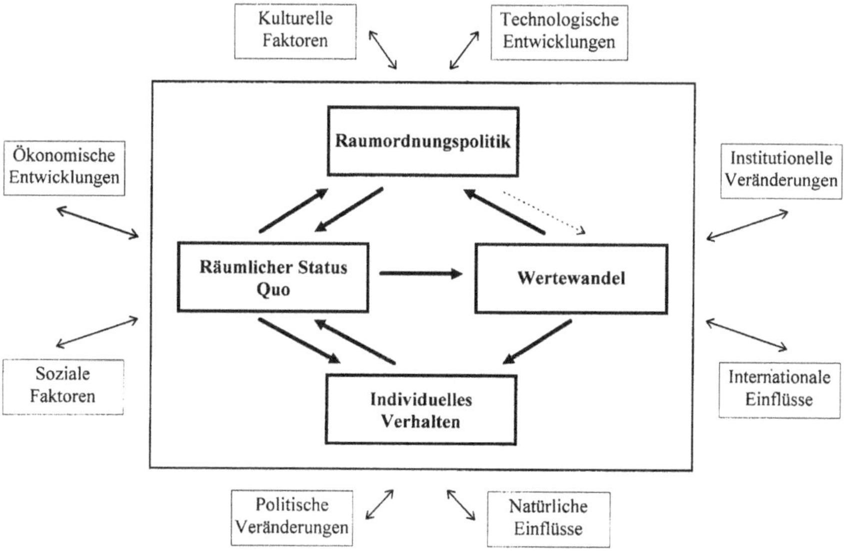

Quelle: Eigene Darstellung

Ganz ähnlich sieht STORBECK die Verflechtung zwischen Raumordnung und beeinflussenden Komponenten, wenn er schreibt, daß wiederum vom „Ergebnis der Raumnutzung zahlreiche Rückkopplungen auf andere Komponenten des Systems bis hin zu den gesellschaftlichen Steuerungsgrößen"[11] ausgehen.

---

9 Der Begriff 'Wertewandel' ist an dieser Stelle eigentlich nicht korrekt, denn die in einer Gesellschaft vorzufindenden Werte sind im Zeitverlauf realtiv stabil. Lediglich ihre jeweils aktuellen Gewichte innerhalb des Gesamtbündels der vorzufindenden Werte verändern sich. Dies bedeutet aber nicht, daß neue Werte entstehen und alte gänzlich verschwinden. Vgl. Etwa BEYER, H.-T.: Personallexikon. München/Wien/Oldenbourg 1990, S.375f.

10 vgl. HÜBLER, K.-H.: Raumordnungspolitik und Wertewandel - Überlegungen zur Fortentwicklung der Raumordnungspolitik. In: ARL (Hrsg.), Bd.103, Hannover 1987, S.1f.

11 STORBECK, D.: Gesellschaft und Raum. In: ARL (Hrsg.): Grundriß der Raumordnung, Hannover 1982, S.6

Die Analyse wird im folgenden primär unter ökonomischem Blickwinkel erfolgen. Diese Verengung des Focus erscheint aber durchaus zulässig, da die massiven Veränderungen in der Gesellschaft (Vorkriegs- und Nachkriegsphase, Wirtschaftswunder sowie der anschließenden die Wohlstandsgesellschaft) und die sich parallel dazu wandelnden `Wert´-Setzungen überwiegend im wirtschaftlichen Bereich ihre Triebfedern fanden.

Entwicklungsphasen der Raumplanung

Bis zum zweiten Weltkrieg traten räumliche Probleme in der Gesellschaft fast nur dort auf, wo es um die Bewältigung von Wachstum ging. Dies war zumeist in Großstädten der Fall. Somit ging es in diesem frühen Stadium der Verwaltungspraxis überwiegend um punktuelles Eingreifen, dessen Hauptziel die technische Effizienz darstellte.

Mit Einsetzen des `Wirtschaftswunders´ in der Nachkriegszeit rückte die höchstmögliche Steigerung des Sozialprodukts und die landesweite Bewältigung der mit diesem Wachstum verbundenen räumliche Folgen in den Mittelpunkt der Bemühungen. Dabei orientierte sich der einsetzende wirtschaftliche Aufschwung in seiner räumlichen Verlaufsform entlang des traditionellen Siedlungssystems, da trotz umfangreicher Zerstörungen im Krieg Teile der materiellen Infrastruktur erhalten geblieben waren. In den 60er Jahren wurde deutlich, daß die internationale Mobilität des Kapitals intranationale Standortentscheidungen in den Hintergrund drängte und es galt die zunehmende internationale Standortkonkurrenz zu bestehen. In der Folge begann man auch in der Bundesrepublik Deutschland, systematisch und zielgerichtet in den Ausbau des Raumes zu investieren.[12]

Seit den 70er Jahren, als Stagnations- teilweise gar Schrumpfungserscheinungen zu beobachten waren, und verstärkt noch mit Beginn der 80er Jahre, als sich das wirtschaftliche Wachstum vom Raum abzukoppeln begann, ist wirtschaftliches Wachstum keineswegs mehr mit physisch-räumlichem Wachstum gleichzusetzen. Sichtbar wird dies daran, daß sich das bauliche und infrastrukturelle Wachstum stark reduziert hat und sich heute auf einige wenige, ausgewählte Punkte konzentriert. Dem entsprechend hat sich die Nachfrage des gesellschaftlichen Systems nach Lösungen wachstumsbedingter räumlicher Konflikte verringert, treten die ökonomischen Aspekte zurück und machten anderen Zielbereichen Platz.[13] Heute rücken zusätzliche gesellschaftliche Zielvorstellungen, wie Umwelt[14], soziale und regionale Effekte in den Vordergrund.[15]

---

[12] vgl. SCHMERBACH, T.: Entwicklung und Perspektiven der deutschen und schweizerischen Regionalpolitik: ein Vergleich. In: BfLR (Hrsg.): RuR, H.2+3/96, Bonn 1996, S.184 und FRIELING, H.D.v.; SCHAMP, E.W.: Internationale Konkurrenz und Produktionsstandorte. In: Geographische Rundschau, H.12, 1985, S.616

[13] vgl. SCHNEIDER, A.: Schwierigkeiten der Raumplanung - Nur ein Versagen von Planungssystemen und -konzepten? In: ORL (Hrsg.): Planungssysteme - Planungskonzepte, wie weiter? ORL-Bericht 101/1996, Zürich 1996, S.102

[14] An dieser Stelle soll lediglich die Umwelt als `neuer´ Zielbereich der Raumordnung und Raumplanung erläutert werden. Überlegungen, ob Umweltschutz überhaupt von der Gemeinschaft oder aber von individuellen Verursachern getragen werden soll, kann hier nicht Gegenstand der Diskussion sein. Das bedeutet, daß hier überwiegend der Teil des Umweltschutzes im Vordergrund steht, der mit Hilfe des Einsatzes öffentlicher Mittel gemäß dem Gemeinlastprinzip, Umweltbelastungen oder -schädigungen entgegentritt. Das nichtsdestotzrotz auch Maßnahmen entsprechend dem Verursacherprinzip ergiffen werden können und den Kanon der gesamten Instrumente abrunden, ist selbstverständlich. Vgl. dazu WICKE, L.: Umweltökonomie: Eine praxisorientierte Einführung. 4. Aufl., München 1993, S.351

[15] vgl. etwa KLAUS, J.: Grundlegende Aspekte der Planungsrationalität und Planungsmethodik. In: KLAUS, J.: Entscheidungshilfen für die Infrastrukturplanung - Neuere Entwicklungen auf dem Gebiet der Analyse und Bewertung öffentlicher Projekte. Sonderdruck, Baden-Baden, o.J., S.22f.

Externe Faktoren, die derzeit die Raumordnung am meisten beeinflussen[16], lassen sich in nationale und internationale einteilen (zu deren Einordnung in den theoretischen Rahmen vgl. Abb.8). International zeigen Veränderungen auf Ebene der Europäische Union, wie beispielsweise deren Erweiterung, der liberalisierte Binnenmarkt und der Ausbau des transeuropäischen Hochgeschwindigkeitsverkehrssystems mit seiner Begünstigung der großen europäischen Zentren, ebenso Wirkung, wie die Öffnung des Ostblocks, die durch ein teils drastisches Lohngefälle zur Abwanderung von Produktion und Arbeitsplätzen geführt hat. Zuwanderungen aus Ost- und Mitteleuropa erhöhen den Bedarf an räumlichen Lösungen ebenso, wie Globalisierungstendenzen mit den forcierten Veränderungen des ökonomischen Umfelds in weiten Teilen der Wirtschaft.
Zentrale Aspekte auf der nationalen Ebene sind die Zusammenfügung unterschiedlich strukturierter Teilräume im Zuge der deutschen Einheit, die durch unterschiedliche Problemlagen[17] und Entwicklungsstände charakterisiert sind, und die zunehmenden Überlastungserscheinungen in den Verdichtungsräumen. Die ökonomische Tendenz zur Zentralisierung, die Ballungszentren gegenüber den übrigen Teilräumen stärkt, schlägt sich nicht zuletzt in starken Binnenwanderungen in die Verdichtungsräume nieder.
All dies verändert die Anforderungen an die Leistungsfähigkeit und Ausgestaltung der physischen Infrastruktur, der Bildungssysteme, der kulturellen Einrichtungen genauso wie an die Koordination der Ansprüche an Wohn- und Arbeitsstätten sowie Erholungsmöglichkeiten.

Die in den letzten drei Dekaden deutlichste Veränderung im Bewußtsein der Raumordnung hat die zunehmende Bedeutung der Umwelt ausgelöst. Die Erkenntnis, daß Umwelt - sei es in Form von stofflichen Ressourcen, dem Boden, oder allgemein dem Landschaftsbild - ein begrenztes Gut ist und zugleich immer auch Grundlage für alle sozialen und wirtschaftlichen Aktivitäten darstellt - als Senke für Abfälle oder Quelle für Inputfaktoren genauso wie als Freizeitraum -, rief die Forderung nach einer `nachhaltigen´ Nutzung hervor.
Der Bedeutungszugewinn der Umwelt[18] im Verhältnis zu den Zielgrößen der Raumordnung kann am substitutiven Zusammhang mit der ökonomischen Größe `Sozialprodukt´ beispielhaft dargestellt werden (vgl. Abb.9). In der Nachkriegsphase, als die bestmögliche Ausgestaltung der Wachstumsbedingungen und damit ein möglichst hohes Sozialprodukt im Vordergrund der Raumordnungspolitik stand, kam der Umwelt lediglich als Ressourcenquelle und Abfallsenke Bedeutung zu (Punkt A). Heute ist man sich bewußt, daß eine Übernutzung der natürlichen räumlichen Ressourcen zugunsten einseitig ökonomischer Ziele längerfristig

[16] vgl. hierzu BMBau (Hrsg.): Raumordnung in Deutschland. Bonn 1996, S.4-8

[17] vgl. auch HOSSE, O.; SCHÜBEL, S.: Neue Ansätze der Regionalplanung und -politik in Thüringen. In: BfLR (Hrsg.): RuR, H.4/96, Bonn 1996, S.235, die beispielsweise Industriebrachen, Bergbaugebiete, Konversions- und Sanierungsräume, Stadt-Umland-Bereiche sowie Verdichtungsräume als Problemregionen benennen.

[18] Auch auf der Ebene der Europäischen Union wird in der `Querschnittsklausel´ des Artikel 130r Abs. 2 EG-Vertrag bereits eine Integration der Umweltaspekte in die Planung zum frühestmöglichen Zeitpunkt gefordert. Das heißt, man wendet sich von der Prüfung ökologischer Verträglichkeit nachdem Politiken umgesetzt wurden, ab und wendet sich einem zukunftsorientierten Konzept zu, daß Planungsmöglichkeiten vorhält. Ob die weitere Aufwertung der Umwelt, wie sie sich in der Verschiebung der `Integrationsklausel´ vom Umwelttitel des Vertrags in die Grundsätze der Gemeinschaft (Artikel 1-7) manifestiert, zu einer tatsächlichen, in der tagtäglichen, konkreten Politik führt, wird sich allerdings erst noch beweisen müssen. Vgl. PEHLE, H.: Weg zur integrierten Umweltpolitik? In: Friedrich-Alexander-Universität Erlangen-Nürnberg (Hrsg.): uni-kurier, Nr.98, 5/98, Erlangen 1998, S.80

nicht tragbar ist und so verschob sich das Allokationsoptimum endlang der Transformationskurve zu Punkt N.[19]

Abb.9: Systemmodell Ökonomie - Umwelt

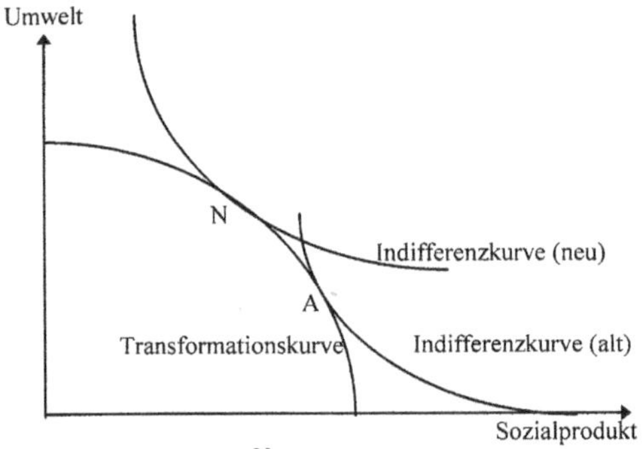

Quelle: Eigene Darstellung[20]

So lassen sich die Zielgrößen der Raumordnung nicht mehr dual sehen, nämlich wirtschaftlich und sozial, sondern müssen heute im Sinne eines `magischen Dreiecks´ betrachtet werden, das die ökologischen Belange integriert. Selbstverständlich steigt dadurch der Koordinationsaufwand und die Planungskomplexität erneut an. Die Leitvorstellung der Wachstumsförderung und der Milderung der damit verbundenen negativen sozialen Folgen im Raum wandelte sich im gleichen Zuge hin zu einer `Nachhaltigen Raumentwicklung´.

Abb.10: Dualität versus `Magisches Dreieck der Raumordnung´

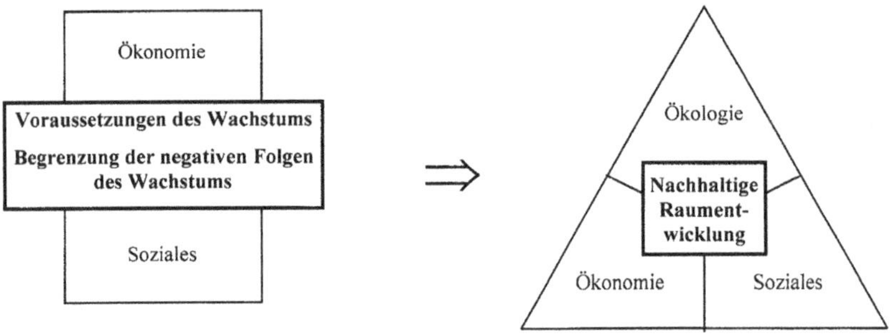

Quelle: Eigene Darstellung

Eine vergleichbare Bestimmung der Zielgebiete findet sich bei Baumheier[21], der ebenfalls drei Bereiche der `Lebensqualität´ benennt: (1) soziale *Stabilität und kulturelle Kreativität*, (2)

---

19 vgl. in ähnlicher Darstellung beispielsweise KLAUS, J.: Modelle der optimalen Umweltnutzung. In: WISU, H.5/87, Düsseldorf 1987, S.263-269

20 Eine ähnliche Darstellung findet sich beispielsweise bei Wicke, L.: Umweltökonomie. 2. Aufl., München 1989, S.14, der jedoch in Abweichung zum obigen Abszissen-Maß eine andere aggregierte Größe, nämlich das gesamtwirtschaftliche Gleichgewicht, benutzt. Grundsätzlich verdeutlichen aber beide Darstellungen den gleichen Sachverhalt.

Ökonomie - Wettbewerbsfähigkeit und Schaffung von Arbeitsplätzen- sowie (3) *Ökologie* - Ressourcenschonung und Schutz der Natur.

Die Basis des `magischen Dreiecks´ bildet letzten Endes der im Grundgesetz verbriefte Auftrag zur „Wahrung der Einheitlichkeit der Lebensverhältnisse über das Gebiet eines Landes hinaus“ (Art.72 Abs.2 Satz 3). Hierauf rekurrieren drei zentrale Prinzipien (Hauptelemente) der Raumordnung.[22]

1. *Prinzip der Regionalisierung*: In der Folge der ökonomischen, ökologischen und sozialen Entwicklung von Regionen soll Abwanderungen größeren Stils aus wirtschaftsschwächeren peripheren Regionen entgegengewirkt werden.
2. *Prinzip der Gleichwertigkeit*: Um eine möglichst gleichmäßige räumliche Entwicklung zu gewährleisten und damit ein zu starkes Auseinanderdriften der Regionen zu verhindern, soll ein Ausgleich zwischen wirtschaftsstarken und wirtschaftsschwachen Regionen erfolgen. Dies geschieht heute zum wesentlichen Teil durch den Länderfinanzausgleich.
3. *Prinzip der Nachhaltigkeit*: Durch Erarbeitung längerfristiger Konzeptionen und Leitbilder, planerischen Vorgaben und ordnerischen Maßnahmen, soll eine Zersiedelung der Landschaft und der noch vorhandenen Freiräume sowie die Überlastung von Teilräumen vermieden und Ressourcen gesichert werden. Um diesen Schutz der Umwelt zu erreichen, sind die Planungen aufeinander abzustimmen.

Um diese Prinzipien erfolgversprechend umsetzen zu können, muß die wirtschaftliche Entwicklung - in Form eines gezielten Wachstums unter Berücksichtigung ökologischer Belange - vorangetrieben werden.

All diese Entwicklungen haben in der Novellierung des Bundesraumordnungsgesetzes im Jahre 1998 ihren Niederschlag gefunden. Sie finden sich in BROG §1, der Aufgabe und Leitvorstellung der Raumordnung konkretisiert, wieder (vgl. Abb.11).
Sowohl die in § 1 BROG genannte Aufgabe, deren Funktionen als auch die Leitvorstellung und deren Unterpunkte stellen viel eher Allgemeinplätze dar, als daß sie konkrete Aufgaben stellen. Sie lassen den Akteuren auf den verschiedenen institutionellen Ebenen jeweils sehr breite Interpretations- und Gestaltungsspielräume. Ähnlich verhält es sich mit dem ganzen Gesetz.

Damit staatlich und kommunal verfaßte Raumplanung ihrer Aufgabe nachkommen und die Nutzung des Raumes nach bestimmten Ordnungsvorstellungen organisieren kann, benötigt sie Mittel für diese Organisationsleistung. Dies sind Pläne, Programme sowie andere Verfahren - etwa die Koordination aller anderen staatlichen und privaten raumwirksamen Planungen und Maßnahmen, Raumordnungsverfahren etc. Voraussetzungen zu deren Erstellung sind konkrete Ordnungsvorstellungen - Leitbilder, Ziele und Grundsätze -, nach denen diese angestrebte Ordnung im allgemeinen (z.B. in Form von langfristigen Plänen oder Programmen) und im besonderen (z.B. bei Entscheidungen, Genehmigungen und Beratung über einzelne Objekte) erfolgen soll.[23]

---

21 BAUMHEIER, R.: Langzeitaufgabe Kooperation. In: BfLR (Hrsg.): RuR. H.3/97, Bonn 1997, S.194

22 vgl. BMBau (Hrsg.): Raumordnung in Deutschland. Bonn 1996, S.4, S.8, S.12 und S.47f.

23 vgl. HÜBLER, K.-H.: Raumordnungspolitik und Wertewandel - Überlegungen zur Fortentwicklung der Raumordnungspolitik. In: ARL (Hrsg.), Bd.103, Hannover 1987, S.5

Abb.11: Aufgabe und Leitvorstellung der Raumordnung gemäß BROG

Aufgabe §1 Abs. 1	Der *Gesamtraum* der Bundesrepublik Deutschland *und seine Teilräume* sind durch zusammenfassende, übergeordnete Raumordnungspläne und durch Abstimmung raumbedeutsamer Planungen und Maßnahmen zu *entwickeln*, zu *ordnen* und zu *sichern*. Dabei sind zu beachten:
Funktionen[24] §1 Abs. 1 Ziffer 1 u. 2	*Ordnungs-/Ausgleichs*funktion: • Abstimmung der Anforderungen an den Raum • Ausgleich der auf den jeweiligen Planungsebenen auftretenden Konflikte *Wohlfahrts-/Vorsorge*funktion: • Vorsorge für einzelne Raumfunktionen und -nutzungen
Leitvorstellung §1 Abs. 2	*Nachhaltige Raumentwicklung*, die die *sozialen* und *wirtschaftlichen* Ansprüche an den Raum mit seinen *ökologischen* Funktionen in Einklang bringt, um eine dauerhafte, großräumig ausgewogene Ordnung zu erreichen. Dazu sind folgende Punkte zu gewährleisten: • Freie Entfaltung der Persönlichkeit in der Gemeinschaft; Berücksichtigung der Verantwortung gegenüber künftigen Generationen • Schutz und Entwicklung der natürlichen Lebensgrundlagen • Schaffung der Standortbedigungen für wirtschaftliche Entwicklung • Sicherung langfristiger Gestaltungsmöglichkeiten für die Raumnutzung • Stärkung der Vielfalt der Teilräume • Herstellung gleichwertiger Lebensverhältnisse in allen Teilräumen • Ausgleich der räumlichen und strukturellen Ungleichgewichte zwischen alten und neuen Bundesländern • Schaffung der Voraussetzungen für den Zusammenhalt in der Europäischen Gemeinschaft und im größeren europäischen Raum
Restriktion §1 Abs.3	Die Entwicklung, Ordnung und Sicherung der *Teilräume* soll sich in die Gegebenheiten und Erfordernisse des *Gesamtraums einfügen* und *umgekehrt*.

Quelle: Eigene Darstellung gemäß Bundesraumordnungsgesetz § 1

Hierzu legt das Gesetz gewisse inhaltlichen Ziele (BROG §1) und Grundsätze (BROG §2) fest (Erfordernisse der Raumordnung[25]), denen Raumordnung und Landesplanung zu folgen haben und es bestimmt die Arten der Pläne (BROG §§7-9), die von den Ländern aufzustellen sind ebenso wie die Koordinationsverfahren zwischen Bund und Ländern (BROG §§13,14 und 19 i.V.m §§4 und 5). Darüber hinaus verpflichtet es die Länder, flächendeckende Landesentwicklungsprogramme und -pläne aufzustellen (BROG §8 Ziffer 1), d.h. der gesamten Fläche die Hauptnutzungsarten sowie deren jeweiliges Entwicklungsziel zuzuweisen (überörtliche Entwicklungsvorstellungen). Ergänzend können bei Bedarf Regionalpläne (BROG §9) erstellt werden (regionale Entwicklungsvorstellung). Die konkrete Festlegung der

[24] Die Begriffe Ordnungs- und Wohlfahrtsfunktion benutz beispielsweise LENDI. Er beschreibt damit die Koordination der Interessen aller Bürger am Raum (*Ordnungsfunktion*) und die Erfüllung der ausgeweiteten wirtschaftspolitischen sowie die sozio-kulturellen und ökologischen Pflichten (*Wohlfahrtsfunktion*). Vgl. LENDI, M.: Grundriß einer Theorie der Raumplanung - Einleitung in die raumplanerische Problematik. 2. Aufl., Zürich 1995, S.43f.

[25] vgl. SCHÖNHOFER, J.: Begriffe der Raumplanung. In: ARL (Hrsg.): Daten zur Raumplanung. Zahlen - Richtwerte - Übersichten (Teil A), Hannover 1981, I.(2)

Raumnutzung beziehungsweise Flächenplanung erfolgt dann durch die Gemeinden und Städte im Zuge der örtlichen Entwicklungsplanung, deren zentrales Instrument die Bauleitpläne darstellen.[26]
Dabei sind die in der folgenden Abbildung zusammengefaßten Grundsätze unter Berücksichtigung der Leitvorstellung einer nachhaltigen Raumentwicklung anzuwenden.

Abb.12: Grundsätze der Raumordnung[27]

- Ausgewogene Siedlungs- und Freiraumstrukturen sind zu entwickeln, gesunde Lebens- und Arbeitsbedingungen (Infrastruktureinrichtungen, Verdichtung von Wohn- und Arbeitsstätten, kulturelle Einrichtungen) sollen geschaffen bzw. erhalten und weiterentwickelt werden.
- Eine großräumige Freiraumstruktur mit ihren ökologischen Funktionen ist zu schaffen und zu sichern. Wirtschaftliche und soziale Nutzung der Freiräume sind unter Beachtung der ökologischen Funktionen zu gewährleisten.
- Die Infrastruktur ist mit der Siedlungs- und Freiraumstruktur in Übereinstimmung zu bringen.
- Ausreichende Bevölkerungsdichten innerhalb der dezentralen Siedlungsstruktur, eine angemessene wirtschaftliche Leistungsfähigkeit sowie ausreichende Erwerbsmöglichkeiten sind (*Anmerkung*: in Anlehnung an das Zentrale-Orte-Konzept) in allen Gebietsteilen zu realisieren. Flächenrecycling hat Vorrang vor der Inanspruchnahme von Freiflächen.
- Verdichtete Räume sind als Wohn-, Produktions- und Dienstleistungsschwerpunkte zu sichern. Aktivitäten des öffentlichen Personennahverkehrs sind entsprechend dieser Struktur anzupassen.
- Eine gute Erreichbarkeit der Teilräume untereinander durch Personen- und Güterverkehr ist sicherzustellen. Umweltverträgliche Verkehrsträger sind bevorzugt zu entwickeln.
- Zu den Standortvoraussetzungen einer räumlich ausgewogenen, langfristig wettbewerbsfähigen Wirtschaftsstruktur sowie zu einem ausreichenden und vielfältigen Angebot an Arbeits- und Ausbildungsplätzen ist beizutragen.
- Dem Wohnbedarf der Bevölkerung ist Rechnung zu tragen. Arbeitsplätze sollen den Wohngebieten funktional sinnvoll zugeordnet werden.
- Allgemein gilt, daß die Einheitlichkeit der Lebensverhältnisse bei der Bestimmung des Umfangs der zu ergreifenden Maßnahmen beachtet werden soll. Strukturschwache Räume sind bevorzugt zu entwickeln.
- Ländliche Räume sind als Lebens- und Wirtschaftsräme mit eigenständiger Bedeutung zu entwickeln.
- Die Land- und Forstwirtschaft soll - explizit - erhalten werden und die Nutzungsart soll sich an der Qualität der Böden orientieren. Sie hat die Zusatzaufgabe die natürlichen Lebensgrundlagen zu schützen.
- Für die Erhaltung, den Schutz und die Pflege der Landschaft einschließlich des Waldes sowie für die Sicherung und Gestaltung von Erholungsgebieten ist zu sorgen. Naturgüter sind sparsam und schonend in Anspruch zu nehmen. Gleiches gilt für Luft, Wasser und Wasserversorgung sowie den Schutz vor Lärm ('Umweltschutzziel').
- Geschichtliche und kulturelle Zusammenhänge sowie regionale Zusammengehörigkeit sind zu wahren.
- Für Erholung in Natur und Landschaft sowie für für Freizeit und Sport sind geeignete Gebiete und Standorte zu sichern.
- Den räumlichen Erfordernissen der zivilen und militärischen Verteidigung ist Rechnung zu tragen.
- Die Länder können weitere Grundsätze der Raumordnung aufstellen, soweit diese BROG §2 Abs. 2 und §1 nicht widersprechen.

Quelle: Eigene Zusammenfassung nach BROG §2 Abs.2

Eine erste Konkretisierung erfahren die Aufgaben, Leitvorstellungen und Grundsätze im raumordnungspolitischen Orientierungsrahmen. Er stellt das neue Leitbild im Rahmen einer Strategie für Gesamtdeutschland dar und berücksichtigt neuere Entwicklungen der Rahmen-

---

26 vgl. BMBau (Hrsg.): Raumordnung in Deutschland. Bonn 1996, S.47ff.

27 Grundsätze der Raumordnung sind definiert als „allgemeine Aussagen zur Entwicklung, Ordnung und Sicherung des Raums in oder auf Grund von §2 (Anm.: BROG) als Vorgabe für nachfolgende Abwägungs- und Ermessensentscheidungen.“ Vgl. BROG §3 Ziffer 3

daten der Raumordnung. Der vielschichtige Zielfächer ist in der Übersicht (vgl. Abb.13) nur in einigen zentralen Punkten zusammengefaßt. Konzipiert ist er - obgleich nicht verbindlich! - als Orientierungsrahmen für alle öffentlichen und privaten Entscheidungsträger und soll ihnen eine gewisse Sicherheit für ihre jeweiligen spezifischen Planungen geben. Auch der raumordnungspolitische Orientierungsrahmen ist - entsprechend der föderalen Struktur Deutschlands - der Subsidiarität verpflichtet. Die allgemeine Leitvorstellung des Raumordnungsgesetzes und dessen Grundsätze finden umfangreiche Detaillierung in Leitbildern zu Siedlungsstruktur, Umwelt- und Raumnutzung, Verkehr, Ordnung und Entwicklung sowie Europa. Trotz der tiefen Aufschlüsselung bleibt jedoch auch hier den Formulierungen ein gewisser Leerformelcharakter. Die Zusammenstellung ähnelt eher einer Sammlung aller als wünschenswert erachteter partieller Vorstellungen und weniger einem abgestimmten Gesamtkonzept.

Abb.13: Raumordnungspolitischer Orientierungsrahmen

Definition:	Der Raumordnungspolitische Orientierungsrahmen stellt das neue räumliche Leitbild und die Strategie für Gesamtdeutschland - unter Einschluß der europäischen Bezüge - dar und hebt die besondere Situation sowie den hohen Nachholbedarf in den neuen Ländern ausdrücklich hervor.[28]
Ziele:	• Gleichwertigkeit der Lebensverhältnisse (in den Teilräumen des Bundesgebiets) • Integration der (grundlegend) veränderten Situation Europas in einem räumlichen Leitbild • Stärkung und Sicherung der dezentralen Raum- und Siedlungsstruktur • Schutz der natürlichen Lebensgrundlagen
Funktionen:	Orientierungsrahmen für: • öffentliche Entscheidungsträger in Bund, Ländern, Gemeinden und Gemeindeverbänden • privaten Sektor zur Planung künftiger Investitionsentscheidungen
Charakter:	• rekuriert auf die Ziele und Grundsätze des BROG • ist dem Prinzip der Subsidiarität verpflichtet (entsprechend der Verfassungs- und Gesetzeslage) • keine Verbindlichkeit (lediglich Grundmuster und Prinzipien für die angestrebte Raumstruktur
Leitbilder: (kennzeichnen die künftige Raumstruktur	• Siedlungsstruktur • Umwelt- und Raumnutzung • Verkehr • Europa • Ordnung und Entwicklung

Quelle: Eigene Zusammenfassung und Darstellung gemäß dem raumordnungspolitischen Orientierungsrahmen des BMBau

Erst in den den Raumordnungsprogrammen und -plänen konkretisieren sich die Grundsätze der Raumordnung zu klar festgelegten und für alle öffentlichen Planungsträger verbindlichen Vorstellungen für die Ordnung und Entwicklung bestimmter Räume, den Zielen der Raumordnung und Landesplanung (beispielhaft ist ein Zielkanon in Abb.14 dargestellt).

[28] BMBau (Hrsg.): Raumordnungspolitischer Orientierungsrahmen. In: Ders.: Raumordnung in Deutschland. Bonn 1996 S.61

Abb.14: Zielsystem der Raumordnungspolitik

Ökonomisch rationaler Umgang mit dem knappen Boden und den knappen natürlichen Ressourcen zum Schutz des Raumes und der Umwelt sowie der Gestaltung des Raumes der Art, daß eine Erfüllung der Daseinsgrundfunktionen des Menschen in räumlicher bzw. regionaler Betrachtungsweise und ihre räumliche Zuordnung zueinander in zufriedenstellender Weise möglich sind.

g	Befriedigende räumliche Zuordnung der Daseinsgrundlagen	Befriedigende Arbeits- und Beschäftigungsmöglichkeiten im Gesamtraum und in den Teilräumen	Befriedigende Wohnmöglichkeiten	Befriedigende Versorgungsmöglichkeiten mit Gütern und Diensten und befriedigende Entsorgung	Befriedigende Bildungsmöglichkeiten	Befriedigende Erholungsmöglichkeiten und Freizeitgestaltungsmöglichkeiten	Befriedigende Kommunikationsmöglichkeiten	Befriedigende Verteidigungsmöglichkeiten gegen menschliche und natürliche Gewalten	Befri Verk mögl
n d	Zuordnung hat zu erfolgen nach den Prinzipien: Erreichbarkeit, Nicht-Belästigung durch andere Funktionen, Gleichwertigkeit der Bedingungen im Raum, Schutz der natürlichen Umwelt und der Kulturlandschaft	Gleichwertige Arbeits- und Beschäftigungsmöglichkeiten Vollbeschäftigung Befriedigendes Wirtschaftswachstum und befriedigende Einkommens- und Einnahmesteigerungen der privaten und öffentlichen Haushalte Regionale Produktivitätssteigerung Förderung von Strukturwandel Nutzung von technischem/wissenschaftlichem Fortschritt	Gleichwertige Wohnmöglichkeiten Befriedigendes qualitatives und quantitatives Wohnungsangebot	Gleichwertigkeit der Versorgung und Entsorgung Vielseitige Einkaufsmöglichkeiten Ausreichendes Dienstleistungsangebot Schadlose Abfall- und Abwasserbeseitigung sowie Immisionsschutz	Ein befriedigendes quantitatives und qualitatives Angebot an Schulen, Büchereien, etc. Gleichwertigkeit der Bildungsmöglichkeiten	Gleichwertigkeit der Erholungsmöglicheiten Gut erreichbare Nah- und Fernerholungsmöglichkeiten Quantitativ und qualitativ befriedigende Sportanlagen	Schaffung ausreichender privater und öffentlicher Einrichtungen der Kommunikation, wie z.B. Spielplätze, Straßen etc.	Inanspruchnahme geringwertiger Flächen für Verteidigungsanlagen Bereitstellung von Flächen für Hochwasserschutz	Unte der r Zuor Dase funk durc geeig Verk syste

t veränderte Darstellung nach BRÖSSE, *U.: Raumordnungspolitik. Berlin 1974, S.40f.*

1.1.3 Verhältnis der Ziele - Harmonie, Neutralität, Konfliktpotential

Setzt man die Grundsätze der Raumordnung konsequent innerhalb der einzelnen Aktionsbereiche um und konkretisiert die jeweiligen Oberziele, so stellt man schnell fest, daß die Teilziele in ganz unterschiedlichen Verhältnissen zueinander stehen. Verschiedene Ziele können dabei oftmals zeitgleich angestrebt werden - dies ist beispielsweise bei einigen Zielen des Landschaft- und Umweltschutzes zu beobachten, die Hand in Hand mit manchen Zielen des Freizeitbereichs gehen -, das heißt sie stehen in Harmonie zueinander. Andere Ziele weisen keine Berührungspunkte auf und stehen sich somit neutral gegenüber. Häufig jedoch kommt es zu Situationen, in denen sich ein oder mehrere Ziele gegenseitig ausschließen. Hier liegen Konfliktpotentiale, deren Lösung sich meist kritisch gestaltet.
Dies ist gerade bei großen Infrastrukturprojekten zu beobachten, denn diese tangieren unterschiedlichste gesellschaftliche Zielbereiche und stoßen auf unterschiedlichste Interessen politischer Zielträger auf diversen Entscheidungsebenen auf denen jeweils unterschiedlichste, räumlich differenzierte Wirkungen anfallen.[1]

Daß solche Zielkonflikte auftreten können wurde erkannt und darum sollen die einzelnen Ziele unter Beachtung des Gesamtziels abgewogen werden. Dies bedeutet, daß die Ziele untereinander ausbalanciert werden müssen, so daß nicht ein Ziel über einen längeren Zeitraum hinweg vor den anderen rangiert. Dies wäre nicht zuletzt deswegen abzulehnen, da die Zielerreichung des einen Ziels häufig von gewissen Mindestanforderungen bezüglich anderer Ziele abhängt.[2]
Dies bedingt Regeln, die konkreter Beurteilungskriterien für bestimmte Maßnahmearten festlegen. Allein ökonomische Maßstäbe, etwa die Erhöhung des Sozialprodukts als Wohlstandsindikator, reichen hier heute nicht mehr aus, muß doch die aufgezeigte gesellschaftliche Umorientierung auf zusätzliche Zielbereiche hin, berücksichtigt werden. Welche Ziele jedoch im einzelnen prioritär zu verfogen sind, das heißt welche Bewertungsgrößen jeweils genau zu analysieren und systematisch einander gegenüberzustellen sind, dazu müssen gesellschaftliche Verfahren entwickelt werden, die einen Konsens möglich machen.[3] So einfach dies klingt, so schwierig ist dies in der Praxis.

1.2 Rechtfertigung raumordnerischen Handelns

Entscheidet man sich für aktive Eingriffe in die räumliche Ordnung, heißt das nichts anderes, als daß eine optimale Selbststeuerfähigkeit gesellschaftlicher Systeme - zumindest in räumlicher Hinsicht - angezweifelt beziehungsweise zumindest für Teilsysteme negiert wird.[4]
Um nun jedoch in einem demokratisch verfaßten Rechtsstaat in Systeme einzugreifen, bedarf dieses staatliche Handeln eines argumentativen Fundaments.

---

1 vgl. beispielsweise KLAUS, J.: Grundlegende Aspekte der Planungsrationalität und Planungsmethodik. In: KLAUS, J.: Entscheidungshilfen für die Infrastrukturplanung - Neuere Entwicklungen auf dem Gebiet der Analyse und Bewertung öffentlicher Projekte. Sonderdruck, Baden-Baden, o.J., S.24

2 vgl. BMBau (Hrsg.): Raumordnung in Deutschland. Bonn 1996, S.47f.

3 vgl. auch KLAUS, J.: Grundlegende Aspekte der Planungsrationalität und Planungsmethodik. In: KLAUS, J.: Entscheidungshilfen für die Infrastrukturplanung - Neuere Entwicklungen auf dem Gebiet der Analyse und Bewertung öffentlicher Projekte. Sonderdruck, Baden-Baden, o.J., S.20, der in ähnlichem Sinn argumentiert.

4 vgl. KLAUS, J.: Raumwirtschatf III: Ordnung. In HDWW, Bd. 6, Stuttgart 1981, S.442

Raumordnungspolitisches Handeln wird von drei zentralen Steuerungsgrößen beeinflußt. Ausgangspunkt der Argumentationskette ist der *Markt*. Aufgrund seines Steuerungsmechanismus `Preis´ resultieren regional stark differenzierte Situationen, sowohl was die Standortverteilung (Produktion, Nachfrage etc.) als auch die Verteilung des Produktionsergebnisses (Einkommen, externe Effekte etc.) betrifft. Werden diese Resultate als räumlich unbefriedigend wahrgenommen, müssen einerseits die Gründe für ihr Zustandekommen analysiert werden, aber andererseits auch *ethische Rechtfertigungen* für räumlich angestrebte Zustände und der dazu notwendigen Eingriffe gefunden werden. Ist dies erfolgt, müssen in einem zweiten Schritt aufgrund des Knappheitsproblems realisierbare Ziele bestimmt und wirtschaftlich vernünftige Lösungen unter den ethischen Vorgaben gesucht werden. Im letzten Schritt bedürfen die Ergebnisse der beiden ersten Stufen rechtsstaatlich konkretisiert und allgemeinverbindlich niedergelegt zu werden. Diese *rechtliche Komponente* ist dabei zugleich Abschluß der Argumentationskette als auch deren erneuter Beginn, denn innerhalb des dann gültigen gesetzlichen Rahmens handeln die Marktakteure und generieren neue Marktergebnisse im Raum.

Abb.15: Markt, Ethik und Recht - Steuerungsgrößen raumordnungspolitischen Handelns

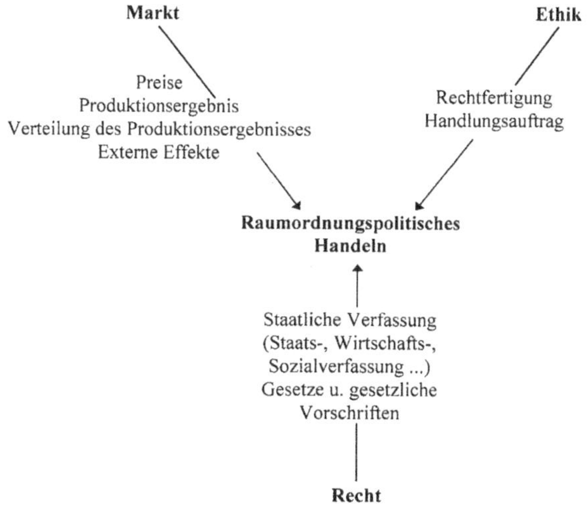

Quelle: Eigene Darstellung

Zusammengefaßt bedeutet dies: Ziele der Raumordnung, Verfahren der Planung und Bewertung von Maßnahmen müssen ethisch gerecht(fertigt) sowie ökonomisch effizient sein und bedürfen der Legitimation.

Das führt zur vielfältigen Fragen, beispielsweise: Woher rührt die Legitimation zum Handeln und auf welcher Stufe kann sie (jeweils) gegeben werden? Kann aus ökonomischer Sicht das Verbundprinzip oder die Effizienz als Norm dienen? Welche genaue Bedeutung kommt den rechtlichen Regelungen auf den verschiedenen föderalen Ebenen zu?

Dabei wird klar werden, daß sich die unterschiedlichen Rechtfertigungs- und Begründungsansätze der Raumordnung und Raumplanung nicht immer ergänzen, sondern auch Spannungsfeldern existieren. Nicht alles, was wünschenswert erscheint, wird beispielsweise wirtschaft-

lich sinnvoll umgesetzt werden können und nicht immer werden sinnvolle Ideen einen rechtlichen Rahmen vorfinden, der ihre Umsetzung ermöglicht. Hier werden Lösungsansätze benötigt, die sich entweder am bestehenden Gesetzesgerüst orientieren, oder solche, die dieses Gerüst verändern um pragmatisch vorzugehen. Auf jeden Fall beeinflussen die solchermaßen gefundenen Lösungsansätze und ihre Ergebnisse wiederum ihre Rechtfertigungsbasis.
Die entsprechenden Rechtfertigungsnotwendigkeiten und -ansätze sind in der folgenden Abbildung überblickartig zusammengefaßt und werden im weiteren diskutiert.

Abb.16: Fundamente der Raumplanung

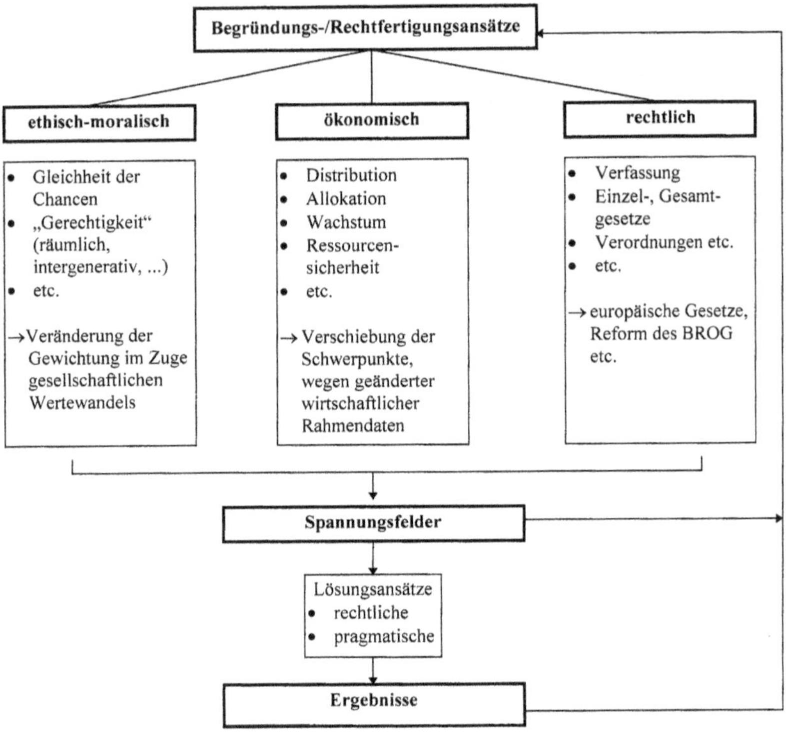

Quelle: Eigene Darstellung

Eine zentrale Anforderung an die Verfahren der Planung und Bewertung von Maßnahmen ist, sie in ihrer Anlage und ihren Einzelregelungen so weiter zu entwickeln, daß sie den gewandelten Einstellungen im Hinblick auf gesellschaftliche Ziele einerseits und im Hinblick auf die Legitimation zur Beurteilung von Problemlagen und zu Planungsvorentscheidungen andererseits, Rechnung zu tragen.[5]

---

[5] vgl. KLAUS, J.: Grundlegende Aspekte der Planungsrationalität und Planungsmethodik. In: KLAUS, J.: Entscheidungshilfen für die Infrastrukturplanung - Neuere Entwicklungen auf dem Gebiet der Analyse und Bewertung öffentlicher Projekte. Sonderdruck, Baden-Baden, o.J., S.20

1.2.1 Ethisch-moralische Argumentation

„Was heißt es doch, heute handeln zu müssen, ohne die letzte Gewißheit zu haben, daß das, was in die Pläne eingeschrieben wird, wirklich der Weisheit letzter Schluß sei! Was heißt es doch, eine Raumplanung zu entwerfen und implementieren zu dürfen, die Bindungen bewirkt, die aber nie dazu führen darf, das bessere Argument, das dereinst aufkommen könnte, zu verdrängen! Was heißt es doch, eine Raumplanung für den freien Menschen instradieren zu müssen, der frei bleiben will und seine Freiheit in der aufrechtzuerhaltenden Fähigkeit beweisen muß, mit Schranken und Grenzen zu leben, und dies alles über die Zeiten hinweg?"[6]

„Es geht um die öffentliche Verpflichtung aller am Raumgeschehen Beteiligten, den Lebensraum zu schützen, zu gestalten und somit menschliches Leben im Raum und über die Zeiten hinweg in die Zukunft hinein lebenswert zu ermöglichen. Es geht also nicht um Leitbilder, Szenarien und Prognosen, es geht nicht um zentrale Orte und nicht um den Abbau räumlicher Disparitäten - obwohl dies alles sehr, sehr wichtig ist -, es geht um das Leben im Raum und durch die Zeiten hindurch."[7]

Eine solchermaßen verstandener Grundauftrag der Raumordnung und -planung kann erst dann erteilt werden, wenn eine ethisch-moralische Rechtfertigung erfolgt ist. Eine allein an moralischen Vorstellungen ausgerichtete Orientierung könnte an dieser Stelle nicht befriedigen, umfaßt Moral doch \`lediglich´ die Gesamtheit der faktisch herrschenden Normen einer Gesellschaft[8], die den Ausfluß jeweils spezifischer historischer Situationen darstellen und somit im Zeitablauf Wandlungen unterliegen.

Soll nun die Raumordnung ihrer Verantwortung für kommende Generationen gerecht werden und somit langfristig orientiert sein, wird sie sicherlich einer gewissen Überformung durch die jeweils herrschenden moralischen Faktizitäten unterliegen, darf sich aber nicht vollends diesen \`Mode´-Erscheinungen unterwerfen.

Dies ist dann auch der Punkt an dem die ethische[9] Argumentation ansetzt. Sie repräsentiert das methodische Herangehen und Hinterfragen eben dieser faktisch herrschenden Normen im Hinblick auf deren Rechtfertigung.[10] Negierte man diesen Rechtfertigungsprozeß, so würde die Differenz zwischen \`Sein´ und \`Sollen´ aufgehoben und der Grundauftrag der Raumordnung könnte aufgrund der temporären gesellschaftlichen Vorstellungen nicht wiederum selbst reflektiert und überprüft werden. Es geht also nicht darum, beliebige Normen als \`ethische Sollensforderungen´ zu deklarieren, sondern um deren Rechtfertigung als Normen. Ziel einer solch verstandenen ethischen Prüfung von Moralvorstellungen ist dementsprechend die Klärung der Frage: Welche Moralvorstellungen herrschen in einer Gesellschaft und müssen diese gegebenenfalls geändert werden?[11]

---

6 LENDI, M.: Ethik der Raumplanung. In: BfLR (Hrsg.): RuR, H.5/91, Bonn 1991, S.294

7 LENDI, M.: Ethik der Raumplanung. In: BfLR (Hrsg.): RuR, H.5/91, Bonn 1991, S.293

8 vgl. STEINMANN, H.; LÖHR, A.: Die Diskussion um eine Unternehmensethik in der Bundesrepublik Deutschland. In: LENK, H.; MARING, M. (Hrsg.): Wirtschaft und Ethik. Stuttgart 1992, S.243

9 Für die Raumplanung scheint der Ansatz der \`Verantwortungsethik´ - in der WEBER´schen Klassifizierung - besonders geeignet, wird dabei doch explizit nach den Konsequenzen des eigenen Tuns gefragt und geprüft, ob diese in Verantwortung Dritten oder auch der Umwelt gegenüber, vertretbar sind. Vgl. dazu: WEBER, M.: Vom inneren Beruf zur Wissenschaft. In: ders.: Soziologie, Universalgeschichtliche Analysen, Politik, 5. Aufl., Stuttgart 1973, S.329

10 vgl. dazu LORENZEN, P.: Philosophische Fundierungsprobleme einer Wirtschafts- und Unternehmensethik. In: STEINMANN, H.; LÖHR, A.: Unternehmensethik, Stuttgart 1989, S.27

11 vgl. STEINMANN, H.; LÖHR, A.: Grundlagen der Unternehmensethik. Stuttgart 1991, S.7ff.

Somit weisen Raumordnung und Raumplanung - entgegen anderer Meinung[12] - eben keine endogene ethische Dimension auf, sondern sind immer wieder zu ethischen Stellungnahmen gezwungen, da ihre praktischen Aussagen immer der Frage nach dem gebotenen Tun unterstehen. Eine abschließende Begründung für das Eingreifen in räumliche Prozesse findet nicht statt, immer wieder ist zu überprüfen, ob nicht neue gute Gründe Anlaß für ein Umdenken darstellen.

Bejaht man die ethische Dimension der Raumplanung[13] so gelangt man zu einer anderen Art der Planung. Die reine `handwerkliche´ Bündelung von - wie auch immer gefundenen - Zielen und Instrumenten oder gar nur die pure Übernahme der einzelnen fachplanerischen Ergebnisse, kann dann nicht mehr befriedigen. An dieser Stelle befreit die Ethik vom „Zwang des Verplanens" und ermöglicht eine zurückhaltende, wenngleich konsequente, am Grundauftrag `Lebensraumerhaltung und Lebensraumgestaltung´ ausgerichtete, zukunftsorientierte und damit stets offene Planung. Es wird nicht mehr auf eine endgültig richtige Planung abgezielt, sondern es rückt das Wissen um die immer nur temporäre Gültigkeit der Planungsergebnisse und die dafür notwendige Offenhaltung der Planungsprozesse und -ergebnisse ins Bewußtsein.[14]
Dies schafft Freiräume für das Entscheiden und Handeln sowohl der aktuellen als auch der kommenden Generationen und wird damit der Grundforderung nach persönlicher Freiheit aller Individuen gerecht. Der zentrale Orientierungspunkt ist dementsprechend die Wahrung der Freiheit für Entscheidungen und Handlungen dieser kommenden Generationen. Das bedeutet den Lebensraum als Grundlage allen menschlichen Lebens und Handelns zu erhalten und somit für die aktuelle Generation zugunsten der kommenden Verzicht zu üben, steht der Raum mit all seinen Ressourcen doch nicht nur zu ihrer Disposition. Begrenzte Ressourcen und die Regenerationskraft der Natur sind hier in erster Linie zu beachten.
Die räumliche Umwelt wird jedoch nicht nur als Existenzgrundlage und Ressourcenquelle betrachtet. Auch intangible Werte[15] wie Existenz- und Vermächtniswert sowie ästethische Aspekte der Landschaft finden hier ihren Niederschlag.
Das Nachdenken über den Lebensraum führt also zur Verantwortung für die Bewältigung räumlicher Probleme. Das setzt ein hohes Maß an Verständnis für die räumlichen Umstände

---

12 Vgl. etwa LENDI, M.: Ethik der Raumplanung. In: BfLR (Hrsg.): RuR, H.5/91, Bonn 1991, S.292, der diese Trennung zwischen Moral und Ethik nicht trifft und somit quasi automatisch zur Schlußfolgerung kommt, daß Raumordnung und Raumplanung von Natur aus ethisch sind.

13 Wichtig ist es dabei einen umfassenden ethischen Ansatz zu wählen, der in einer zweiten Stufe durchaus auf einzelne gesellschaftliche Felder herunter gebrochen werden kann, so daß beispielsweise in der wirtschaftlichen Dimension durchaus die Forderung nach einer Wirtschaftsethik aufgestellt werden kann. Diese fordert dann Unternehmen und Manager dazu auf, „ihre eigenen Interessen auf langfristige Vorteile auszurichten und politisch an der Herstellung jener Bedingungen zu arbeiten, die allseits vorteilhafte wirtschaftliche Austauschbeziehungen erst ermöglichen." Ähnlich HOMANN, K.; HABISCH, A.: Wirtschaftsethik 2000 - ein Forschungsprogramm. In: Siemens-Zeitschrift H.1/94, 1994, S.37. Dies schließt dann für die Raumplanung ein, daß von den Unternehmen als Planungsbeteiligte und -betroffene Standort- und Umweltfragen in Verantwortung für den Gesamtraum, mit bedacht werden.

14 Vgl. LENDI, M.: Ethik der Raumplanung. In: BfLR (Hrsg.): RuR, H.5/91, Bonn 1991, S.295, der in dieser Passage letztendlich den Charakter der Raumplanung als lernendes System hervorhebt, der die (geschichtlichen) Erfahrungen vergangener Planungsrunden mit in zukünftige und zukunftsorientierte Überlegungen einbindet.

15 hierzu beispielsweise FINKE, L.: Landschaftsökologie. 2. Aufl., Braunschweig 1994

und Zusammenhänge sowie das menschliche Vermögen (respektive Unvermögen) und den Willen voraus, notwendigen Änderungen zum Durchbruch zu verhelfen.[16]

Der zweite ethisch-moralische Begründungsansatz für die Raumordnung und -planung, die Gleichheit der Lebensverhältnisse in den verschiedenen Teilräumen, setzt an der intragenerativen Gerechtigkeit an. Deren Interpretation bietet ein anschauliches Beispiel für sich ändernde moralische Vorstellungen.
Während noch in den 70er Jahren die Gleichheit der Lebensverhältnisse als absoluter Maßstab herangezogen wurde, und versucht wurde in allen Teilräumen die Werte der Indikatoren dieser Verhältnisse aneinander anzugleichen, fand hier in den letzten zwei Jahrzehnten ein deutliches Umdenken statt. So wird heute der regionalen Vielfalt wieder größere Bedeutung beigemessen. Spielräume für unterschiedliche Entwicklungen und damit vermehrt auch für Eigeninitiativen der Regionen sollen zur Verfügung stehen, denn „nicht jede Region kann eine verkleinerte Ausgabe von Deutschland sein.“. Zudem kann der Staat die Gleichheit in allen Bereichen gar nicht garantieren, sondern lediglich Hilfen für Initiativen und Investitionen geben sowie Rahmenbedingungen schaffen, die eine eigenständige regionale Entwicklung begünstigen. Somit geht es heute um Chancengleichheit zur Gestaltung der Lebensverhältnisse und nicht mehr um deren Gleichheit. Zielsetzung ist, daß die Ausprägungen der verschiedenen Indikatoren für regionale Zustände in ihrer Summe über die Regionen hinweg ein vergleichbares Niveau erreichen. Nach wie vor gelten dabei regionale Mindeststandards für besonders schwach entwickelte Gebiete als unverzichtbar.[17]

Die ethisch-moralische Rechfertigung der Raumordnung bildet also das Fundament jedweder raumordnerischen Tätigkeit. Erst auf einer zweiten Argumentationsstufe können dann ökonomische und rechtliche Begründungen greifen. Andernfalls würden Ökonomie und Recht als Selbstzweck verstanden, obwohl beide lediglich Mittel darstellen um gesellschaftliche Ziele, die über den wirtschaftlichen und rechtlichen Bereich hinaus gehen, zu erreichen.

1.2.2 Ökonomische Gründe für eine Raumordnungspolitik

Grundsätzlich geht es aus ökonomischer Sicht auch bei der Raumplanung darum, die Bedürfnisse der Gesellschaft bestmöglich zu befriedigen und damit die Knappheitsprobleme unter den gegebenen räumlichen Verhältnissen anzugehen. Da öffentliche und private Güter nicht unbegrenzt zur Verfügung stehen, zwingt dies zum Bilanzieren, zum Einteilen und folglich zum Planen.[18]

Wie bei anderen staatlichen Eingriffen auch, begründen gesellschaftlich nicht akzeptabel erscheinende Marktergebnisse dieses Eingreifen. So muß immer wieder festgestellt werden, daß der Markt bei der räumlichen Lenkung der Wirtschaftsprozesse versagt. „Infolge begrenzter Rationalität der privatwirtschaftlichen Standort- und Wohnortwahl und infolge der

---

16 vgl. LENDI, M.: Grundriß einer Theorie der Raumplanung - Einleitung in die raumplanerische Problematik. 2. Aufl., Zürich 1995, S.121 und S.139

17 Vgl. BMBau (Hrsg.): Raumordnung in Deutschland. Bonn 1996, S.12. Ein positiver Nebeneffekt dieser veränderten Ausrichtung ist es, daß auf diese Weise sicher gestellt werden kann, daß die Raumordnungspolitik auch finanzierbar bleibt.

18 vgl. LENDI, M.: Grundriß einer Theorie der Raumplanung - Einleitung in die raumplanerische Problematik. 2. Aufl., Zürich 1995, S.117

zwischen der räumlichen Komplexität und der wirtschaftlichen Interdependenz bestehenden Unterschiedlichkeiten ihrer Wirkungszusammenhänge führt der Markt nicht automatisch zur Auslese der volkswirtschaftlich günstigsten Standorte und daher auch nicht zur Durchsetzung einer optimalen Raumnutzung."[19] In Verbindung mit mangelnder Mobilität der Produktionsfaktoren[20] werden damit Fehlentwicklungen in der räumlichen Wirtschafts- und Siedlungsstruktur sowie der regionalen Verteilung der Produktionsergebnisse hervorgerufen, die im Zusammenwirken mit verschiedenen staatlichen Einflüssen gegen gesellschaftliche Ziele verstoßen.
Aber nicht nur diese quantitativ wie qualitativ unbefriedigenden Allokations- und Distributionsergebnisse des Markts begründen staatliches Eingreifen im Zuge der Raumordnung. Besonders die mangelnde Internalisierung externer Effekte führt im privaten Bereich zu verfälschten Kostenstrukturen und damit zu gesellschaftlichen Ineffizienzen. So zieht die privatwirtschaftliche Überwälzung von Kosten der räumlichen Überbelastung auf soziale Kosten der Raumnutzung eine starke Einschränkungen der gesamtwirtschaftlichen Rationalität marktwirtschaftlicher Standortauslese nach sich. Beispielsweise werden Transportkosten bei der Wohnortwahl der privaten Haushalte ebenso wie bei der Standortwahl von Unternehmen nicht vollständig berücksichtigt, mit der Konzentration und Zentralisierung verbundene negative Umwelteffekte nicht einkalkuliert und Zersiedelungstendenzen im Umfeld der Konzentrationen nicht aufgefangen.[21] Die dabei entstehenden Folgen müssen dann aber durch die Gesellschaft als ganzes getragen und - zumindest soweit möglich - beseitigt werden.

Wo früher die zunehmend eingeschränkten Kräfte des Marktes und die Verschärfung des interregionalen Wohlstandsgefälles zur produktivitätsorientierten räumlichen Steuerung diese Tendenzen verstärkt hat, sind es heute vielmehr die entfesselten internationalen Marktkräfte, die Produktivitätsrückstände immer deutlicher zu Tage treten lassen. So werden regionale Strukturunterschiede zunehmend bedeutender für die weitere räumliche Wirtschaftsentwicklung. Das führt einerseits dazu, daß die Bereitschaft privater Verursacher negative externe Effekte ins Kalkül einzubeziehen noch weiter abnimmt und andererseits dazu, daß Eingriffe durch öffentliche Planungsträger zur Verbesserung der Standortbedingungen immer wichtiger werden. Zugleich müssen sie noch Korrektive einplanen, damit die Entscheidungen der privaten Planträger wesentlichen gesellschaftlichen Erfordernissen genügen. Nur auf diese Weise können Belange der wirtschaftlichen und sozialen Sicherheit heute und für kommende Generationen berücksichtigt werden.[22]

Neben diesen direkt ersichtlichen ökonomischen Gründen für raumordnerische Eingriffe finden sich auch weniger offensichtliche. So kommt der Raumplanung eine ganz wesentliche Aufgabe im Zuge der Information der Wirtschaft, Bürger und Behörden zu. Planen Individuen, Unternehmen und Behörden ohne das Wissen um einen Gesamtplan, so ist das Zusammenspiel der Planungen und deren Ergebnisse weitgehend dem Zufall überlassen. Eine bestmögliche Verquickung zum Erzielen von Agglomerationsvorteilen, günstigen Zuordnun-

---

19 STORBECK, D.: Gesellschaft und Raum. In: ARL (Hrsg.): Grundriß der Raumordnung, Hannover 1982, S.10

20 vgl. KLAUS, J.; SCHLEICHER, H.: Kritik und Reformkonzepte zur Regional- und Raumordnungspolitik in der Bundesrepublik Deutschland. In: WISU, 12/80, Düsseldorf 1980, S.151

21 vgl. STORBECK, D.: Gesellschaft und Raum. In: ARL (Hrsg.): Grundriß der Raumordnung, Hannover 1982, S.9f.

22 vgl. hierzu ähnliche Ausführungen bei STORBECK, D.: Gesellschaft und Raum. In: ARL (Hrsg.): Grundriß der Raumordnung, Hannover 1982, S.10

gen von Arbeits-, Wohn- und Freizeitflächen sowie des Angebots an öffentlichen (Dienst-) Leistungen und die Reduktion von negativen externen Effekten wird eher unwahrscheinlich. Sind jedoch diese Informationen gegeben, so kann die Raumordnung und -planung ihrer Koordinationsfunktion nachkommen und zu geringeren Transaktionskosten beitragen. Zudem werden durch eine konzeptionelle, programmatische Planung, die sachlich rational angelegt sowie demokratisch legitimiert ist, Konfliktpotentiale zwischen öffentlichen und privaten Entscheidern sowie zwischen öffentlichen Interessen verschiedener Ebenen verringert. Somit erleichtert sich die Koordination zwischen Fachplanungen einer Verwaltungsebene, da Informationen offengelegt werden müssen.[23]

Als eigenständige Normen für ökonomisch motivierte raumordnungspolitische Eingriffe können aber weder das Effizienzargument als solches noch die Einhaltung des Verbundprinzips[24], dessen Fehlen zu Ineffizienzen führt, dienen. Denn die Legitimation zum Handeln muß immer aus einem grundsätzlicheren Fundament erwachsen (s. letzter Abschnitt). Finden sich gute ökonomische Gründe für Eingriffe, sind diese in den ethisch-moralischen Diskurs einzubeziehen und abzuwägen sowie gegebenenfalls in gesetzliche Form zu bringen.
Zudem ist es nur schwer möglich, zukünftige gesellschaftliche Zustände, wie sie sich mit und ohne Eingriffe ergäben, exakt zu bewerten und so eine eindeutige Vorteilhaftigkeit zu bestimmen. Dies liegt einmal in den Eigenschaften der sehr heterogenen öffentlichen Maßnahmen - beispielsweise der technischen Besonderheiten von Anlagen wie langer Lebensdauer, hoher Kapitalintensität und technischer Unteilbarkeit -, deren jeweiligen externen Effekten unterschiedlichster Art sowie der Schwierigkeiten bei der Bestimmung der tatsächlich in der Summe auftretenden wirtschaftlichen Vor- und Nachteile begründet.[25] Daß darüber hinaus noch unterschiedliche Inzidenzen bezüglich Bevölkerungsgruppen und Handlungsebenen auftreten, erschwert die Situation noch zusätzlich. Davon unberührt, bleibt die Effizienz jedoch immer ein Kriterium für die Auswahl geeigneter staatlicher Eingriffe zur Veränderung eines als unbefriedigend erachteten räumlichen Zustands. An dieser Stelle müssen sich die Eingriffe wirtschaftlich - bezüglich ihres Ressourcenbedarfs und Nutzenbeitrags - rechtfertigen.
Das Verbundprinzip als ökonomische Grundregel zur Gewährleistung möglichst effizienter raumordnerischer Maßnahmen zugrunde zu legen, hat zwar einen gewissen Charme, stößt aber dort an seine Grenzen, wo die Grundausstattung an Lebensmöglichkeiten und -chancen nicht in ausreichendem Maße gegeben ist. Der ethischen Forderung nach persönlicher Freiheit im heutigen Verständnis könnte somit in strukturschwachen Teilräumen nicht nachgekommen werden. Ein Ausgleich über das Verbundprinzip ist für solche Räume sicherlich zu rechtfertigen.

---

23 vgl. LENDI, M.: Grundriß einer Theorie der Raumplanung - Einleitung in die raumplanerische Problematik. 2. Aufl., Zürich 1995, S.77f.

24 Das Verbundprinzip fordert, daß der Kreis der über Maßnahmen und deren Finanzierung befindende Personen oder Gruppierungen gleich dem Kreis der Zahler und Nutzer sein soll. Man geht davon aus, daß auf diese Weise die tatsächlichen Präferenzen der Bevölkerung indirekt zum Ausdruck gebracht werden und somit das Angebot öffentlicher Leistungen zu einem bestimmten Preis der Nachfrage entspricht. Zu einer ausführlichen Darstellung der Rolle der Verbundprinzips vgl. LEINEWEBER, N.: Das säkulare Wachstum der Staatsausgaben - Eine kritische Analyse. Göttingen 1988

25 vgl. KLAUS, J.: Grundlegende Aspekte der Planungsrationalität und Planungsmethodik. In: KLAUS, J.: Entscheidungshilfen für die Infrastrukturplanung - Neuere Entwicklungen auf dem Gebiet der Analyse und Bewertung öffentlicher Projekte. Sonderdruck, Baden-Baden, o.J., S.16 (ursprünglich entnommen aus: STOHLER, J.: Zur rationalen Planung der Infrastruktur. In Konjunkturpolitik, 11. Jg., 1965, S.281ff.

1.2.3 Formal-juristische Seite der Raumordnung und Raumplanung

Die Raumplanung als rechtlich verfaßte öffentliche Aufgabe wird in einem demokratischen (Rechts-)Staat immer auf der Basis des geltenden Rechts behandelt werden müssen. Dabei ist zu beachten, daß das Recht ein normatives Konstrukt ist und somit Aussagen darüber trifft, was getan werden soll, sprich es repräsentiert eine Summe verbindlicher, Geltung beanspruchender ethisch-moralischer Urteile. Ohne eine solche Begründung der Raumplanung könnte somit eine allein auf Rechtssätzen basierende Raumplanung keine Rechtfertigung finden und damit in der Folge auch keinen Bestand haben, münden doch die formalen Theorien der Rechtswissenschaft letzen Endes immer wieder in eine inhaltslose Ursprungsnorm, die nur die normative Geltung nachgeordneter Rechtssätze zu erklären vermag.[26]

Der Grundauftrag zu raumordnerischem und raumplanerischem Handeln findet sich bereits im Grundgesetz. Darin verpflichtet Artikel 91a Abs.1 alle Gebietskörperschaften zu gemeinsamem Handeln im Rahmen der sogenannten `Gemeinschaftsaufgaben´[27].
Ein nur unwesentlich konkreterer Auftrag stellt sich auf der Ebene des Bundes im BROG. Dort fordert §1 Abs.1 „Der Gesamtraum der Bundesrepublik Deutschland und seiner Teilräume sind durch zusammenfassende, übergeordnete Raumordnungspläne und durch Abstimmung raumbedeutsamer Planungen und Maßnahmen zu entwickeln, zu ordnen und zu sichern." Im weiteren wird ausgeführt, daß dies eine Gebietsstruktur mit gesunden Lebens- und Arbeitsbedingungen sowie ausgewogenen wirtschaftlichen, sozialen und kulturellen sowie ökologischen Verhältnissen sichern soll.

Die verfassungsrechtliche Kompetenzlage der Raumplanung bezüglich der Aufteilung der Verantwortungen auf Bund und Länder ist dafür relativ klar geregelt. So liegt die Rahmenkompetenz für die Gesetzgebung, welche die Bodenverteilung, die Raumordnung sowie die Wasserwirtschaft betrifft, gemäß Artikel 75 Nr. 4 GG auf seiten des Bundes. Allerdings ist hierbei die Interpretation der Raumplanung zu beachten. So steht die Vollkompetenz in der Raumplanung die den Gesamtstaat betrifft, ausschließlich dem Bund zu. Diese ist aber deutlich von der Raumplanung zu trennen, welche die verbleibenden Bereiche - insbesondere das Landesplanungsrecht - betrifft.[28] Hierfür haben die Länder gemäß Artikel 70 Abs. 1 GG die Kompetenz zur Gesetzgebung.
Was die Verwaltungskompetenz betrifft, so gilt mangels alternativer Vorschriften im Grundgesetz Artikel 30 GG in Verbindung mit Artikel 83 GG, nachdem „die Ausübung der staatlichen Befugnisse und die Erfüllung der staatlichen Aufgaben ... Sache der Länder" ist, „die Bundesgesetze als eigene Angelegenheit" ausführen. Letzteres bedeutet jedoch nicht, daß der Bund „bei der Wahrnehmung der ihm obliegenden Verwaltungsaufgaben, insbesondere bei

---

[26] In seiner Argumentation sieht LENDI die Raumplanung durch das Recht in der Ethik verankert. Dieses basiere auf ethischen Urteilen, deren Grundlage letztendlich Grundwerte - wie menschliche Würde, persönliche Freiheit etc. - seien. Vgl. LENDI, M.: Ethik der Raumplanung. In: BfLR (Hrsg.): RuR, H.5/91, Bonn 1991, S.293f.

[27] Gemeinschaftsaufgaben sind definiert als „staatliche Aufgaben, an deren Erfüllung der Bund durch Beteiligung an der Rahmenplanung und an der Finanzierung (`Mischfinanzierung´) mitwirkt, wenn diese Aufgaben für die Gesamtheit bedeutsam sind und wenn dies zur Verbesserung der Lebensverhältnisse notwendig ist." Zu diesen Gemeinschaftsaufgaben gehören die Verbesserung der regionalen Wirtschaftsstruktur sowie der Hochschulbau und der Küstenschutz. Über die Durchführung und Finanzierung dieser Aufgaben entscheiden Gremien, die paritätisch von Bund und Ländern besetzt werden. Vgl. Gabler (Hrsg.): Wirtschaftslexikon (Bd.4). 12. Aufl., Wiesbaden 1988, S.2021

[28] Rechtsgutachten vom 16.6.1954, BVerfGE 3, 407, S. 427f.

der Koordinierung der ... Fachplanungen“, Raumordnungsgesichtspunkte nicht ebenfalls berücksichtigten dürfte beziehungsweise müßte. Im Gegenteil, gerade durch das geltende Recht (BROG sowie Raumordnungsklauseln in den Fachplanungsgesetzen) ist es sogar geboten, daß der Bund immer dort, wo er bei seinen Verwaltungsaufgaben auf entsprechende Aspekte stößt, diese berücksichtigt.
Will der Bund Koordinierungen vornehmen, die für die Länder verbindlich sind und über den Bereich der ihm zustehenden Fachplanungen hinausgehen, kann er das nur in Zusammenarbeit mit den Ländern (etwa beim BROG), oder aber in all jenen Bereichen, in denen er über die Rahmen- beziehungsweise Vollkompetenz der Gesetzgebung verfügt.[29]

Abb.17: Raumplanungsebenen und Legitimationsansätze

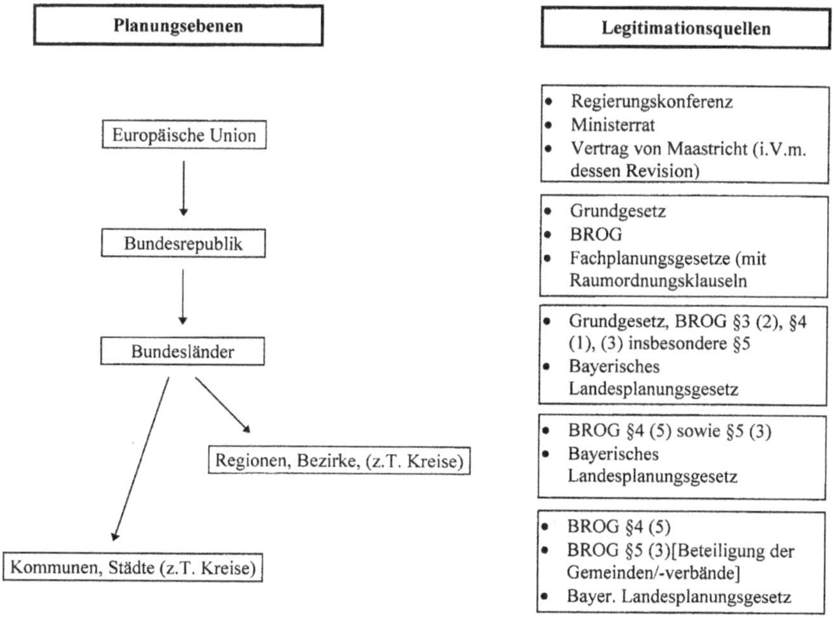

Quelle: Eigene Darstellung (exemplarisch für das Bundesland Bayern) nach: ARL (Hrsg.): Daten zur Raumplanung. Zahlen - Richtwerte - Übersichten (Teil A), Hannover 1981, II.2 (1), A II.2 (3)-(5)

Somit ist für eine der wichtigsten Funktionen der Raumordnung - die Konstitution und Aufrechterhaltung einer verfassungsrechtlichen Ordnung[30] sowie der Regelung der Kompetenzen und Verfahren zum geordneten Angehen von Knappheits- und Verteilungsproblemen - durch das Grundgesetz und das BROG eine Basis geschaffen. In einem zweiten Schritt wird dann die inhaltliche Ausrichtung und Konkretisierung der

[29] Zu diesem gesamten Abschnitt vgl. DAVID, C.-H.: Bundesrepublik Deutschland. In: ARL (Hrsg.): Daten zur Raumplanung. Hannover 1981, Teil A II 2 (2)

[30] Die Verfassung stellt den verbindlichen Ausdruck aller rechtlich durchsetzbaren Werthaltungen dar. Wertantinomien können von ihr jedoch nicht ausgeschlossen werden.

Raumordnung und -planung angegangen.[31] Hierzu werden auf Landesebene (vgl. Abb.17, die exemplarisch das Bundesland Bayern einschließt) Landesplanungsgesetze erlassen, die Kompetenz- und Aufgabenverteilung noch weiter verfeinern und sowohl Ländern als auch Bezirken und Kreisen sowie Städten und Kommunen einen verbindlichen Orientierungsrahmen bieten. Grundgesetz und BROG liegen allen Ebenen (mit Ausnahme der europäischen) zugrunde.

Eine ganz wesentliche Frage der Raumplanung unter dem Gesichtswinkel der Politik ist die nach der Durchsetzungsfähigkeit der Raumplanung. Sie enthält eine Rückfrage an ihre Legitimität. Ist sie in den jeweiligen Sach- beziehungsweise Problembereichen von der nötigen Teilübereinstimmungen und vom unabdingbaren Grundkonsens der Bevölkerung getragen? Nach heutiger Sichtweise umfaßt der Grundkonsens der Raumplanung die Gewährleistung von Freiräumen für künftige Generationen, das jedoch setzt die Änderbarkeit der Pläne voraus.
Dem entsprechend ist das nominale Raumplanungsrecht[32] primär formelles Planungsrecht. Kompetenzen, Instrumente sowie Verfahren werden festgelegt, erlangen durch ihre Bindung an das Recht Durchsetzbarkeit und die Einflußnahme auf laufende Dritt-Verfahren wird ermöglicht. Darüber hinaus enthält es inhaltliche Vorgaben: Ziele, Grundsätze der Planung, Verhaltensnormen und materielle Legaldefinitionen. Im Zuge dieser formellem Ausgestaltung eröffnet des Raumplanungsrecht die entsprechenden Freiräume für Entscheider innerhalb derer Planungsermessen[33] besteht, das ausgeschöpft werden kann und muß. Das Planungsermessen selbst wiederum erfährt seine Grenzen durch das Gebot der Sachlichkeit sowie materielle Planungsgrundsätze, die - im Sinne von finalen Rechtssätzen - Ziele (unkoordiniert und zumeist ohne zugehörige Maßnahmen!) verbindlich vorgeben. Diese zahlenmäßig geringen materiellen Planungsgrundsätze stellen jedoch keinen Tatbestand mit Rechtsfolge dar.
Grundsätzlich kritisch anzumerken bleibt, daß Gesetze und damit Rechtssätze, gemäß ihrer Natur Gleiches stets gleich zu behandeln, nicht geeignet sind, steuernde und lenkende Funktion auszuüben. Sie können nicht „zurücknehmen, akzentuieren und mithin nicht dosieren". Ihr großer Vorteil aber liegt in der Berechenbarkeit für alle Planbeteiligten und Planbetroffenen.
Ebenfalls kritisch ist jeder Versuch der Raumordnungspolitik eine materielle[34] Theorie (und entsprechende Gesetze) zugrunde zu legen, birgt dies doch die Gefahr einer Problem-einengung- und -reduktion. Denn eine unvoreingenommene Problemerkenntnis kann nur dann erfolgen, wenn allgemeine Situationsbeurteilungen deren Basis bilden und sie nicht mit

---

31 vgl. LENDI, M.: Grundriß einer Theorie der Raumplanung - Einleitung in die raumplanerische Problematik. 2. Aufl., Zürich 1995, S.118

32 In der Regel wird zwischen nominalem und funktionalem Raumplanungsrecht unterschieden. Das nominale Raumplanungsrecht umfaßt dabei alle Rechtsnormen, die als Raumplanungsrecht - zur Lösung räumlicher Probleme - erlassen wurden. Es bestimmt Kompetenzen, Verfahren sowie Planungsinstrumente sowie materielle Planungsgrundsätze. Funktionales Raumplanungsrecht ist all jenes Recht, das in der Lage ist einen substantiellen Beitrag zur Lösung räumlicher Probleme zu leisten. Maßnahmen zur Raumordnung gehen teils aus dem nominalen, teils aus dem funktionalen Raumplanungsrecht hervor. Vgl. LENDI, M.: Grundriß einer Theorie der Raumplanung - Einleitung in die raumplanerische Problematik. 2. Aufl., Zürich 1995, S.67

33 Zu beachten ist, daß Planungsermessen ein Wesenselement der Raumplanung darstellt, Planungswillkür hingegen im Rechtsstaat verfassungsrechtlich nicht zulässig ist.

34 Zum Vergleich GABLER (Hrsg.): Wirtschaftslexikon. 12. Aufl., Wiesbaden 1988, Bd.4, S.326, nach dem Materielles Recht die Rechtsvorschriften bezeichnet, die „Gestaltung und Inhalt der Rechtsverhältnisse usw. betreffen - Gegensatz: Verfahrensvorschriften, Prozeßrecht u.ä.".

normativen, oftmals ideologischen oder doktrinären, Vorgaben belastet ist. Zwar ist dessen ungeachtet, jede Problemerkenntnis subjektiv überformt, da auf selektiver Wahrnehmung beruhend, aber die Perzeption der Problemlagen wird erleichtert, wenn nicht auch noch materielle Theorien eine zusätzliche Hürde bilden.
Festzuhalten bleibt, daß nur die formelle Raumordnungspolitik eine unbefangene Problemerkenntnis ermöglicht.[35]

Durch die auf höhere Rechtsnormen zurückführbare Rechtsverbindlichkeit bedingt, sind die Anforderungen bezüglich des Konsensbedarfs in der Planung besonders hoch. Darin liegt eines der wesentlichen Spannungsverhältnisse zwischen Recht und Planung. Während aus formal-juristischer Perspektive Rechtssicherheit, Rechtsgleichheit und Rechtsverbindlichkeit eingefordert wird, ist Planung inhaltlich nicht verstetigbar. Hier treffen sich zukunftsorientiertes und damit Freiräume benötigendes, zweckrationales Planen und Entscheiden unter sich verändernden Einflüssen einerseits und wertrationale Gerechtigkeitsüberlegungen (`Gleichheitsprinzip'), die dauerhaft `gleiche' Lösungen anstreben, andererseits. Zugleich jedoch verlangt die Umsetzung der Planung im Rechtsstaat dann wiederum ihre Durchsetzbarkeit und damit eine rechtsverbindliche Grundlage.[36] Eine Auflösung erfährt dieses Dilemma dadurch, daß der Planung innerhalb des zugestandenen Planungsermessens Zweckrationalität und damit Sachlichkeit zugestandenen wird - mithin in manchen Situationen die Rechtssicherheit der Planungsdynamik geopfert wird. Die äußeren Klammern dazu allerdings werden wertrational im Rahmen ethisch-moralischer Grundüberlegungen entwickelt und finden ihren Niederschlag in formellem Recht. Eine Lösung, die aus juristischer Perspektive zwar bemängelt werden mag, aus ökonomischer Sicht jedoch unausweichlich scheint, wenn anforderungsgerechte Lösungen mit vertretbarem Aufwand erreicht werden sollen.
Gerade im Bewußtsein dieses Spannungsfelds zwischen Recht und Planung ist es umso wichtiger, daß der Rechtsschutz[37] (sowohl der individuelle als auch der ganzer Kollektive) positiv-rechtlich ausgestaltet wird damit er seinen originären Zweck, den Schutz der Individuen, der Planüberprüfung sowie der Planabstimmung zwischen den beteiligten Planungsebenen, erfüllen kann. Dazu muß er (1) zu Zeitpunkten greifen, zu denen die Planung noch beeinflußt werden kann und (2) müssen die Verfahren der Raumplanung einigen Anforderungen genügen: sie müssen nachvollziehbar, berechenbar und kritisierbar sein. Nachvollziehbar, damit die zu Schützenden berechtigte Kritik vorbringen können und berechenbar, damit beschlossene Planung auch als Grundlage für die Entscheidungen privater Haushalte und Unternehmen dienen können. Bestünde grundsätzliche keine Möglichkeit Pläne zu kritisieren und damit unter Umständen noch zu beeinflussen, so würde der Rechtsschutz ad absurdum geführt. Um diesen Anforderungen zu genügen, müssen Raumplanungsverfahren öffentlich sein, da ansonsten die Gerechtigkeit auf der Strecke bleibt und eine Legitimation nicht mehr erfolgen kann.[38]

---

[35] Zu desem Abschnitt vgl. insbesondere LENDI, M.: Grundriß einer Theorie der Raumplanung - Einleitung in die raumplanerische Problematik. 2. Aufl., Zürich 1995, S.66f. i.V.m. S.148, S.81ff. und S.109. Dieser definiert Rechtssätze als „wertrational; generell-abstrakt; auf Rechtssicherheit und - gleichheit ausgerichtet" (S.83f.).

[36] vgl. LENDI, M.: Grundriß einer Theorie der Raumplanung - Einleitung in die raumplanerische Problematik. 2. Aufl., Zürich 1995, S.64f.

[37] Der Rechtsschutz gilt nicht nur gegenüber den Plänen sondern auch gegenüber Erlassen und Verfügungen die im Zuge der Raumplanung ergehen.

[38] vgl. LENDI, M.: Grundriß einer Theorie der Raumplanung - Einleitung in die raumplanerische Problematik. 2. Aufl., Zürich 1995, S.26, S.69f. und S.294

All dessen ungeachtet, muß die ursprüngliche Legitimation im Laufe sich verändernder politisch-gesellschaftlicher und wirtschaftlicher Gegebenheiten immer wieder überprüft werden. Können bestehende Gesetze noch Gültigkeit beanspruchen, oder sind Ziele sowie deren Begründungen und damit auch deren zugehörige Maßnahmen neu zu begründen und in dementsprechend Gesetzesnovellen zu entwickeln? Zuletzt war dies am 18. August 1997 der Fall, als die Novelle des noch aus dem Jahre 1965 stammende Raumordnungsgesetzes verkündet wurde und mit Wirkung zum 1. Januar 1998 in Kraft trat[39].

1.3 Ordnungspolitische Aspekte einer Raumordnungspolitik

„... welche Funktionen solche Ziele, Grundsätze, Werthaltungen oder Leitbilder im konkreten Planungsfall haben sollen, ist umstritten. Deren Bedeutung hängt u.a. mit der Beantwortung der Frage zusammen, welche Aufgabe die Raumplanung in einem Gesellschafts- und Ordnungssystem wie der Bundesrepublik Deutschland haben soll und wie Planung verstanden wird?“[40]

Auch Raumordnung und Raumplanung haben sich in einem demokratischen Staat der Frage zu stellen, in wieweit ihre Ziele, Träger und Instrumente den allgemeinen Ordnungsvorstellungen entsprechen, ob sie in ihrer Ausgestaltung dem Gesellschaftssystem sowie dessen Subsystemen gerecht werden oder ob sie unter Umständen verändert werden müssen um ordnungskonform zu sein.
Hierzu sollen im Folgenden zwei zentrale Fragen herausgegriffen und näher betrachtet werden: (1) Ist es in einer sozialen Marktwirtschaft gerechtfertigt, mittels Raumordnung und Raumplanung in Prozesse und deren Ergebnisse einzugreifen und (2) in wieweit darf dazu die Freiheit des Einzelnen in einem individualistisch-liberal orientierten Gemeinwesen eingeschränkt werden? Beides sind Fragen, deren Aspekte weit über die rein ökonomische Perspektive hinaus reichen, die aber an dieser Stelle eine Einschränkung auf ihre wirtschaftliche Dimension erfahren müssen, da sie nicht im Zentrum der weiteren Arbeit stehen werden.

1.3.1 Soziale Marktwirtschaft und Raumordnungspolitik

Um Grundformen von Wirtschaftsordnungen[41] voneinander abzugrenzen, werden verschiedene Kriterien herangezogen. Diese Abgrenzungsmerkmale sind: Entscheidungs-, Informations- und Lenkungssystem, Eigentumsordnung sowie Koordinationssystem. Darüber hinaus stellt sich die Frage, ob als Grundhaltung das Individualprinzip oder das Sozialprinzip zum Tragen kommen soll.

---

39 Vgl. BGBl I S.2081. Das BROG wurde dabei als Artikel 2 des Bau- und Raumordnungsgesetzes 1998 vom 18. August 1997 verkündet.

40 HÜBLER, K.-H.: Raumordnungspolitik und Wertewandel - Überlegungen zur Fortentwicklung der Raumordnungspolitik. In: ARL (Hrsg.), Bd.103, Hannover 1987, S.5

41 Zu den Grundformen von Wirtschaftsordnungen, deren Entscheidungssystemen sowie deren Ausgestaltung in der Bundesrepublik vgl. CASSEL, D.: Wirtschaftspolitik in alternativen Wirtschaftssystemen: Begriffe, Konzepte, Methoden. S.1-19, THIEME, J.; STEINBRING, R.: Wirtschaftspolitische Konzeptionen kapitalistischer Marktwirtschaften. S.45-67 und HARTWIG, K.-H.: Bundesrepublik Deutschland: Wirtschaftspolitik in der Sozialen Marktwirtschaft. S.179-195. (Alle Beiträge sind in CASSEL, D.; BLAICH, F.: Wirtschaftspolitik im Systemvergleich - Konzeption und Praxis der Wirtschaftspolitik in kapitalistischen und sozialistischen Wirtschaftssystemen. München 1984 zu finden).

Dabei regelt das Entscheidungssystem die Frage der Planungskompetenz, legt also fest, welche Pläne von wem aufgestellt werden dürfen und welche Plangegenstände jeweils eingeschlossen sind. Die Eigentumsordnung bestimmt, wem Produktionsfaktoren, insbesondere die sachlichen Produktionsfaktoren Boden und Kapital, gehören und wer über sie verfügen darf - eine bedeutende Frage, bestimmt sie doch, wer mittels der Verfügungsgewalt (Wirtschafts-)Pläne durchsetzen kann. Um die unzähligen einzelnen (Teil-) Pläne aufeinander abzustimmen, wird ein entsprechendes Koordinationssystem benötigt, das die Nachfrage und Produktion von Gütern und Dienstleistungen zum Ausgleich bringen soll. Eine Aufgabe, die in ähnlicher Weise vom Lenkungssystem für die Produktionsfaktoren übernommen wird, um diese optimal zu alloziieren und eine höchstmögliche Güterproduktion (entsprechend der Bedürfnisse in einer Gesellschaft) zu erzielen.
Real existierende (Wirtschafts-)Systeme zeichnen sich dadurch aus, daß sie auf einer (wirtschafts-)politischen Grundentscheidung „über die Vorteilhaftigkeit des jeweiligen reinen Prinzips zur Lösung einzelner Planungsprobleme, Elemente der reinen Prinzipien“ verwendend, basieren.[42]

Das System der Bundesrepublik ist durch die grundsätzliche Entscheidung für die Marktwirtschaft gekennzeichnet, das heißt zentrale Elemente des Informations-, Entscheidungs-, Koordinations- und Lenkungssystems sind der Markt und die sich dort bildenden Preise, privates Eigentum an Gütern und Produktionsfaktoren dominiert und eine individualistische Grundhaltung prägt das Gesamtsystem.
Trotzdem sind auch hier - in unterschiedlich starkem Umfang - Zentralplanungselemente vorzufinden (etwa bei der Bereitstellung öffentlicher Güter und an den Stellen, an denen die Marktsteuerung offensichtlich versagt beziehungsweise unerwünschte Ergebnisse hervorbringt). Da diese Eingriffe in das reine marktwirtschaftliche Prinzip nicht willkürlich sind sondern bewußt vorgenommen werden, spricht man in der Bundesrepublik auch vom Konzept der `Sozialen Marktwirtschaft´.
Raumordnung und Raumplanung als öffentliche Aufgaben sind entsprechend dem herrschenden Staats- und Politikverständnis ins Gesamtsystem eingeordnet, in einem Bundesstaat anders positioniert als in einem Zentralstaat und in einem Staat mit liberalem Wertesystem anders ausgestaltet als in einem Staat, der diese Werte durch Parteien und Ideologien interpretieren läßt.

In der Bundesrepublik bleibt die Informationsfunktion größtenteils Märkten und Preisen überlassen. Raumwirksame Einflüsse öffentlicher Institutionen ergänzen diese jedoch. Durch Informationen wird versucht, die Pläne und Handlungen privater wie öffentlicher Entscheider dahingehend zu beeinflussen, daß intendierte gesellschaftlichen Ziele erreicht werden, die bei unbeeinflußten Marktprozessen nicht zu erwarten wären. Darüber hinaus wird das Entscheidungssystem durch finanzielle Instrumente, Zwangsmaßnahmen, Gebote und Verbote (vgl. Kapitel II 2.2) beeinflußt. Maßnahmen, die individuelle Entscheidungen verzerren, einschränken oder gar unmöglich machen und damit - teils massiv - in den grundsätzlich befürworteten Koordinationsmechanismus Markt eingreifen.

---

42 vgl. HERDZINA, K.: Einführung in die Mikroökonomik. 5. Aufl., München 1997, S.19ff., KOLB, G.: Grundwissen Wirtschaft - Ordnungstheoretische Grundlagen des Wirtschaftssystems. In: Institut für wirtschafts- und sozialwissenschaftliche Bildung e.V. (Hrsg.): Wirtschaftliche Grundbildung, H.1/92, Münster 1992, S.21 und DÜRR, E.: Grundlagen der Sozialen Marktwirtschaft. In: WiSu, H.11/78, Düsseldorf 1978, S.533

Obgleich das Individualprinzip als Grundhaltung in der Gesellschaft akzeptiert ist, erfährt es immer dort steuernde Eingriffe im Sinne des Sozialprinzips, wo „Strukturfehler infolge des Versagens der Steuerungsmechanismen aufgrund der Unvollkommenheit der regelnden Normen der Gesellschaft" diese veranlassen oder ökologische und technologische Zusammenhänge regulierende Eingriffe notwendig machen, da gesellschaftliche Wirkungszusammenhänge nicht automatisch diesen Zusammenhängen entsprechen.[43] Das heißt immer dann, wenn gesellschaftlich irrationale (Markt-)Ergebnisse zu erwarten sind und negative externe Effekte individueller Entscheidungen nicht problemlos beziehungsweise mit vertretbarem Aufwand, internalisiert werden können, sollen Raumordnung und Raumplanung auf ordnungskonforme (!) Weise in die gesellschaftlichen Prozesse eingreifen.
In einer sozialen Marktwirtschaft sollten dabei - soweit möglich - vor allem indirekt wirkende Maßnahmen, die entsprechende Bedingungen für investierende, produzierende und konsumierende Planträger schaffen - unter Beachtung ökologischer Anforderungen-, ergriffen werden.

1.3.2 Einschränkung der individuellen Freiheit

Gerade die angesprochenen Externalitäten, die mit dem Rationalverhalten auf individueller Ebene verbunden sind, sowie die Eigenschaften öffentlicher Güter begründen Eingriffe in die individuelle Freiheit, mit der die Möglichkeit des Wirtschaftssubjekts über sein Eigentum und seine Rechte zu disponieren, beschränkt wird.[44] Andernfalls würde die einzelwirtschaftliche Orientierungen im System der gesellschaftliche Raumnutzung unter Umständen zu Abweichungen von gesellschaftspolitischen Zielen führen.[45]
Darum muß privatwirtschaftliches sowie privatautonomes Handeln selbst in den Bereichen, in denen es qualifizierten verfassungsrechtlichen Schutz genießt, auf seine Raumverträglichkeit geprüft werden. Das bedeutet jedoch nicht, daß öffentliche Interessen stets Vorrang vor privaten hätten. Dies ließe sich sachlich nicht begründen, ist es doch zentrales öffentliches Interesse, daß private Interessen Beachtung finden können. Nur dort, wo räumliche Auswirkungen privater Interessen auftreten, beginnt der Zuständigkeitsbereich der Raumplanung. Die dabei beschlossenen Vorgaben, gesetzten Anreize und ergriffenen Maßnahmen müssen (rechts-)verbindlich sein und bedürfen einer gesetzlichen Grundlage. Damit geraten Raumordnung und Raumplanung „als Führungsaufgabe und als Entscheidungsprozeß in die Antinomie von Freiheit und Bindung".[46]

Letzten Endes geht es der Raumordnungspolitik darum, daß die Freiheit anderer Individuen beziehungsweise die Freiheit aktueller und zukünftiger Generationen nicht durch die Freiheit einzelner beschnitten wird. Eine Begründung, die im Rahmen einer sozial gestalteten Marktwirtschaft sicherlich ihre Berechtigung findet und die, folgt man der in Kapitel II 1.2.2 vertretenen Auffassung einer ethisch-moralisch fundierten Raumplanung, dem ab und an erhobenen Vorwurf, die Raumplanung würde nur verrechtlichen und verplanen und damit die Freiheit

---

43 vgl. STORBECK, D.: Gesellschaft und Raum. In: ARL (Hrsg.): Grundriß der Raumordnung, Hannover 1982, S.9f.

44 vgl. KOLB, G.: Grundwissen Wirtschaft - Ordnungstheoretische Grundlagen des Wirtschaftssystems. In: Institut für wirtschafts- und sozialwissenschaftliche Bildung e.V. (Hrsg.): Wirtschaftliche Grundbildung, H.1/92, Münster 1992, S.22

45 vgl. STORBECK, D.: Gesellschaft und Raum. In: ARL (Hrsg.): Grundriß der Raumordnung, Hannover 1982, S.9f.

46 vgl. LENDI, M.: Grundriß einer Theorie der Raumplanung - Einleitung in die raumplanerische Problematik. 2. Aufl., Zürich 1995, S.26f. und S.33

der betroffenen Planungsträger einschränken, ein großes Stück entgegentritt. Daß in diesem Zusammenhang dem Rechtsschutz eine zentrale Stellung zukommt, ist selbstverständlich.

2. Traditionelle institutionelle und instrumentelle Ausstattung von Raumordnung und Raumplanung

„Die Aufgabe der Regionalplanung liegt in der Regionalpolitik."[47]

Wie bereits gesehen, unterliegt die Raumnutzung gesellschaftlichen Steuerungsgrößen wie Oberzielen, Leitbildern, Traditionen sowie Ideologien, die überwiegend indirekt wirken. Sie beeinflussen jedoch den institutionellen Rahmen direkt, der wiederum die räumlichen Nutzungsmöglichkeiten regelt. Neben diesen gesellschaftlichen Verhaltensweisen und Werthaltungen, die wir in säkulare Trends und modische Strömungen unterschieden haben und die im Zusammenhang mit der räumlichen Struktur (Einkaufsverhalten, Verkehrsgewohnheiten, Mobilitätsneigungen, Wohnverhalten sowie Freizeit- und Tourismusverhalten) wirken, hängt die Beeinflußbarkeit der räumlichen Struktur von weiteren Faktoren ab. So besteht zwischen dem Einsatz der für die gesellschaftliche Raumnutzung zur Verfügung stehenden Technologien (z.B. Verkehrs-/Nachrichtenwesen, Produktionstechnologien) und der räumlichen Organisation eine enge Wechselbeziehung. Beispielsweise können, je nach strategischem Einsatz des technologischen Wandels, Raumstrukturen unterschiedlich starkem Veränderungsdruck ausgesetzt werden (Verschleppung oder Förderung).[48]

Neben diesen (teils) externen Faktoren spielen institutionelle[49] und instrumentelle Ausgestaltung der Raumordnung und Raumplanung eine zentrale Rolle in der tagtäglichen räumlichen Gestaltung.
So wirken im Rechtsstaat an der Raumplanung die verfaßten, zuständigen Organe mit. Dabei kommt im gewaltenteilenden Staat Organen mit materiellen Regierungsfunktionen (Regierung, Administration, Parlament) besondere Bedeutung zu. Daneben agiert die Wirtschaft sowie die Gesellschaft in Form sozialer Gruppierungen sowie Einzelpersonen. Sie alle tragen - geplant oder nicht geplant - zur Entwicklung bei und haben damit auch einen Teil der Verantwortung für eine funktionierende Raumplanung.[50]
Diese institutionellen Gegebenheiten und die instrumentelle Ausstattung der einzelnen Institutionen sollen nun im Brennpunkt der Betrachtung stehen.

---

47 GUST, D.: Auftrag und Anwendung der Regionalplanung. In: ARL (Hrsg.): Regional- und Landesplanung für die 90er Jahre, wissenschaftliche Plenarsitzung 1990, Hannover 1990, S.79

48 vgl. STORBECK, D.: Gesellschaft und Raum. In: ARL (Hrsg.): Grundriß der Raumordnung, Hannover 1982, S.5 i.V.m. S.12

49 Nach MAYNTZ/SCHARPF sind Institutionen stimulierende, ermöglichende aber auch restringierende „Handlungskontexte". Vgl. MAYNTZ, R.; SCHARPF, F.W.: Der Ansatz des akteurzentrierten Institutionalismus. In: MAYNTZ, R.; SCHARPF, F.W. (Hrsg.): Gesellschaftliche Selbstregulierung und politische Steuerung. Frankfurt a.M. 1995, S.43

50 vgl. LENDI, M.: Grundriß einer Theorie der Raumplanung - Einleitung in die raumplanerische Problematik. 2. Aufl., Zürich 1995, S.25f. i.V.m. S.100

2.1 Föderales Denken - Grundlage des organisatorischen Aufbaus von Raumordnung und Raumplanung

Die Frage, wie der Staat aufgebaut und die Beziehungen zwischen den Gebietskörperschaften am zweckmäßigsten ausgestaltet sein sollten, wurde in der Bundesrepublik nach dem Krieg bis in die 60er Jahre hinein überwiegend in der Staats- und Politikwissenschaft diskutiert. Der bestehende, föderale Staatsaufbau geht auf die machtpolitischen Überlegungen und Forderungen der Alliierten zurück, ein Gegengewicht zum Zentralstaat zu schaffen. Da dies zum damaligen Zeitpunkt nicht durch die Gemeinden zu leisten war, hier hätte eine Organisation der versprengten Kräfte zuviel Zeit und Aufwand erfordert, wurden die Bundesländer in ihrer heutigen Form (mit Einschränkungen auch die neuen Bundesländer) geschaffen.

Neben dieser nicht-ökonomischen Begründung des föderalen Staatsaufbaus stehen auch ökonomisch orientierte, die für eine raumordnungspolitische Diskussion von Interesse sind. Allokative Kriterien stehen hierbei an erster Stelle. Sowohl die Abstimmung öffentlicher (Güter-)Angebote mit den individuellen in einer Region vorzufindender Präferenzen, als auch die Übereinstimmung regionaler Kosten- und Nutzen (entspricht der `fiskalischen Äquivalenz´ von OLSON) sind hier neben der Steigerung der Innovationsfähigkeit durch regionalen Wettbewerb zu nennen. `Economies of scale´ in der Erstellung des öffentlichen Güterangebots runden dies ab. Die allokativen Kriterien sprechen dabei für eine weitestgehende Verlagerung der Kompetenzen und Verantwortung auf nachgeordnete Ebenen (`Subsidiaritätsprinzip´[51]). Demgegenüber weisen distributive Kriterien im Zuge der regionalen Einkommens-, Güter- und Leistungsverteilung eher auf die Notwendigkeit übergeordneter Ebenen hin, soll das Ausgleichsziel nicht gänzlich vernachlässigt werden. Regionales wirtschaftliches Wachstum als stabilitätsbegründender Faktor benötigt dagegen beide Ansätze: übergeordnete Ebenen zur Entwicklung geeigneter Startvoraussetzungen des regionalen Wettbewerbs und Subsidiarität um einen regionalen Wettbewerb dann zu entfachen.

Im Sinne der ökonomischen Begründungsansätze des Föderalismus ist es somit Anliegen sowohl die Aufgabenverteilung als auch die Zuordnung von Ausgaben und Einnahmen auf öffentliche Entscheidungsträger wirtschaftlich zu begründen. In diesem Sinne bildet der Föderalismus als Staatsorganisation (`föderalistisches System´), bei der zwischen der zentralen Ebene (Bund) und der unteren Ebene (Kreise und Gemeinden) eine weitere Ebene (Länder) eingezogen ist, auch die Basis der bundesdeutschen Raumordnung.[52]

---

[51] Das christliche Menschenbild und das liberale Staatsverständnis wurden von GUNDLACH begrifflich als `Subsidiaritätsprinzip´ gefaßt und sind durch die Sozial-Enzyklika `Quadragesimo anno´ im Jahre 1931 von PAPST PIUS XI folgendermaßen in die sozialpolitische Disussion eingebracht worden: „... muß doch allzeit unverrückbar jener oberste sozialphilosphische Grundsatz festgehalten werden, ...: wie dasjenige, was der Einzelmensch aus eigener Initiative und mit seinen eigenen Kräften leisten kann, ihm nicht entzogen und der Gesellschaftstätigkeit zugewiesen werden darf, so verstößt es gegen die Gerechtigkeit, das, was die kleineren und untergeordneten Gemeinwesen leisten und zum guten Ende führen können, für die weitere und übergeordnete Gemeinschaft in Anspruch zu nehmen; zugleich ist es überaus nachteilig und verwirrt die ganze Gesellschaftsordnung. Jedwede Gesellschaftstätigkeit ist ja ihrem Wesen und Begriff nach subsidiär; sie soll die Glieder des Sozialkörpers unterstützen, darf sie aber niemals zerschlagen oder aufsaugen." Zitiert nach TEICHMANN, U.: Wirtschaftpolitik: Einführung in die demokratische und instrumentelle Wirtschaftspolitik. 3. Aufl., München 1989, S.303f.

[52] vgl. ZIMMERMANN, H.; HENKE, K.-D.: Einführung in die Finanzwissenschaft. 6. Aufl., München 1990, S.423. In Abgrenzung hierzu wird der Begriff „föderatives System" auch graduell verwandt und bezeichnet dann den Grad an (De-)Zentralität innerhalb des Staatsaufbaues.

Träger der Raumordnung und -planung mit originären Hoheitsfunktionen sind in der Bundesrepublik lediglich die beiden staatlichen Ebenen Bund und Länder, wirken sie doch gesetzgeberisch. Planungsregionen, Regierungsbezirke etc., wie sie in einigen Bundesländern zu beobachten sind, Gemeinden und Kreise sowie private und öffentliche Planträger vervollständigen den Kreis institutionell zugelassener Planträger, die jedoch keine eigenständigen hoheitlichen Befugnisse aufweisen.[53]

Anhand Abbildung 18 soll ein kurzer Überblick über die Funktionsweise der Raumordnung gegeben werden. Trotz des dargestellten abgestuften Systems von Zuständigkeiten besteht ein Ungleichgewicht bezüglich der Kompetenzen innerhalb des Systems und der Einflußmöglichkeiten auf das System zu Gunsten der Länder. So hat der Bund zwar die Rahmenkompetenz gemäß Art. 75 GG und legt somit inhaltliche und verfahrensrechtliche Vorschriften fest. Diese werden jedoch zum Großteil von den Ländern in eigener Regie und Verantwortung ausgefüllt. Lediglich in einigen wenigen Bereichen, wie etwa der Bundesverkehrswegeplanung, besitzt der Bund Vollkompetenz. Einige Bereiche werden im Zuge der Gemeinschaftsaufgaben von Bund und Ländern gemeinsam behandelt.[54]
Auf der Bundesebene ist dabei grundsätzlich das BMBau zuständig, jedoch gibt es aufgrund des Ressortprinzips zahlreiche Zuordnungsprobleme bezüglich der Kompetenzen, da die Fachbereiche teilweise eigenständige, unkoordinierte, in ihren Wirkungen jedoch raumbedeutsame Planungen realisieren. Auf der Ebene der Länder existieren unterschiedliche Zuordnungen. Hier sind meist Verknüpfungen mit dem Umwelt- und Wirtschaftsressort zu verzeichnen.
Grundsätzlich ist das Verhältnis der einzelnen Planungsebenen in Deutschland nach dem Gegenstromprinzip (§ 1 Abs. 2 und 3 ROG) organisiert, das heißt es sollte eigentlich eine abstimmende, iterative Planharmonisierung[55] jeweils aneinander angrenzender Planungsebenen geben. Dies ist jedoch nur zwischen Bund und Ländern erfüllt. Zur Abstimmung zwischen ihnen wurde hier die Ministerkonferenz für Raumordnung (MKRO) eingerichtet, ein Gremium das beispielsweise auch den `Raumordnungspolitische Handlungsrahmen´ sowie den `Raumordnungspolitische Orientierungsrahmen´ verabschiedete.[56]
An der Schnittstelle zwischen Landes- und Regionalplanung beginnt jedoch der Bruch dieses Prinzips. Denn zwischen den unteren Planungsebenen, Planungsregionen, Gemeinden und Kreise, sowie den privaten und öffentlichen Planungsträgern erfolgt überwiegend eine Abstimmung (`Abstimmungsgebot´ gemäß § 14 ROG) der Pläne im Rahmen ganz konkreter Vorhaben. Dies geschieht jedoch lediglich im Zuge eines `Einpassens´ der eigenen, nachgelagerten Pläne in den jeweils übergeordneten Plan und der Berücksichtigung damit verbundener Vorgaben sowie durch mehr oder minder unreflektierte Übernahme der Ziele, Planungen und eruirten Potentiale nachgelagerter Ebenen durch die jeweils übergeordnete Ebene. Eine wirkliche Abstimmung der Pläne per se erfolgt im Regelfall nicht, eine Genehmigungspflicht besteht nur für die Regionalplanung durch die Landesplanung. Das Gegenstromprinzip als konstitutives Element ist somit zwar formal, nicht jedoch funktional erfüllt.

---

53 vgl. LENDI, M.: Grundriß einer Theorie der Raumplanung - Einleitung in die raumplanerische Problematik. 2. Aufl., Zürich 1995, S.100f.

54 Vgl. hierzu insbesondere BMBau (Hrsg.): Raumordnung in Deutschland. Bonn 1996, S.46.

55 vgl. LENDI, M.: Grundriß einer Theorie der Raumplanung - Einleitung in die raumplanerische Problematik. 2. Aufl., Zürich 1995, S.85

56 vgl. BMBau (Hrsg.): Raumordnung in Deutschland. Bonn 1996, S.49

Abb.18: Planarten und Hierarchie der räumlichen Planungen

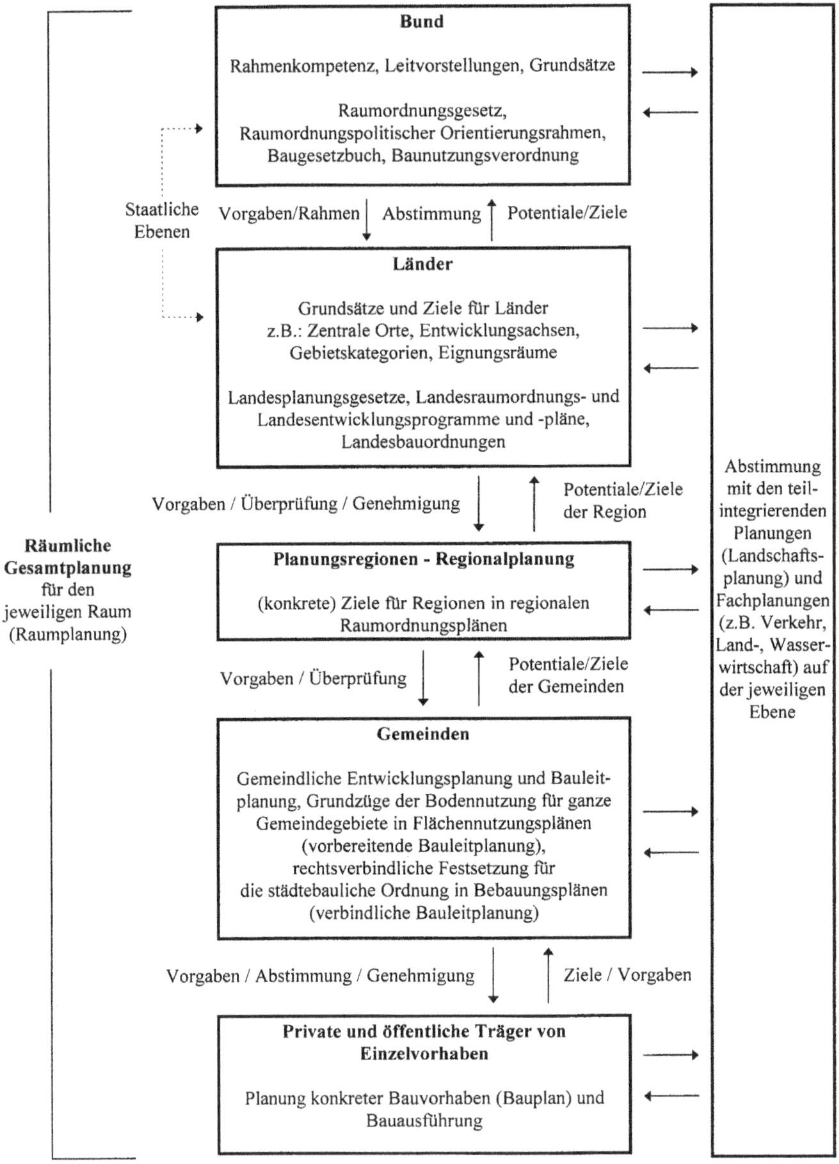

Quelle: Leicht modifizierte Version einer Abbildung in: BMBau (Hrsg.): Raumordnung in Deutschland. Bonn 1996, S.48

Neben der vertikalen Planabstimmung sind auf allen Ebenen horizontale Koordinationsleistungen zwischen der räumlichen Planung, den teilintegrierenden Planungen und den Fachplanungen zu erbringen, zielt doch beispielsweise die Landschaftsplanung auf breiter Front auf Planungsgegenstände der Raumordnung. Ebenso verhält es sich auch mit Planungen der Verkehrswege, der Land- und Wasserwirtschaft sowie zahlreicher anderer Fachressorts.

In dieser schematischen Darstellung des organisatorisch-hierarchischen Aufbaus der bundesdeutschen Raumplanung wird deutlich, daß in Abhängigkeit zur Ebene der Konkretisierungsgrad der räumlichen Planung variiert. Je niedriger die Raumplanungsebene, desto konkreter und detaillierter ist der zugehörige Plan. So finden sich auf der überregionalen Ebene der Bundesraumordnung eher abstrakte Zielvorstellungen, die sich in Grundsätzen und Leitvorstellungen manifestieren und eine gewisse Orientierung der Planungsträger aller Stufen ermöglichen. Demgegenüber zeigt sich bereits auf Landesebene, daß sich hier - neben jeweils landesspezifischen Zielen - erste Konkretisierungsansätze im Rahmen der Landesentwicklungsprogramme und überregional bedeutsamen Aktionsfeldern abzeichnen. Den daraus resultierenden Rahmen füllen Regionalpläne und gemeindliche Entwicklungspläne mit immer greifbareren Vorgaben und Nutzungszuweisungen von Teilräumen, bis hin zu rechtlich verbindlichen Bebauungsplänen, die privaten und öffentlichen Trägern von Einzelvorhaben keine wesentlichen Spielräume mehr lassen.

Anzumerken bleibt, daß die Integration der eigenständigen, meist nicht rechtsverbindlichen Landesplanung in die Gesamtplanung auf den verschiedenen Verwaltungsebenen in den Bundesländern recht unterschiedlich geregelt ist[57] und die Regionalplanung - entgegen des möglicherweise entstehenden Eindrucks der Abbildung - innerhalb der einzelnen Bundesländer ganz unterschiedliche Ausprägungen erfahren hat. Hier spannt sich der Bogen von der rein staatlichen Wahrnehmung der damit verbundenen Aufgaben - wie etwa in Sachsen-Anhalt - über Mischformen bis hin zu rein kommunal verfaßten Formen wie in Baden-Württemberg.

Der zeitliche Horizont der Planungen der verschiedenen Ebenen erstreckt sich von etwa fünf bis zu zehn Jahren. Dabei werden die Planungen auf Bundes- wie auf Gemeindeebene mit circa fünf Jahren Bestandsdauer und anschließender Fortschreibung relativ häufig überarbeitet, wobei bereits der Begriff 'Fortschreibung' auf oftmaliges reines Verlängern der bestehenden Planungen in die Zukunft hinein deutet. Auf Landes- und Regionalebene haben die entsprechenden Entwicklungspläne im Schnitt zehn Jahre Bestand. Eine Übersicht über die Planungen der jeweiligen Ebenen, deren gesetzlichen Grundlagen und ihren zeitlichen Geltungsbereichen bietet Abbildung 19.

Neben den hier genannten nationalen Trägern der Raumplanung findet sich auf supranationaler Ebene eine Vielzahl internationaler, staatlicher wie nicht-staatlicher Organisationen, die mit Aspekten der Raumplanung und -ordnung sowie der Regionalplanung und -entwicklung befaßt sind. Keine dieser Organisationen hat jedoch die Kompetenz, verbindliche Planungen auf internationaler Ebene durchzuführen. Sofern trotzdem konkrete Planungsarbeiten durch-

---

57 vgl. BASTIAN, O.; SCHREIBER, K.-F.: Analyse und ökologische Bewertung der Landschaft. Jena u. Stuttgart 1994, S.24

geführt werden, geschieht dies im Regelfall lediglich im Rahmen nicht-staatlicher Organisationen.[58]

Abb.19: Träger der Raumordnung in der Bundesrepublik und ihnen zugeordnete Planungsstufen

Träger	Planung	gesetzliche Grundlage	zeitlicher Geltungsbereich
Bund	• Bundesraumordnungsprogramm • Fachpläne (z.B. Bundesfernstraßen	• Raumordnungsgesetz • Fachgesetze	Fortschreibung alle 5 Jahre, mittel- bis langfristig
Länder	• Landesentwicklungpläne • Fachentwicklungspläne • Gemeinsame, grenzüberschreitende Planung einzelner Bundes-länder (z.B. Wasser- und Bodenverbände)	• Landesplanungsgesetze	ca. 10 Jahre
Regionen	• Regionalpläne • Regionale Raumordnungspläne oder Raumordnungsprogramme • Landschaftsrahmenpläne		ca. 10 Jahre
Gemeinden	• Bauleitplanung (Flächennutzungsplan, • Bebauungsplan)	• Bundesbaugesetz • Städtebauförde-ungsgesetz	5 - 10 Jahre
Bauherr	• Bauplan	• Landesbauordnung • Bebauungsplan	

Quelle: BENDER, H.-U.; KÜMMERLE, U.; RUHREN, N.v.d.; THIERER, M.: Räume und Strukturen. 1. Aufl., Suttgart 1985, S.233

2.2 Konzeptionelle und instrumentelle Möglichkeiten

In der traditionellen Raumordnungspolitik findet sich eine Vielzahl von Instrumenten und Konzepten, zu deren Systematisierung es zahlreiche, teils sehr unterschiedliche Ansätze gibt.[59] Hierbei wird oftmals nicht zwischen Instrumenten, als an einzelnen Punkten

[58] Einen beispielhaften Überblick über wesentliche staatliche Organisationen der internationalen Ebene (IGO) der 80er Jahre nennt MUDRICH unter anderem UNO, OECD, Europarat, CEMT, EG, EFTA, NATO. Nichtstaatliche Organisationen (NGO) sind demgemäß RGE, die Konferenz für Raumordnung in Nordwesteuropa, die Arge Alp, AGEG sowie die Konferenz der peripheren Küstenregionen der Europäischen Gemeinschaften. Vgl. hierzu MUDRICH, Günter: Internationale Organisationen. In: ARL (Hrsg.): Daten zur Raumplanung. Hannover 1981, Teil A II 1.1 (1). Zu deren jeweiligen Aufgabenstellung und Ausgestaltung vergleiche Teil A II 12. (2)-(13) und Teil A II 1.3 (14)-(18). Für einen tieferen Einstieg in diesen Themenkreis empfiehlt sich MUDRICH, G.: Internationale Organisationen und Raumordnung. Hannover 1978

[59] Solche Systematisierungen finden sich etwa bei BRÖSSE, U.: Raumordnungspolitik. 2. Aufl. Berlin, New York 1982, S.62ff., FÜRST, D.; HESSE, J.J.: Landesplanung. Düsseldorf 1981, S.26ff.; WAHL, S.R.: Rechtsfragen der Landesplanung und Landesentwicklung. 2. Band: Die Konzepte zur Siedlungsstruktur in

ansetzende Maßnahmen, und Konzeptionen, das heißt auf ein bestimmtes Ziel oder auf bestimmte Ziele ausgerichtete und abgestimmte Bündel einzelner Instrumente und Maßnahmen[60], unterschieden.[61] Nicht selten findet man undifferenzierte Aufzählungen einzelner Raumplanungsinstrumente, wie beispielsweise Gesetze, Pläne, Planungsgrundsätze, Raumordnungsverfahren (Raumverträglichkeitsprüfung), Raumordnungsberichte, Forschungs- und Ausbildungsförderung, Sanktionen, vorsorgliche Maßnahmen, Ausnahmebewilligungen etc., aber auch Gliederungen in fördernde (Wirtschaftsförderung: Ausweisung von Gewerbegebieten und [Image-]Förderung der Standorte), wirtschaftliche und soziale, ökologische, verfahrensrechtliche, investive sowie betriebliche Maßnahmen.[62] Im folgenden wird daher einem sehr detaillierten und umfassend strukturierten Ansatz von KLAUS (vgl. Abb.20), gefolgt.

Darin unterscheidet er drei Arten des Instrumentariums: Zum einen eher ordnungspolitisch orientierte Eingriffe mittels Planungsinstrumenten, die der Information, Koordination und Integration von Planträgern, Zielen und Maßnahmen dienen und weniger Instrumente im Sinne von Maßnahmen darstellen als viel mehr Konzeptionen sind. Zum anderen Instrumente zur Raumgliederung, die räumliche Einheiten abgrenzen und deren Funktionen festlegen. Ergänzend prozeßpolitische ausgestaltete Eingriffe, die individuelle Planträger und deren Verhalten beeinflussen sollen. Diese Konzeptionen, Maßnahmen und Instrumente weisen ganz unterschiedliche Wirkungsintensitäten auf und sind auf den jeweiligen Planträgerebenen unterschiedlich ausgestaltet. Darüber hinaus variiert ihre Verbindlichkeit gegenüber öffentlichen und privaten Akteuren.

---

den Planungssystemen der Länder. Berlin 1978, S.11ff., KISTENMACHER, S.H.: Elemente und Konzeptionen für großräumige Siedlungsstrukturen. In: ARL (Hrsg.): Grundriß der Raumordnung, Hannover 1982, S.248ff. sowie in DÖHNE, S.U.; GRUBER, R.: Gebietskategorien, Zentrale Orte, Entwicklungsachsen und Entwicklungsschwerpunkte in den Bundesländern. Dortmund 1976

60 Eine weitere Differenzierung zwischen Instrumenten und Maßnahmen soll an dieser Stelle nicht erfolgen, da eine Maßnahme als „Handlungsbeitrag des Gemeinwesens oder der investierenden, produzierenden und dienstleistenden Wirtschaft" (LENDI, M.: Grundriß einer Theorie der Raumplanung - Einleitung in die raumplanerische Problematik. 2. Aufl., Zürich 1995, S.92f.) sowie einer entsprechenden Handlung eines privaten Haushalts, lediglich die Folge des Einsatzes eines Instruments darstellt. Wobei diese Instrumente aus ganz unterschiedlichen Politikbereichen (Boden-, Industrie-, Erschließungs-, Steuer-, Umweltpolitik etc.) stammen und zu Konzeptionen zusammengeführt werden können, die ein oder mehrere raumplanerische Ziele verfolgen.

61 vgl. DIETRICHS, B.: Konzeptionen und Instrumente der Raumplanung - Eine Systematisierung. Veröffentlichungen der ARL (Hrsg.): Abhandlungen, Bd.89, Hannover 1986, S.13 u. S.19

62 LENDI, M.: Grundriß einer Theorie der Raumplanung - Einleitung in die raumplanerische Problematik. 2. Aufl., Zürich 1995, S.148 u. S.92

Abb.20: Instrumentarium und Trägerebenen raumwirtschafts- und raumordnungspolitischer Einflußnahme

Planungs-instrumente: **Information, Koordination und Integration von Planungsträgern, Zielen und Maßnahmen**	**Instrumenta-rium zur Raum-gliederung:** **Festlegung räumlicher Einheiten und Funktionen**	**Maßnahmen zur Beeinflussung der individuellen Planträger**			
		Finanzielle Instrumente			
		Gezielte individuelle Finanzhilfen	**Infrastrukturfinanzierung bzw. -ausbau**	**Differenzierte Tarife und öffentliche Aufträge**	**Informations-instrumente**
• Bundesraumord-nungsprogramm	• Problemräume • Schwerpunkt-räume • Entwicklungs-zentren, Zen-trale Orte und Entwicklungs-achsen	• Investitionszulagen • ERP-Kredite und Zinsverbilligungen • Hauptstadtförderung	• Durchführung der in Bundesverantwortung liegenden Infra-strukturinvestitionen	• Verteidigungs-aufträge • Als-Ob-Aufträge	• Medien-einsatz • Werbe-material • Kontakt-pflege
• Landesentwick-lungsprogramme		Regionale Förderprogramme	• Durchführung der in Landes-verantwortung liegenden Infrastrukturinvestitionen • Regionale Förderprogramme	• Auftragsvergabe für Erfordernisse der inneren Sicherheit	
• Rahmenpläne für Gemeinschafts-aufgaben	• Fördergebiete	• Investitions-zuschüsse • Ausfallbürgschaften	• Investitionszuschüsse		
• Regionalpläne	• Zentrale Orte und Entwick-lungsachsen	• Zuschüsse zur Förderung einzelner Bereiche	• Durchführung und Bezuschussung einzelner Infrastrukturinvestitionen		• Medien-einsatz • Werbe-material • Kontakt-pflege
• Gemeinde- und Kreisentwick-lungspläne sowie Baupläne	• Sanierungs-gebiete	• Bauland-verbilligungen • Steuer- und Gebüh-renerleichterungen	Durchführung vertikal geförderter Investitionen in • Erschließung • Verkehr • Ver- und Entsorgung • Ausbildung	• Verbilligung bei Versor-gungstarifen	

AUS; J.: Raumwirtschaft III: Ordnung. In: HDWW, Bd. 6, Stuttgart 1981, S.452

2.2.1 Planungsinstrumente

Unter den Planungsinstrumenten werden verschiedenen Typen von Plänen unterschieden:[63]

1. *Richtpläne beziehungsweise Entwicklungspläne*[64], diese ermöglichen eine dynamische Planung und vereinen sowohl konzeptionelle als auch programmatische Elemente (vgl. Kapitel IV 1.3). In ihrer mittel- bis langfristigen Perspektive repräsentieren sie Konzepte, die Raumorganisation und Funktionen im Raum vorzeichnen, ihre kurzfristigen Komponenten hingegen bilden Programme ab, die Handlungsbeiträge und deren zeitliche Abfolge festlegen.
2. *Nutzungspläne* treffen konkrete örtliche Festlegungen auf Zeit und stellen somit für alle Planer und Planungsbetroffenen berechenbare Elemente der räumlichen Politik dar.

Bezüglich ihrer Wirkungsintensität unterscheidet man noch zwei weitere Planarten:

3. *Indikative Pläne* verfügen über keine durchsetzbaren Steuerungs- und Lenkungswirkungen. Sie sollen lediglich eine grundsätzliche Leitlinie und Orientierungshilfe für die öffentlichen und privaten Planträger vorgeben.
4. *Imperative Pläne* hingegen sind in ihrer Steuerungs- und Lenkungsfunktion durchsetzbar, wobei hier nochmals - je nachdem für welche Planträger sie verbindlich sind - zwischen behördenverbindlichen und grundeigentümerverbindlichen Plänen unterschieden wird.
   Welche Pläne für behörden- beziehungsweise für grundeigentümerverbindlich erklärt werden entscheidet sich je nach fachlicher sowie politischer Qualifikation und ist somit eine Frage prinzipaler Natur. Im Gegensatz dazu ist die Unterscheidung zwischen Entwicklungs- und Flächenwidmungsplänen einerseits und Bauleitplänen andererseits praktischer Art, folgt sie doch lediglich inhaltlichen Kriterien.

Während in den Plänen von Bund, Ländern und Regionen Komponenten der Positivplanung (fördernde Maßnahmen) überwiegen, sind auf der Gemeinde- und Kreisebene zahlreiche Komponenten der Negativplanung (restriktive Maßnahmen) anzutreffen.

Folgende Programme und Pläne, die tendenziell langfristig als umfassende Konzepte angelegt sind und darum auch nicht alle raumbedeutsamen Vorhaben berücksichtigen können[65], prägen die deutsche Raumplanung: [66]

a) *Bundesraumordnungsprogramm*: Es enthält die Zusammenfassung der von Bund und Länder gemeinsam erarbeiteten, großräumigen Zielvorstellungen für die räumliche Entwicklung des Bundesgebiets. Sie konkretisiert die Grundsätze der Raumordnung und soll Bund und Ländern als Orientierungsrahmen bei raumbedeutsamen Planungen und Maßnahmen dienen.
b) *Landesplanung*: Übergeordnete, überörtliche und zusammenfassende Planung oder überörtliche, raumbedeutsame fachliche Planung der Länder durch Aufstellung von Programmen und Plänen sowie Abstimmung von raumbedeutsamen Vorhaben mit den Erfordernissen der Raumplanung. Die dabei zum Einsatz kommenden Landesentwick-

[63] vgl. LENDI, M.: Grundriß einer Theorie der Raumplanung - Einleitung in die raumplanerische Problematik. 2. Aufl., Zürich 1995, S.82f.

[64] Im Zuge der Entwicklungsplanung werden „für ein bestimmtes Gebiet, Zeitpunkte für die Verwirklichung vorgesehener Maßnahmen festlegt und diese mit den vorhandenen und zu erwartenden finanziellen Mitteln abgestimmt." SCHÖNHOFER, J.: Begriffe der Raumplanung. In: ARL (Hrsg.): Daten zur Raumplanung. Zahlen - Richtwerte - Übersichten (Teil A), Hannover 1981, I.(1)

[65] vgl. BMBau (Hrsg.): Raumordnung in Deutschland. Bonn 1996, S.50f.

[66] Die folgenden Begriffsdefinitionen sind, soweit nicht anders vermerkt, SCHÖNHOFER, J.: Begriffe der Raumplanung. In: ARL (Hrsg.): Daten zur Raumplanung. Zahlen - Richtwerte - Übersichten (Teil A), Hannover 1981, I.(1) und (2) entnommen.

lungsprogramme enthalten allgemeine Richtungsaussagen, die Abgrenzung von Teilräumen (für die Regionalplanung; entsprechend wirtschaftlicher und sozialer Verflechtungen) sowie die Ausweisung räumlicher Ordnungskategorien (zentrale Orte, großräumige Entwicklungsachsen, Vorranggebiete für bestimmte Nutzungsarten).

c) *Regionalplanung*: Die übergeordnete, überörtliche und zusammenfassende Planung für das Gebiet einer Planungsregion, die durch weitgehende Beteiligung kommunaler Planungsträger gekennzeichnet ist. Sie konkretisiert Programme und Pläne der Landesplanung.

d) *Bauleitplanung*: Sie behandelt auf der untersten Ebene der Raumordnung die von den Gemeinden in eigener Verantwortung durchzuführende städtebauliche Planung, die durch die Aufstellung von Flächennutzungsplänen und Bebauungsplänen die bauliche und sonstige Nutzung vorbereiten und leiten soll.[67]

2.2.2 Instrumentarium zur Raumgliederung[68]

Neben diese Planungsinstrumente nehmen die Instrumente der Raumgliederung einen zentralen Platz in der Raumordnung und Raumplanung ein. Mit ihrer Hilfe werden Gebietseinheiten festgelegt, deren Strukturen und Funktionen verändert werden sollen. Drei wesentliche Instrumente lassen sich dabei unterscheiden, die überwiegend auf Bundes- und Landesebene zum Einsatz kommen:

a) *Regionalisierung*: Die regionale beziehungsweise räumliche Abgrenzung bestimmter Gebiete, definiert als fallweise, problemspezifische Bestimmung von Handlungsräumen, schafft die Basis für den Einsatz der Organisationsmittel und der übrigen Instrumente der Raumordnung und damit der Umsetzung der Ziele und Leitbilder.[69]
Auch räumliche Analysen, als Grundlage raumordnungspolitischen Planens und Handelns, können nur dann aussagekräftig sein, wenn ihnen problemadäquate regionale Bezugsrahmen zugrunde liegen. In Abhängigkeit von Zuschnitt und Größe der untersuchten Raumeinheiten können sich gänzlich unterschiedliche Beobachtungsergebnisse ergeben, die entsprechend unterschiedliche Handlungsempfehlungen nach sich ziehen. Insofern stellt sich die Frage, welches Regionalisierungskonzept dem Untersuchungsgegenstand am ehesten gerecht wird. Zur Wahl stehen funktionale, homogene und administrative Konzepte.[70]
Wird das *Funktional*itätskriterium angewandt, so versucht man (benachbarte) Raumeinheiten, die intensive Verflechtungen bezüglich einer bestimmten Stromgröße aufweisen, zu

---

67 vgl. hierzu auch BASTIAN, O.; SCHREIBER, K.-F.: Analyse und ökologische Bewertung der Landschaft. Jena u. Stuttgart 1994, S.20

68 Ausführliche Darstellungen zur Raumgliederung finden sich bei KRIEGER-BODEN, Ch.: Die räumliche Dimension in der Wirtschaftstheorie - Ältere und neuere Erklärungsansätze. Kiel 1995, S.5ff., MAIER, G.; TÖDTLING, F.: Regional- und Stadtökonomik - Standorttheorie und Raumstruktur. 2. Aufl., Wien 1995 und RITTER, W.: Allgemeine Wirtschaftsgeographie - Eine systemtheoretisch orientierte Einführung. 2. Aufl., München 1993, S.37ff., S.186ff., S.204ff. und S.253ff.

69 Auf Bundesebene beispielsweise wird das Staatsgebiet großräumig anhand bestimmter Strukturmerkmale (Bevölkerungsdichte, Wirtschaftsstruktur, Siedlungsstruktur, Arbeitslosenzahlen etc.) gegliedert. Vgl. beispielsweise den Bundesraumordnungsbericht von 1998. Im Jahre 1982 wurden die einstmals 38 Gebietseinheiten des Bundesraumordnungsprogramms durch die Gliederung in 75 Raumordnungsregionen abgelöst. Diese wiederum entsprechen den Planungsregionen in den Ländern, die sich ihrerseits wiederum in Teilräume untergliedern. vgl. BENDER, H.-U.; KÜMMERLE, U.; RUHREN, N.v.d.; THIERER, M.: Räume und Strukturen. 1. Aufl., Stuttgart 1985, S.233

70 vgl. NIJKAMP, P.; MILLS, E.S.: Advances in Regional Economics. Amsterdam 1986, S.2

Untersuchungsobjekten zusammenzufassen. Diese Abgrenzung ist dann angebracht, wenn miteinander verknüpfte Raumpunkte diagnostiziert werden, Wirkungen regionalpolitischer Maßnahmen analysiert werden sollen und der Wirkungsbereich von politischen Eingriffen zu berücksichtigen ist. Für den ökonomischen Teil der Raumordnung existieren somit eigentlich nur zwei geeignete Kategorien von Funktionalregionen[71]: Verflechtungsbereiche[72] zentraler Güter und Dienstleistungen und regionale Arbeitsmärkte. Beide Regionstypen lassen sich auf die eingeschränkte Mobilität der Menschen zurückführen. Einerseits hinsichtlich ihrer Funktion als Produktionsfaktor und andererseits in ihrer Funktion als Nachfrager nach Dienstleistungen.
Demgegenüber werden benachbarte Teilgebiete (beispielsweise Kreise und Gemeinden) zu *homogenen* Regionen aggregiert, wenn sie bezüglich eines Beobachtungsmerkmals einheitlich sind. Dies bietet sich immer dann an, wenn vorgegebene Raumeinheiten typisiert werden sollen. Unter ökologischen Aspekten wären so beispielsweise aneinander angrenzende Gebietsteile mit vergleichbaren Umweltproblemen zusammenzufassen.[73]
Die dritte und letzte Regionalisierungsmöglichkeit - gemäß der *administrativen* Gliederung, die Verwaltungsgrenzen folgt und damit häufig homogene beziehungsweise funktional verknüpfte Raumeinheiten teilt - bietet sich lediglich aus pragmatischer Sicht an, stehen doch Daten zur Analyse räumlicher Tatbestände häufig nur auf dieser Aggregationsstufe zur Verfügung.[74]

Für welches Regionalisierungskriterium man sich auch entscheidet, stets kann man Wirtschaftsräume, Gesellschafts- und Sozialräume oder auch Naturräume hinsichtlich ihrer Größe oder/und dem Vorherrschen bestimmter, ausgewählter Faktoren gliedern. Dabei hängt die Wahl geeigneter Handlungsräume weniger von ihrer Größe ab, auch wenn kleinere räumliche Einheiten zunächst überschaubarer erscheinen, als vielmehr von naturräumlichen, wirtschaftlichen und/oder politisch-administrativen Gegebenheiten.[75] Der Untersuchungsraum kann flächendeckend aufgeteilt sein oder es werden nur betroffene Gebiete innerhalb dieses Raums bestimmt. Kommen mehrere Kriterien gleichzeitig zur Anwendung sind Überschneidungen nicht nur möglich sondern praktisch unvermeidbar.[76]
Auf diese Weise können Problem- wie Schwerpunkträume abgegrenzt und mittels geeigneter Instrumente entsprechend der Raumordnungsziele entwickelt werden. In Schwerpunkträumen (Vorranggebieten) wird dazu einer bestimmten Funktion absoluter oder relativer Vorrang eingeräumt, etwa für den ökologischen Ausgleich auf dafür notwendigen naturnahen Flächen (z.B. Naturschutzgebiete), für Wassergewinnung, Agrarproduktion, Forstwirtschaft, für

71 vgl. OTREMBA, E.: Der Raum und sein Wirkungsgefüge. In: ARL (Hrsg.): Grundriß der Raumordnung. Hannover 1982, S.17

72 Verflechtungsbereiche sind die Bereiche um zentrale Orte, die in wirtschaftlichen, kulturellen und/oder sozialen Beziehungen zu eben diesen zentralen Orten stehen. Vgl. Schönhofer, J.: Begriffe der Raumplanung. In: ARL (Hrsg.): Daten zur Raumplanung. Zahlen - Richtwerte - Übersichten (Teil A), Hannover 1981, I.(2)

73 vgl. KLEMMER, P.; KRAEMER, D.: Regionale Arbeitsmärkte: Ein Abgrenzungsvorschlag für die Bundesrepublik Deutschland. Bochum 1975, S.14-18

74 vgl. KIENLE, T.; WALDMÜLLER, B.: Strukturelle Entwicklungen im Raum Mittelfranken - Regionalökonomie zwischen Theorie und Empirie. In: KLAUS, J. (Hrsg.): Beiträge zur wirtschaftswissenschaftlichen Forschung. Nr.7, Nürnberg 1996, S.4f.

75 vgl. BENDER, H.-U.; KÜMMERLE, U.; RUHREN, N.v.d.; THIERER, M.: Räume und Strukturen. 1. Aufl., Stuttgart 1985, S.313

76 vgl. OTREMBA, E.: Der Raum und sein Wirkungsgefüge. In: ARL (Hrsg.): Grundriß der Raumordnung. Hannover 1982, S.19-26

Freizeit und Erholung, Siedlung oder Industrie und Gewerbe. Die Verwirklichung dieses Konzepts ist aber schwierig, da sich Funktionsziele häufig gegenseitig überlagern.[77]

b) Das *Konzept der Zentralen Orte*[78] (CHRISTALLER/LÖSCH) stellt, trotz seiner gegenwärtigen Kritik, immer noch einen materiellen Grundsatz der deutschen Raumordnung dar.[79] Es ist stark ökonomisch ausgerichtet und beschreibt die funktionale Hierarchie der Produktions- und Wohnstandorte sowie deren Lage zueinander.[80] Dabei werden Klein-, Mittel-, Unter- und Oberzentren[81] unterschieden, wobei jeder Hierarchiestufe ein spezielles Funktionsbündel (angebotene Güter und Dienstleistungen) zugeordnet ist.[82] Als raumdifferenzierende Faktoren werden hierbei die Nachfrage der Konsumenten, die Berücksichtigung interner und externer Ersparnisse auf seiten der Produzenten (räumliche Nähe der Absatzmärkte, Agglomerationsvorteile etc.) sowie der zentrale Einfluß entfernungsabhängiger Transportkosten[83] und Bodenrenten (Miet- und Grundstückspreise) angenommen. Bei höherrangigen Einrichtungen liegen dabei die Angebotskosten über denen der niederrangigeren der gleichen Stadtgröße, was gleichbedeutend damit ist, daß höherrangige Güter und Dienstleistungen einen größeren Wert repräsentieren, so daß es sich lohnt, sie über größere Entfernungen anzubieten.[84] Demzufolge werden jeweils in höherrangigen zentralen Orte[85] neben den ihren Rang ausmachenden Güter und Dienstleistungen alle Güter und Dienstleistungen der niederrangigeren zentralen Orte angeboten.
Demzufolge können Zentrale-Orte-Systeme nach drei verschiedenene Prinzipien, aus denen sie sich auch zusammensetzen, gegliedert werden. Dies ist zum einen das Zuordnungs- oder Verwaltungsprinzip, das die regionale Zentralisation der öffentlichen Verwaltung meint, ferner das Markt- oder Versorgungsprinzip, das dem privatwirtschaftlichen Prinzip der regionalen Zentralisation der Produktion und Nachfrage entspricht, und das Verkehrsprinzip, das die kommunikativen Möglichkeiten nach ihrer räumlichen Verteilung ordnet.[86]

---

77 (vgl.) BENDER, H.-U.; KÜMMERLE, U.; RUHREN, N.v.d.; THIERER, M.: Räume und Strukturen. 1. Aufl., Stuttgart 1985, S.236

78 Eine sehr gute Darstellung der theoretischen Überlegungen dieses Systems findet sich etwa bei KOHSAKA, H.: A Central Place Model as a Two-Level Location-Allocation System. In: Environment & Planning, Bd.15, London 1983, S.8f.

79 vgl. GÜßEFELDT, J.: Zentrale Orte - ein Zukunftskonzept für die Raumplanung! In: BfLR (Hrsg.): RuR. H.4+5/97, Bonn 1997, S.327

80 vgl. FÜRST, D.; KLEMMER, P.; ZIMMERMANN, K.: Regionale Wirtschaftspolitik. 1. Aufl., Tübingen 1976, S.80

81 Eine detaillierte Auflistung der Kriterien, die Orte erfüllen müssen, um als Klein-, Mittel-, Unter- beziehungsweise Oberzentren ausgewiesen zu werden, findet sich in: StMLU (Hrsg.): Landesentwicklungsprogramm Bayern - Fortschreibung 1984, München 1984, S.130-136

82 vgl. PARR, J.B.: Temporal Change in a Central-Place-System. In: Environment & Planning, Bd.13, London 1981, S.98

83 BLUM, U.: Growth Poles and Regional Evolution. In: Jahrbuch für Sozialwissenschaft, Bd.37, Göttingen 1986, S.326

84 Zu vergleichbaren Schlußfolgerungen bezüglich der Allokation von Produktions- und Wohnaktivitäten kommt beispielsweise PURYEAR (1975)

85 Nach SCHÖNHOFER sind Zentrale Orte dadurch definiert, daß sie Arbeitsplätze und Versorgungseinrichtungen für die eigene Bevölkerung und die Bevölkerung ihres Verflechtungsbereichs bündeln. SCHÖNHOFER, J.: Begriffe der Raumplanung. In: ARL (Hrsg.): Daten zur Raumplanung. Zahlen - Richtwerte - Übersichten (Teil A), Hannover 1981, I.(2)

86 vgl. FÜRST, D.; KLEMMER, P.; ZIMMERMANN, K.: Regionale Wirtschaftspolitik. 1. Aufl., Tübingen 1976, S.78

Daraus ergeben sich vier wesentliche Schlußfolgerungen, die raumplanerisch berücksichtigt werden können:[87]

1. Produzenten wählen Standorte, von denen aus sie eine maximale Zahl von Nachfragern bedienen können beziehungsweise die Transportkosten minimal sind (Maximierung der Nachfrage).
2. Die Zahl der Zentralen Orte sollte nicht zu hoch sein, um eine effiziente Siedlungsstruktur zu gewährleisten, das heißt die Auslastung zentralörtlicher Einrichtung sicherzustellen (Minimierung der Angebotskosten).
3. Handelseinrichtungen haben spezifische Nachfrageschwellen, unterhalb derer sich ein Angebot an einem Standort nicht lohnt. Diese Einrichtungen werden nach ihren jeweiligen Schwellen bestimmten Hierarchiestufen zugeordnet.
4. Jeder Zentrale Ort einer bestimmten Stufe besitzt die Einrichtungen, die charakteristisch für sein Niveau und die Gruppe der niederrangigeren Orte sind.

Das damit angesprochene Allokationsproblem stellt sich in der Realität jedoch nicht in dieser Komplexität, da es zum größten Teil durch die Entscheidungen privater Anbieter und Nachfrager gelöst wird. Der Nachteil dabei ist, daß zum einen die Effizienz der Lösungen und zum anderen auch die Steuerungsmöglichkeiten dementsprechend eingeschränkt sind. Es kann von planender Seite lediglich versucht werden Standortbedingungen zu schaffen, die private Haushalte wie Unternehmen zu den raumplanerisch intendierten Entscheidungen führen. Ob diese jedoch entsprechend getroffen werden, ist ex ante unsicher.

c) *Entwicklungsachsen* als ergänzendes Konzept der Raumgliederung, sollen gemäß der Definition der bayerischen Landesplanung „zur Ordnung von Verdichtungsräumen und zur Entwicklung des ländlichen Raumes beitragen“. Dazu soll die Einrichtung von Bandinfrastruktur (Verkehrsadern, Einrichtungen der Energie- und Wasserversorgung etc.) bevorzugt im Verlauf von Entwicklungsachsen geschaffen oder ausgebaut werden, wobei darauf zu achten ist, daß sie entlang bestehender oder geplanter leistungsfähiger (öffentlichen Personennah-)Verkehrsverbindungen verlaufen und eine deutliche Verdichtung von Wohn- und Arbeitsstätten aufweisen. Die Verdichtung von Wohn- und Arbeitsstätten soll dabei bevorzugt in Zentralen Orten erfolgen und durch ausreichende Freiflächen in den Achsenzwischenräumen gekennzeichnet sein.[88] Jedoch können diese Orte nur dann mit vertretbarem Aufwand einer zielgerichteten Entwicklung durch Kommunikations- und Erreichbarkeitsvorteile zugeführt werden, wenn ein gewisses Maß der Erschließungskapazität bezüglich Intensität und Kapazität der Verkehrs- und Kommunikationsverbindungen bereits vorhanden ist.[89]

Wird das Prinzip der axialen oder bandartigen Raumgliederung durch das Konzept der Zentralen Orte ergänzt, so erhält man das in der Raumplanung üblicherweise verwendete Zentren-Achsen-Konzept. Durch die angestrebte Funktionsteilung zwischen den Zentralen

---

[87] vgl. KOHSAKA, H.: A Central Place Model as a Two-Level Location-Allocation System. In: Environment & Planning, Bd.15, London 1983, S.7

[88] vgl. STMLU (Hrsg.): Landesentwicklungsprogramm Bayern - Fortschreibung 1984. Sonderdruck, München 1984, S.137

[89] vgl. PAPP, A.v.: Achsen in der Raumordnungspolitik des Bundes - Überlegungen zur Präzisierung der Achsenkonzepte. In: Zur Problematik von Entwicklungsachsen. Forschungs- und Sitzungsbericht der ARL(Hrsg.), Bd.113, Hannover 1976, S.95

Orten und den Achsen versucht dieses punkt-axiale System die Vorteile beider Einzelkonzepte zu verbinden.[90]

Somit bilden Achsen als Leitvorstellung[91] für die Entwicklung der Siedlungsstruktur, vor allem im Hinblick auf die Schaffung gleichwertiger Lebensbedingungen, ein wesentliches Element des durch zentralörtliche Schwerpunktbildung und Bandinfrastruktur geprägten punkt-axialen Systems. Als raumordnerisches Planungsinstrument haben sie in unterschiedlicher Ausprägung Ordnungs-, Erschließungs- und Verbindungsfunktion wahrzunehmen. Die Verbindungsfunktion steht dabei im Vordergrund, das heißt sie dienen vor allem dem regionalen und überregionalen Leistungsaustausch. Die zielbezogenen Steuerungsaufgaben der Achsen beziehen sich sowohl auf die Fachplanungen als auf die jeweils nachgeordneten Ebenen räumlich-koordinierender Gesamtplanung. Als räumliche Leitlinien haben sie insbesondere den Ausbau und die Verbesserung der Bandinfrastruktur mit der angestrebten Raum- und Siedlungsstruktur zu koordinieren.[92]
Anzufügen bleibt, daß der Achsenbegriff bislang nicht eindeutig definiert ist.[93] Er dient teilweise auch als siedlungsstruktureller Oberbegriff und umfaßt dann, wie zum Beispiel in Baden-Württemberg, den gesamten punkt-axialen Zusammenhang. Die vorliegenden Achsensysteme lassen jedoch vereinfachend in überwiegend großräumig orientierte Verkehrs- beziehungsweise Verbindungsachsen (im gleichen Sinne wird auch von Kommunikationsachsen gesprochen) und in kleinräumige, auf Nahverkehrssystemen aufbauenden Siedlungsachsen beziehungsweise Verdichtungsbändern unterteilen. Wobei, gemessen an ihrer Leistungsfähigkeit, großräumige Achsenkonzepte vor allem bezüglich ihrer Steuerungswirksamkeit und Problemverarbeitungskapazität, die wegen des hohen Abstraktionsgrads im Normalfall eher gering ist, mit Entwicklungs- und Ordnungsfunktionen normativ überfrachtet sind. Insbesondere die schematischen Achsennetze auf Ebene der europäischen Raumordnung sowie der Bundesraumordnung sind so großzügig skizziert, daß raumstrukturelle Entwicklungen den Planungen nur schwer zuzuordnen sind.[94]

d) Zu den *Instrumenten der Raumgliederung* sind auch Raumordnungsverfahren - als „Instrument der helfenden Planung“ - zu zählen. Diese eher kurzfristigen und einzelfallbezogenen Verfahren, die für alle von der Planung Betroffenen relativ flexibel und unbürokratisch räumlich bedeutsame Aspekte zu berücksichtigen helfen, dienen der Interessen-

---

90 vgl. hierzu bereits BAHR, G.: Die Achsenkonzeption als Leitvorstellung für die städtebauliche Ordnung in Hamburg. In: Zur Problematik von Entwicklungsachsen. Forschungs- und Sitzungsbericht der ARL (Hrsg.), Bd.113, Hannover 1976, S.202f.

91 Wenn sich aber ein Grundprinzip des Siedlungsgefüges wie die Erreichbarkeit verändert, können die Ordnungskonzepte nicht gleich bleiben. Es gilt also die Prinzipien `Zentrale Orte´ und `Achsen´ weiterzuentwickeln, hin zu flexiblen, gleichwohl rahmensetzenden Ordnungsprinzipien, die bewußt auch die Fläche als Ordnungselement berücksichtigen. Denn was geschieht, wenn sich mit Hilfe der Informations- und Kommunikationstechniken die Fläche erschließt? Vgl. FISCHER, K.: Fortentwicklung der Regionalplanung und Anforderungen an die räumliche Forschung. In: BfLR (Hrsg.): Informationen zur Raumentwicklung, H.2+3/89, Bonn 1989, S.145

92 vgl. Länderdienstverlag (Hrsg.): Heute für morgen - Landesentwicklung und Umweltfragen in Bayern. München 1986, S.14ff.

93 Einige Achsendefinitionen finden sich beispielhaft zusammengestellt bei GRUBER, R.: Vergleichende Analysen zur Anwendung von Entwicklungsachsen als Element landesplanerischer Konzeptionen. In: KISTENMACHER, S.H.: Zur Problematik von Entwicklungsachsen, Foschungs- und Sitzungsberichte der ARL (Hrsg.), Bd.113, Hannover 1976, S.62ff.

94 vgl. KISTENMACHER, S.H.: Achsen. In: Daten zur Raumplanung. Zahlen - Richtwerte - Übersichten. Teil A, ARL (Hrsg.), Hannover 1981, AV.1.4(1) und AV.1.4(3)

abklärung und verfügen über keine verbindliche Rechtskraft. Jedoch muß die Beurteilung durch das Land (landesplanerische Beurteilung) in den nachfolgenden Genehmigungs- und Zulassungsverfahren berücksichtigt werden.[95] Meist in Verbindung mit Umweltverträglichkeitsprüfungen[96], soll so in einem ersten Schritt die Raumverträglichkeit von Maßnahmen überprüft werden.[97]

2.2.3 Maßnahmen zur Beeinflussung der Träger individueller Pläne

Die Instrumente und Maßnahmen zur unmittelbaren Beeinflussung der individuellen, öffentlichen wie privaten Planträger sind vielfältig.[98] Sie sollen überblicksartig, nach der Eingriffsintensität geordnet dargestellt werden.

a) So wirken *Zwangsmittel* in Form von Geboten (Auflagen, Genehmigungspflicht) und Verboten bezüglich der Nutzungsformen eines Raumes unbedingt. Darunter fallen zum Beispiel Bau(veränderungs)verbote, Enteignungen und anderes mehr. In der Regel werden diese Mittel zur Umsetzung der zunächst formalen räumlichen Abgrenzungen benötigt.
b) Demgegenüber zählen zu den *Anpassungs-, Abschreckungs- und Anreizmitteln* gezielte, direkte und indirekte geldliche Leistungen der öffentlichen Hand (räumlich differenzierte Steuern wie etwa die Gewerbesteuer; gezielte Finanzhilfen, die bestimmten Förderregionen zukommen; räumlich differenzierte Tarifen zur Nutzung öffentlicher Infrastrukturen, wie Verkehrstarifen; Lenkung öffentlicher Aufträge). Unter diese Kategorie von Mitteln fallen die Gemeinschaftsaufgaben von Bund und Ländern, die strukturschwache Gebiete fördern sollen, ebenso wie die Systeme des Finanzausgleichs[99] sowie die Wirtschaftsförderungs- und Aufbauprogramme der Bundesländer.
   Unter den Gestaltungsmitteln, die besonders geeignet sind raumordnerische Ziele zu erreichen, spielen in der Raumordnung Infrastrukturinvestitionen die wesentlichste Rolle. Hierzu gehören Investitionen und Zuschüsse im Verkehrs- und Kommunikationsbereich, der Energie- und Wasserwirtschaft, des Wasserbaus, der Wissenschaft und Forschung, des Gesundheitswesens und der Kultur, Erholung, Freizeit und des Sports sowie der staatlichen Verwaltung. Diesen staatlichen Aufwendungen für die Infrastruktur kommt deshalb eine besondere Bedeutung zu, da ihre finanziellen und güterwirtschaftlichen Wirkungen zuneh-

---

95 vgl. BMBau (Hrsg.): Raumordnung in Deutschland. Bonn 1996, S.51f.

96 Die Umweltverträglichkeitsprüfung (UVP) als Ausdruck vorbeugender Umweltpolitik zielt auf eine vorausschauende, medien- und ressortübergreifende Beurteilung aller Folgen menschliche Eingriffe in die Umwelt (§8 BNatSchG). Ihre Durchführung bei entsprechenden Maßnahmen ist seit dem 1.8.1990 in Deutschland Pflicht. Die UVP soll eine vollständige, ressort- und umweltmedienübergreifende Erfassung und Bewertung von Umweltfolgen ermöglichen und die Öffentlichkeit und andere juristische Personen einbeziehen. Vgl. BASTIAN, O.; SCHREIBER, K.-F.: Analyse und ökologische Bewertung der Landschaft. Jena u. Stuttgart 1994, S.26

Die Umweltverträglichkeitsprüfung kann hier nicht ausführlich dargestellt werden. Vgl. zu diesem Themenkomplex beispielsweise: GATHER, M.: Die Umweltverträglichkeitsprüfung von Plänen und Programmen: Ein wirkungsvolles Instrument für die Raumplanung? In: BfLR (Hrsg.): RuR H.4+5/97, Bonn 1997, S.260-268 und HAMHABER, J.; RABELS, M.C.; BARKER, M.L.: Grunndlagen der Umweltverträglichkeitsprüfung. In: Arbeiten aus dem geographischen Institut der Universität des Saarlandes, Sonderheft Nr.6, Saarbrücken 1992

97 vgl. LENDI, M.: Grundriß einer Theorie der Raumplanung - Einleitung in die raumplanerische Problematik. 2. Aufl., Zürich 1995, S.86

98 Vgl. hierzu in einer ganz ähnlichen Abgrenzung BENDER, H.-U.; KÜMMERLE, U.; RUHREN, N.v.d.; THIERER, M.: Räume und Strukturen. 1. Aufl., Stuttgart 1985, S.236f.

99 Zum Finanzausgleich als raumordnungspolitisches Mittel vgl. die verschiedenen Beiträge in BfLR (Hrsg.): Informationen zur Raumentwicklung - Die Reformen der Kommunalfinanzen. H.8+9/95, Bonn 1995

mend Bedeutung für Struktur und Niveau der wirtschaftlichen Aktivitäten haben.[100] Ganz ähnlich verhält es sich mit öffentlichen Aufträgen, die in zu entwickelnde Regionen vergeben werden.

c) Im Rahmen des Einsatzes der *Informations- und Kommunikationsmittel* wird von den Planungsträgern versucht durch Aufklärungs- und Überzeugungsarbeit, die Ziele der Raumordnung den handelnden Privatpersonen und Unternehmen näher zu bringen. Besonders in der Bauleitplanung wird hier dem Bürger die Möglichkeit eröffnet, neben der Äußerung von Bedenken auch Anregungen in die Planung einzubringen. Auch in anderen raumrelevanten Rechtsverfahren ist dem Bürger heute eine Mitwirkung möglich.

Zusammenfassend bleibt festzuhalten, daß die traditionelle, instrumentelle Ausstattung der Raumordnung und Raumplanung in Deutschland umfassend ist. Dies sowohl hinsichtlich der Eingriffsintensität in die Prozesse der Planträger, als auch bezüglich der Abstufung des zur Verfügung stehenden Instrumentariums auf den verschiedenen Planungsebenen.

---

[100] vgl. KLAUS, J.: Grundlegende Aspekte der Planungsrationalität und Planungsmethodik. In: KLAUS, J.: Entscheidungshilfen für die Infrastrukturplanung - Neuere Entwicklungen auf dem Gebiet der Analyse und Bewertung öffentlicher Projekte. Sonderdruck, Baden-Baden, o.J., S.15

Drittes Kapitel

Institutionelle und ökonomische Unzulänglichkeiten der Raumplanung

„Why are so many plans never imlpemented in practice?"
„Why are there so often such large differences between outcomes and expectations in those plans that are implemented?"[1]

Betrachtet man den Planungsaufwand, der heute in verschiedensten Institutionen auf den unterschiedlichsten Ebenen betrieben wird, und stellt diesem die erzielten Ergebnisse gegenüber, so stellen sich unweigerlich diese von MASSER aufgeworfenen Fragen. Denn häufig wird ein teils deutlicheres, teils weniger deutliches Scheitern, sei es in Form von nicht umgesetzten Planungskonzepten oder aber der Diskrepanz zwischen in Konzepten angestrebten oder erwarteten und tatsächlich eingetretener Auswirkungen, augenfällig.[2]

Analysiert man die Raumordnungspolitik und die Raumplanung weiter, so ist festzustellen, daß sich die kritischen Einwendungen nach wie vor- und ungeachtet der gesellschaftlichen Grundhaltungen der Kritiker[3], beinahe unverändert auf die gleichen Punkte beziehen.
So müssen als wesentliche Fehlerquellen für ein Scheitern von Planungssystemen nicht nur die formulierten Zielsysteme und die institutionelle Organisation der Raumplanung - einschließlich der Planer selbst -, genannt werden, sondern auch das Planungssystem[4], das den Rahmen der Raumplanung bildet. Darüber hinaus müssen auch Planungskonzepte (und die darin festgelegten Instrumente), sowohl in ihrer Entstehungs- als auch in ihrer Umsetzungsphase, als Quelle von Fehlern in Betracht gezogen werden.
Da die Raumplanung selbst nur auf die Fehlerbereiche Einfluß nehmen kann, welche ihrer Zuständigkeit oder Verantwortung unterliegen, es sich bei ihr jedoch um eine in den größeren gesellschaftlichen Kontext eingebettete Aufgabe handelt, sind folgerichtig auch weitere Kreise aufzurufen, sich an der Fehlerbeseitigung zu beteiligen.[5]

Bevor auf neue Lösungsansätze abgestellt werden kann, soll zuerst dargestellt werden, an welchen Stellen es in der heutigen Raumplanung konkret 'klemmt'. Um ein umfassendes Verständnis für die vorherrschenden Probleme zu bekommen, erscheint es sinnvoll, auch die Themenfelder aufzugreifen, die in den letzten Jahren bereits politische und planerische Aufmerksamkeit errungen haben und in denen sich bereits erste Veränderungen abzeichnen.

---

1 MASSER, I.: Some Dilemmas of Urban Planning. In: Nijkamp, P.; Rietveld, P. (Ed.): Cities in Transition: Problems and Policies, Alphen aan de Rjin, NL, 1981, S.391

2 vgl. SCHRETZENMAYR, M.: Was führt zum Scheitern raumplanerischer Konzepte? In: BfLR (Hrsg.): RuR, H.6/96, Bonn 1996, S.397

3 vgl. dazu KLAUS, J.; SCHLEICHER, H.: Kritik und Reformkonzepte zur Regional- und Raumordnungspolitik in der Bundesrepublik Deutschland. In: WISU, H.12/80, Düsseldorf 1980, S.152ff. sowie KLAUS, J.; SCHLEICHER, H.: Räumliche Wirtschaftspolitik - Grundlagen und strukturpolitische Konzepte. München 1983, S.69-103, die vier unterschiedliche gesellschaftliche Grundhaltungen, deren jeweilige Kritik am bestehenden Planungssystem und deren jeweiligen Reformvorschläge darstellen und damit die „große Spannweite in den Ansatzpunkten" einer zu reformierenden Raumordnungspolitik und Raumplanung aufzeigen.

4 Der Aspekt des Planungssystems wird in Kapitel IV ergänzend aus einem etwas anderen Blickwinkel betrachtet, da dann von diesem Punkt ausgehend die Grundlagen eines integrierten Raummanagements dargestellt werden sollen.

5 vgl. SCHRETZENMAYR, M.: Was führt zum Scheitern raumplanerischer Konzepte? In: BfLR (Hrsg.): RuR, H.6/96, Bonn 1996, S.397

Einordnung des Kapitels in den Gesamtzusammenhang

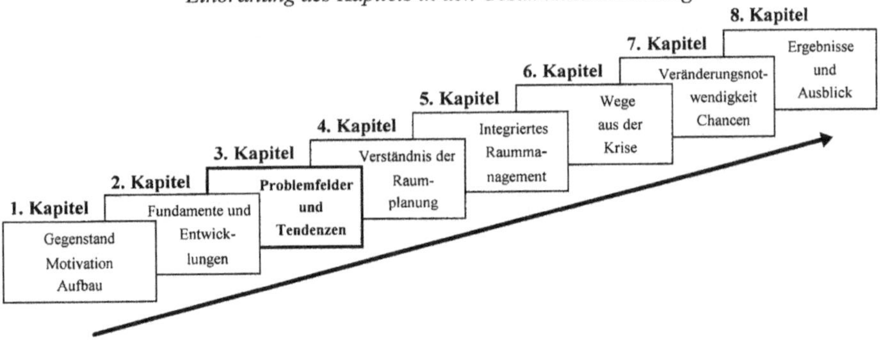

Quelle: Eigene Darstellung

1. Politisch-gesellschaftliche und administrative Gegebenheiten

In einem ersten Schritt zur Analyse der Unzulänglichkeiten in der Raumordnung und Raumplanung sind in ihrer übergeordneten Rolle sowohl politisch-gesellschaftliche wie auch administrative Punkte anzusprechen.
Hierbei stellen sich vielschichtige Fragen: Ziehen Politik und Administration am gleichen Strang? Lassen sich die diversen Fachpolitiken auf übergeordnete, räumliche Ziele verpflichten? Gibt es überhaupt eine Nachfrage der Öffentlichkeit nach räumlicher Ordnung und Planung? Und kann die Raumordnung ihrem Anspruch nach umfassender Entwicklung gerecht werden? Fragen, die im folgenden in ihren Grundsätzen aufgezeigt - soweit möglich - beantwortet werden sollen.

1.1 Horizontale und vertikale Koordinationsschwierigkeiten im politisch-administrativen Prozeß

Die Raumplanung selbst ist bereits vielschichtig organisiert. Dies betrifft sowohl ihre föderale Organisation als auch ihre unterschiedliche Fachbereiche übergreifende Themenstellung und ihre politische sowie administrative Komponente. Dies sind alles Punkte an denen es zu Reibungsverlusten und damit zu eingeschränkter Funktionsweise kommt. Darüber hinaus jedoch kommen einer Vielzahl von föderativen Ausgleichsmechanismen im Gesamtsystem derart viele unterschiedliche Funktionen zu, daß sich ihre Wirkung teilweise in Ergebnissen niederschlagen, die so nicht intendiert waren. Ergänzend treten heute in der räumlichen Politik und Planung eher politisch motivierte Teilungs-, Partizipations- und Koalitionsüberlegungen in den Vordergrund als Effizienzüberlegungen.[6]

---

6 vgl. Zalad, K.: Von der Raumplanung zum Raummanagement? In: ORL (Hrsg.): Planungssysteme - Planungskonzepte, wie weiter? ORL-Bericht 101/1996, Zürich 1996, S.83

1.1.1 Verhältnis der politischen Planung und der Raumplanung

Die räumlichen Planungen aller föderalen Ebenen werden - rein formal betrachtet - in der Bundesrepublik im Zuge des Gegenstromprinzips untereinander abgestimmt und in iterativen Prozessen optimiert (vgl. Abb.18). Eine Annahme, die, wie noch zu sehen sein wird, in der Praxis nicht erfüllt ist. Abgesehen davon jedoch, überlagern sich auf jeder einzelnen dieser Planungsstufen wiederum eine politische und eine operativ-administrative Komponente.
Entsprechend dem demokratischen Grundsatz `alle Macht geht vom Volke aus´, gilt auch für die Raumordnung und Raumplanung das `Primat der Politik´. Dies impliziert, daß ohne einen Grundauftrag aus der politischen Sphäre, die Raumplanung auf der operativen-administrativen Ebene keinerlei Handlungslegitimation besitzt.

Abb.21: Verhältnis der politischen Planung und der Raumplanung

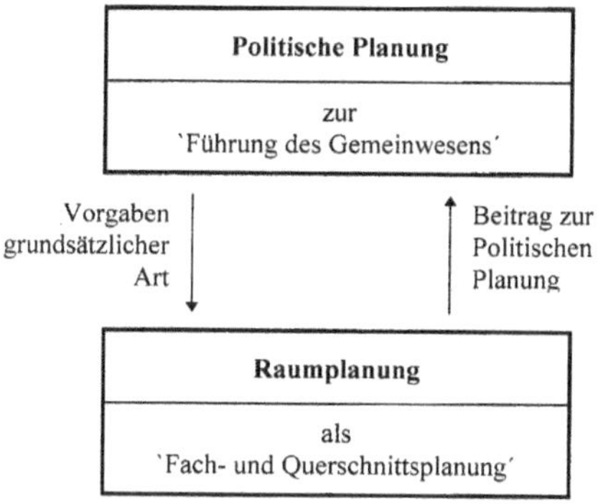

Quelle: Eigene Darstellung

Dementsprechend erhält die Raumplanung Vorgaben von seiten der politischen Planung als dem Führungsinstrument der Politik. Sie selbst wiederum liefert der Politik für deren Entscheidungen Informationen zu räumlichen Problemfeldern.[7] So die prinzipielle Konstruktion, dieser steht jedoch die planerische Realität gegenüber.
Aufgrund der Interessenkonstellation aller Beteiligten - Politiker, Planer, Öffentlichkeit - sowie deren jeweilige Informationsstände, kommt es zum Bruch zwischen politischer und administrativ-operativer Planung. Einerseits werden durch die Politik Vorgaben gemacht, die aufgrund mangelnder Detailkenntnis Leerformelcharakter aufweisen und damit nicht abgegrenzte Handlungsfelder für die Planer eröffnen, andererseits liefern die Planer Informationen an die Politik, die aufgrund ihrer komplexen Zusammenhänge und langfristigen Wirkungen nicht die ihnen eigentlich zukommende Beachtung erhalten.
Somit ist das dargestellte Konstrukt in der Realität nicht erfüllt. Die Gründe hierfür finden sich in den folgenden Abschnitten näher beschrieben.

[7] vgl. LENDI, M.: Grundriß einer Theorie der Raumplanung - Einleitung in die raumplanerische Problematik. 2. Aufl., Zürich 1995, S.52

1.1.2 Kompetenzstreuung und mangelhafte Koordination der Fachpolitiken

Das wirtschaftliche Verhalten des Staates ist in räumlicher Hinsicht unregelmäßig und willkürlich; es setzt sich aus zahlreichen von unterschiedlichen Zielsetzungen getragenen und oftmals konkurrierenden Einzeleingriffen zusammen, deren Systemlosigkeit den Mangel an marktwirtschaftlich gesteuerter Raumnutzung weiter verstärken.[8] Dabei gestaltet sich die Akteurskonstellation der Raumordnung und Raumplanung als ein Geflecht autonomer Organisationen, die interdependent entscheiden und dies, obwohl sie sich unterschiedlicher Rahmenbedingungen gegenüber sehen.[9] Da dabei die diversen Fachplanungen (beispielsweise die Umwelt-, Verkehrs- oder Energiepolitik, aber auch die regionale Wirtschaftspolitik) stets auch einen Raum-, Finanz- und Zeitbezug aufweisen[10], gehen von der allgemeinen, nicht räumlich intendierten Staatstätigkeit stets räumliche Einflüsse[11] aus.

Abb.22: Dimensionen der Raumplanung: Fach- und Querschnittsplanung

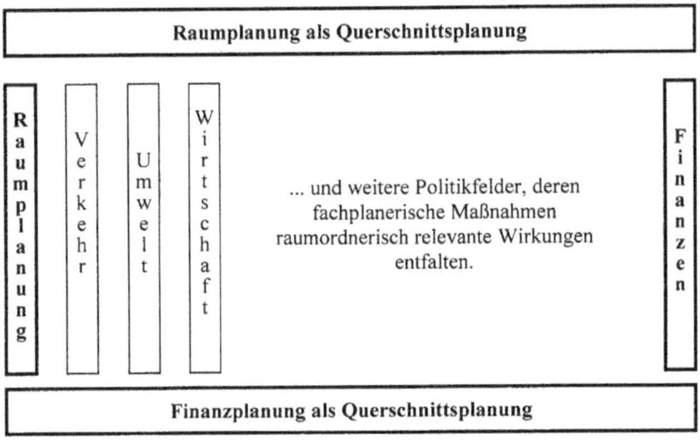

Quelle: Eigene Darstellung

Entsprechend begründet sich die `Zweidimensionalität´ der Raumplanung: Einerseits ihre Einordnung innerhalb der verschiedenen Politikfelder als Fachplanung und andererseits entsprechend ihrer ressortübergreifende Dimension als Querschnittsplanung. Letztere begründet den hervorgehobenen Status der Raumplanung entsprechend dem der Finanzplanung. Denn sollen räumliche Ziele erreicht werden, so ist (vgl. Kapitel II 2.2) in der Regel ein

8 STORBECK, D.: Gesellschaft und Raum. In: ARL (Hrsg.): Grundriß der Raumordnung, Hannover 1982, S.10

9 Vgl. etwa SCHIMANK, U.: Theorien gesellschaftlicher Differenzierung. Opladen, 1996, S.204ff. Gehört die steuernde Stelle zum Verhandlungssystem, so spricht man gelegentlich auch von Politiknetzwerken, vgl. etwa MAYNTZ, R.: Policy-Netzwerke und die Logik von Verhandlungssystemen. In: HÉRITIER, A. (Hrsg.): Policy-Analyse - Kritik und Neuorientierung, Opladen 1993 und MAYNTZ, R.; SCHARPF, F.W.: Steuerung und Selbstorganisation in staatsnahen Sektoren. In MAYNTZ, R.; SCHARPF, F.W. (Hrsg.): Gesellschaftliche Selbstregulierung und politische Steuerung, Frankfurt a.M. 1995

10 vgl. LENDI, M.: Grundriß einer Theorie der Raumplanung - Einleitung in die raumplanerische Problematik. 2. Aufl., Zürich 1995, S.46 u. S.48f.

11 Diese führen aufgrund der Strukturunterschiede einzelner Regionen in der Folge zu einer ungleichen Verteilung der Ergebnisse der Staatstätigkeit im Gesamtraum sowie (unter anderem) zu qualitativ und quantitativ ungleichen Standortbedingungen. Vgl. STORBECK, D.: Gesellschaft und Raum. In: ARL (Hrsg.): Grundriß der Raumordnung, Hannover 1982, S.9f.

Bündel von Maßnahmen aus den diversen fachpolitischen Bereichen zu schnüren. Allerdings hat die Raumordnung und Raumplanung - im Gegensatz zum Finanzressort[12] - gemäß Verfassung keine Sonderstellung inne. Beides sind dennoch die herausragenden Querschnittsplanungen im gesamten Planungssystem. Auf der Ebene des Bundes bedeutet das beispielsweise, daß sich die Raumordnung, vertreten durch den zuständigen Minister, - speziell bei ihrer Koordinationsaufgabe - innerhalb des durch Artikel 65 GG vorgegeben Rahmens zu bewegen hat. In diesem Sinne muß sie als Sammelbecken der bis dahin unkoordinierten, funktional geprägten Planungsergebnisse fungieren sowie diese auf ihre räumlichen Effekte hin überprüfen und gegebenenfalls auf Änderungen, die in einem übergeordnetem Gesamtinteresse stehen, hinwirken. Daß dabei die einzelnen Fachplanungen - auch die Raumplanung selbst - ständig in Bewegung sind, divergierenden Zeitrhythmen und unterschiedlicher politischer Akzentuierung unterliegen, erschwert die Festsetzung von Prioritäten ebenso, wie die Bestimmung der zu planenden und mit anderen Planungen zu verknüpfenden Anliegen.[13]
Da die Raumplanung (wie im letzten Kapitel gesehen) nicht nur eine fachliche Aufgabe ist, sondern auch stets eine politische Seite hat, erschwert die Koordinationsfunktion weiter. Denn bleibt man beim Beispiel, so sieht man, daß die Trägerschaft für die Raumordnung auf der Bundesebene aufgeteilt ist. So fällt beispielsweise die regionale Wirtschaftspolitik ins Ressort des Bundesministeriums für Wirtschaft, wohingegen für die Raumordnung eigentlich das BMBau zuständig ist. Und selbst die fachlich am engsten verknüpften Bereiche der Regional- und Raumordnungspolitik sind nur schwer aufeinander abzustimmen. Deren mangelnde Koordination führt oftmals zu einer Gegenläufigkeit der Förderungen. So fließen beispielsweise Gebieten Fördermittel zu, ohne daß hier die nötigen Infrastrukturen für eine weitere Entwicklung nach dem Bundesraumordnungsprogramm geschaffen werden. Dies führt zu einem \`Strohfeuer', das keine nachhaltige räumliche Entwicklung nach sich zieht. Fließen dann andererseits Gebieten, die im Rahmen der Gemeinschaftsaufgaben nicht als förderungswürdig eingestuft sind, Mittel für ihre Infrastruktur aus anderen Finanztöpfen zu, so werden bestehende Disparitäten tendenziell noch verstärkt.[14]
Weitere Entscheidungs- und Planträger (Bundesverkehrsministerium, Umweltministerium etc.) gliedern das System weiter auf. Dies alles in Verbindung mit der instrumentellen Vielfalt, begründet die Gefahr, daß die Zersplitterung im politischen Bereich in der Folge die Zersplitterung im administrativ-operativem Bereich nach sich zieht.

Ganz allgemein bleibt festzuhalten, daß die in raumordnerischen Konzepten skizzierten Lösungen beinahe immer ressortübergreifende Abstimmungsaufgaben enthalten. Dabei werden die komplexen organisatorischen Beziehungen auf allen Stufen und Ebenen der Raumordnung und Raumplanung von den Konzepten häufig ebenso wenig berücksichtigt, wie der Umstand, daß das raumplanerische Instrumentarium diese Beziehungen nur schwer beeinflussen kann.[15]
Einer der wesentlichen Gründe für die Durchsetzungsschwäche der Raumordnung gegenüber anderen Ressorts liegt somit darin begründet, daß ihr direkte Durchgriffsmöglichkeiten auf die Ressorts fehlen. Anders als die Finanzplanung, die als bedeutendste Querschnittsplanung die

12 vgl hierzu in Kapitel X (Finanzwesen) des GG beispielsweise Artikel 112

13 vgl. LENDI, M.: Grundriß einer Theorie der Raumplanung - Einleitung in die raumplanerische Problematik. 2. Aufl., Zürich 1995, S.50

14 vgl. KLAUS, J.; SCHLEICHER, H.: Kritik und Reformkonzepte zur Regional- und Raumordnungspolitik in der Bundesrepublik Deutschland. In: WISU, H.12/80, Düsseldorf 1980, S.153

15 vgl. SCHMIDT, U.: Vom Umgang mit Planungssystemen und Planungskonzepten. In: ORL (Hrsg.): Planungssysteme - Planungskonzepte, wie weiter? ORL-Bericht 101/1996, Zürich 1996, S.112

Budgetierung der übrigen Fachpolitiken zur Durchsetzung ihrer Interessen hat, fehlt der Raumplanung ein entsprechend wirksames Instrument. So bleibt sie auf die wohlwollende Berücksichtigung ihrer Interessen angewiesen und in Streitfällen, mangels interner wie externer Unterstützung, auf der Strecke.

Ein weiterer Kritikpunkt der aktuellen Raumplanung bezieht sich zwar ebenfalls auf die Koordination, greift jedoch einen ergänzenden Aspekt auf: Die `Koordination´ im Zuge der Planaufstellung. Hier verselbständigt sich die Planung dahingehend, daß sie - gemäß geltendem Recht! - automatisch Raumordnungs-, Landesentwicklungs- sowie Regionalpläne aufstellt, dies häufig jedoch nur in ein Zusammenfassen der jeweiligen Teilpläne anderer Politikbereiche mündet. Eine originäre Planungskraft, mittels derer eigenständige Ziele und zugehörige Konzepte formuliert und diese mit den Zielen und Konzepten der Fachbereiche abgeglichen und abgestimmt werden, fehlt hier allzu oft.

So stellt BECKER die Frage, inwiefern es der Raumplanung gelingt, die aufgezeigten Probleme zu lösen und damit ihre Koordinationsmöglichkeiten zu erhalten beziehungsweise wiederzugewinnen. Davon ist abhängig, ob „ihre Fähigkeit Konzeptionen zu entwerfen und Nutzungskonflikte lösbar zu machen, von den an der räumlichen Planung direkt und indirekt Beteiligten genutzt wird.“[16] Wobei der zweite Halbsatz seiner Aussage bereits klar macht, daß die Koordinationsmöglichkeiten zwar prinzipiell im bestehenden System veranlagt sind, aber bislang all zu oft ungenutzt bleiben.

1.2 Wahrnehmung der Raumplanung in Öffentlichkeit und Politik

In der Öffentlichkeit wird die Raumordnungspolitik kaum wahrgenommen, die Aufmerksamkeit finden überwiegend punktuelle Ausschnitte fachpolitischer Bereiche, die in den Medien präsentiert und diskutiert werden.
Darüber hinaus nimmt die Akzeptanz der oftmals ohne nennenswerte Beteiligung der Öffentlichkeit zustande gekommenen Planungsergebnisse zunehmend ab, da die Raumordnungspolitik meist nur langfristige Wirkungen nach sich zieht und durch, für die Bürger, kaum durchschaubare Ursache-Wirkungs-Zusammenhänge gekennzeichnet ist.

1.2.1 Langfristige Wirksamkeit der Raumplanung

Gerade die deutlich sichtbaren und zumeist kurzfristigen Rückkopplungsprozesse aus den einzelnen Fachplanungen dominieren also das Bewußtsein der Bürger und wecken deren Interesse. Demgegenüber stehen die Prozesse und deren Wirkungen, die undurchschaubar erscheinen oder aber nur schwer vom „rauschenden Hintergrund des allgemeinen Geschehens“ zu unterscheiden sind. Dies bestätigt die allgemeine Erkenntnis, daß Menschen und Gruppen stets die Erwartungen und Verhaltensweisen als in ihrem Interesse liegend ansehen, die bereits in der Vergangenheit von „schnellen und prominenten Belohnungen“ begleitet waren. Unberücksichtigt bleibt es selbst, wenn langfristig angelegte oder weniger offensichtliche Indikatoren darauf hindeuten, daß ein unverändertes Verhalten zu irreparablen

16 BECKER, K.: Koordination in der Raumplanung: Schwerpunkt Regionalplanung. In: BfLR (Hrsg.): RuR, H.1+2/87, Bonn 1987, S.1

Schäden, ja gar zur Selbstzerstörung führen könnte. So lange jedoch Erwartungen und Interessenvorteile von sozialen Akteuren kurzfristig bestimmt sind und (beispielsweise durch die Berichterstattung der Medien) bestärkt werden, muß man sie als real ansehen, auch wenn sie auf längere Sicht ganz irrig sein sollten.[17]

Nun ist gerade die Raumordnung ein Arbeitsgebiet, in dem Reformen und merkliche Veränderungen nur unter größten Schwierigkeiten durchzusetzen sind. Aufgrund deren langer „Reifezeit" können sie von den meisten Betroffenen kaum in vollem Umfang erlebt werde, da räumliche Strukturen und somit beispielsweise auch die Siedlungsstruktur nur über Jahrzehnte hinweg wesentlich verändert werden können. Hier wirken große Beharrungskräfte, die, soll ein Ergebnis mittelfristig[18] erreicht werden, nur unter Konzentration aller verfügbaren Mittel auf wenige, konkrete Maßnahmen überwunden werden können. Um durch jeweilige Maßnahmen angestrebte Zukunftsmodelle der räumlichen Struktur zu verinnerlichen und deren Realisation aktiv mit zu betreiben sowie - (insbesondere) bei Großprojekten - die zugrunde liegenden gesellschaftlichen Werthaltungen und Verhaltensweisen aufzubrechen, bedarf es daher großer Vorstellungskraft und Überzeugungsleistungen.[19]
Jedoch bereitet nicht nur die Problemerkennung der Bevölkerung Schwierigkeiten. Auch die Zuordnung der beobachtbaren Wirkungen zu (teilweise vor Jahren!) ergriffenen Maßnahmen fällt schwer, so daß nicht einmal ex-post eine Rechtfertigung raumordnerischer Planungen und Maßnahmen erfolgt.

Jedoch nicht allein die 'Langfristigkeit' schränkt die Funktionsweise der Raumordnung ein, auch die einmal beschlossenen Maßnahmen und Planungskonzepte scheitern in ihrer Umsetzungsphase oftmals, da die „Wandlungsgeschwindigkeit in der Realität deutlich höher ist als die der Planungssysteme und -konzepte".[20] Entsprechend dieser geringeren Wandlungsgeschwindigkeit innerhalb der staatlichen Systeme gegenüber den allgemeinen sozioökonomischen Prozessen, müssen sich alle Akteure in Zukunft auf mehr Dynamik, größere Unsicherheiten, schnellere Wechsel sowie unterschiedlichere Ziele einstellen. Wird doch der Teil der Aufgaben, der mittels Planungs- und Rechtssystem mit fünf- und mehrjährigen Plänen gemäß dem 'command and control'-Ansatz gesteuert werden kann, geringer. Als Beleg hierfür wird das heute häufig beobachtbare Schnüren von „Paketlösungen" zwischen privaten Investoren und öffentlicher Hand gesehen, das letztlich nur der Umgehung von Vorschriften und Plänen dient.[21]

---

17 vgl. NASCHOLD, F.: Alternative Raumpolitik - Ein Beitrag zur Verbesserung der Arbeits- und Lebensverhältnisse. 1. Aufl., Berlin 1978, S.8f.

18 Als Beispiel für ein mittelfristig realisiertes Großprojekt, das unter immensen Anstrengungen realisiert wurde, kann das 1969 in Bayern gestartete Vorhaben 'Überleitung von Altmühl- und Donauwasser in das Regnitz-Main-Gebiet' sowie das dabei entstandene 'Neue Fränkische Seenland' genannt werden. Vgl. hierzu KLAUS, J.; BLANKENBURG, W.; LERCH, B.: Der wirtschaftsfördernde Wert der Überleitung von Altmühl- und Donauwasser in das Regnitz-Maingebiet, München 1971, KLAUS, J.: Analyse eines wasserwirtschaftlichen Jahrhundertprojekts - Bayerisches Überleitungssystem und Fränkisches Seenland. In: Universität Erlangen-Nürnberg (Hrsg.): Erlanger Universitätsreden, Erlangen 1998 und WALDMÜLLER, B.: Sozio-ökonomische Entwicklung und Ökologie - Planungs- und Bewertungsprobleme bei Infrastrukturprojekten. Frankfurt a.M. 2000

19 vgl. STORBECK, D.: Gesellschaft und Raum. In: ARL (Hrsg.): Grundriß der Raumordnung, Hannover 1982, S.11ff.

20 vgl. SCHMIDT, U.: Vom Umgang mit Planungssystemen und Planungskonzepten. In: ORL (Hrsg.): Planungssysteme - Planungskonzepte, wie weiter? ORL-Bericht 101/1996, Zürich 1996, S.112

21 vgl. ZALAD, K.: Von der Raumplanung zum Raummanagement? In: ORL (Hrsg.): Planungssysteme - Planungskonzepte, wie weiter? ORL-Bericht 101/1996, Zürich 1996, S.89f.

Neben diesen zentralen Punkten der zeitlichen Verzögerungen und deren Auswirkungen auf das öffentliche Bewußtsein, kommt es innerhalb der Planungsprozesse zu weiteren `time lags´, wie sie in der folgenden Abbildung (Abb.23) überblickartig zusammengestellt sind und kurz erläutert werden sollen. Grundsätzlich ist dabei der Konzeptaufstellungsphase die Phase der Umsetzung gegenüberzustellen, zwischen denen sich zeitliche Verzögerungen ergeben. Als Folge dieses zum Teil beachtlichen Verzugs, beziehen sich Aufstellung wie Umsetzung zu verschiedenen Zeitpunkten auf unterschiedliche räumliche Realitäten.

Wie gezeigt, sind sowohl Einsatz als auch Wirkungen raumplanerischer Maßnahmen mit zeitlichen Verzögerungen verbunden. Derartige `lags´[22] sind die Folge institutioneller, technischer, verhaltensbezogener oder auch ökologischer Friktionen. Für raumordnungspolitische Entscheidungsträger stellen sich diese Probleme sowohl im direkten, eigenen Einflußbereich (`inside lag´) als auch in den übrigen Entscheidungsbereichen (`outside lag´).[23]

Eine erste Verzögerung (`recognition lag´) entsteht, trotz der laufenden Raumbeobachtung, in der Phase zwischen dem Erkennen relevanter Störungen (`diagnostic lag´), der Aufbereitung der entsprechenden Informationen (`prognostic lag´) und deren Weiterleitung an Entscheidungsträger.
Auf Seiten der Entscheidungsinstanzen schließt nahtlos die Handlungsverzögerung an. Nachdem empfangene Informationen ausgewertet und Art sowie Umfang der Störung analysiert sind, werden im Anschluß daran Gegenstrategien (`planning lag´) erarbeitet. Die Verzögerungen in dieser Phase sollten aber nicht allzu negativ gesehen werden, da die beschafften und aufbereiteten Informationen, auf alternative Handlungsmöglichkeiten geprüft werden und die Güte der Alternativenprüfung maßgeblich für die spätere Effizienz und Effektivität sind. Hierzu gehören unter anderem die Ermittlung der Präferenzen der Bevölkerung sowie der verschiedenen zur Verfügung stehenden Maßnahmen. Bis dann auf einer soliden Basis endgültige Entscheidungen getroffen werden, vergeht meist nochmals Zeit (`decision lag´). Da all diese `time lags´ im Zuge der Entscheidungsvorbereitung und - findung im politischen System auftreten spricht man zusammenfassend auch vom `policy preparation lag´.

Selbstverständlich bedarf auch die Umsetzung der aufgestellten Strategien und beschlossenen Maßnahmen durch die Verwaltung Zeit. Bis diese rechtsverbindlich ausgestaltet und praktisch durchgeführt werden (`administrative lag´), weitere Institutionen und Gruppierungen hinzugezogen (`instrumental lag´) oder rechtliche und tatsächliche Widerstände (`intermediat lag´) überwunden werden, vergeht nochmal Zeit.

---

22 Weiterführende Beschreibungen zu den unterschiedlichen time-lags sowie andere Ansätze und Systematisierungen finden sich etwa bei BADURA, S.R.: Time Lags in der Geldpolitik.In: WiSt, H.4/75, München u. Frankfurt/Main 1975, S.557-564, BINDER, K.G.: Regional differenzierte Gewässergütepolitik - Wirkungscharakteristik und regionale Ausstattungsunterschiede als Kriterien für Auswahl und Ausgestaltung ökonomischer Anreizinstrumente im Gewässerschutz. München 1990, S.77 und STREIT, M.E.: Theorie der Wirtschaftspolitik. 4.Aufl., Düsseldorf 1991, S.277

23 vgl. BERG, H.; CASSEL, D: Theorie der Wirtschaftspolitik. In: Vahlen´s Kompendium der Wirtschaftstheorie und Wirtschaftspolitik, Bd.2, München 1990, S.219

Abb.23: Potentielle `time lags´ raumordnungspolitischer Maßnahmen

Innenverzögerung (inside lag)						**Außenverzögerung (outside lag)**		
/erzögerungen im politischen System policy preparation lag			**Durchführungsverzögerungen im administrativen System**			**Verzögerungen bei den Adressaten der Maßnahmen policy lag**		**Wirk verzög beim Z**
rzögerung on lag	**Aktionsverzögerungen action lag**							
prognostic lag	**planning lag**	**decision lag**	**administrative lag**	**instrumental lag**	**intermediate lag**	**reaction lag**	**operational lag**	**struc ecolog**
rognose der ntwicklun-en unter der Nulloption" lternativen-nalyse (sach-ch, zeitlich) eststellung es Hand-ngsbedarfs erständnis der , ökologischen, d kulturellen endenzen	Suche alternativer Ziel-Mittel-Kombinationen; Ableitung geeigneter Maßnahmen (Programmierung) und Wirkungsprognose der Alternativen	Auswahl der günstigsten Alternative; Definitive Festlegung von Zielwerten und Maßnahmen; Innerparteiliche Durchsetzung des Programms; Parlamentarische Legitimation zur bzw. der Entscheidung; Staatlicher Willensbildungsprozeß Lobbying	Rechtsverbindliche Ausgestaltung und praktische Durchführung des Programms	Beteiligung nachgeordneter Körperschaften, Ressorts, Behörden etc. sowie autonomer sozialer Gruppen, nationaler Entscheidungsträger und internationaler Institutionen	Überwindung rechtlicher (Normenkontrollverfahren und Verfügungen) und tatsächlicher Widerstände (Boykott, Proteste, Einsprüche, Gerichtsverfahren)	Wahrnehmung geplanter u./o. ergriffener Maßnahmen, Informationsbeschaffung, Feststellung der Betroffenheit Prognose der folgenden Vor-/ Nachteile Bestimmung des Handlungsbedarfs, Ergreifen entsprechender Maßnahmen Vorbereitung des Maßnahmenvollzugs (Antragsstellung etc.)	Zeitspanne zwischen der Durchführung der Maßnah-me und dem Einsetzen der Wirkungen (teils durch fehlende Reaktionsbereitschaft privater Wirtschaftssubjekte)	Verzöge zwische Greifen Maßnah dem Err einer ve sozialen ökonom ökologis oder kul Struktur Dauer d spreche Wandlu prozesse

e Darstellung nach einer Grundidee von B*ERG*, *H.;* C*ASSEL*, *D: Theorie der Wirtschaftspolitik. In: Vahlen's Kor 'irtschaftstheorie und Wirtschaftspolitik, Bd.2, München 1990, S.219*

Verzögerungen bei den privaten und öffentlichen Planträgern (`policy lag´) können zweierlei Ursachen haben: Einmal bedarf es der Wahrnehmung geplanter sowie bereits beschlossener Maßnahmen, die Planträger betreffen, sowie eine Abstimmung mit den jeweils individuellen Plänen und ein entsprechendes Agieren (`reaction lag´). Zum anderen treten bis zur Zielerreichung noch „Anlaufs- bzw. Verlaufsverzögerungen" (`operational lag´) ein.
Besonders wichtig ist es zu beachten, daß es in dieser Phase oftmals zu strategischem Verhalten der Akteure kommt[24], die staatliche und kommunale Maßnahmen - und damit geänderte Rahmenbedingungen - auch in anderer als der gewünschten Art in ihre Planungen einbeziehen. Dies heißt, entsprechende Reaktionen, wie etwa vorweggenommener Mitteleinsatz sind einzukalkulieren. Wie sich Planungsbetroffene in der Zukunft aufgrund der geänderten (Rahmen-)Bedingungen entscheiden werden, ist offen, somit ist letztlich jede Planung und deren informatorische Grundlage immer unter Unsicherheit zu behandeln.[25]

Die Zeit bis sich das Planungsobjekt in seiner sozialen, ökonomischen, ökologischen oder kulturellen Struktur, nach dem Wirksamwerden der Maßnahmen in der intendierten Weise verändert, ist die Dauer der entsprechenden Wandlungsprozesse (`structural lag´ beziehungsweise `ecological lag´).

1.2.2 Informationsdefizite - Fokussierung auf einzelne Fehlentwicklungen

Durch die grundsätzliche Zukunftsorientierung der Raumordnung und Raumplanung wäre es einer ihrer wesentlichen Aufgaben, die sich wandelnden Anforderungen der Raumansprüche zu erkennen und zu verfolgen. Dies würde dann bedeuten, sobald problematisch erscheinende Punkte erkannt werden, müßte frühzeitig gegengesteuert oder zumindest verstärkt das Augenmerk auf diese Felder gerichtet werden.
Nun ist es aber so, daß sowohl in der öffentlichen Diskussion als auch in deren Folge im politischen Prozeß nur die `hot spots´ im Zentrum der Betrachtung stehen. Das heißt, aufgrund der Struktur des politischen Systems werden die nur langfristig und schwer spürbaren räumlichen Veränderungen nicht als notwendige Handlungsfelder gesehen. Unterstützt wird diese Fokusierung durch ein Mediensystem, das seiner so oft (selbst) zitierten Verantwortung für die Kontrolle politischer Entscheidungen aus `Marketinginteressen´ oder aber schlicht aus Unkenntnis sachlicher Zusammenhänge, nicht nachkommt. Fast nur im Gefolge juristischer Auseinandersetzung nach Raumordnungsverfahren erhalten räumliche Vorhaben wahrnehmbares Interesse in Medien und damit in der Öffentlichkeit.

1.2.3 Kompensatorische Strategie der Nachvollzugsplanung

Nicht zuletzt aus den genannten Gründen resultiert eine Raumplanung, die in weiten Teilen nicht mehr prospektiv agiert sondern nur noch reagiert. Nämlich immer erst dann, wenn die allgemeinen Entwicklungstrends zu unerwünschten Ergebnissen geführt haben und der Leidensdruck ein Handeln notwendig macht. Entsprechend dieser nachfrageorientierten Produktion des öffentlichen Guts `Raumordnung´ sind die traditionellen regionalpolitischen

---

24 vgl. STREIT, M.E.: Theorie der Wirtschaftspolitik. 4.Aufl., Düsseldorf 1991, S.277

25 vgl. BAUMOL, W.; OATES, W.: The Theory of Environmental Policy. 2. Aufl., Cambridge 1988, S.57ff.

Strategien kompensatorisch[26] angelegt und dienen im besten Fall der Schadensbegrenzung. In wirtschaftlich schwach oder nicht zukunftsorientiert strukturierten Räumen führen die Strategien häufig nur zu einer Verlängerung des Siechtums und führen meist direkt in die Subventionsproblematik. Da auch hierbei die bereits dargestellten `time lags´ zum Tragen kommen, folgt das Angebot öffentlicher Güter der Nachfrage aufgrund politisch-institutioneller Faktoren nur zeitlich verzögert.
Das Resultat ist eine Politik der (oftmals unwirksamen) Reparaturversuche statt einer wirklichen Aufnahme der sich verändernden Gegebenheiten zur aktiven Gestaltung der zukünftigen ökonomischen, sozialen und ökologischen Umwelt entsprechend der endogenen Potentiale einer Region.[27]
Beispielhaft läßt sich dieses Grundproblem planerischer Ordnungspolitik am Ziel der dezentralen Konzentration darstellen. Bereits zu Beginn der Nachkriegszeit wurden aus Ausgleichsvorstellungen heraus planerische Leitbilder formuliert, die im Gegensatz zu vorhandenen endogenen Entwicklungspotentialen und -prozessen standen; ein Problem, das bis heute immer wieder anzutreffen ist. Eine direkte Einwirkung auf die Instrumente im Zuge dieser Prozesse wurde aber damals wie heute aus ordnungspolitischen Gründen (Wahlfreiheit der Gesellschaft) abgelehnt. Dadurch blieb lediglich der mangelhafte Versuch, mittels Raumplanung Schadenbegrenzung zu betreiben.[28] Durch diese inkonsequente Herangehensweise wurde die Raumplanung zur `Symptomtherapie´ und damit letzenendes zur Nachvollzugsplanung.

Als Konsequenz aus diesen Sachverhalten wird häufig die Forderung nach dem Rückzug der Raumplanung von der Umsetzung hin zum reinen Planungsmanagement[29] gestellt, das heißt nur noch fachplanerische Inhalte nüchtern-pragmatisch zu übernehmen. Die letzte verbleibende Aufgabe wäre die Schaffung offenkundiger Koalitionen von Akteuren mit gleichen Interessen.[30] Eine solche Reduktion käme aber einer Aufgabe der Gestaltungsidee gleich und würde in letzter Konsequenz das Ende der Raumplanung bedeuten. Sieht man jedoch eine wie auch immer geartete Rechtfertigung raumordnerischer Eingriffe (vgl. Kapitel II 1.3), so muß dieser Schluß abgelehnt werden und Ausschau nach konstruktiveren Ansätzen gehalten werden.

1.2.4 Abnehmende Akzeptanz der Planungsergebnisse

Berücksichtigt man die vielfältigen Fachplanungen sowie deren räumliche Wirkungen und damit die Konkurrenzsituation um die Aufgabe `Raummanagement´, so wird schnell deutlich, daß die Raumplanung in ihrer bisherigen Form als Anbieterin unzureichender Lösungen

---

26 vgl. STURM, R.: Erfahrungen mit Modellen regionaler Wirtschaftsentwicklung und -förderung. In: Friedrich-Alexander-Universität Erlangen-Nürnberg (Hrsg.): Uni-Kurier, Erlangen 1996, S.27

27 vgl. etwa RECKTENWALD, H.C.: Umfang und Struktur der Öffentlichen Ausgaben. In: Handbuch der Finanzwissenschaft, 3.Aufl, 1981, S.749

28 vgl. ZALAD, K.: Von der Raumplanung zum Raummanagement? In: ORL (Hrsg.): Planungssysteme - Planungskonzepte, wie weiter? ORL-Bericht 101/1996, Zürich 1996, S.83f.

29 Der Begriff `Management´ wird hier nicht in seiner gestalterischen Funktion verstanden (wie später in Kapitel V) sonder in seiner koordinierenden Funktion der Zusammenfassung von Teilplanungen verschiedener Fachbereiche.

30 vgl. DILLER, Ch.: Die Regionalplanung als Mediatorin einer nachhaltigen Entwicklung. In: BfLR (Hrsg.): RuR, H.4/96, Bonn 1996, S.229 i.V.m. HELBRECHT, I.: Das Ende der Gestaltbarkeit - Zu Funktionswandel und Zukunftsperspektiven räumlicher Planung. Oldenburg 1991, S.64

gesehen wird. Folgt man FÜRST so sprechen für diese „Inkonkruenzthese" zwei wesentliche Gründe:[31] Zum einen führt die allgemein zu verzeichnende Ökonomisierung aller Lebensbereiche zu einer Aufwertung aller regionalen Steuersysteme, die stärker ökonomisch ausgerichtet sind, als es die Raumplanung mit ihrem breiten Aufgabenprofil sein kann. Der `legalistischen Systemlogik´ (*vgl. Kapitel IV 2*) unterworfen, muß sie - die Freiraumplanung ist hier das beste Beispiel - häufig restriktiv handeln. Dieses bisweilen `antiökonomisch´ anmutende Handeln verhindert, daß die Raumplanung vor allem auch von kommunaler Seite als Manager `im Interesse aller´ akzeptiert wird. Zum anderen haben - wie gezeigt - Fachplanungen, da sie wesentlich konkreter sind als Raumplanungen, in der politischen Öffentlichkeit `Wettbewerbsvorteile´. Vor allem jedoch arbeiten auch sie zunehmend regionalisiert. Der Raumplanung wird damit die alleinige Kompetenz für das Regionale weiter entzogen.

Darüber hinaus zeigt sich - nicht nur in der Raumordnung -, daß in weiten Teilen der Bevölkerung die Bereitschaft schwindet, ohne kritische Stellungnahme Planungsergebnisse der Verwaltung zu akzeptieren. Vielmehr ist ein Unbehagen darüber festzustellen, daß seitens der Verwaltung die Notwendigkeit von Maßnahmen feststellt wird, ohne daß eine hinreichende Anhörung und Berücksichtigung der Beteiligten oder gar der Betroffenen erfolgt.[32] Daß die Verwaltung dabei ausgewählte Lösungsvorschläge anbietet und selbst bewertet, schwächt die Konsensbasis staatlicher Planungsprozesse zusätzlich.
Andererseits bietet eine immer kurzfristiger denkende Öffentlichkeit die Grundlage für die weiter abnehmende Akzeptanz der Planungsergebnisse. Insbesondere dort, wo versucht wird lediglich langfristig sichtbare und Planungen und Maßnahmen nur schwer zuzuordnende räumliche Ergebnisse, zu erreichen.

2. Personelle und organisatorische Schwächen im Planungs- und Umsetzungsprozeß

„Die vom Planungssystem ermöglichten Freiheiten werden von den Planern aufgrund von menschlichen Verhaltensmustern ungenügend ausgeschöpft und teilweise explizit eingeschränkt."[33]

2.1 Auswahl einzubeziehender Entscheidungsträger

Sowohl die generell abnehmende Akzeptanz der Planungsergebnisse als auch die Unübersichtlichkeit der räumlichen Planung führen also zu einer schwindenden Wahrnehmung der Raumplanung in der Öffentlichkeit. Zeitgleich nutzen jedoch - häufig relativ wenige - von den direkten Lasten eines Projekts Betroffene, die im Laufe der Jahrzehnte immer weiter ausgestalteten (rechtlichen) Möglichkeiten um Projekte zu verzögern oder ganz zu stoppen. Dem

---

31 vgl. FÜRST, D.: Von der Regionalplanung zum Regionalmanagement. In: Die öffentliche Verwaltung, H.7/93, o.Ort 1993 zitiert nach DILLER, Ch.: Die Regionalplanung als Mediatorin einer nachhaltigen Entwicklung. In: BfLR (Hrsg.): RuR, H.4/96, Bonn 1996, S.

32 vgl. KLAUS, J.: Grundlegende Aspekte der Planungsrationalität und Planungsmethodik. In: KLAUS, J.: Entscheidungshilfen für die Infrastrukturplanung - Neuere Entwicklungen auf dem Gebiet der Analyse und Bewertung öffentlicher Projekte. Sonderdruck, Baden-Baden, o.J., S.19 nach SCHMIDTKE, R.F.: Das neue Konzept der USA zur Planung wasserwirtschaftlicher Infrastrukturen - Ergebnis eines langjährigen Lernprozesses. In: wasser- und abwasser bau-intern, H.5, 1979, S.78ff. insbesondere S.80

33 SCHMIDT, U.: Vom Umgang mit Planungssystemen und Planungskonzepten. In: ORL (Hrsg.): Planungssysteme - Planungskonzepte, wie weiter? ORL-Bericht 101/1996, Zürich 1996, S.113

steht eine oftmals wesentlich größere Bevölkerungsgruppe gegenüber, denen die Vorteile geplanter Maßnahmen zukämen. Da diese Maßnahmen aber teilweise nur langfristige beziehungsweise nur schwach direkt spürbare Effekte nach sich ziehen, ist dieser Teil der Öffentlichkeit nur schwer erreichbar und mobilisierbar. Der Anschein, daß es nur Gegner von Projekten gibt, ist dementsprechend schnell geweckt.
Um nun Planungen für die Öffentlichkeit leichter verständlich zu machen, Gegenargumente entsprechend ihrem wahren Wert zu gewichten, gegebenenfalls zu entkräften oder aber mittels Planungsänderungen aufnehmen zu können, werden in den letzten Jahren zunehmend Formen der Integration von Entscheidungsträgern und Betroffenen ins Planungssystem gesucht. Einen Überblick über dazu grundsätzlich zur Verfügung stehenden Möglichkeiten gibt Kapitel VI. An dieser Stelle sollen lediglich die prinzipiellen Schwierigkeiten bei der Festlegung der einzubeziehenden Teile der Öffentlichkeit dargestellt werden.

Die Grundsatzfragen in diesem Zusammenhang lauten: Welche Bevölkerungsgruppen sind überhaupt betroffen? Welche der Betroffenen sollen in den Planungs- und Entscheidungsprozeß einbezogen werden? Wer wählt diese Gruppierungen aus? Welche Gewichtung sollen deren Stimmen jeweils erhalten? Wie weit soll deren Mitwirkung gehen - Anhörung, Vorschlagsrecht, Mitentscheidung?
Die ersten beiden Fragen beziehen sich auf die Abgrenzung des Planungsraums und der darin lebenden Menschen. Einmal können nur die unmittelbar von einer möglichen Maßnahme Betroffenen einbezogen und angehört werden. Zum anderen können jedoch auch die indirekten Nutzen- und Lastenträger berücksichtigt werden. Je komplexer und umfangreicher eine Planung ist, umso schwieriger wird hier eine problemadäquate Abgrenzung. Da die Wirkungszusammenhänge moderner Planungsthemen oftmals nahezu unüberschaubar sind, stellen diese Fragen mit die höchsten Hürden dar. Denn unter Umständen kann die Nichtberücksichtigung einzelner Institutionen oder Gruppierungen auch zu Informationsverlusten führen, die einer sachkundigen Entscheidung den Weg erschweren.
Die Auswahl selbst darf im demokratischen Staat sicherlich nur eine öffentliche Stelle vornehmen. Es muß sich dabei um eine Institution handeln, die ausreichend legitimiert ist dieser Entscheidung das Willkürliche zu nehmen und sie damit tragbar zu machen. Ein solches rechtliches Fundament bieten lediglich Gesetze und dadurch Beauftragte sowie gewählte Parlamente.
Die letzten beiden Fragen sind ebenfalls eng miteinander verflochten. Sobald feststeht wer einbezogen wird, muß umgehend geklärt werden in welchem Umfang diese Einbeziehung erfolgt. Hier sind ganz unterschiedliche Abstufungen denkbar, die von der Information über Anhörung, Vorschlagsrecht, Mitbestimmung bis zum Vetorecht reichen. Ob man auch eine Gewichtung der Institutionen nach der Größe des jeweils vertretenen Klientels vornimmt wäre zu überlegen.

Dies alles sind Fragen, die noch nicht endgültig und klar geregelt sind. Kosten- und Zeitüberlegungen ebenso wie eine klare Zielorientierung sprechen darüber hinaus dafür, daß die Zahl der Beteiligten so gering wie möglich gehalten wird, denn grundsätzlich gilt für alle am Entscheidungsprozeß Zugelassenen, daß sie von ganz unterschiedlichen Motiven ('theories of action'[34]) geleitet werden. Diese sichern zwar ihre Beteiligung, können sich aber im Zuge des Planungsprozesses verändern oder gänzlich entfallen. Darüber hinaus verfügt jeder Akteur

[34] Dazu etwa MASSER, I.: The Analysis of Planning Processes: Some Methodological Considerations. In: Environment & Planning, Vol.9, London 1982, S.5-14

über bestimmte Ressourcen, die ihm erst die Beteiligung am Planungsprozeß ermöglichen. Auch deren Umfang und Zusammensetzung können sich im Verlaufe der Planungsprozesses ändern oder entfallen.[35]
Wenn man nun noch berücksichtigt, daß die Beteiligten einem Lernprozeß unterliegen, so verändern sich deren Ziele im Verlauf der Abstimmungsprozesse dahingehend, daß versucht wird anderen Beteiligten deren Zielerreichung ebenfalls bis zu einem gewissen Grad zu ermöglichen. Dies erscheint auf den ersten Blick sicherlich positiv, können doch nur durch adaptives Verhalten Kompromisse erzielt werden. Ziel dieses Verhaltens ist jedoch nicht die höhere `fitness´ der Strategie zum Problem sondern lediglich eine besser Durchsetzbarkeit eigener Interessen, so daß im allgemeinen die Lebensdauer von Projekten, nicht jedoch deren Tauglichkeit erhöht wird. Daraus resultiert oftmals das völlige Scheitern eines Projekts nach einer überlangen - künstlich erhaltenen - Planungsphase mit entsprechendem zeitlichen, finanziellen und personellen Planungsaufwand.[36]

2.2 Informationsdefizite - veränderte fachliche Anforderungen an die Planenden

Nicht nur die Wahrnehmung in der Öffentlichkeit sowie die Politik bieten Ansatzpunkte zur Erklärung der eingeschränkten Wirksamkeit der Raumordnung. Auch die von den Planungen direkt Betroffenen sowie die planende Administration bieten Anlaß zur kritischen Betrachtung. Zentrale Punkte dabei sind die Informationsstände und der Einbezug der jeweils vorhandenen Informationen über räumliche Zusammenhänge[37] aller.
Daß sich die privaten Planungsbetroffenen in der Regel nicht weiter um übergeordnete Vorstellungen und Planungszusammenhänge kümmern, dürfte kaum verwundern und ist sicherlich aufgrund der fachlichen Unkenntnis sowie ihrer Orientierung am Eigeninteresse nachvollziehbar und in einem individualistisch ausgerichteten Gesellschafts- und Wirtschaftssystem auch nicht zu beklagen. Wenn jedoch die öffentlichen Planträger, die dem (langfristigen) Gemeinwohl verpflichtet sind, aus Unkenntnis oder mangelndem Interesse an Informationsdefiziten scheitern oder aber vorhandene Informationen nicht oder nur unzureichend berücksichtigen, so ist dies ebenso zu kritisieren, wie wenn sie fachlich nicht ausreichend ausgebildet sind um vorhandene Informationen richtig zu bewerten. Wenn darüber hinaus noch zu vermuten ist, daß - bewußt oder unbewußt - auf seiten der planenden Administration - insbesondere der Fachressorts! - vorhandenes `Herrschaftswissen´ (im Sinne MAX WEBERS) gegenüber anderen Ressorts, aber insbesondere gegenüber den politisch Verantwortlichen und der Öffentlichkeit, bewußt zur Maximierung von Spielräumen zurückgehalten wird, so eröffnen sich an diesem Punkt deutliche Änderungsnotwendigkeiten.

Aber nicht nur Informationsdefizite der Planer bieten in einem Staat, in dem Entwicklungen und Veränderungen weniger denn je vorzugeben sind, Anlaß zu Überlegungen. Auch durch die zunehmend stärkere Politik- sowie Umsetzungsorientierung der Planung ist die Raum-

---

35 vgl. SCHRETZENMAYR, M.: Was führt zum Scheitern raumplanerischer Konzepte? In: BfLR (Hrsg.): RuR, H.6/96, Bonn 1996, S.405

36 vgl. MASSER, I.: The Analysis of Planning Processes: Some Methodological Considerations. In: Environment & Planning, Vol.9, 1982, S.5-14

37 Raumordnungskataster bieten beispielsweise eine gute funktionale Grundlage zur Beratung und Beurteilung raumwirksamer Planungen und Maßnahmen. Sie zeigen mögliche Flächennutzungskonflikte auf und lassen sich bei der Erstellung von Entwicklungsplänen heranziehen. Für die breite Öffentlichkeit ist deren Auswertung jedoch nicht ganz einfach. Vgl. dazu etwa STRAUSS, K.: Zum Stand des Raumordnungskatasters auf Bundes- und Landesebene. In: BfLR (Hrsg.): RuR, H.3/93, Bonn 1995, S.198

planung als `Expertin´ nur noch einer von vielen Akteuren. Neue Rollen müssen ergänzend übernommen werden. Als Kommunikatorin mit Fachleuten, aber eben auch mit der Öffentlichkeit ebenso wie als Moderatorin von Arbeitsprozessen, ist sie heute gefragt.[38]
Diese Entwicklungen der Raumplanung in Verbindung mit einem immer engeren Zusammenwirken von Politik, Administration, Wissenschaft und Öffentlichkeit auf allen räumlichen Ebenen (im speziellen auch bei neuen Partnerschaften wie etwa `private-public-partnership´) verlangen neben den bereits bislang geforderten Fähigkeiten und Kenntnissen der Planer auch Moderations-, Beratungs- und Informationstechniken sowie andere konsensorientierte Verfahren und Fähigkeiten. Planungsprozesse müssen organisiert und Konzepte gestaltet werden (Entwurfstätigkeiten), es ist interdisziplinär zu denken, zu arbeiten sowie zu organisieren (Planungsmanagement) und Planungsergebnisse sind allgemeinverständlich darzustellen und umzusetzen (Regionalmarketing).[39]
Dementsprechend nimmt auch das Rollenrepertoire der Planer[40] zu. So müssen sie als ...

- Fachleute die komplexen Sachgebiete der räumlichen Planung handlungsorientiert bündeln, um diese den politischen Diskussions- und Entscheidungsprozessen zu eröffnen.
- Anwälte nur schwer organisierbare und damit meist unberücksichtigte Interessen (oftmals die der `schweigenden Mehrheit´ und insbesondere die zukünftiger Generationen) vertreten.
- Moderatoren die Interessen und Handlungen der unterschiedlichen Beteiligten koordinieren, damit Verhandlungen miteinander aufgenommen und in Vereinbarungen überführt werden können.

Die zur Ausfüllung dieser so unterschiedlichen Rollen notwendigen, aufzubauenden Kompetenzen finden sich - einer Klassifizierung von STEIN[41] folgend - in Abbildung 24 nach ihrer je spezifischen Art und Ausprägung aufgeschlüsselt, zusammengestellt.

Weniger erlernbar als die dargestellten funktionalen Kompetenzen, aber gerade deshalb um so wichtiger, ist in Zukunft die Persönlichkeit des Raumplaners. Jenseits der formalen Kompetenz - die eben im Regelfall nicht gegeben ist - muß mittels „fachlich überzeugender Beiträge Einwirkungskompetenz“ erlangt werden. Das bedeutet, „raumordnerische Positionen dürfen weder in einer abstrakten, letztlich realitätsfernen Sprache formuliert werden, noch sollte der Raumordner bemüht sein, der bessere Fachplaner zu sein. Ein solcher Ansatz würde bereits an den schieren Quantitätsverhältnissen[42] scheitern.“ Damit Beiträge fachlich überzeugen, müssen sie darauf konzentriert sein, die über den jeweiligen Fachhorizont hinausgehenden, relevanten Aspekte des aktuellen Problems aufzuzeigen und diese so darzustellen, daß sie auch aus Fachsicht überzeugen. „Angesichts der Vielfalt der raumwirksamen Politikfelder, auf

---

38 vgl. STEIN, U.: Raumplanung zwischen Staat, Markt und Gesellschaft. In: BfLR (Hrsg.): RuR, H.5/95, S.393

39 vgl. MALCHUS, V. Frhr. v.: Anforderungen an die Ausbildung von Raumplanern. In: BfLR (Hrsg.): RuR, H.5/95, Bonn 1995, S.337

40 vgl. DIETIKER, J.: Gewandeltes Rollenverständnis des Planers. In: Baudirektion des Kantons Bern (Hrsg.): Information Raumplanung, H.6/91, Bern 1991, S.6-8

41 vgl. STEIN, U.: Raumplanung zwischen Staat, Markt und Gesellschaft. In: BfLR (Hrsg.): RuR, H.5/95, S.394ff.

42 So umfaßt das für `Raumordnung und Verkehr´ zuständige Referat im BMBau im Jahre 1994 insgesamt zwei Mitarbeiter, das entsprechende Bundesministerium hingegen über 1.000 Mitarbeiter - auf Landes- und Stadtstaatenebene sind die Relationen entsprechend. Vgl. BAUMHEIER, R.; KRAUTZBERGER, M.; WÉKEL, J.: Wandel der Raumordnungspolitik in Bund und Ländern - Anforderungen an die Raumplaner-Ausbildung. In: BfLR (Hrsg.): RuR, H.5/95, Bonn 1995, S.387

die Raumordnungspolitik jeweils einwirken muß, heißt dies für das Anforderungsprofil[43] des in der Raumordnung Tätigen, daß er eher Generalist[44] als Spezialist sein muß.

Abb.24 Zukünftiger Kompetenzbedarf der Raumplanung

Kompetenzart	**Ausprägung**
Theoriekompetenz	• Beschäftigung mit planungsrelevanten Theorien zur Distanzierung vom eigenen Tun sowie von empfundenen Sachzwängen, zur begrifflichen Präzisierung und zur (neuen) Orientierung • Kritische Reflektion des eigenen Handelns und des Handelns anderer Beteiligter und Betroffener
Rollenkompetenz	• Bewußtsein der verschiedenen einzunehmenden Rollen und deren jeweiligem Anteil im Planungsprozeß • Einsatz entsprechender Methoden und Verhaltensweisen • Ausdifferenzierung der Rollen als Experte, Moderator und Interessenvertreter
Methodenkompetenz	• Beherrschung und zielführender Einsatz der gängigen Planungsinstrumente • Moderationskompetenz • Projektmanagement
Prozeßkompetenz	• Kommunikations- und Motivationsfähigkeit • Gestaltung und Kombination formeller und informeller Planungsverfahren • Informationsbereitstellung für alle Beteiligten, Rückkopplung der Ergebnisse • Bündelung benötigter Ressourcen • Berücksichtigung demokratischer Anforderungen
Interessenkompetenz	• Konzeptionelle Kreativität • Visionäre Vorstellungskraft • Interesse an planerischen Fragestellungen

Quelle: Eigene Darstellung

Die Gratwanderung besteht darin, zumindest in den Grundzügen der jeweiligen Fachpolitiken auf der Höhe der aktuellen Diskussion zu sein, ohne sich in den jeweiligen technischen Details der Fachpolitiken zu verlieren. Umgekehrt droht demjenigen, der die fachpolitische

43 Um dem Erfordernis umfassender räumlicher Planung gerecht zu werden, müssen die Planträger über entsprechend interdisziplinär ausgerichtete personelle Ressourcen verfügen, die der komplexen Planungsaufgaben gewachsen sind. Vgl. TUROWSKI, G.: Raumplaner-Ausbildung im System der deutschen Raumplanung. In: BfLR (Hrsg.): RuR, H.5/95, Bonn 1995, S.382

44 So gab es jedoch noch 1995 lediglich sechs Universitäten in der Bundesrepublik, die eine Ausbildung für angehende Raumplaner anboten: Aachen, Berlin, Dortmund, Kaiserslautern, Karlsruhe und Hamburg. So ist es kein Wunder, wenn - unterstützt durch obengenannte Zahlenverhältnisse der Ressorts - die wenigen generalistisch orientierten Raumplaner kaum Gehör finden. Vgl. KUNZMANN, K.R.: Deutschland ist keine Insel: Das Studium der Raumplanung in Europa. In: BfLR (Hrsg.): RuR, H.5/95, Bonn 1995, S.377

Diskussion zu oberflächlich verfolgt, die stete Gefahr, dann, wenn es „interessant" wird, als zu wenig fachlich kompetent ausgeklammert zu werden."[45]

Um dies zu erreichen, ungünstige Verhaltensmuster zu verhindern und damit zur Qualität der Planung beizutragen, müßte bereits in der Ausbildung der Umgang mit nicht-routinisierbaren Aufgaben (Einzellösungen) verbessert vermittelt sowie verstärkt auf interdisziplinäre Gruppenarbeit gesetzt werden.[46] Im Gegensatz zu leicht handhabbaren Einzelprojekten werden - insbesondere wenn es um überörtlich raumwirksame (Groß-)Projekte geht - von den beteiligten Planern vermehrt Koordinationsfähigkeit, Projektmanagement- sowie Informationsverarbeitungskenntnisse verlangt.[47]

Abb.25: Anforderungsprofil für den Raumplaner der Zukunft[48]

- Betriebswirtschaftliche Organisation
- Informationsverarbeitungskenntnisse
- (Vertrags-)rechtliches Instrumentarium
- Prozeßgestaltung zur Ausübung der `Managementfunktion´
- Projektmanagementkenntnisse
- Analytische Fähigkeit um komplexe Wirkungsmechanismen der Raumentwicklung zu erfassen
- Ausgewogenheit zwischen Abstraktion und Detailvertiefung im jeweiligen fachlichen Kontext
- Ausreichend Fachkompetenz um Diskussionen mit Fachressorts zu bestehen
- Theorie-, Rollen-, Methoden-, Prozeß- und Interessenkompetenz
- Frustrationstoleranz um das zumeist eher gering ausgeprägte Interesse, das Öffentlichkeit und Politik der Raumordnung entgegenbringt, zu verkraften

Quelle: Eigene Darstellung

3. Konkretisierung der Ziele - veränderte Anforderungen an das Instrumentarium

3.1 `Mis-match´ zwischen Problemen und Zielen

Eine der wesentlichen Ursachen für die Ineffizienz raumgestaltender Politik ist die ungenügende Zielpräzisierung. Dabei ist anzumerken, daß die Ziele auf Bundes- und Landesebene deutlich unpräziser sind als die auf regionaler oder lokaler Ebene. Dies liegt darin begründet, daß die überwiegende Zahl der Maßnahmen der Raumplanung auf den unteren Ebenen ergriffen und im Detail festgelegt werden. Nichtsdestoweniger führen aber die generellen, teils diffusen Zielvorgaben auf Bundes- und Landesebene bereits dazu, daß räumliches Problem und eingeschlagener Lösungsweg geringe Passung aufweisen und so kein substanzieller Beitrag zur Lösung konkreter Probleme geleistet werden kann. Befürwortet man einen umfas-

45 vgl. BAUMHEIER, R.; KRAUTZBERGER, M.; WÉKEL, J.: Wandel der Raumordnungspolitik in Bund und Ländern - Anforderungen an die Raumplaner-Ausbildung. In: BfLR (Hrsg.): RuR, H.5/95, Bonn 1995, S.387

46 vgl. SCHMIDT, U.: Vom Umgang mit Planungssystemen und Planungskonzepten. In: ORL (Hrsg.): Planungssysteme - Planungskonzepte, wie weiter? ORL-Bericht 101/1996, Zürich 1996, S.114

47 vgl. SCHRETZENMAYR, M.: Was führt zum Scheitern raumplanerischer Konzepte? In: BfLR (Hrsg.): RuR, H.6/96, Bonn 1996, S.405

48 Zu einzelnen dieser Punkte beispielsweise BAUMHEIER, R.; KRAUTZBERGER, M.; WÉKEL, J.: Wandel der Raumordnungspolitik in Bund und Ländern - Anforderungen an die Raumplaner-Ausbildung. In: BfLR (Hrsg.): RuR, H.5/95, Bonn 1995, S.387

senden Planungsansatz, so müssen beispielsweise die Ziele im Bundesraumordnungsprogramm nicht nur benannt, sondern auch bezüglich ihres Umfangs und ihres zeitlichen Horizonts festgelegt werden. Nur so kann eine Überprüfung erfolgen und gegebenenfalls ein Umsteuern oder Verstärken der Anstrengungen eingeleitet werden.[49] Selbstverständlich ist nicht zuletzt durch die schiere Komplexität räumlicher Planungen die Vorstellung, daß räumliche Funktionen mit einer definierten Zielvorstellung strukturell zu steuern wären, „in dieser Form jedoch schlicht naiv".[50] Hierzu bedarf es einiger weiterer Maßnahmen und Änderungen.

Ursachen für die Umsetzungsschwierigkeiten von Konzepten sind aber nicht nur bei der Zielformulierung sondern auch bei den Konzepten selbst zu finden. Raumplanerische Konzepte sind selten in sich schlüssig und konsistent. Gründe hierfür liegen darin, daß Raumplanung keine exakte Wissenschaft ist, im politischen System eine tatsächliche Erfolgskontrolle selten stattfindet, die Prozeßdynamik sowie die große Zahl raumrelevanter Variablen nur ungenaue Rückschlüsse auf Verantwortlichkeiten bei einem Scheitern ermöglichen und die Raumplanung zudem stark durch eine intuitiv-gestalterische Herangehensweise geprägt ist. So ist heute in der Raumplanung eine Übernahme von Planungsmoden und Trends, die von anderen Disziplinen ausgehen oder gerade gesellschaftliche Aktualität aufweisen, feststellbar. Dabei erfolgt oftmals keine Überprüfung und Absicherung der Konzeptinhalte im Rahmen der zur Verfügung stehenden Möglichkeiten. Die Raumplanung muß sich künftig darauf besinnen, Konzepte im Rahmen des Planungssystems wieder als Basis für die antizipative Koordination raumbedeutsamer Vorhaben anzusehen und zu diesem Zweck umsetzbare und für künftige räumliche Entwicklungen taugliche Konzepte zu erarbeiten. Hierin ruht ein zentraler Vorwurf an die Raumplanung: sie hat sich bislang zu wenig bemüht, zielführende und umsetzungsfähige Konzepte zu erstellen und sich in der Folge ihrer Verantwortung für das „Scheitern dieser untauglichen Konzepte mit dem Übergang zu einer projektorientierten Planung bei gleichzeitig leerlaufender Konzeptebene entzogen".[51]
Ein weiterer Grund für den zu beobachtenden `mis-match´ zwischen Problemen und Zielen ist, daß die Zielkonflikte zwischen ökonomischen und außerökonomischen Zielen nicht ausreichend Beachtung finden. Dadurch erwiesen sich spätestens in der Umsetzungsphase der Planung Ziele als inoperabel und damit in ihrer Bindungswirkung stark eingeschränkt.[52] Die obengenannte abstrakte und unkonkrete Zielfestlegung im Rahmen überregionaler Vorgaben spiegelt hier nur die Vereinbarkeit konkreter Probleme mit den Zielen vor.

3.2 Schwachpunkt `Instrumentierung´

Will die Raumplanung als politisch ausgerichtete Planung auch in Zukunft ihren Stellenwert und ihre Bedeutung als koordinierende Institution behalten oder wieder steigern, dann nur indem sie auf gesellschaftliche Veränderungen reagiert und ihre Ziele (s.o.) sowie ihre Instrumente überdenkt.[53]

---

49 vgl. KLAUS, J.; SCHLEICHER, H.: Kritik und Reformkonzepte zur Regional- und Raumordnungspolitik in der Bundesrepublik Deutschland. In: WISU, H.12/80, Düsseldorf 1980, S.153

50 vgl. HESSE, M.: Nachhaltige Raumentwicklung. In: BfLR (Hrsg.): RuR, H.2+3/96, Bonn 1996, S.111

51 vgl. SCHRETZENMAYR, M.: Was führt zum Scheitern raumplanerischer Konzepte? In: BfLR (Hrsg.): RuR, H.6/96, Bonn 1996, S.409

52 vgl. KLAUS, J.; SCHLEICHER, H.: Kritik und Reformkonzepte zur Regional- und Raumordnungspolitik in der Bundesrepublik Deutschland. In: WISU, H.12/80, Düsseldorf 1980, S.153

53 vgl. STIENS, G.: Rezension zu WOLF, J.: Nachhaltige Raumentwicklung - Ein Beitrag zu einem Leitbild der Raumordnung. Berlin 1996. In: BfLR (Hrsg.): RuR, H.4+5/97, Bonn 1997, S.369

Der häufig anzutreffende `Leerformelcharakter´ der Planungsinstrumente (Pläne und Programme) auf Ebene des Bundes und der Länder wurde bereits in Kapitel II näher benannt, so daß dies an dieser Stelle entfallen kann. Festzuhalten bleibt hier lediglich, daß die darin vorgegebenen Leitbilder vielfach aufgrund ihrer normativen Wirkung[54] eine kritische Auseinandersetzung mit ihnen im Zuge der praktischen Raumplanung verhindern.

Eine ebenso eindeutige Aussage über die Wirksamkeit der Instrumente der Regional- und Raumordnungspolitik zu treffen, ist bislang sowohl aus methodischen als auch aus datenbezogenen Gründen nicht möglich. Die langjährige Forschungspraxis verstärkt jedoch die Zweifel an der Wirksamkeit und den Erfolgen raumordnungspolitischer und raumplanerischer Programme und Maßnahmen. Noch läßt sich nicht erkennen, daß aufgrund solcher Maßnahmen beispielsweise eine erwähnenswerte Verringerung der räumlichen Disparitäten eingetreten ist.[55] Zur Unterstützung dieser Aussage sollen im folgenden die verschiedenen Maßnahmenkategorien und die sie umgebenden Problemkreise näher beleuchtet werden.

Fächert man den Kanon möglicher Maßnahmen auf, so erweisen sich Instrumente zur Raumgliederung erst einmal als wertlos, bedürfen sie doch zu ihrer Umsetzung meist ergänzender Maßnahmen. Zentraler Kritikpunkt sind jedoch die Oberbegriffe `Zentrenhierarchie´ und `Entwicklungsachsen´. Diese fanden als Bezeichnung historisch-geographischer Befunde in der Vergangenheit Eingang in die Raumordnung und wurden in der Folge, in ihrer jeweiligen räumlichen Ausgestaltung, als normative, verbindliche Planungselemente der Raumplanung vorgegeben. Da sich die Realität jedoch ständig in meist kleinen Schritten verändert, können diese Begriffe zum einen keine dauerhaft hinreichende Beschreibung der Realität gewährleisten und zum anderen auch nicht ausreichend operationalisiert werden. Obwohl nun diese Begriffe - abseits der Realitäten - in der Raumordnung und -planung weiter verwendet werden, verlieren sie für die „quantitative Bemessung und die Bewertung" einzelner planerischer Vorgänge zunehmend an Bedeutung. Darüber hinaus setzt - in noch konkreterer und pragmatischerer Sicht - sowohl die Ausweisung von Zentralen Orten als auch die von Entwicklungsachsen voraus, daß die bestehenden Zentren und Achsen für die Aufnahme weiterer Entwicklungen überhaupt geeignet sind. Dies kann nur durch die Analyse der Belastbarkeit der bestehenden Strukturen entschieden werden. Oftmals ist jedoch zu sehen, daß bestehende ausgewiesene Zentren und Achsen zur weiteren Entwicklung präferiert werden, obgleich naturräumliche oder auch nachfragebedingte Gegebenheiten dies gar nicht mehr zulassen. So ist beispielsweise zu sehen, daß Siedlungsachsen entlang von Tälern oftmals bereits überlastet und einer weiteren Entwicklung nicht mehr zugänglich sind oder sich ringartige oder tangentiale Entwicklung im Nahbereich zentraler Orte abzeichnen.[56]

Finanzielle Instrumente zur Förderung gewünschten Verhaltens bei öffentlichen wie privaten Planträgern weisen eine lange Tradition in der Raumordnung auf, sind aber trotzdem äußerst kritisch zu sehen. Dies hat vier Hauptgründe:

1. Häufig ziehen finanzielle Anreize *Mitnahmeeffekte* nach sich. Das bedeutet, daß die Planträger ihre Planungen gar nicht auf gewünschte Ziele hin ändern, sondern lediglich ihre

---

[54] vgl. HARTEL, H.: Offene regionalplanerische Strukturen. In: BfLR (Hrsg.): RuR, H.4+5/.97, Bonn 1997, S.288

[55] vgl. KLAUS, J.; SCHLEICHER, H.: Kritik und Reformkonzepte zur Regional- und Raumordnungspolitik in der Bundesrepublik Deutschland. In: WISU, H.12/80, Düsseldorf 1980, S.152

[56] vgl. HARTEL, H.: Offene regionalplanerische Strukturen. In: BfLR (Hrsg.): RuR, H.4+5/97, Bonn 1997, S.289ff., der u.a. diese Sachverhalte am Beispiel Stuttgarts sehr eindringlich darlegt.

eigenen eingesetzten Mittel verringern. Somit werden knappe öffentliche Finanzmittel verschwendet, weil ineffizient eingesetzt.

2. Durch die *Subventionierung* gewünschten Verhaltens wird die optimale Allokation der Ressourcen verhindert, so daß beispielsweise unproduktivere Standorte von der Planträgern gewählt werden und damit langfristig die Effizienz der - dann gebundenen - Ressourcen eingeschränkt ist.
3. Immer *knapper werdende Haushaltsmittel* auf allen Ebenen verhindern zunehmend eine Steuerung mittels finanzieller Anreize. Dies läßt auch die Koordination der handelnden Ebenen untereinander sowie hierarchische Durchgriffe im Zuge steigender Informations- und Kontrollkosten weiter ineffektiver werden. Hier müssen in Zukunft andere Mittel die wechselseitige Koordinierung kommunaler und regionaler Strategien ermöglichen.[57]
4. Der *Einsatz dieser Instrumente* erfolgt(e) in der Regel zu *undifferenziert*. So wurden in den 80er Jahren teilweise bis zu 60% der Staatsfläche und eine Unzahl von Schwerpunktorten zugleich gefördert, was den regionalen Lenkungseffekt drastisch abschwächte. Hier wäre es sicherlich effektiver gewesen - von der Effizienz ganz zu schweigen - weniger Räume, dafür gezielt, zu fördern. Darüber hinaus wurde beispielsweise die Förderwürdigkeit von Unternehmen nicht ausreichend geprüft, so daß häufig `nur´ verlängerte Werkbänke, mit niedrigen Arbeitsplatzanforderungen und geringer Zukunftsfähigkeit, in zu entwickelnde Gebiete gezogen wurden.[58]

Daraus folgte, daß die in der Vergangenheit meist zu beobachtende Beschränkung auf reine Anreizpolitik ihre Lenkungswirkung nur sehr ungenügend unter Beweis stellen konnte.

Informationsinstrumente haben grundsätzlich geringe Durchschlagskraft. Zudem bleiben sie meist ungehört, da einzelne fachpolitischen Maßnahmen, wie vorn gezeigt, wesentlich intensiver diskutiert und damit in der Öffentlichkeit deutlicher wahrgenommen werden. So erweisen sie sich bislang höchstens als flankierende Maßnahmen geeignet.

Dem stehen, was die Zielerreichung angeht, die Zwangsmaßnahmen gegenüber. Entsprechend ihrem Charakter treffen sie direkt ins gewünschte Ziel. Allerdings ist ihr Einsatz im marktwirtschaftlich-demokratischen Staat sehr kritisch zu sehen. Einmal da sie häufig rechtliche Auseinandersetzungen nach sich ziehen, die lange andauern und damit Planungen zeitlich weit nach hinten versetzen können oder gar ganz zum Stillstand bringen können. Zum anderen entsprechen sie einer `Negativplanung´, das heißt es kann lediglich bestimmtes Handeln privater und öffentlicher Planträger verhindert, nicht jedoch intendiert werden. Zwangsmaßnahmen fehlt somit jegliche positiv-gestalterische Kraft. Zudem ziehen solche Maßnahmen hohe Informations- und Kontrollkosten nach sich.

All diese Gründe führen zum Urteil, daß die Raumordnung derzeit ihre Ziele nur unzureichend durchsetzen kann. Will die Raumordnung nun aber ihre untergeordnete Rolle verändern, um ihrem eigenen Selbstverständnis zu entsprechen, ist sie zwar nicht unbedingt auf neue Instrumente angewiesen, muß aber ihr bestehendes Instrumentarium zielführender einsetzen.[59] Berücksichtigt man, daß es sinnlos sein dürfte Planungsziele und Werte gegen

---

[57] Vgl. HUEBNER, M.: Moderation als Instrument der Kontextsteuerung im Prozeß einer kooperativen Regionalplanung. In: BfLR: RuR, H.4+5/97, Bonn 1997, S.279

[58] vgl. KLAUS, J.; SCHLEICHER, H.: Kritik und Reformkonzepte zur Regional- und Raumordnungspolitik in der Bundesrepublik Deutschland. In: WISU, H.12/80, Düsseldorf 1980, S.153

[59] Ähnlich argumentiert auch ZALAD, K.: Von der Raumplanung zum Raummanagement? In: ORL (Hrsg.): Planungssysteme - Planungskonzepte, wie weiter? ORL-Bericht 101/1996, Zürich 1996, S.90, der jedoch verstärkt für neue Instrumente plädiert.

ökonomische Interessen durchsetzen zu wollen, so wäre das bestehende Instrumentarium - abgesehen von den eher gering erscheinenden, aufgezeigten Mängel - insgesamt sicherlich ausreichend um die raumordnungspolitischen Vorstellungen zu erreichen. Jedoch nur dann, wenn die Instrumente der einzelnen fachpolitischen Bereiche auf gemeinsame Oberziele hin ausgerichtet werden könnten. Hier fehlt aber, wie oben gezeigt, das Bewußtsein und damit das Interesse der Öffentlichkeit und damit wiederum der Politik, die Felder der Raumplanung prioritär zu behandeln und breiten Konsens über entsprechende Ziele zu erreichen.

3.3 Mangelnde Effektivitäts- und Effizienzkontrolle

Steigt beispielsweise durch die Zunahme der Bevölkerung, deren regionale Konzentration und durch die damit verbundenen Raumansprüche auch die Raumbelastungen, so wachsen zeitgleich auch die finanziellen Forderungen und Notwendigkeiten[60] um den veränderten Bedingungen entsprechen zu können. Da aber gerade diese Veränderungen auch eine überproportionale Beanspruchung der öffentlichen Kassen allgemein nach sich ziehen, wird der Spielraum - hier nur rein monetär gesehen - zusätzlich geringer. Die Bedeutung der Effizienz und der Effektivität erfährt somit eine deutliche Aufwertung. Solange zur Bewertung der raumordnerischen Ergebnisse jedoch alleine zählt, ob die im Rahmen der verabschiedeten Pläne bereitgestellten Finanzmittel nachgefragt wurden[61], können niemals eindeutige Aussagen über den Erfolg von Programmen getroffen werden. Daß die abgerufene Mittel als Erfolgsindikator kein ausreichendes Controlling-Instrument darstellen, dürfte offensichtlich sein, können doch auf diese Weise Mitnahmeeffekte und damit Ineffizienzen nicht separiert werden. Auch ist darin keinerlei Umsteuerungspotential mehr beinhaltet, da die Mittel erst nach ihrer Verausgabung erfaßt und somit nur einem `ex-post´-Kontrolle gegeben ist.

Die Frage der Effizienz von Maßnahmen schließt die nach den Lasten- und Vorteilsempfängern ebenso ein. Dies läßt sich mit dem bestehenden Instrumentarium nur äußerst ungenau erfassen. Insbesondere dort, wo Einflußräume Landes- oder gar Staatsgrenzen überschreiten[62], ist dies beinahe unmöglich.

4. Zusammenfassende Bewertung der Zielerreichung aus ökonomischer Perspektive

Die bis hierher aufgezeigten institutionellen Unzulänglichkeiten der Raumplanung haben ihren Ursprung zu einem großen Teil sowohl in der Objekt- als auch der Subjektebene der Raumplanung. In der Folge ist eine mit solchen Mängel behaftete gesellschaftliche Raumnutzung in einem marktwirtschaftlichen System nicht geeignet, die Teilräume wie den Gesamtraum im Sinne gesamtwirtschaftlicher Produktivität bestmöglich zu nutzen. Dies gilt um so mehr, sieht man den Produktivitätsbegriff nicht nur in seiner rein ökonomischen Dimension, sondern schließt den „persönlichen Freiheitsraum des Menschen“, seine

---

60 Zu einer übersichtlichen Darstellung unterschiedlicher Faktoren und Erklärungsansätze für steigende finanzielle Anforderungen an staatliche Budgets vgl. RECKTENWALD, H.C.: Umfang und Struktur der öffentlichen Ausgaben. In: Handbuch der Finanzwissenschaft, 3. Aufl., 1981, S.722-735

61 vgl. STURM, R.: Erfahrungen mit Modellen regionaler Wirtschaftsentwicklung und -förderung. In: Friedrich-Alexander-Universität Erlangen-Nürnberg (Hrsg.): Uni-Kurier, Erlangen 1996, S.27

62 vgl. ZALAD, K.: Von der Raumplanung zum Raummanagement? In: ORL (Hrsg.): Planungssysteme - Planungskonzepte, wie weiter? ORL-Bericht 101/1996, Zürich 1996, S.88

naturräumliche Umgebung, den Erhalt der sozialen Ordnung und die allgemeine Sicherung der materiellen Existenz mit ein.[63] Betrachtet man räumliche Sachverhalte unter diesem geweiteten Blickwinkel, so liegen die Probleme nicht nur auf der instrumentellen, institutionellen, organisatorischen und personellen Ebene. Vielmehr zeichnen sich räumliche Entwicklungsprozesse in industriellen Gesellschaften durch eine erhebliche Eigendynamik aus, die kaum von außen steuerbar erscheint. Da die vorzufindende Raumstruktur aus dem herrschenden System resultiert, ist sie konsequenterweise auch nur mit diesem veränderbar.[64]

Abb.26: Objekt- und Subjektebene in der Raumplanung - Spannungsverhältnis und Versagensursache

Objektebene	**Subjektebene**	**Konkrete Ausprägung**
Planungssysteme	Es wurde ein unflexibles Planungssystem erarbeitet, dessen Output die intendierten Wirkungen nicht mehr erzielt.	• Planung wird zum Selbstzweck und zum Selbstläufer • Abkopplung der Planung vom politischen System • Ergebnisse werden zu spät erzielt und sind nicht mehr von Interesse • Komplexität des Planungssystems wird nicht mehr umgesetzt • Planungsergebnisse erreichen die Öffentlichkeit nicht mehr • etc.
Planungskonzepte	Es wurde ein unrealistisches Planungskonzept erarbeitet, das zu falschen Lösungen führt.	• Zusammenfassen der Fachpläne zu einem unabgestimmten Gesamtplan • Planung wird zu einem unrealistischen `Wunschzettel' • Unkoordinierter Instrumenten-mix • etc.
Umsetzung	Der Planer fällt in ungünstige Verhaltensmuster zurück.	• Festhalten an Bewährtem • Abhängigkeiten und Starrheiten werden geschaffen • Scheinsicherheiten werden aufgebaut • Es werden nur noch Routinen abgewickelt • etc.

Quelle: Eigene Darstellung nach: SCHMIDT, U.: Vom Umgang mit Planungssystemen und Planungskonzepten. In: ORL (Hrsg.): Planungssyteme - Planungskonzepte, wie weiter? ORL-Bericht 101/1996, Zürich 1996, S.113f.

Die folgenden Teilkapitel bewerten die mangelnde Zielerreichung der Raumplanung unter ökonomischen und ökologischen Gesichtspunkten. Dabei sollen die aufgezeigten Begründungen nicht nochmals genannt, sondern unter allokativem, distributivem, stabilitätsorientiertem und ökologischem Blickwinkel klassifiziert werden.

---

63 vgl. STORBECK, D.: Gesellschaft und Raum. In: ARL (Hrsg.): Grundriß der Raumordnung, Hannover 1982, S.10

64 vgl. ZALAD, K.: Von der Raumplanung zum Raummanagement? In: ORL (Hrsg.): Planungssysteme - Planungskonzepte, wie weiter? ORL-Bericht 101/1996, Zürich 1996, S.83

4.1 Allokative Wirksamkeit

Blickt man aus einer marktorientierten Perspektive auf die gegenwärtige Raumordnung und Raumplanung, so muß man den aktuellen Einfluß des Staates in der Regional- und Raumordnungspolitik als zu groß kritisieren. Denn die „Bildung und Änderung räumlicher Strukturen wird nicht konsequent genug den Selbststeuerungskräften des Marktes überlassen". Hier wie so oft, treffen Ausgleichs- und Wachstumsziel widerstreitend aufeinander. Eingriffe der Verteilung sollten immer dann unterbleiben, wenn sie die Erreichung des allgemeinen Wachstumsziels behindern und damit langfristig negative Nettoeffekte nach sich ziehen. Folgerichtig sollten Regional- und Raumordnungspolitik besser ausgleichende Marktkräfte unterstützen, als mittels kurzfristiger Eingriffe Verteilungspolitik zu betreiben, denn mittel- und längerfristig wird dadurch nur die Funktionsweise des Gesamtsystems gefährdet. Dies, zumal staatliche Stellen eine optimale Faktorallokation weder bestimmen noch durchzusetzen vermögen und somit allenfalls die Mobilität der Produktionsfaktoren (weiter) einschränken und in falsche Entwicklungsrichtungen drängen könnten.[65]

Da die Raumordnung die gewinn- beziehungsweise nutzenorientierte Standortwahl privater Unternehmen und Individuen nur sehr begrenzt beeinflussen oder gar vorschreiben kann, kam es in der Vergangenheit im Bundesgebiet zu folgenden - nicht immer intendierten - Trends: die siedlungs- und wirtschaftsräumliche Entwicklung im Bundesgebiet ist in zunehmendem Maße durch Dekonzentration auf der überregionalen Ebene, Dispersion innerhalb der siedlungsstrukturellen Gebietstypen und Polarisierung in den Agglomerationen gekennzeichnet. Zentren der wirtschaftlichen Entwicklung sind nach wie vor die Verdichtungsräume mit ihrem Umland.[66] Ganz wesentlich für die Raumordnung ist auch, daß nicht nur die Verflechtungen zwischen Ballungszentren und ihrem Umland sondern auch der benachbarten Ballungsräume in der Vergangenheit deutlich zugenommen haben. So zeichnen sich beispielsweise Arbeitsmärkte heute durch wesentlich größere Einzugsbereiche aus als noch vor Jahren, wie Pendelstatistiken eindrucksvoll belegen. Und zugleich haben auch die Güter- und Dienstleistungsmärkte deutlich gestiegene Größen. Dies alles deutet auf die Ausweitung der Aktionsräume und eine zunehmende räumliche sowie funktionale Arbeitsteilung hin - Ergebnisse, die unter raumordnerischen Gesichtpunkten nicht in allen Fällen angestrebt und in der Vergangenheit teilweise aufwendig bekämpft wurden.

Auch die Abstimmung des öffentlichen Angebots auf die individuellen und kollektiven Präferenzen bietet Anlaß zur kritischen Begutachtung[67]. Denn die Allokation ist dahingehend gestört, daß aufgrund der zeitlichen Verzögerungen, die der öffentliche Sektor in der Regel in der allgemeinen, speziell jedoch in der ökonomischen Entwicklung, aufweist, dazu führt, daß einmal das Nachhinken der Produktivität und zum anderen auch die technologischen Weiter-

---

65 vgl. KLAUS, J.; SCHLEICHER, H.: Kritik und Reformkonzepte zur Regional- und Raumordnungspolitik in der Bundesrepublik Deutschland. In: WISU, H.12/80, Düsseldorf 1980, S.153f.

66 vgl. HESSE, M.: Nachhaltige Raumentwicklung. In: BfLR (Hrsg.): RuR, H.2+3/96, Bonn 1996, S.104, der sich unter anderem auf IRMEN, E.; BLACH, A.: Räumlicher Strukturwandel - Konzentration, Dekonzentration, Dispersion. In: BfLR (Hrsg.): Information zur Raumentwicklung, H.7+8/94, Bonn 1994, S.445-464 bezieht.

67 Zur Auswahl der allokativen Kriterien, die hier im folgenden herangezogen wurden vgl. GRÜSKE, K.-D.: Öffentliche Ausgaben - Hauptstudium Finanzwissenschaft. Skript, Nürnberg 1995, Abb.33. Das Kriterium der fiskalische Äquivalenz, d.h. der Übereinstimmung regionaler Nutzen-Kosten-Radien, wurde nicht berücksichtigt, da es in der Raumordnung nicht immer erfüllt sein kann. Insbesondere dann, wenn es um distributive Ziele geht.

entwicklungen im Marktsektor zu stark ansteigender Nachfrage nach komplementären öffentlichen Angeboten führt.[68] Ergebnis dieser Entwicklung ist, daß die räumlichen Planungen nicht gestalterisch auf für die bestmögliche gesellschaftliche Zukunft notwendigen Ziele hin wirkt, sondern im Sinne einer Nachvollzugsplanung (vgl. Kapitel III 1.2.3) lediglich Engpässe beseitigt, die durch bereits getroffene private Entscheidungen entstanden sind.

Solange sich raumordnerische und raumplanerische Maßnahmen auf Landes-, Regional- oder auch kommunaler Ebene abspielen, wird sicherlich durch die Konkurrenz der Gebietskörperschaften die Innovationsfähigkeit im öffentlichen Sektor gefördert. Wenn diese Konkurrenzsituation jedoch auf einen Subventionswettbewerb hinaus läuft, um Unternehmen an Standorte zu locken, werden die Effizienzgewinne (Mitnahmeeffekte siehe vorn) drastisch gemindert.

Daß es aus produktionstechnischen Erwägungen (`economies of scale´) an vielen Stellen sinnvoll ist, daß staatliche Stellen mit der Erreichung raumordnerische Ziele beauftragt sind, ist aufgrund der öffentlichen Güter-Problematik (`Teilbarkeit´, `Nicht-Rivalität des Konsums´) klar. Dezentrale und individuelle Lösungen sind hier vielfach nicht möglich und falls doch, wären diese oftmals mit deutlich höherem Ressourceneinsatz verbunden.
Darauf, daß in der Raumordnung, wie bei allen anderen staatlichen Aktivitäten, sowohl Q- (bei überhöhter Produktion öffentlicher Güter übersteigen die Grenzkosten die Grenznutzen) als auch R-Ineffizienzen[69] (überhöhte Kosten bei der Erstellung öffentlicher Güter) entstehen können, sei an dieser Stelle lediglich der Vollständigkeit wegen hingewiesen.

4.2 Distributive Ungleichgewichte im Raum

Bislang läßt sich kaum feststellen, daß durch den langjährigen Einsatz des traditionellen Förderinstrumentariums die Raumordnung regionale Entwicklungsunterschiede verringern konnte.[70] Betrachtet man die letzten Jahrzehnte der raumstrukturellen Entwicklung, so ist weder klein- noch großräumig eine Annäherung an das Wunschbild `gleichwertiger Teilräume mit hierarchischer Gliederung bei gleichzeitiger Funktionsvielfalt´, erfolgt. Ebensowenig entspricht die Entwicklung dem Leitbild der dezentralen Konzentration und genauso wenig konnte die Einkommensentwicklung grundsätzlich angeglichen werden.[71]

Nach wie vor ist in ökonomischer Hinsicht das traditionelle Süd-Nord-Gefälle - zwischen tendenziell `reichen´ und `armen´ Regionen der alten Länder - und seit der Wiedervereinigung zusätzlich des West-Ost-Gefälle - zwischen den `alten´ und `neuen´ Bundesländern - augenscheinlich. Da zeitgleich auch die internationale raum-funktionale Arbeitsteilung zunahm (und noch weiter zunimmt), ist eine Annäherung an das Ziel der `Gleichwertigkeit der Lebensbedingungen´ in ökonomischer Sicht auf absehbare Zeit nicht zu erwarten. Dieser Konzentrationsprozeß wird durch weitere Tendenzen unterstützt: So verbinden sich in den

---

[68] vgl. RECKTENWALD, H.C.: Umfang und Struktur der öffentlichen Ausgaben. In: Handbuch der Finanzwissenschaft, 3. Aufl., 1981, S.727

[69] vgl. Recktenwald, H.C.: Lexikon der Staats- und Geldwirtschaft. München. 1983, S.268

[70] vgl. STURM, R.: Erfahrungen mit Modellen regionaler Wirtschaftsentwicklung und -förderung. In: Friedrich-Alexander-Universität Erlangen-Nürnberg (Hrsg.): Uni-Kurier, Erlangen 1996, S.27

[71] vgl. ZALAD, K.: Von der Raumplanung zum Raummanagement? In: ORL (Hrsg.): Planungssysteme - Planungskonzepte, wie weiter? ORL-Bericht 101/1996, Zürich 1996, S.83

peripheren Regionen oftmals Strukturschwächen und die Abhängigkeit vom primären sowie vom altindustriell geprägtem sekundären Sektor zu „strukturellen Funktionsschwächen“[72], bei gleichzeitig anhaltendem Trend zur weiteren Spezialisierung und Arbeitsteilung in den optimal erschlossenen Agglomerationen. Die Integration des europäischen Güter- und Dienstleistungsmarktes gibt hierzu ergänzende Impulse.[73]
Obwohl im gleichen Zeitrum die Mobilität der Bevölkerung durch die massenweise Verbreitung des Automobils eine „Verdünnung der Konzentration“ ermöglichte, resultierte daraus lediglich eine „zentrale Dekonzentration“, das heißt eine Verteilung der Bevölkerung in einem größeren Radius um die Ballungszentren, nicht jedoch eine gleichmäßigere Nutzung des Gesamtraums.

Auch die auf internationaler Ebene betriebene Ausgleichspolitik (EU-Regionalpolitik) in Form von Zuschüssen, stellen weniger einen ernsthaften Versuch zum Disparitätenabbau dar, sondern sichert die Zustimmung tendenziell davon benachteiligter Regionen zum europäischen Integrationsprozeß.[74]

4.3 Stabilität regionaler Entwicklungen

In den vergangenen Jahrzehnten verfolgte die Politik im wesentlichen eine Modernisierungsstrategie, die überwiegend auf eine verbesserte internationale Konkurrenzfähigkeit der Wirtschaft abzielte. Zu deren Gunsten wurden dabei die qualitativen und qualitativen Arbeits- und Lebensbedingungen der Bevölkerung teilweise in den Hintergrund gedrängt. Gefördert wurde phasenweise alles, was die freie Standortwahl der Unternehmen dahingehend beeinflußte, daß sich Unternehmen schnell und unkompliziert ansiedeln konnten. Heute steht man vor der grundsätzlichen Frage, ob die wirtschaftliche Entwicklung mit ihren teilräumlichen Auswirkungen weiterhin nur in Richtung Kapitalrentabilität beeinflußt werden kann beziehungsweise soll.

Aus der Perspektive einer gestalterischen, räumlich orientierten Strukturpolitik wird Kritik daran geübt, daß aufgrund fehlender selektiver Fördermaßnahmen innovative Prozesse nicht ausreichend unterstützt wurden. Die globalen regionalpolitischen Förderprogramme hätten gerade die Branchen und Unternehmen bevorzugt, deren zukünftige Entwicklungschancen eher skeptisch beurteilt werden und damit eine negative Auswahl getroffen. Die konzeptionelle Kritik setzt dementsprechend dort an, wo Förderstrategien den tatsächlichen Engpaß - das Angebot an Humankapital sowie der Zugriff auf wirtschaftliche und technologische Informationen - eines dauerhaften, sich selbst tragenden Wachstums der Fördergebiete, nicht treffen. Die traditionell ansiedlungsorientierte Raumordnungs- und Regionalpolitik trug diesen Entwicklungen nicht Rechnung.[75] Ob sie je einen wesentlichen Beitrag zur wirtschaftlichen Stabilität beigetragen hat, ist angesichts der immer wieder auftretenden Krisen nicht sicher zu sagen.

---

72 vgl. HESSE, M.: Nachhaltige Raumentwicklung. In: BfLR (Hrsg.): RuR, H.2+3/96, Bonn 1996, S.104f.

73 vgl. GROEBEN, H. v. d.: Die Europäische Gemeinschaft und die Herausforderungen unserer Zeit. Baden-Baden 1987, S.19

74 Vgl. ZALAD, K.: Von der Raumplanung zum Raummanagement? In: ORL (Hrsg.): Planungssysteme - Planungskonzepte, wie weiter? ORL-Bericht 101/1996, Zürich 1996, S.85

75 vgl. KLAUS, J.; SCHLEICHER, H.: Kritik und Reformkonzepte zur Regional- und Raumordnungspolitik in der Bundesrepublik Deutschland. In: WISU, H.12/80, Düsseldorf 1980, S.154

Nicht nur die wirtschaftliche Stabilität, auch die ökologische Stabilität steht im Fokus des Interesses. Die gegenwärtige Raumentwicklung kann ihre ökologischen Ziele sicherlich nicht ausreichend erfüllen, so ist eine langfristig stabile Entwicklung von Räumen bei anhaltendem, zum Teil sogar wachsendem Nutzungsdruck auf die Flächenressourcen - insbesondere in Stadt- und Verdichtungsräumen - nicht zu verzeichnen. Die weitere Versiegelung von Flächen, die dem Naturhaushalt entzogen werden, ist eher zu erwarten.
Disparate Entwicklungen sind insbesondere auch zwischen den `Gewinner´- und `Verlierer´-Regionen zu verzeichnen. Während erstere - Ballungsräume und deren Umland - Übernutzungserscheinungen der ökologischen Komponenten und Wachstums- und Verdichtungsprobleme zu ihren Hauptproblemen zählen, sind die `Verlierer´-Regionen durch Strukturschwächen, Substanz- und Funktionsverlusten in ihrer meist ländlichen Umgebung, gekennzeichnet.[76]

4.4 Ökologisch-ökonomische Bedeutung der Maßnahmen

Parallel zur Verschiebung der Gewichte innerhalb des raumordnungspolitischen Zielsystems (vgl. Kapitel II 1.1.2) zeichnet sich eine entsprechende Variation der Maßnahmenschwerpunkte und damit der zugehörigen Ausgabeströmen ab. Diese säkularen Ausgabentrends werden in Entwicklungs- und Stufentheorien[77] sehr eindrucksvoll dargestellt. Allen gemeinsam ist dabei eine sich mit dem Zeit- und Entwicklungsverlauf ändernde Struktur der staatlichen Aufgaben und der zugehörigen finanziellen Aufwendungen.
Beginnend mit hohen Erschließungsinvestitionen in die Infrastruktur als Voraussetzung zur Erreichung des Wachstumsziels, über eher „produktivitätssteigernde und bedarfsorientierte Ergänzungs- und Ausrüstungsinvestitionen“ (also induzierte Anpassungen) bis zum Aufbau eines konsumtiv orientierten Kapitalstocks in der Folge des zunehmenden gesellschaftlichen Wohlstands in der „Reifephase“ der Gesellschaft, tritt heute verstärkt die Nachfrage nach superioren Kollektivgütern, wie einer möglichst hohen Umweltqualität, ins Zentrum der Aufmerksamkeit. In der Raumordnungspolitik werden dazu vermehrt Maßnahmen, die dem Erhalt beziehungsweise der Verbesserung der Umwelt sowie des Freizeit- und Erholungswertes der Raums dienen, ergriffen.

Trotz des gestiegenen Gewichts ökologischer Belange im Zielsystem der Raumordnung und Raumplanung, wird bei Zielkonflikten in der Regel nach wie vor ökonomischen Interessen Vorrang eingeräumt. Zum einen aufgrund der niedrigeren Reaktionsschwellen von Öffentlichkeit und Politikern bei wirtschaftlichen Problemen und zum anderen aufgrund der leichter erreichbaren und schneller spürbaren Ergebnisse der Maßnahmen in diesem Politikfeld. Trotz dieses Umstands muß und wird die Ökologie in Zukunft weiter in den Vordergrund rücken, lassen sich die negativen Folgen ihrer Vernachlässigung doch immer weniger übersehen und werden diese für die Bevölkerung immer merklicher.

---

76 vgl. HESSE, M.: Nachhaltige Raumentwicklung. In: BfLR (Hrsg.): RuR, H.2+3/96, Bonn 1996, S.105

77 Zu diesem Themenkomplex vgl. RECKTENWALD, H.C.: Umfang und Struktur der öffentlichen Ausgaben. In: Handbuch der Finanzwissenschaft, 3. Aufl., 1981, S.739ff.

Viertes Kapitel

Grundlegendes Problem: (Selbst-)Verständnis der Raumplanung

„Die klärende Antwort auf die Frage, um was es bei der Raumplanung wirklich - im innersten Kern, dort wo die Ethik ihren Sitz hat - geht, lassen intellektualisierende Wissenschaftler der Raumplanung gerne offen. ... Weil nun aber die Antwort auf die Frage, was die Raumplanung tun und leisten soll, irgendwie umgangen wird, stößt die Lehre von der Raumplanung letztlich nicht zum gebotenen Selbstverständnis und damit zum Kernanliegen vor."[1]

Es ist sicherlich richtig, wenn vielfach die Schnittstelle `Planung - Gesellschaft´ als wesentlicher kritischer Punkt im Umgang mit Planungssystemen und -konzepten gesehen wird und nicht allein deren fachliche Mängel. In diesem Sinne äußert sich beispielsweise SCHNEIDER[2], wenn er feststellt, daß der Wirkungsverlust der räumlichen Planung weniger ein fachliches Problem, als vielmehr der „Verlust an Relevanz innerhalb des gesellschaftspolitischen Systems" sei.

Diese Sicht der Dinge greift jedoch zu kurz. Sicherlich ist das eingeschränkte Verständnis und damit die zu geringe Akzeptanz seitens Öffentlichkeit und Politik für dieses Handlungsfeld zentraler Kritikpunkt, aber nicht nur das raumordnungspolitische Verständnis `Planungsexterner´ krankt. Auch das unklare Selbstverständnis und damit auch die zurückgenommenen eigenen Ansprüche - an das Umfeld, aber insbesondere auch an die Raumordnung selbst! - ermöglichte zu einem gewissen Teil die abnehmende Bedeutung dieses im Kern hochpolitischen und zukunftsbedeutenden Bereichs.
Denn zieht man die selbst verlautbarten Ansprüche an zu erstellende Planungskonzepte[3], als Strategieentwürfe, die „unter Hervorhebung bestimmter Aspekte und im Hinblick auf konkrete Probleme entwickelt und diskutiert werden" und „die - wenn auch mitunter theoriegeleitet - praxisorientiert und als Verbesserungsvorschläge gegenüber der politischen und administrativen Wirklichkeit gedacht" sind, heran, so tritt die Lücke zwischen Anspruch und Wirklichkeit deutlich zu Tage.

Die sich darüber hinaus „umbruchartig" verändernde Rolle der Raumordnung und Raumplanung erfordert deren Anpassung innerhalb des politisch-gesellschaftlichen Systems. Nach Meinung von SCHNEIDER dürfte dies zur Überwindung der bestehenden Probleme von deutlich größerer Bedeutung sein als ihre Binnenoptimierung. Eine Meinung, die lediglich aus planungstheoretischer Sicht geteilt werden kann. Denn abgesehen von der außerordentlichen Planung bestimmter Projekte, läuft die routinemäßige Planung nach wie vor mit all den in Kapitel III genannten Schwachpunkten ab. Einer der Gründe, warum sich der Einfluß von Planungssystemen und planerischer Kozepte auf die reale Raumentwicklung in den letzten knapp drei Jahrzehnten verringert hat, obgleich sich die Qualität der Planung tendenziell

1 LENDI, M.: Ethik der Raumplanung. In: BfLR (Hrsg.): RuR, H.5/91, Bonn 1991, S.293

2 vgl. SCHNEIDER, A.: Schwierigkeiten der Raumplanung - Nur ein Versagen von Planungssystemen und -konzepten? In: ORL (Hrsg.): Planungssysteme - Planungskonzepte, wie weiter? ORL-Bericht 101/1996, Zürich 1996, S.101

3 Vgl. STORBECK, D.: Gesellschaft und Raum. In: ARL (Hrsg.): Grundriß der Raumordnung, Hannover 1982, S. 227, der noch auf den grundsätzlichen Unterschied zwischen Konzepten, die ein gesamtes Staatsgebiet betreffen und solchen, die sich lediglich auf Regionen beziehen, hinweist. Wichtig aber ist letztlich nur, daß jedes Konzept neben dem Strategieentwurf immer auch die Maßnahmenebene enthält.

verbessert hat.[4] Ein moderner, gestaltungs- und handlungsorientierter Ansatz und dessen konsequenter Einsatz ist dabei nach wie vor nicht in Sicht. Aus diesem Grund sollen nun die Grundlagen effektiver Planungen skizziert werden.

Einordnung des Kapitels in den Gesamtzusammenhang

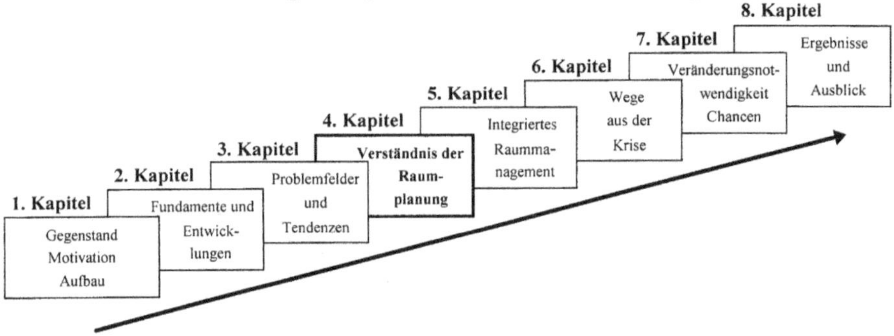

Quelle: Eigene Darstellung

1. Planungsansatz - Grundlage einer effektiven Raumplanung

Charakterisiert man Planung als Gesamtheit der Überlegungen und Verfahrensabläufe, die dazu dienen, Handlungsschemata festzulegen, bei denen „Mittel im Hinblick auf einen bestimmten Zweck ausgewählt, geordnet und eingesetzt werden"[5], so lassen sich die folgenden - die Planung konstituierenden - Phasen im Rahmen eines derartigen raumordnerischen Gesamtprozesses (vgl. Abb.27) festlegen:

Ausgangspunkt jeglicher räumlicher Planung ist eine Problemlage in der Lebensumwelt. Im Zuge gesellschaftlicher Prozesse muß bestimmt werden, ob ein Eingreifen möglich und erfolgversprechend ist, oder ob es sich um ein nicht dauerhaftes Phänomen handelt, das kein weiteres Handeln erfordert ('Nulloption'). In dieser Phase sind nicht nur Parlamente, Parteien und Verwaltung gefragt, sondern auch die breite Öffentlichkeit.

Fällt die Entscheidung zugunsten eines Eingriffs, so schließt die Wahl einer geeigneten Planungsart (vgl. Kapitel IV 1.2) an. Das bedeutet, es wird eine Entscheidung darüber gefällt, ob die räumliche Situation aufgrund ihres Komplexitätsgrades nur eine hoch differenzierte, umfassende angelegte Planung erlaubt oder ob das zu lösende Problem in keine größeren Zusammenhänge eingebunden ist. Letzteres würde die Entscheidung für eine Teilplanung nahelegen.

---

4 vgl. SCHNEIDER, A.: Schwierigkeiten der Raumplanung - Nur ein Versagen von Planungssystemen und -konzepten? In: ORL (Hrsg.): Planungssysteme - Planungskonzepte, wie weiter? ORL-Bericht 101/1996, Zürich 1996, S.101f.

5 Zur Diskussion der Planung in verschiedenen Politikmodellen LÖFFLER, H.: Infrastrukturplanung. In: Europäische Hochschulschriften, Reihe V, Bd.81, Bern 1974, S.2ff. Wesentlich enger faßt SCHNEIDER den Planungsbegriff, wenn er ihn auf die „Vorbereitung von Entscheidungen durch umfassende Information über mögliche Zieldimensionen und durch kritische Analysen der lageabhängigen Handlungsmöglichkeiten" eingegrenzt. Vgl. SCHNEIDER, H.K.: Planung und Modell. In: Zur Theorie der allgemeinen und der regionalen Planung, Bielefeld 1969, S.42

Abb.27: Rahmen raumordnungspolitischer Planungen

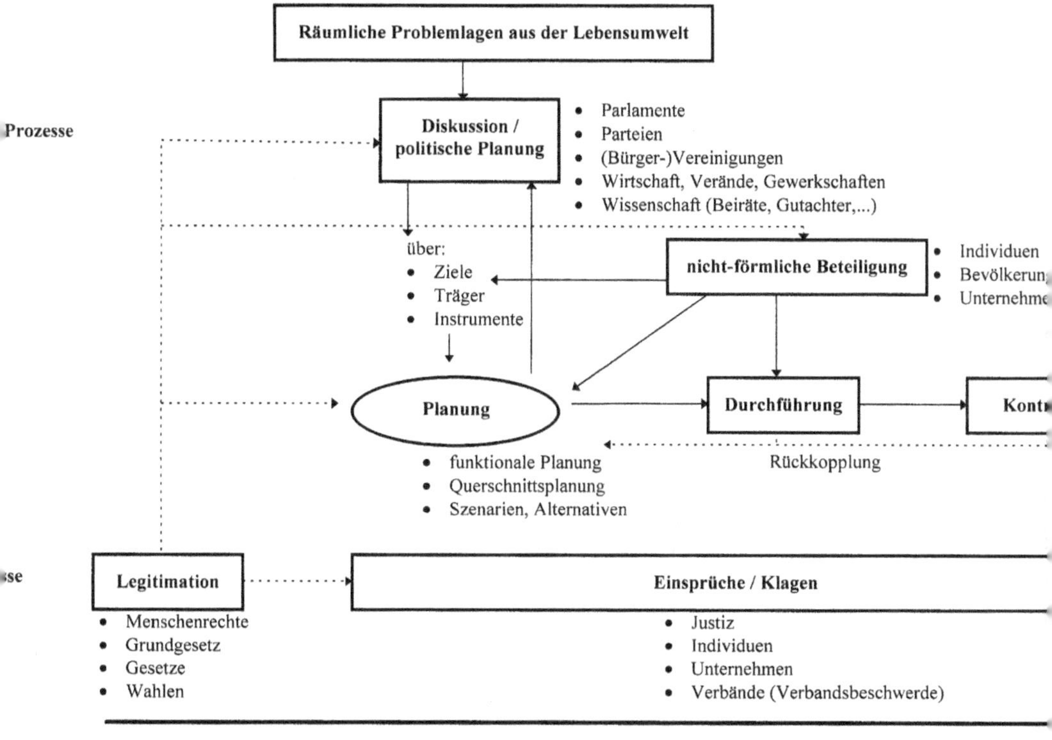

Darstellung

Sind dann Ziele, Träger und zur Verfügung stehende Instrumente festgelegt, kann die eigentliche Planung i.e.S. beginnen. Unter förmlicher wie nicht-förmlicher Beteiligung verschiedener Interessenträger erfolgt sowohl eine funktionale Planung als auch eine die Funktionsbereiche übergreifende Querschnittsplanung, die jeweils die Alternativensuche mittels Szenarienbildung einschließt. Sind Konzepte zur Zielerreichung beschlossen, können diese umgesetzt werden. In dieser Phase beginnt (dies wird in Kapitel V noch deutlicher) bereits die Kontrolle der Zielerreichung.
Die einzelnen Verfahrensschritte lassen sich jedoch nur analytisch so klar voneinander trennen, in der Realität sind iterative, teils simultane Verknüpfungen erforderlich.[6] Dazu wird das Erreichen von Teilzielen überprüft und Abweichungen vom `Soll´ in den Planungsprozeß rückgemeldet, um eine Neuabstimmung der Maßnahmen oder gar ein Überdenken der angestrebten Ziele zu ermöglichen.

Der gesamte Planungsprozeß wird von einer rechtlichen Seite begleitet. Nicht nur daß die Entscheider und Planträger sich in jedem Stadium an geltendes Recht halten müssen, der Planungs- und Realisationsprozeß muß auch immer offen für eine rechtliche Überprüfung von außen bleiben, damit dauerhaft gültige Planergebnisse erzielt werden können.

Ist der Planungsansatz solchermaßen festgelegt, muß bei der Aufstellung des Zielsystems und dessen Konkretisierung zwischen der Möglichkeit des `bottom up´- und des `top down´-Ansatzes unterschieden werden. Eine für die Raumordnung ganz wesentliche Frage.

1.1 `Top-down´- versus `Bottom-up´-Planung

Im retrograd angelegten `Top-down´-Planungsansatz verläuft der Planungsprozeß von oben nach unten, das heißt aus strategischen Absichten werden Ziele sukzessiv in konkrete Maßnahmen für nachgeordnete Ebenen abgeleitet. Der Vorteil dabei ist ein einheitliches, widerspruchsfreies Planungswerk mit hohem Konkretisierungsgrad (`Planung aus einem Guß´). Durch die mangelnde Beteiligung nachgeordneter Ebenen kommt es jedoch immer wieder zu Informationszurückhaltung durch diese Stellen, zu unrealistischen Planvorgaben und in der Folge zur Demotivation planrealisierender Stellen.
Demgegenüber steht der progressiv ausgerichtete `Bottom-up´-Planungsansatz, bei dem der Planungsprozeß von unten nach oben verläuft. Die Planerstellung, beginnend auf der untersten Ebene, verdichtet sich nach oben, bis sie zuletzt in strategische Ziele mündet. Dadurch werden auf den umsetzenden Ebenen die Ziele als realistisch angesehen und haben eine hohe Identifikation stiftende Wirkung. Solche Planungswerke sind jedoch meist konservativ angelegt, da dieser Prozeß leider oft zu einer reinen Planfortschreibung degeneriert. Zudem sind Konflikte zwischen den einzelnen Teilplänen praktisch vorprogrammiert, da Rahmenrichtlinien fehlen.
Den Versuch einer Synthese der beiden Verfahren und ihrer jeweiligen Schritte versucht die `Down-up´-Planung (`Gegenstromverfahren´). Hierbei werden Ziele und Pläne in (meist) mehrfachen Planungsrunden, das heißt in Vor- und Rückläufen durch die Hierarchien, entwickelt. Ausgehend von globalen Rahmenplänen werden in schrittweiser Präzisierung und Modifikation endgültige Soll-Vorgaben erarbeitet. Auf diese Weise können die Vorteile

[6] vgl. KLAUS, J.: Grundlegende Aspekte der Planungsrationalität und Planungsmethodik. In: KLAUS, J.: Entscheidungshilfen für die Infrastrukturplanung - Neuere Entwicklungen auf dem Gebiet der Analyse und Bewertung öffentlicher Projekte. Sonderdruck, Baden-Baden, o.J., S.16 i.V.m. KLAUS, J.: Stadtentwicklungspolitik. Bern 1977, S.26ff.

beider Ansätze verknüpft werden, was jedoch einen hohen Planungsaufwand zur Folge hat, der oftmals gescheut wird.[7]

Die Entscheidung, ob in der Raumordnung und Raumplanung `von unten nach oben´ oder besser von `von oben nach unten´ geplant werden soll, scheint bereits getroffen zu sein. So stellt das Gegenstromprinzip (vgl. Kapitel II 2.1) eine Verbindung beider grundsätzlichen Möglichkeiten dar.
Dieses `Treffen in der Mitte´ führt in der Planungsrealität bislang jedoch zu unbefriedigenden Ergebnissen. Und zwar nicht aus Gründen der generell falschen Anlage des Planungsprozesses, sondern vielmehr durch den teils inkonsequenten, teils undifferenzierten Einsatz dieses Ansatzes. Unkonkrete, teils problemferne und insbesondere allgemein formulierte Vorgaben übergeordneter Ebenen (im Sinne einer `Top-down´-Planung) bei gleichzeitig falscher Einschätzung der Potentiale und Ziele nachgelagerter Ebenen im Rahmen des föderal angelegten Planungsprozesses, führen zu einer nur formal erfolgenden Abstimmung. Im Sinne einer `Bottom-up´-Planung finden die nachgelagerten Ebenen die von ihnen `nach oben´ gemeldeten Vorstellungen in den allgemein formulierten Vorgaben durchaus wieder. Dieses vermeintliche Koordinieren und Abstimmen der unterschiedlichen Ziele führt dann zu trügerischen Konsensen, sind aber in Wirklichkeit nur ein `aneinander-vorbei-Planen´.

Will man nun einerseits der föderalen Struktur der Bundesrepublik gerecht werden und andererseits eine möglichst zielführende räumliche Ordnung erreichen, so sollten folgende Punkte erfüllt sein:
Unerwünschte Entwicklungen im räumlichen Umfeld sollten jeweils auf der räumlichen Einheit diskutiert werden, auf der sie bemerkt werden. Gleichzeitig sollten sie an die nächst höhere Ebene weiter gemeldet werden, um festzustellen, ob diese Problemlage nur innerhalb dieser Einheit auftritt, oder es sich um ein allgemeineres Problem handelt. Auf diese Weise könnte die bestmöglich geeignete Handlungsebene bestimmt und der Auftrag zur Problemlösung entsprechend des subsidiären Gedankens zugeordnet werden. Das heißt: Räumliche Fehlentwicklungen sollen auf der höchstnötigen und der niedrigstmöglichen Ebene ihrer Lösung zugeführt werden. Vorteile eines solchen Vorgehens wären Problemnähe, Entlastung übergeordneter Ebenen, Vermeidung vieler `kleiner´ Lösungsversuche innerhalb der betroffenen Teilregionen, umfassende Problemlösung, Erfüllung des Verbundprinzips (Entscheider, Nutzer und Zahler würden räumlich übereinstimmen) und damit verknüpft sowohl ein höherer Effizienzgrad beim Mitteleinsatz als auch eine vereinfachte Argumentation gegenüber den Bürgern. Nachteil eines solchen Vorgehens ist der erhöhte Aufwand in der Phase der hierarchischen Zuordnung des Lösungsauftrags, da für jede neu auftretende Problemlage dieser Prozeß wieder durchlaufen werden müßte. Dies wäre die `Bottom-up´-Komponente dieses Ansatzes. Ergänzt würde er durch eine `Top-down´-Komponente: Fallen Fehlentwicklungen zuerst auf übergeordneter Ebene auf, müßte geprüft werden, welche räumlichen Teileinheiten davon betroffen sind, um diese dann zu einer Aktionsgemeinschaft zusammenzuführen und dieser einen Handlungsauftrag zu erteilen. Ob auf der Trägerebene dann weitere Planungsbeteiligte hinzugezogen werden (Bürgerinitiativen, Verbände, etc.) oder in welcher Form man die Planung gestalten möchte (beispielsweise Netzwerke[8]) kann dann auf der jeweiligen Ebene eigenverantwortlich entschieden werden.

---

7 vgl. zu diesem Abschnitt beispielsweise KREIKEBAUM, H.: Strategische Unternehmensplanung. 2. Aufl., Stuttgart 1987, S.121ff. und PFOHL, H.-Ch.: Planung und Kontrolle. Stuttgart 1981, S.139ff.

8 Netzwerke, wie sie in Kapitel VI 1.2.3 noch näher erläutert werden, sollen beispielsweise, im Rahmen eines solchen `Bottom up´-Prozesses gebildet werden. Allenfalls wäre die Anregung zu einem Netzwerk von einer

Ergänzt man dieses System durch eine generelle Mitteilungspflicht über beschlossenen Maßnahmen an übergeordnete Ebenen, so könnte diese überprüfen, ob die Maßnahmen mit überregionalen Vorhaben vereinbar sind. Auf diese Weise könnten Fehlplanungen weitgehend verhindert und Antinomien verschiedener (Fach-)Planungen vermieden werden. Die Träger würden dann eigenständig über die einzusetzenden Maßnahmen (unter obengenanntem Abstimmungsvorbehalt) befinden.

Die Festlegung raumordnerischer Ziele sollte und muß - aus verfassungsrechtlichen Gründen - , von ihrer institutionellen Seite gesehen, unverändert bleiben. Wichtig wäre es jedoch, daß bei der konkreten Zielbestimmung folgendes beachtet würde:
Gemeinsam bestimmte Oberziele sollten nicht bereits auf der obersten hierarchischen Ebene kleingearbeitet werden. Der Konkretisierungsprozeß müßte `nach unten hin´ zunehmen. Dazu sollte weiche Zielformulierungen - wie sie heute so oft in Leitbildern und Programmen zu finden sind - vermieden werden, denn diese bergen lediglich die Gefahr, daß vermeintlicher Konsens über gemeinsame Ziele besteht und die Chance unterschiedliche Auffassungen konstruktiv zu diskutieren, verschenkt wird. Ergänzend werden sonst nur Informationsdefizite auf übergeordneten Ebenen überdeckt, Wissensbestände auf niedrigeren Ebenen nicht genutzt und somit Planungen gestartet, die notwendiger Grundlagen entbehren.
Ansonsten sollten Ziele - wie die Maßnahmen - auf der niedrigstmöglichen raumordnerischen Ebene in einem demokratischen Prozeß festgelegt werden.

Werden diese Anforderungen erfüllt, so fällt es wesentlich leichter, in der Bevölkerung für eine Raumordnung und Raumplanung zu argumentieren, Verständnis sowie Unterstützung für sie zu finden und damit dauerhaft tragfähige Lösungen zu generieren.

1.2 Planungskonzepte in der Diskussion

Bereits in den 60er und 70er Jahren fand eine intensive Diskussion über räumliche Gestaltungskonzepte statt, die von Vertretern ganz unterschiedlicher Werthaltungen und Weltanschauung betrieben wurde. Dabei traten drei zentrale Kriterien zur Beurteilung und Einordnung diskutierter Ansätze zu Tage (vgl. Abb.28):[9]

1. *Konzentration der Planungskompetenzen*: zieht man das Kriterium `vorherrschende Planträgerschaft´ heran, so gibt es zwei diametrale Alternativen. Eine `empfehlende´ räumliche Ordnungspolitik, die im Sinne einer liberalistischen Grundhaltung die Auffassung vertritt, daß sich die räumlichen Strukturen durch den Marktmechanismus und umfassende Information aller - privater wie öffentlicher - Planträger von alleine optimieren und darum lediglich Rahmendaten festgelegt werden sollten, um ungestörte Abläufe zu ermöglichen. Dem steht eine `befehlende´ Politik gegenüber, die eben diese Abläufe mittels

übergeordneten Instanz im Sinne eines „`Top down´-Prozesses vertretbar, wenn eine Initiative der nachgelagerten räumlichen Einheiten nicht von alleine zustande kommt. Aber auch hier sollte das Engagement nicht über eine `Assistenzfunktion´ hinausgehen, um die Freiwilligkeit der Teilnahme nicht zu gefährden. Vgl. KELLER, S.; STAMM, T.: Grenzen und Perspektiven von grenzüberschreitenden Städtenetzwerken. In: BfLR (Hrsg.): RuR, H.1/97, Hannover 1997, S.17

9 Zur Verortung der räumlichen Gestaltungskonzepte vgl. KLAUS, J.; SCHLEICHER, H.: Räumliche Wirtschaftspolitik - Grundlagen und strukturpolitische Konzepte. München 1983, S.33ff., die auch die verschiedenen Vorschläge zur weiteren Ausgestaltung der Ordnungskonzepte näher beschrieben haben.

dirigistischer Eingriffe entsprechend einem zentralen Plan bestmöglich gestalten will. Hier würden beispielsweise auch Standorte für Wohnen und Arbeiten festgelegt.
Je nach Ausgestaltung entstehen umfangreichere oder geringere Koordinationserfordernisse. Die größten sind mit einer zentralen Staatsorganisation und weisungsgebundenen (Wirtschafts-)Einheiten verknüpft. Mit zunehmender Entscheidungsfreiheit dieser Einheiten und Dezentralisierung staatlicher Befugnisse nimmt der Koordinationsbedarf entsprechend ab.

2. *Intensität staatlicher Einflußnahme*: Die Konzentration der Planungskompetenzen wird durch Maßnahmen einer `harten´ beziehungsweise `weichen´ Verhaltenssteuerung ergänzt. Bei den weichen Instrumenten werden den Planträgern alle Handlungsalternativen offengelassen.
   Lediglich mittels Appelle wird versucht deren Entscheidungen zu beeinflussen. Eine Sanktion ungewünschter Entscheidungen erfolgt jedoch nicht. Mit zunehmendem Grad der Einflußnahme werden einzelne Alternativen zunehmend diskriminiert oder aber, falls sie gewünscht sind, prämiert. Die Anwendung von Zwang zur Durchsetzung verordneter Handlungen beziehungsweise Verbote bilden die Extreme der harten Verhaltenssteuerung.
3. *Umfassender Charakter des Leitbilds*: Ohne klar bestimmte Einflußbereiche eines räumlichen Ordnungskonzepts muß die „Aufgabenverteilung an die verschiedenen Planträger inhaltsleer" bleiben. Je nach Umfang des räumlichen Leitbilds erstreckt sich die staatliche Steuerungskompetenz auf viele oder auf wenige Lebensbereiche. So kann die räumliche Strukturpolitik im Extremfall nur an einem Lebensbereich (zum Beispiel Ökonomie oder Militär) orientiert sein, oder aber die „räumliche Lenkung aller Daseinsfunktionen des Menschen, wie Arbeiten, Wohnen, Erholung etc." umfassen. Innerhalb der Spannweite, die diese beiden Extreme eröffnen, existieren zahllose Möglichkeiten das räumliche Leitbild entsprechend der Lebensbereiche, auf die es abstellt, zu differenzieren.

Die Abbildung gibt lediglich die grundsätzlich denkbaren Alternativen wieder. Da jedes der Kriterien in ganz unterschiedlicher Ausprägung auftreten kann, sind eine Vielzahl räumlicher Gestaltungskonzepte denkbar. Gut denkbar ist beispielsweise eine Kombination, die alle Lebensbereiche einschließt sowie bei weitgehend autonomen (Wirtschafts-)Einheiten und dezentraler Staatsorganisation, weiche Verhaltenssteuerung anstrebt.
Im Rahmen solchermaßen aufgebauter Ordnungskonzepte müssen die Ziele sowie die zu ihrer Realisierung ausgewählten Strategien und Instrumente aufeinander abgestimmt werden. Bei der Ausgestaltung derartiger Konzeptionen geht es letztlich darum, diese in das gesellschaftliche Gesamtsystem und dessen Subsysteme einzugliedern.

Differenziert man die Konzepte nach dem Kriterium des umfassenden Charakters des Leitbilds, so kann die anschließende Planung alle Lebensbereiche umfassend angelegt sein (`comprehensive planning´) oder aber sich lediglich auf einzelne Teilbereiche (inkrementale Planung) beziehen. Beide Planungsansätze sollen im folgenden kurz dargestellt werden, da sie in der aktuellen Diskussion um die zukünftige Bedeutung der Raumordnung und Raumplanung (vgl. Kapiel VI) - meist unausgesprochen - eine zentrale Rolle einnehmen.

Abb.28: Einordnung räumlicher Gestaltungskonzepte

Grad der staatlichen Einflußnahme / Kriterien der Einflußnahme	gering	mittel	hoch
Umfassender Charakter des Leitbilds	nur an einzelnen Bereichen orientiert	diskretionäre Erweiterung	alle Lebensbereiche umfassend
Intensität der staatlichen Einflußnahme	\`weiche´ Verhaltenssteuerung, Offenlassen sämtlicher Alternativen	Prämierung bzw. Diskriminierung von Handlungsalternativen	\`harte´ Verhaltenssteuerung, Zwang zu einer bestimmten Handlungsweise
Konzentration der Planungskompetenzen	völlig autonome (Wirtschafts-)Einheiten, dezentrale Organisation des Staatsapparates	in Teilbereichen autonome (Wirtschafts-) Einheiten, Subsidiarität der staatlichen Kompetenzverteilung	weisungsgebundene (Wirtschafts-)Einheiten, zentrale Staatsorganisationen

Quelle: Leicht modifizierte Darstellung nach KLAUS, J.; SCHLEICHER, H.: Räumliche Wirtschaftspolitik: Grundlagen und strukturpolitische Konzepte. München 1983, S.36

1.2.1 \`Comprehensive Planning´[10]

Die umfassende, flächendeckende und ressortübergreifende Planung, die von einer gedachten Idealvorstellung (z.B. in Form von Leitbildern und Zielsystemen) ausgeht, spiegelt die Hoffnung auf die Planbarkeit raumwirksamer Geschehnisse wieder. Die \`integrierten Entwicklungsplanungen´ der 60er und 70er Jahre waren deren Ausflüsse, ihr Scheitern das Ergebnisse der damaligen Versuche.[11] In der Folge kam es zu einer Abtrennung der Planungs- von der Entwicklungs- und Regulierungsfunktion der Raumplanung. Die Trennung der konzeptionellen Planungsebene (\`plan-led planning´) und der projektorientierter Ebene (\`project-led planning´) führte jedoch zur zunehmenden Bedeutungslosigkeit der konzeptionellen Planungsebene, die aufgrund der sich ständig wandelnden Ergebnisse der Projektebene, laufend veränderte und damit neue Planungsgrundlagen bekam.
Die Abkopplung beider Ebenen voneinander brachte es mit sich, daß das Fundament einer Überprüfung und einer daran anschließenden Anpassung der Strategieentwürfe entfiel. Damit ging die für die Aktualisierung, Weiterentwicklung und Problemorientierung der Planungsinhalte (Konzeptionsebene) „notwendige Rückkopplung und der daraus resultierende Erfahrungszuwachs aus der Umsetzung von Konzeptinhalten (Projektebene) auf nicht-projektorientierter Ebene" verloren. Folgerichtig war die Raumplanung in den 80er Jahren fast ausschließlich auf die Entwicklung von Hypothesen beschränkt.

[10] Zu diesem gesamten Abschnitt vgl. insbesondere SCHRETZENMAYR, M.: Was führt zum Scheitern raumplanerischer Konzepte? In: BfLR (Hrsg.): RuR, H.6/96, Bonn 1996, S.400

[11] vgl. SIEVERTS, R.; GANSER, K.: Vom Aufbaustab Speer bis zur Internationalen Bauausstellung Emscher Park und darüber hinaus. Planungskulturen in der Bundesrepublik Deutschland. In: DISP, 115, 1993, S.35

Heute ist deshalb die Raumplanung als gesellschaftsrelevante Aufgabe gefordert, der konzeptionellen Ebene im bestehenden Planungssystems wieder mehr Gewicht beizumessen und sie ins Gesamtsystem zu reintegrieren.

Diesem, an Leitbildern und komplexen Zielsystemen orientierten, umfassenden Planungsansatz steht ein an pragmatischer Zielfindung ausgerichtetes, kleine Schritte bevorzugendes, inkrementales und somit strikt problemorientiertes Vorgehen gegenüber.[12]

1.2.2 Inkrementale Planung[13]

Obgleich die Erfahrungen der 80er Jahre zeigen, daß eine reine Projektorientierung nicht geeignet ist langfristig stabile Entwicklungen zu generieren, da eine ausgleichende Funktion eher der strategisch orientierten, konzeptionellen Planebene inne wohnt und somit nur damit Entwicklungen begegnet werden kann, hält der Trend weiterhin weg von der umfassenden hin zur problemorientierten, inkrementalistischen Vorgehensweise an.[14]
So beschränkt man sich im Zuge des 'perspektivische Inkrementalismus' auf Ebene gesellschaftlicher Grundwerte auf die Entwicklung von Zielen. Im Regelfall erfolgt auch keine weitere Strategieentwicklung und -bestimmung. Eine Konkretisierung der Ziele wird erst auf der Projektebene durchgeführt.[15]
Der Vorteil dieses Planungsanssatzes liegt einerseits in seiner konkreten Problemorientierung, andererseits spiegelt sich ein sehr pragmatisches Vorgehen wider. Beides ist die Folge des 'Über-Planens' in den Jahrzehnten davor, das hochkomplexe Pläne mit geringem Umsetzungspotential generierte. Der wesentliche Nachteil hingegen liegt gerade in den unabgestimmten Teilplanungen, deren Maßnahmen sich unter Umständen gegenseitig behindern beziehungsweise zu ineffizienten Lösungen führen, da umfassendere Zusammenhänge naturgemäß ausgeblendet werden müssen. Somit ist die inkrementale Planung im Sinne einer 'Bottom up'-Planung angelegt und eignet sich eher für kleinräumige, gut überschaubare Probleme.

Im Rahmen der föderalen Strukturen, der herrschenden marktwirtschaftlichen Koordinationsformen und der grundsätzlichen Freiheit individueller Entscheidungen in der Bundesrepublik, ist die 'comprehensive' Planung sicherlich nicht in jedem Fall mit der politisch-wirtschaftlichen Grundordnung vereinbar. Diese Planart in einer reinen Form umzusetzen, bedarf ohne Zweifel ein zentralplanartiges Koordinationsmuster.
Demgegenüber scheint die inkrementale Planung, die leicht in eine Nachvollzugsplanung beim Auftreten von Engpässen ('hot-spots') mündet, ebenfalls nicht zu den gewünschten Ergebnissen zu führen.

---

12 vgl. Brösse, U.: Raumordnungspolitik. 2. Aufl., Berlin 1982, S.16ff.

13 Zur inkrementalen Planung, die oftmals auch als problemorientierte beziehungsweise pragmatische Planung oder auch als Planung in kleinen Schritten bezeichnet wird, siehe BRAYBROOKE, D.; LINDBLOM, C.: A Strategy of Decision - Policy Evaluation as a Social Process. London 1963 oder HÜBLER, K.-H.: Regionale Sektorstrukturen - Verfahren zur Schätzung und Auswertung regionaler Input-Output-Beziehungen. Berlin 1979

14 vgl. HÜBLER, K.-H.: Raumordnungspolitik und Wertewandel - Überlegungen zur Fortentwicklung der Raumordnungspolitik. In: ARL (Hrsg.), Bd.103, Hannover 1987, S.6

15 vgl. SIEVERTS, R.; GANSER, K.: Vom Aufbaustab Speer bis zur Internationalen Bauausstellung Emscher Park und darüber hinaus. Planungskulturen in der Bundesrepublik Deutschland. In: DISP, 115, 1993, S.34

1.3 Konzeptionelle und programmatische Seite der Raumplanung

Zum Wesen räumlicher Politik gehört, daß sie „konzept- und programmfähig“ ist, das heißt sie muß in der Lage sein aufzuzeigen, wohin der Weg gehen soll.[16]
Die konzeptionelle Seite der Raumplanung umfaßt dabei die Raumstruktur, das heißt die Aufgliederung des Raumes in seine wesentlichen Bestandteile (Nutzungsformen, etc.). Dies ist eine der Hauptanforderungen damit die Raumplanung erfolgreich sein kann. Sie muß von Konzepten[17] (als Hilfsinstrumente) begleitet werden, die von Planern adäquat angewandt werden können und in denen Regeln und daraus entstehende Konsequenzen niedergelegt sind. Dabei entstehende Spielräume innerhalb der Planungssysteme müssen ausgeschöpft werden, um auch die Bewältigung nicht-routinisierbarer, komplexer Aufgaben sicherstellen zu können.[18] Die programmatische Seite hingegen spiegelt die Maßnahmen wider, die - aufeinander abgestimmt - in den verschiedenen Politikbereichen getroffen werden müssen, um zu einer zielgerichteten Beeinflussung und Entwicklung der angestrebten Raumstruktur zu gelangen (Abb. 29).

Bei der Unterscheidung von konzeptioneller und programmatischer Seite der Raumplanung spielt nicht zuletzt die Zeit - als zentrale Dimension der Raumplanung - eine wesentliche Rolle. Hierbei ist entscheidend, daß unterschiedliche Zeithorizonte miteinander kombiniert werden. Auf diese Weise wird die Planungsdynamik sichtbar und in der Folge umsetzbar gemacht. Neben den zeitlich weiter ausholenden Konzepten müssen dementsprechend Programme treten, die zeitlich kürzer ausgerichtet sind und für überschaubare Zeiträume die erforderlichen Maßnahmen vorgeben. Nur auf diese Weise kann Raumplanung zu einem Prozeß werden, der die Dynamik räumlicher Problementwicklungen aufnimmt und einen abschließenden Zugriff auf die Zukunft verhindert.[19]

Da die für (Planungs-)Konzepte verwendete `Realität´ auf einer Abbildung der Realität basiert, sind diese Abbilder lediglich künstliche, theoretische und möglichst logische Konstrukte, die es ermöglichen Aussagen und Schlüsse über die Realität zu treffen. Dieser Abbildcharakter führt dazu, daß Konzept immanente Fehler aufweisen. Dementsprechend sollten Konzepte so präzise wie nötig sein und die Realität dem Konzept immer dann vorgezogen werden, wenn Divergenzen auftreten. Diese wiederum sollten Anreiz zur Überarbeitung und Weiterentwicklung der Konzepte bieten.[20]

---

16 vgl. LENDI, M.: Grundriß einer Theorie der Raumplanung - Einleitung in die raumplanerische Problematik. 2. Aufl., Zürich 1995, S.112

17 In einer anders angelegten Differenzierung werden Planungskonzepte „als pragmatische Hilfsinstrumente für nicht oder nur schwer routinisierbare Planungsprobleme“ verstanden. So gesehen, wären Planungskonzepte „Einzelanfertigungen, welche komplexe planerische Problemlagen erklären und Lösungen aufzeigen“. Ihr Einsatz wäre nur dann sinnvoll, wenn sich diese Problemlagen durch sachliche und/oder organisatorische Komplexität sowie Einmaligkeit (keine planerischen Routineaufgaben) auszeichnen. Vgl. hierzu SCHMIDT, U.: Vom Umgang mit Planungssystemen und Planungskonzepten. In: ORL (Hrsg.): Planungssysteme - Planungskonzepte, wie weiter? ORL-Bericht 101/1996, Zürich 1996, S.110

18 vgl. SCHMIDT, U.: Vom Umgang mit Planungssystemen und Planungskonzepten. In: ORL (Hrsg.): Planungssysteme - Planungskonzepte, wie weiter? ORL-Bericht 101/1996, Zürich 1996, S.110

19 vgl. LENDI, M.: Grundriß einer Theorie der Raumplanung - Einleitung in die raumplanerische Problematik. 2. Aufl., Zürich 1995, S.130 i.V.m. S.135

20 vgl. SCHMIDT, U.: Vom Umgang mit Planungssystemen und Planungskonzepten. In: ORL (Hrsg.): Planungssysteme - Planungskonzepte, wie weiter? ORL-Bericht 101/1996, Zürich 1996, S.110f.

Dies entspricht auch der Bedeutung, die der Konzeption beziehungsweise der Programmatik zukommt: aus theoretischer Sicht ist der konzeptionelle Plan bedeutender, in der Praxis hingegen dominieren die programmatischen (Nutzungs-)Pläne.[21]

Abb.29: Konzeption und Programmatik - zwei Seiten der Raumplanung

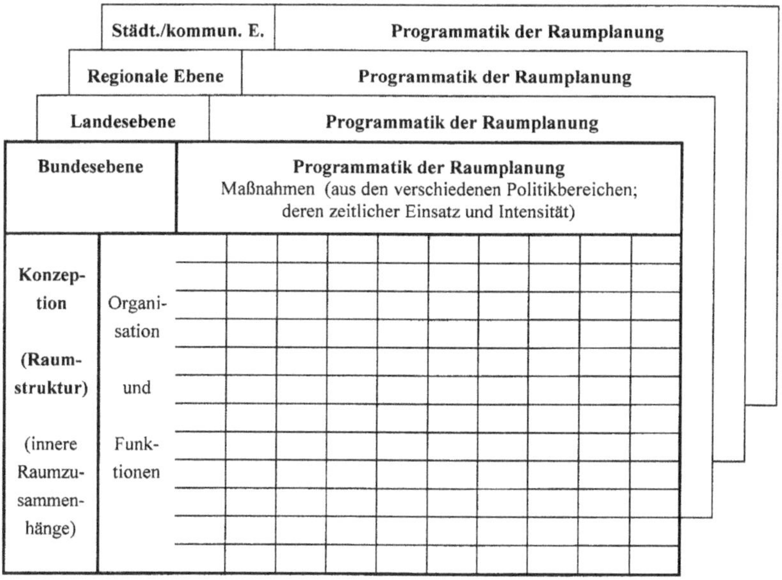

Quelle: Eigene Darstellung

Allgemein gilt es zur Vermeidung der Schwächen von Planungssystemen und -konzepten zwei grundsätzliche Punkte zu beachten:[22]

1. Durch sachliche, zeitliche und organisatorische Unabhängigkeit sollten robuste Lösungen angestrebt werden.
2. Generell sollte jedem Planungssystem kritisch gegenüber gestanden werden. Regeln erleichtern zwar die Lösung von Routineaufgaben, jedoch sehen gute Planungssysteme einen Spielraum für Einzellösungen nicht-routinisierbarer Aufgaben vor, so daß keine stereotypen Lösungsmuster manifestiert werden, die keine optimalen Ergebnisse unter geänderten Bedingungen erzielen.

2. (Extrem-)Szenarien einer Raumplanung der Zukunft

Bevor in Kapitel V der Ansatz eines integrierten Raumplanungssystems dargestellt und in Kapitel VI aktuell diskutierte Ansätze der Raumplanung[23] aufgegriffen werden, soll zuerst das

---

21 vgl. LENDI,M.: Grundriß einer Theorie der Raumplanung - Einleitung in die raumplanerische Problematik. 2. Aufl., Zürich 1995, S.98

22 vgl. SCHMIDT, U.: Vom Umgang mit Planungssystemen und Planungskonzepten. In: ORL (Hrsg.): Planungssysteme - Planungskonzepte, wie weiter? ORL-Bericht 101/1996, Zürich 1996, S.112f.

Spektrum der Entwicklungsmöglichkeiten - innerhalb dessen all diese Ansätze dann verortet werden können - anhand zweier Kriterien abgesteckt werden.
So kann das Kriterium *`Aufgabenspektrum´* schwach differenziert sein und damit der Raumplanung nur sehr geringe Einflußnahme ermöglichen oder aber eine ausgeprägte Vielfalt aufweisen und damit vielseitige Gestaltungsmöglichkeiten erschließen.
Ergänzt wird dieses Kriterium durch das der *`Systemlogik´*. Folgt man der *legalistischen* Systemlogik, so verfällt man sehr schnell einer gewissen verwaltungsrechtlichen Dogmatik, die - in Verbindung mit einem schwach differenzierten Aufgabenspektrum - leicht zu einer lediglich nachrichtlichen Übernahme fachplanerischer Inhalte in Gesamtpläne führt und somit jeglicher originärer gestalterischer Kraft entbehrt. Demgegenüber kann sich die Raumplanung an der *politischen* Systemlogik orientieren und damit der Prozeßorientierung folgen. In Verbindung mit einem stark differenziertem Aufgabenspektrum, würde sich die heutige Raumplanung zu einem mit neuen Aufgaben angereicherten Raummanagement (vgl. Kapitel V 2.2 und 2.3) entwickeln, das `inkrementale´ und `comprehensive´ Elemente mittels eines integrierten Raumplanungsansatzes verbinden könnte.

Entsprechend der getroffenen Aussagen sind in der Bundesrepublik die in Abb.30 dargestellten Extrempositionen, sowie vielfältige Abstufungen davon, für eine zukünftige Raumplanung denkbar.
Je nachdem, welches Verständnis die politisch Verantwortlichen in Zukunft von der Raumplanung haben, welche Bedeutung ihr beigemessen wird und welche Erwartungen in der Folge mit ihr verbunden werden, wird es sich entscheiden, welchen Stellenwert das Planungssystem im politischen Gesamtsystem einnehmen wird und welche Ausrichtung die räumliche Planung erhält. Dies schafft dann auch den Rahmen innerhalb dessen, die mit der Raumplanung Befaßten ihre Aufgabe definieren und ausgestalten können. Das Trendszenario gibt dabei jeweils den Entwicklungspfad an, der bei unveränderten Rahmenbedingungen und unveränderten Prozessen eintreten würde und stell damit letztlich nur eine Extrapolation des Status Quo dar.

In der laufenden Diskussion um den Funktions- und Strukturwandel der räumlichen Planung ziehen sich die Rufe nach verstärkter Umsetzungs- beziehungsweise Prozeßorientierung, stärkerer Vernetzung sowie zunehmender Kooperation durch alle Beiträge.[24] Soll hier mittels räumlicher Politik eine stabile Entwicklung „unter Ausgleich räumlicher, wirtschaftlicher, sozialer und zunehmend auch ökologischer Ungleichgewichte“ erarbeitet und gewährleistet werden, bedarf es integrierter und integrierender Strategien und nicht nur die Durchführung erforderlicher Einzelprojekte. Daß die bisherigen Schwierigkeiten der Planungssysteme allein

---

[23] Folgt man KLAUS/SCHLEICHER so reichen die institutionelle Vorschläge für Reformen von der Dezentralisierung und autonomen Fachplanung bis zur staatlichen Plankoordination in Engpaßbereichen. Ausgeschlossen wird jedoch beispielsweise die staatliche Koordination aller Fachplanungen sowie die zentralstaatliche Koordination sämtlicher raumwirksamer Pläne, da solch ein Vorgehen in der Bundesrepublik nicht ordnungskonform wäre. Vgl. KLAUS, J.; SCHLEICHER, H.: Kritik und Reformkonzepte zur Regional- und Raumordnungspolitik in der Bundesrepublik Deutschland. In: WISU, H.12/80, Düsseldorf 1980, S.155

[24] vgl. DILLER, Ch.: Die Regionalplanung als Mediatorin einer nachhaltigen Entwicklung. In: BfLR (Hrsg.): RuR, H.4/96, Bonn 1996, S.228 i.V.m. GOPPEL, K.: Vernetzung und Kooperation - das neue Leitziel der Landesplanung. In: BfLR (Hrsg.): RuR, H.2/94, Bonn 1994, S.101

durch neue Organisationsformen auf kommunaler Ebene gelöst werden können - wie GÖB[25] vorschlägt -, muß an dieser Stelle angezweifelt werden.[26]

Abb.30: (Extrem-)Szenarien und Aufgabenspektrum einer zukünftigen Raumplanung

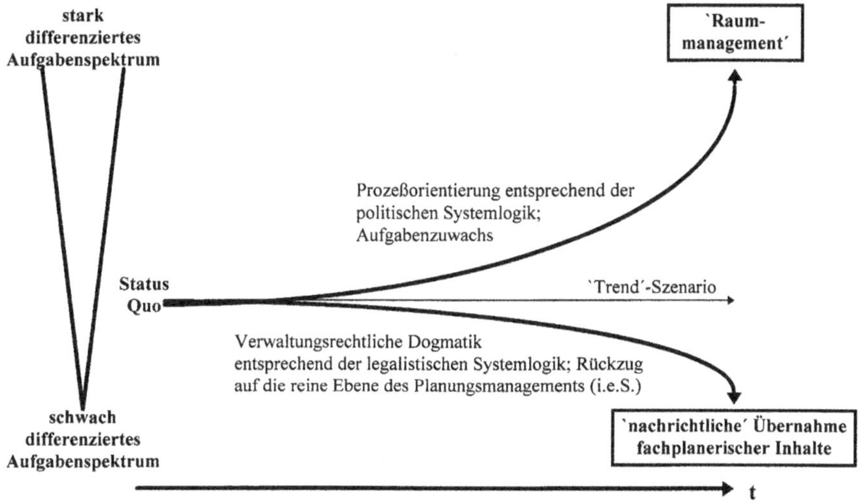

Quelle: Eigene Darstellung

In der Vergangenheit mußten in einem ersten Schritt die Aufgaben der Raumplanung in Deutschland differenziert werden, nämlich kurz- und mittelfristig: Kurzfristig fielen in den alten Bundesländern, die bereits über Regionalpläne verfügten, überwiegend Aufgaben im Bereich der Umsetzung dieser Pläne an, in den neuen Bundesländern standen zeitgleich die `klassischen Aufgaben´ bei der Aufstellung von Regionalplänen im Vordergrund. Heute sind hier wie dort - will man der Raumplanung neuen Schwung geben - die nächsten Schritte hin zu einer Prozeßorientierung zu machen.[27]

Im folgenden soll nun anhand eines idealtypischen Planungsprozesses, wie er sich - aus grundsätzlichen Überlegungen zu Planungsstrategien allgemein - im speziellen auch in der betriebswirtschaftlichen Literatur findet-, dargestellt werden um dann Abweichungen im speziellen Fall der Raumplanung von diesen Grundsätzen - die prinzipiell vom Planungsgegenstand vollkommen unabhängig sind! - aufzuzeigen und deren Gründe und Folgen darzulegen.

---

[25] vgl. GÖB, R.: Abschied von der Stadtentwicklungsplanung. In: BfLR (Hrsg.): RuR, H.5/6, Hannover 1989, S.289-296

[26] vgl. SCHRETZENMAYR, M.: Was führt zum Scheitern raumplanerischer Konzepte? In: BfLR (Hrsg.): RuR, H.6/96, Bonn 1996, S.400

[27] vgl. DILLER, Ch.: Die Regionalplanung als Mediatorin einer nachhaltigen Entwicklung. In: BfLR (Hrsg.): RuR, H.4/96, Bonn 1996, S.228

Fünftes Kapitel

Integriertes Raummanagement - Ansatz und Ausgestaltung

„Alles Handeln des Menschen muß sich an der Frage messen und prüfen lassen, ob es ein Ergreifen oder ein Verpassen der ihm in seiner Zeit gebotenen einmaligen Gelegenheit ist."[1]

Einordnung des Kapitels in den Gesamtzusammenhang

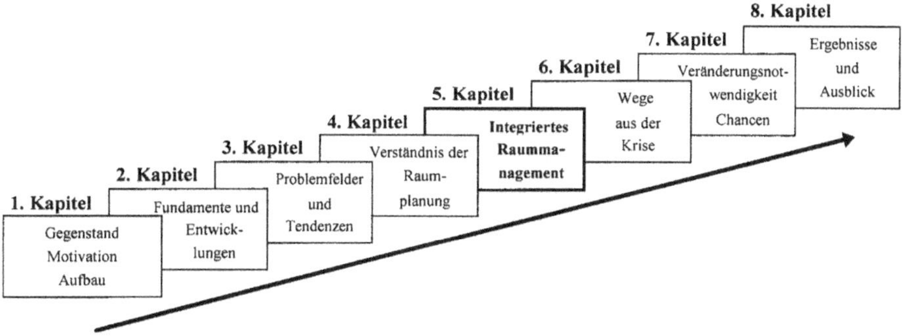

Quelle: Eigene Darstellung

Um aufzuzeigen, wie ein überarbeiteter Planungssystem die bisherigen raumplanerischen Umsetzungsversuche raumordnungspolitischer Ziele verändern könnte, wird im folgenden der Ansatz des integrierten und integrierenden 'Raummanagements' gewählt.
Die hierbei anzustellenden planungstechnischen Überlegungen sind dergestalt zu verstehen, daß sie - mit jeweils leichten Modifikationen - auf die verschieden räumlichen Problemlagen auf den unterschiedlichen Ebenen sowie der dort jeweils einzubeziehenden Beteiligten, angewandt werden können. Um die Unabhängigkeit innerhalb der raumplanerischen Hierarchie klarer zum Ausdruck zu bringen, muß deutlich zwischen Regionalmanagement und Raummanagement unterschieden werden. Da der Begriff 'Region' in der Regel in seiner Bedeutung für klein- und mittelgroße Räume (beispielsweise für Regierungsbezirke) verwandt wird, das Raummanagement sich jedoch für alle räumlichen Planungsebenen eignet, könne eine synonyme Verwendung zu falschen Implikationen führen. So eignet sich das im folgenden dargestellte Planungssystem durchaus auch für großräumige Problemlagen.

Bereits in der Vergangenheit wurden in der Bundesrepublik Deutschland umfassend angelegte Vorgehensweisen verfolgt. So war die Zeitspanne zwischen 1960 und 1975 durch die Aufstellung integrierter Entwicklungsplanungen geprägt, die sich als übergreifende Planungen präsentierten und versuchten die sich abzeichnenden räumlichen Probleme in den Bereichen Verkehr, funktionale Arbeitsteilung und zunehmenden Engpässen bei den Infrastrukturein-

[1] LENDI, M.: Ethik der Raumplanung. In: BfLR (Hrsg.): RuR, H.5/91, Bonn 1991, S.295, der damit ein Zitat von Karl BARTH aufnimmt.

richtungen, unter engem Einbezug der Finanzplanung, zu lösen.[2] Allerdings wiesen diese Planwerke in der Umsetzungsphase teilweise massive Schwierigkeiten auf, waren sie doch durch zu hohe Komplexitätsgrade oder/und zu wenig präzisierte Inhalte gekennzeichnet. Darüber hinaus waren diese Pläne zu schwerfällig angelegt, um sich im Zeitverlauf ändernden Anforderungen anzupassen. Als Reaktion hierauf war dann in den 80er Jahren - auch international - die Tendenz „vom Plan zum Projekt“[3] zu beobachten. In deren Folge zeigte sich jedoch eine Zerstückelung der Planung, die übergeordneter Ziele ins Hintertreffen geraten ließ. Schwierigkeiten, die in den heutigen integrierten Planungen umgangen werden sollen, indem auf den höheren Planungsebenen die Zuordnung der Probleme zu betroffenen Räumen erfolgt und grundsätzlich zu beachtende Zielvorstellungen vorgegeben werden, die dann auf Konzept- und (Teil-)Projektebenen flexibel kleingearbeitet werden können.[4]

1. Basis eines integrierten Raummanagements

„Unsere Planungssysteme basieren - bei aller Unterschiedlichkeit - alle auf den speziellen Bedingungen Westeuropas in der Nachkriegszeit. Stabile Rahmenbedingungen und starkes Wirtschaftswachstum bildeten ein relativ geschlossenes System, das den Versuch erlaubte, mittels Planung die Entwicklung zu lenken.“[5]

Führt man sich noch einmal die Entwicklungsphasen der Raumplanung in der Nachkriegszeit bis heute vor Augen, so war diese Zeit durch drei wesentliche Punkte gekennzeichnet, die man als den Versuch auf die (wirtschaftliche) Dynamik mit ausgleichenden Systemen zu antworten, um die Entwicklung zu ordnen und zu verarbeiten, zusammenfassen kann:[6]

1. *Überschaubarkeit sowie Berechenbarkeit der Entwicklung innerhalb eines festen äußeren Rahmens*, der es ermöglichte dem Gleichheitsgedanken große Bedeutung beizumessen (bis hinein in Baurechtsvorschriften und zur `dezentralen Konzentration´ [vgl. Kapitel VI 1.2]).
2. *Errichtung komplexer Systeme* (beispielsweise Finanzausgleich, Sozialversicherung, Sachsubventionen, Regionalpolitik, Militärverteilung, Agrarwirtschaft, Wohnbauförderung) um die durch den Boom ausgelösten Disparitäten unter Kontrolle zu halten und flächendeckende Wohlstandsmehrungen zu erreichen (`Lenkungsplanung´). Das erklärte Ziel dabei war der Staats- und Landesausbau sowie die Integration aller neuen Entwicklungen in ein staatliches Rechts- und Regelsystem.
3. Entsprechend dem Umfang dieser Systeme *wuchs der Aufgabenbereich der Planung* drastisch an.

In der Folge ist die Raumplanung sowohl in ihrer Motivation als auch ihrer Vorgehensweise - trotz einiger oberflächlichen Veränderungen - nach wie vor von der Wachstumsphilosophie geprägt.

---

2 vgl. SIEVERTS, R.; GANSER, K.: Vom Aufbaustab Speer bis zur Internationalen Bauausstellung Emscher Park und darüber hinaus - Planungskulturen in der Bundesrepublik Deutschland. In: DISP, 115, 1993, S.32

3 vgl. etwa HEALEY, P.: Development Plans: New Approaches to Making Frameworks for Land Use Regulation. In: European Planning Studies, Vol.2/No.1, 1994, S.39-57 oder auch HEALEY, P.: The Reorganisation of State and Market in Planning. In: Urban Studies, Vol.29, Nos.3/4, 1992, S.411-434

4 vgl. SCHRETZENMAYR, M.: Was führt zum Scheitern raumplanerischer Konzepte? In: BfLR (Hrsg.): RuR, H.6/96, Bonn 1996, S.398

5 These von ZALAD, K.: Von der Raumplanung zum Raummanagement? In: ORL (Hrsg.): Planungssysteme - Planungskonzepte, wie weiter? ORL-Bericht 101/1996, Zürich 1996, S.81, der noch weitere Thesen zu zukünftigen Planungssystemen formulierte.

6 vgl. ZALAD, K.: Von der Raumplanung zum Raummanagement? In: ORL (Hrsg.): Planungssysteme - Planungskonzepte, wie weiter? ORL-Bericht 101/1996, Zürich 1996, S.82

Bei der Neuorientierung der Planungssysteme und -konzepte muß nun von den geänderten gesellschaftlichen und wirtschaftlichen Rahmenbedingungen ausgegangen werden. Insbesondere der grundlegende wirtschaftlich-soziale Umbruch ist zu berücksichtigen.[7] Nicht zuletzt um ihre Legitimationsbasis zu erhalten, ist die Planung auf Umsetzung und damit auf politischen Erfolg angewiesen. Denn sie ist längst zu einem politischen Prozeß voller Widersprüche geworden. Die Zeit in der Planung eine politikfreie Expertenphase war - wie ein „lineares Planungsverständnis suggerieren" würde - ist vorbei.[8]

Somit ist es zentrale Aufgabe der Raumplanung, weg von einem rein planenden hin zu einem verstärkt umsetzungsorientierten Aufgabenverständnis zu gelangen, um - neben dem weiterhin gültigen Ziel der Schaffung gleichwertiger Lebensbedingungen - insbesondere auch dem Ziel der Gestaltung einer nachhaltigen Raumentwicklung näherzukommen.[9] Dazu müssen an die Stelle isolierter räumlicher Analysen und Planungen integrative Konzepte treten, welche die speziellen räumlichen Funktionen sowie die Verflechtungen und Abhängigkeiten der Räume untereinander hervorheben, die im Zusammenspiel der zuständigen Institutionen auf den jeweiligen Ebenen beachtet werden.[10] Die Raumplanung muß dabei lernen, „in einem offen System zu agieren und sich an marktwirtschaftlichen Organisationsformen und Konzepten auszurichten", denn die auftretenden Unsicherheiten und Divergenzen in der räumlichen Entwicklung werden sich nur im Rahmen eines integrierten Raummanagements erfolgversprechend bewältigen lassen.[11]

Grundsätzlich bedeutet ein `integriertes Raummanagement´ die Koordination aller problemrelevanten Fachpolitiken im Hinblick auf vorgegebene Ziele[12]. Dabei sind unterschiedliche Dimensionen der `Integration´ zu unterscheiden:

1. *Integrationsbereiche*: In einem ersten Schritt sind die Ziele zu integrieren. Das heißt, daß eine in sich konsistente, logisch strukturierte und damit auch umsetzungsfähige Zielhierarchie, die sowohl strategische als auch operative Aspekte berücksichtigt, aufgestellt wird. Des weiteren sind die Trägerebenen und die jeweiligen Träger auf den involvierten Ebenen zusammenzuführen, damit im Hinblick auf die gesellschaftliche Zielerreichung möglichst breitbandig Interessen vertreten und berücksichtigt werden sowie fachliche Kompetenzen eingebracht wird. Auf der Ebene der Instrumentierung ist darauf zu achten, daß sich

---

7 vgl. ZALAD, K.: Von der Raumplanung zum Raummanagement? In: ORL (Hrsg.): Planungssysteme - Planungskonzepte, wie weiter? ORL-Bericht 101/1996, Zürich 1996, S.81

8 vgl. STEIN, U.: Raumplanung zwischen Staat, Markt und Gesellschaft. In: BfLR (Hrsg.): RuR, H.5/95, Bonn 1995, S.393

9 vgl. MALCHUS, V. Frhr. v.: Anforderungen an die Ausbildung von Raumplanern. In: BfLR (Hrsg.): RuR, H.5/95, Bonn 1995, S.337

10 vgl. BMBau (Hrsg.): Handlungsrahmen. In: derselbe: Raumordnung in Deutschland. Bonn 1996, S.61f. Auch aus europäischer Perspektive sieht man im Ministerium, daß eine Sichtweise notwendig ist, „die den hohen Grad an faktischen, aber auch wünschenswerten Verflechtungen zu den benachbarten europäischen Staaten zugrunde legt und weiterführt". (S.62)

11 vgl. ZALAD, K.: Von der Raumplanung zum Raummanagement? In: ORL (Hrsg.): Planungssysteme - Planungskonzepte, wie weiter? ORL-Bericht 101/1996, Zürich 1996, S.81

12 Beispiele für Politikbereiche in denen die Integration relativ weit fortgeschritten ist sind die Agrar- und Forstpolitik, Industrie- und Gewerbepolitik sowie die Politik zur Förderung des Dienstleistungessektors. So wird die Standortwahl (Raumordnungsverfahren) von Unternehmen etwa durch Betriebsgenehmigungen (Vorhabenzulassungsverfahren) beeinflußt. Vgl. MARX, D.: Überlegungen zur Frage nach den Umsetzungsmöglichkeiten des allgemeinen umweltpolitischen Ziels „dauerhafte und umweltgerechte Entwicklung" in Raumforschung und Landesplanung. In: ARL (Hrsg.): Dauerhafte, umweltgerechte Raumentwicklung. Hannover 1994, S.15f.

Instrumente nicht konterkarieren sondern - im besten Falle - gegenseitig befördern oder wenigstens unbeeinflußt lassen damit eine höchstmögliche Effizienz der eingesetzten Mittel erreicht wird. Zu guter letzt wird es, bedingt durch die hohe Komplexität und die gestiegenen Anforderungen an die Effizienz, immer bedeutender die verschiedenen Stufen des Planungssystems - Planerstellung, Planumsetzung sowie Kontrolle - in einem iterativen Prozeß enger zu verknüpfen.

2. *Begründungen* für integrierte Ansätze: Die zahlreichen - zwar in der Regeln nicht räumlich intendierten - raumwirksamen Maßnahmen der fachpolitischen Bereiche ziehen heute vielfältige räumliche Folgen nach sich, so daß eine Abstimmung unter raumordnerischen Aspekten unumgänglich ist, will man nicht von `beliebigen´ Ergebnissen überrascht werden, die dann wiederum neue Probleme aufwerfen. In vergleichbare Richtung weist auch das Argument der Effizienz eingesetzter Mittel. Die Vielzahl getroffener Maßnahmen im politischen System - alle in ihrem jeweiligen Fachbezug innerhalb der Politiksegmente wohl durchdacht - beeinflussen sich gegenseitig, so daß der Erfolg ausgewählter Mittel oftmals nicht gewährleistet ist und vielfach überhöhter Mitteleinsatz erfolgt, der durch interdisziplinäre Abstimmungsleistungen zu reduzieren wäre.
   Ein ergänzender Aspekt ziel auf die Integration der Interessen in den Planungsprozeß. Um im weiteren Planungsverlauf langfristige Verzögerungen, etwa durch Prozesse von Planungsgegnern oder durch den Einbezug erst spät erkannter Anforderungen, zu vermeiden, sichert ein früher Einbezug der verschiedenen Interessenträger die bestmögliche Spezifikation für Planungen. In der Folge sind Planungen reibungsloser, schneller und damit billiger umzusetzen, teure Nachplanungen zu vermeiden und eine breite Unterstützung der Planungsbetroffenen zu erzielen.
3. *Form* und *Grenzen* der Integration: Zur Ausgestaltung eines integrierten Konzepts soll an dieser Stelle nur auf die folgenden Abschnitte verwiesen werden. Grenzen findet die Integration jedoch insbesondere durch steigenden Planungsaufwand, der zur Abarbeitung der gestiegenen Komplexität des Umfelds notwendig wird. Hier gilt es die schwierige Frage nach dem Reduktionsgrad der Komplexität der Umwelt im Zuge der Planung bestmöglich zu beantworten. Das heißt nichts anderes, als das gerade die Notwendigkeit, die zu integrativen Ansätzen führt, ihr auch eine Grenze setzt. Gleiches gilt für den Umfang einbezogener und zugelassener Interessen verschiedener Gruppierungen und Bevölkerungsteile. Auch hier gilt es möglichst das Optimum zwischen einer schnellen und `billigen´ Planung mit vielen potentiellen Störgrößen und einer aufwendigeren, zu Beginn mehr Zeit und finanzielle Mittel beanspruchenden Planung mit höherer Persistenz zu finden.

1.1 Analogien zu Planungen im privatwirtschaftlichen Umfeld

In diesem Kapitel wird ganz bewußt der Versuch unternommen idealtypische Planungsansätze und Überlegungen, wie sie in der Unternehmensplanung im betriebswirtschaftlichen Forschungsfeld diskutiert werden, aufzunehmen und auf die Erfordernisse der staatlichen und kommunalen Planung zu übertragen. Es wird sichtbar werden, daß die grundsätzliche Organisation der räumlichen Planung, wie sie in Kapitel II skizziert wurde, in weiten Teilen bereits diesen Erfordernissen genügt. Allerdings wird zu untersuchen sein, auf welche Weise die bislang nur als Hemmnis einer reibungslos verlaufenden Raumplanung ausgemachten Irrationalitäten auf den unterschiedlichen Planungsebenen (zum Beispiel Partikularinteressen aller Beteiligten sowie gesetzliche und organisatorische Regelungen - die häufig erst diesen Parti-

kularinteressen entspringen und diese weiter befördern), zugunsten eines verbesserten Planungsprozesses und Planungsergebnisses zu begrenzen sind.
Dieser Ansatz erscheint deshalb erfolgversprechend, da heute Konzernunternehmen mit ihren weit diversifizierten (teils hochintegrierten) Produktpaletten und verflochtenen Strukturen, vor prinzipiell ähnlich komplexen Problemen bei der Planung ihrer Aktivitäten stehen. Auch hier stellen sich Koordinationsprobleme der Akteure auf verschiedensten Entscheidungs- und Handlungsstufen ebenso wie die starke Einbindung in verschiedenste gesellschaftliche, politische und wirtschaftliche Systeme bei gleichzeitig steigender gesamtgesellschaftlicher Verantwortung. Wie diese problemunabhängigen, theoretischen Planungsgrundlagen dann auf die Situation der Raumplanung und Raumordnung anzuwenden sind, wird dabei mit im Fokus der Überlegungen stehen.

Teilt man die Ansicht von SOJA, daß heute der wachsenden Kooperation des Kapitals ein wachsender Wettbewerb der Gemeinden gegenüber steht, so wird in einem grenzenlosen, offenen (Wirtschafts-)Raum und ausgeprägter Mobilität von Gütern, Dienstleistungen und Personen die Raumordnung zu einem wesentlichen Element der Konkurrenzfähigkeit nicht nur von Gemeinden sondern ganzen Teilräumen und Regionen. Die Ansicht, daß (Teil-) Räume vor dem Hintergrund der Globalisierung als Unternehmen verstanden, organisiert und entsprechend geführt werden müssen, darf mittlerweile als allgemein akzeptiert angesehen werden, daß öffentliche Verwaltungen in verschiedenen Räumen dabei in Konkurrenz zueinander treten ist die logische Schlußfolgerung.
Eine Orientierung der Raumordnung an Organisationsformen der Wirtschaft sollte dementsprechend nicht nur Einsparungen, sondern insbesondere die Erhöhung von Flexibilität und Dynamik und damit der Anpassungsfähigkeit an sich ändernde Rahmenbedingungen zum Ziel haben.
Zu prüfen ist die Übertragbarkeit neuerer Ansätze der Unternehmensplanung auf die Raumplanung. Zu denken ist dabei beispielsweise an die Schaffung kleinerer, selbständiger Planungseinheiten, interdisziplinäre („interdepartementale") Projektteams, eine entsprechende Auswahl („Triage") von Projekten und zugehöriger Projektabläufe sowie eine mögliche Entlastung der Raumordnung von Aufgaben, die nicht zu ihrem 'Kerngeschäft' gehören.[13]

1.2 Planungsprozeß - inhaltliche und zeitliche Aufschlüsselung

„... a plan-making function, expressing strategies and principles for spatial organisations and land use/built form arrangements; a development function, which may range from land assembly and servicing, to infrastructure provision and construction and development activity; a regulatory function relating to the control of builing location and form, and activity change within existing buildings."[14]

Planung stellt die an vorgegebenen (Ober-)Zielen ausgerichtete Phase der Gewinnung von Handlungsorientierungen dar, ist also ein geistiger Akt, der einem konkreten Tun vorangeht. Dementsprechend ist Planung eine grundsätzlich zukunftsgerichtete Aufgabe, die das Ziel hat

---

[13] Vgl. zu diesem Absatz ZALAD, K.: Von der Raumplanung zum Raummanagement? In: ORL (Hrsg.): Planungssysteme - Planungskonzepte, wie weiter? ORL-Bericht 101/1996, Zürich 1996, S.92f., der sich SOJA, E.W.: Postmodern Geographies. London 1989, bezieht.

[14] HEALEY, P.; WILLIAMS, R.: European Urban Planning Systems: Diversity and Convergence. In: Urban Studies, Vol.30, Nos.4/5 1993, S.702

eine vorgefundene Situation zu verbessern. Planung ist also auf bestimmte positive Zustände der Zukunft gerichtet[15]

Dabei zeichnet sich eine moderne, umfassend angelegte Planung durch gewisse Mindestinhalte (vgl. hierzu Abb.31, die diese Inhalte aus der Sicht der Unternehmensplanung widerspiegelt) aus:[16]

1. *Auswahl des Planungsobjekts* (zum Beispiel 'Nachhaltige Entwicklung'; in der jeweiligen räumlich-regionalen Abgrenzung) mit Hilfe der Festlegung der Planungsebene (strategisch i.S. von langfristig-grundsätzlich, taktisch zur Erreichung von Zwischenzielen, operativ i.S. einer konkreten, umsetzungsorientierten Planung) und der Planungsbereiche (Wirtschaft, Kultur, Umwelt, Steuern etc.)
2. *Festlegung der Planungsorganisation* (beispielsweise mittels Moderation). Hier wird die Aufbau- (Planungshierarchie der Planträger) und die Ablauforganisation (organisatorische Voraussetzung für reibungslose Planungsprozesse) unterschieden.
3. *Bestimmung des Planungsprozesses und des Planungssystems* (Zielbildung/Leitbilder zur zukünftigen Entwicklung des Raumes, Problemerkenntnis und Prämissen, Bestandsaufnahme mit sektoraler und räumlich orientierter Stärken-Schwächen-Analyse beziehungsweise Potentialanalyse, Alternativensuche, Prognose/Szenarienbildung und Bewertung, Auswahl und Terminfestlegung).[17]
4. *Bestimmung des Planungsinstrumentariums* und der zu ergreifenden Maßnahmen (Datenbeschaffung, Planungsmethoden, einsetzbare technische und finanzielle Mittel/Ressourcen, konkrete Ziel- und Maßnahmenkataloge mit Prioritätensetzung, Kostenabschätzung, Zeitrahmen und Adressaten).
5. Das Befassen mit der *Einführung von Planungssystemen* und eine entsprechende Praxis (Implementation/Realisation von Planungen).
6. Darüber hinaus sollte jeder Plan bereits eine *Kontrollfunktion* (Evaluation der [Teil-]Planungen) enthalten, um Abweichungen von den angestrebten Zielen frühzeitig zu erkennen und die Ergebnisse von Abweichungsanalysen (bereits in der Umsetzungsphase) für neue Planungsrunden verwertbar zu machen.

In einem weiteren Sinne verstanden umfaßt der (Raum-)Planungsprozeß vier konstituierende Stufen[18], wie sie sich auch in Abb.32 wiederfinden:

---

15 vgl. STEINMANN, H.; SCHREYÖGG, G.: Management: Grundlagen der Unternehmensführung: Konzepte - Funktionen - Fallstudien. 3. Aufl.; Wiesbaden 1993, S.145

16 Zu den allgemeinen Ausführungen der Planungsinhalte vgl. BROCKHAUS - Die Enzyklopädie: in 24 Bänden. 20. Überarbeitete und aktualisierte Aufl., Leipzig/Mannheim 1996, Bd. 17, S.212. Zu deren raumplanerischen Erscheinungsformen vgl. HOSSE, O.; SCHÜBEL, S.: Neue Ansätze der Regionalplanung und -politik in Thüringen. In: BfLR (Hrsg.): RuR, 4/96, Bonn 1996, S.237

17 Planungssysteme verstanden als „die geordnete und integrativ verknüpfte Gesamtheit von Planungsobjekten (Planungsebenen, Planungsbereichen und jeweilige Ziele), die Angabe der planenden Organisationseinheit, der zeitlichen und räumlichen Bedingungen, des einzusetzenden Planungsinstrumentariums und der erwarteten Ergebnisse." STEINLE, C.; et al. (1946) In: Görres Gesellschaft (Hrsg.): Staatslexikon - Recht, Wirtschaft, Gesellschaft (Band 4), 6. Aufl., Freiburg 1988

18 Eine ganz ähnliche Einteilung der verschiedenen Phasen der Planung im Rahmen handlungsorientierter Managementkonzept, nämlich Zielbestimmung, Informationsbeschaffung, Alternativenaufstellung und Entscheidung, Implementation, Kontrolle und Auswertung der Ergebnisse, finden sich im BROCKHAUS - Die Enzyklopädie: in 24 Bänden. 20. Überarbeitete und aktualisierte Aufl., Leipzig/Mannheim 1996, Bd. 17, S.211-212

Abb.31: Grundbestandteile eines Plans

Kategorie	Frage	Parametertyp	Bestimmung durch ...	Gewinnung primär i[n] Phase der ...
Soll-Ergebnisse und Zeit	was bis wann	Aktionsparameter	Entscheidung	Zielbildung
• allg. Grundannahmen • Lageprognose • Potential • Umweltreaktionen	unter welchen Prämissen (Bedingungen)	• Datenparameter • Datenparameter • Datenparameter • Reaktionsparameter	• Lageprognose • Lageprognose • Lageprognose • Wirkungsprognose	Prognose
Soll-Ist-Abweichung	warum	• Aktions-/Datenparameter	Soll-Ist-Vergleich	Problemanalyse
Aktionen	wie	• Aktionsparameter	• Entscheidung	Alternativensuche
• Mittel-Einsatz • Mittel-Verfügbarkeit • Mittelbedarf	womit	• Aktionsparameter • Datenparameter • Reaktionsparameter	• Entscheidung • Lagediagnose/-prognose • Wirkungsprognosen	Alternativensuche Problemanalyse und P
• Zeit-Bestimmung • Zeit-Verfügbarkeit • Zeitbedarf	wann	• Aktionsparameter • Datenparameter • Reaktionsparameter	• Entscheidung • Lagediagnose/-prognose • Wirkungsprognosen	Alternativensuche Problemanalyse und P
Zuständige/Verantwortliche Organisationseinheiten (Träger): • Träger-Bestimmung • Träger-Verfügbarkeit • Träger-Bedarf	wer	• Aktionsparameter • Datenparameter • Reaktionsparameter	• Entscheidung • Lagediagnose/-prognose • Wirkungsprognosen	Alternativensuche Problemanalyse und P
geplante Ergebnisse, Wirkungen (Kosten, Nutzen)	welche Wirkungen	• Reaktionsparameter	• Wirkungsprognosen	Prognose und Bewertu

J.: Grundlagen der Unternehmensplanung. 4. Aufl., Reinbek 1982, S.51

1. *Entscheidungsvorbereitung*: Informationen werden in allen Segmenten der Lebensumwelt gesammelt sowie in der Vergangenheit erworbene Erfahrungen analysiert um dann zu entscheidungsrelevanten Prämissen verdichtet zu werden.
2. *Planung im engeren Sinne und Entscheidung*: Hier gilt es letztlich anzustrebende Ziele zu erarbeiten und zu konkretisieren sowie die mit der Zielerreichung betrauten Planträger und die ihnen zur Verfügung stehenden Instrumente festzulegen. Dazu müssen anhand der in Stufe eins erarbeiteten informatorischen Grundlagen Entwicklungsszenarien entworfen, Strategien und Programme konzipiert und bewertet sowie abschließende Entscheidungen gefällt werden.
3. *Umsetzung und Koordination*: In dieser Stufe geht es um die praktische Realisation der entwickelten Konzepte, wobei diese oftmals erst hier eine letzte Konkretisierung erfahren (können).
4. *Kontrolle und Steuerung*: Dieser Stufe kommt entscheidende Bedeutung für die erfolgreiche Umsetzung der Planung zu. Allerdings nur, wenn man die Kontrollfunktion nicht im Sinne einer reinen `ex post´-Kontrolle versteht, sondern sie bereits mit der Planung i.e.S. beginnen läßt. Denn nur wenn Abweichungen der Planungsgrundlagen mit beachtet werden, können - falls notwendig - während der Realisation noch Pläne korrigiert beziehungsweise neuen (Umwelt-)Entwicklungen und Bedarfen angepaßt werden. Diese Stufe schließt mit Wirkungs- und Erfolgskontrolle ab, deren Ergebnisse in neuen Planungsrunden einfließen können.

Logisch lassen sich diese Stufen in einer linearen Abfolge begreifen. Wesentlich ist für die (Raum-)Planung aber, daß sie dem auf einen Anfangs- und einen Endpunkt gerichteten Denken abschwört. Planungen in einem komplexen, hochdynamischen Umwelt sind stets vielstufige, kontinuierliche und iterative, aber niemals einmalige und damit abschließbare Prozesse. Sie sind immer (hoch-)selektiv und bezüglich ihrer Implikationen mit Unsicherheitsfaktoren behaftet.[19] Dennoch müssen Planungen implementiert und realisiert werden. Dazu gilt es ökologische, soziale, wirtschaftliche und politisch-administrative Störungen (konjunkturelle Schwankungen, Finanzengpässe, Umweltbelastungen, Arbeitsmarktprobleme etc.) mittels Planungsprozessen aufzufangen und zu antizipieren. Dies kann ein linear angelegter Prozeß nicht leisten, da Rückmeldungen über die erzielten Ergebnisse erst bei Abschluß aller Maßnahmen und damit zu spät für Korrekturen oder Umsteuerungen, zur Verfügung stehen. Hierzu bedarf es einer `rollierenden Planung´ - im systemtheoretischen Sinne: eines Regelkreises[20]. Demgegenüber ist wegen der Vernetzung, der Komplexität und der Zukunftsdimension eine möglichst hohe Genauigkeit weit weniger wichtig als eine ausgeprägte Problemübersicht und eine möglichst klare Problemerfassung.[21]

---

[19] vgl. STEINMANN, H.; SCHREYÖGG, G.: Management: Grundlagen der Unternehmensführung: Konzepte - Funktionen - Fallstudien. 3. Aufl.; Wiesbaden 1993, S.145

[20] Unter einem Regelkreis ist hier der Zyklus - Zielformulierung, Modell, Modellergebnisse, (neue) Zieformulierung, usw. - zu verstehen. Vgl. MEYER, M.: Operations Research - Systemforschung: eine Einführung in die praktische Bedeutung. 2. Aufl., Stuttgart 1986, S.195ff.

[21] vgl. LENDI, M.: Grundriß einer Theorie der Raumplanung - Einleitung in die raumplanerische Problematik. 2. Aufl., Zürich 1995, S.17 und S.22ff.

Abb.32: Planungsprozeß in zeitlicher Aufschlüsselung - ein normativer Ansatz

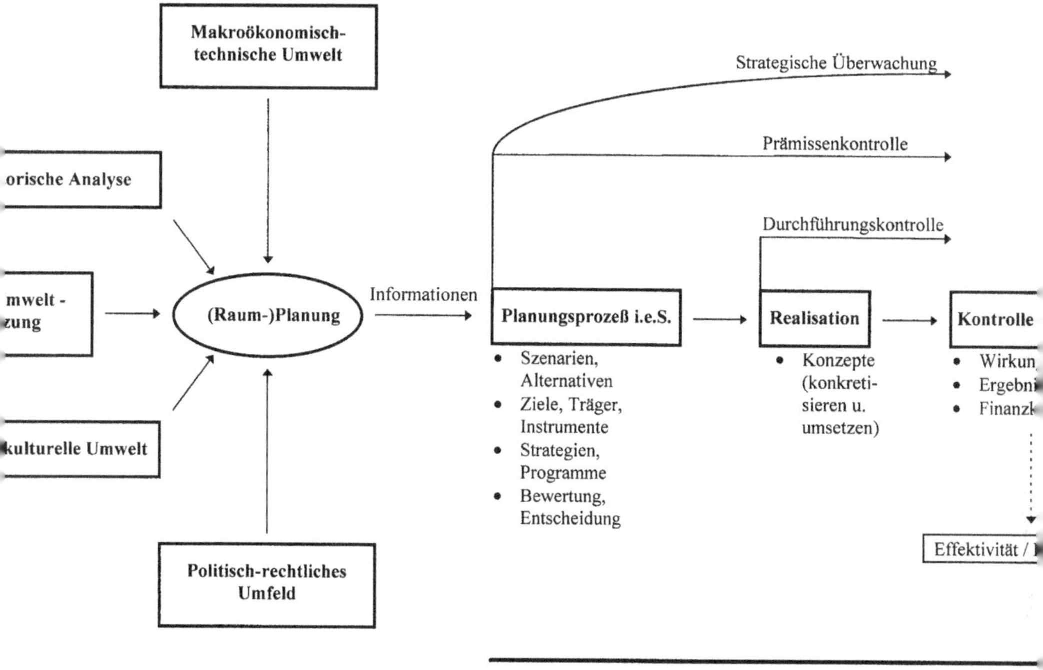

ne Darstellung, wobei die Aufgliederung der strategischen Kontrolle in die drei Komponenten - strategische Über issenkontrolle und Durchführungskontrolle - in Anlehnung an: STEINMANN, *H.;* SCHREYÖGG, *G.: Management: Gr Unternehmensführung: Konzepte - Funktionen - Fallstudien. 3. Aufl., Wiesbaden 1993, S. 222 erfolgte.*

Eine Konkretisierung dieser theoretisch-abstrakten Aufschlüsselung des Planungsvorgangs findet sich beispielhaft in der thüringischen Konzeption von Regionalkonzepten wieder (vgl. Abb.33), das entsprechend betrieblicher Marketingkonzepte entwickelt wurde. Dabei gliedert sich dieses Konzept in folgende Hauptschritte:[22]

1. *Grundlagen*: Definition, Ist- sowie Potentialanalyse des `Produkts Region´, das einem Standort-, Struktur- und Image-Marketing zugänglich gemacht werden soll. Dabei wird die Region auch im Sinne eines `benchmarking´ mit anderen (Konkurrenz-)Regionen verglichen.
2. *Kreative Phase*: Entwicklung realistischer Visionen für die weitere Entwicklung der Region in Zusammenarbeit mit (möglichst) allen Entscheidungsträgern und Meinungsbildnern der jeweiligen Problemregion.
3. *Konkretisierungsphase*: Konkretisierung und Festlegung eines Marketing-Konzepts (Strategie mit Leitbildern, Zielen und Maßnahmen, sowie Zeit- und Kostenplänen).
4. *Umsetzungsphase*: Von besonderer Bedeutung ist, daß dieser Prozeß nach seinem programmatischen Teil nicht abbricht, sondern in seine Umsetzungsphase überführt wird, die prozeßbegleitend der Evaluation unterzogen wird.

Eine detaillierte Aufschlüsselung der einzelnen Teilprozesse wird in diesem Kapitel unter den entsprechenden Unterpunkten vorgenommen werden. Hier soll es vorerst genügen aufzuzeigen, wie sich heute noch gängige Planungskonzepte von diesem umfassend angelegten Planungsansatz unterscheiden: Es wird versucht das bislang zu verzeichnende Abbrechen der Planung (vgl. Kapitel III und IV) nach der Ziel-, Strategie- und Maßnahmenformulierung zu überwinden und die Realisierungsphase zu integrieren. Eine Planung, die nun Realisierung und Evaluation der Ergebnisse mit einbezieht und in einem iterativen Prozeß die erreichten Ergebnisse wie auch die Planabweichungen in der weiteren Planung berücksichtigt, muß zwar an der einen oder anderen Stelle sicherlich Kompromisse und Zugeständnisse gegenüber rein `idealistisch´ entworfenen Planungen machen, sollte aber einer konkreten Zielerreichung wesentlich näher kommen. Denn mit ihrer Hilfe können Fehlentwicklungen im Prozeß aufgenommen und bearbeitet werden, anstatt stur einen Plan weiter zu verfolgen, der sich unter Umständen bereits in einer sehr frühen Phase als nicht umsetzbar erwiesen hat. All dies läßt sich jedoch nur dann machen, wenn in der Planung Konkretisierungen nicht zum frühest möglichen Zeitpunkt vorgenommen und Umsteuerpotentiale eingebaut werden.[23]

---

[22] vgl. HOSSE, O.; SCHÜBEL, S.: Neue Ansätze der Regionalplanung und -politik in Thüringen. In: BfLR (Hrsg.): RuR, H.4/96, Bonn 1996, S.239f.
Diese Hauptschritte umfassen die - beispielsweise auch in der Betriebswirtschaft verwandten - Teilschritte kybernetischer Entscheidungsmodelle (Zielfindung, Analyse, Planung, Rüstphase, Durchführung, Evaluation) und damit den aus der Philosophie bekannten Handlungsüberlegungen. Vgl. hierzu etwa BEA, F.X.; et.al.: Allgemeine Betriebswirtschaftslehre. 7.Aufl., Stuttgart/Jena 1997, S.130ff. und MAINZER, K.: Handlungstheorie. In: MITTELSTRAß, J. (Hrsg.): Enzyklopädie Philosophie und Wissenschaftstheorie, Bd.2, Mannheim 1980, S.37ff.

[23] Nichts anderes meint SCHRETZENMAYR, mit der Aussage: „Je früher im Verlaufe des Planungsprozesses einschränkende Entscheidungen getroffen werden, desto weniger Zeit steht dem System zur Verfügung, in einen Zustand möglichst hoher `fitness´ zu gelangen. Ist es nach dem Eintreten von `key decisions´ zur Bildung eines überwiegend `ordered´ Zustands gekommen, so ist die Erlangung eines höheren `degree of fitness´ nur schwer möglich, da nur noch geringe Veränderungsmöglichkeiten bestehen. Mit zunehmendem `degree of commitment´ sinkt das System somit weiter in den `ordered´ Bereich ab, der Zustand des Systems verstärkt sich und die Adaptionsfähigkeit nimmt noch weiter ab." SCHRETZENMAYR, M.: Was führt zum Scheitern raumplanerischer Konzepte? In: BfLR (Hrsg.): RuR, H.6/96, Bonn 1996, S.408

Abb.33: Ablaufschema eines Regionalkonzeptes

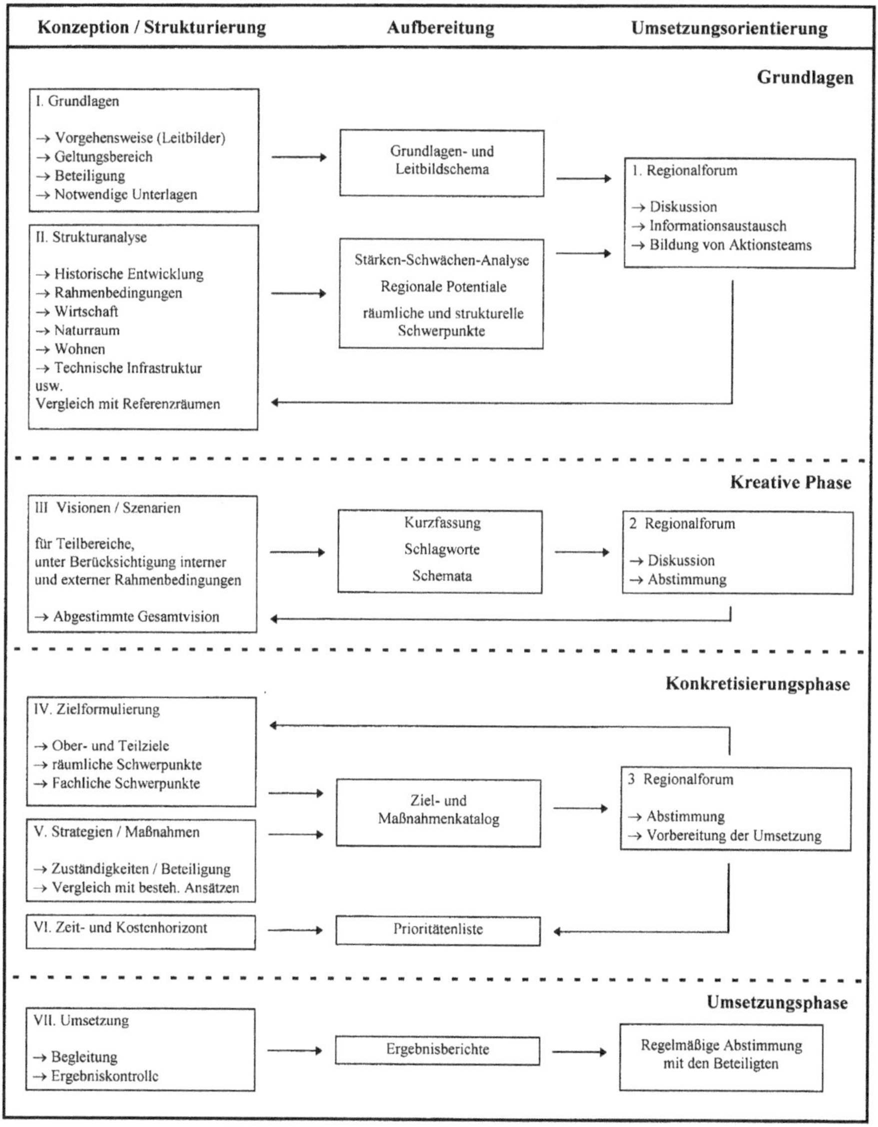

Quelle: HOSSE, O.; SCHÜBEL, S.: Neue Ansätze der Regionalplanung und -politik in Thüringen. In: BfLR (Hrsg.): RuR, 4/96, Bonn 1996, S.239

In den folgenden Abschnitten wird die Konzentration auf die Zielfindung, die Interessenzulassung und deren Einarbeitung in die zu erstellenden Pläne gelegt werden. Die Realisationsphase wird nur in soweit von Interesse sein, wie Planung als Prozeß verstanden wird, der nicht mit Beginn der Umsetzung der Planungsergebnisse abgeschlossen ist, sondern sein Ende erst mit Abschluß der ergriffenen Maßnahmen, der zugehörigen Erfolgskontrollen und der Rückmeldung der Kontrollergebnisse, findet.

Mit Konzepten dieser Art ist die Erwartung verbunden, daß die „Vielfalt möglicher Anforderungen und Entscheidungen so zu ordnen" sind, daß sie strukturiert bearbeitet und „entsprechende Folgen und Ergebnisse an entsprechende Einflußfaktoren rückgekoppelt werden können."[24]

1.3 Anforderungen an das Entscheidungssystem im Planungsprozeß

Wie gesehen, ist das Entscheidungssystem innerhalb des Planungsprozesses sehr komplex. Um den damit verbundenen Anforderungen gerecht zu werden und dauerhaft tragfähige Lösungen zu finden, müssen die Entscheidungs- und Verfahrensregeln aus normativer Sicht folgenden Bedingungen genügen:[25]

1. Bereits die *Notwendigkeit* zur Ergreifung von (Infrastruktur-)Maßnahmen muß innerhalb eines geeigneten, „gesellschaftlich allgemein akzeptierten Verfahrens anerkannt" und festgelegt werden, damit willkürlichen Eingriffen in unklar abgegrenzten Bereichen ein Riegel vorgeschoben beziehungsweise wissentliches Nicht-Beachten räumlicher Problemlagen in anderen Bereichen ausgeschlossen wird. Hierzu müssen die (beispielsweise infrastrukturellen) Erfordernisse aufgrund bestehender Defizite in einem Gesamtbild artikuliert werden.
2. *Formulierung der Nutzungsansprüche* sowie *Bestimmung der vorhandenen Ressourcen* (im Hinblick auf gebietliche Funktionen, wirtschaftliche Aktivitäten und Personengruppen). Hier ist die Eignungsanalyse, die Bestimmung der Kapazitäten sowie des Entwicklungspotentials zu nennen. Bereits hier können gebietsspezifische Konflikte erkannt werden.
3. Die Regeln müssen gewährleisten, daß nicht ein um mögliche Abhilfemaßnahmen verkürzter Katalog einen Planungsprozeß begründet. Dies bedeutet, daß Bewertung und *Auswahl als geeignet erscheinender Maßnahmen* nicht etwa durch eine Vorauswahl der planenden Verwaltung getroffen wird, sondern diese zutiefst politische Aufgabe den entsprechend legitimierten - und in der Folge auch verantwortlichen - Instanzen vorbehalten bleibt.
4. *Planungsbegrenzungen oder -verpflichtungen* (Freiheitsgrad der Planung) werden nicht nur juristisch, sondern auch politisch bestimmt. Hier ist eine Analyse der bereits erfolgten Fachplanungen der Ressorts erforderlich, da diese räumliche Implikationen haben können, in ihnen bereits abgeschlossene Vorgänge der Abstimmung und des Interessenausgleichs zwischen Bevölkerungsgruppen, politischen Repräsentanten und Ressortvertretern zum

---

[24] vgl. BROCKHAUS - Die Enzyklopädie: in 24 Bänden. 20. Überarbeitete und aktualisierte Aufl., Leipzig/ Mannheim 1996, Bd. 17, S.212

[25] Zu diesem gesamten Abschnitt insbesondere KLAUS, J.: Grundlegende Aspekte der Planungsrationalität und Planungsmethodik. In: KLAUS, J.: Entscheidungshilfen für die Infrastrukturplanung - Neuere Entwicklungen auf dem Gebiet der Analyse und Bewertung öffentlicher Projekte. Sonderdruck, Baden-Baden, o.J., S.28 i.V.m. S.29-32

Ausdruck kommen und andererseits Interessen- und Meinungsunterschiede besonders deutlich werden. Grundlegende Zielkonflikte möglichst weit an den Beginn des Planungsprozesses zu ziehen, ist hierbei das Ziel.[26]

5. Es sollten „*Such- und Deskriptionsvorschriften*" implementiert sein, um mögliche Auswirkungen und Folgen der Maßnahmen identifizieren, charakterisieren und beurteilen zu können.
6. Darüber hinaus kommen Regeln besondere Bedeutung zu, die eine *Urteilsbildung auf allen Stufen* ermöglichen, welche in konstruktiver Auseinandersetzung zwischen Analytikern (beispielsweise aus der Wissenschaft), planender Verwaltung, Politik und Öffentlichkeit („unter Einschluß der betroffenen Teilöffentlichkeit") erfolgt. In diesem Sinne wird die institutionalisierte Diskussions- und Bewertungsphase innerhalb des Planungsprozesses zur integrativen Komponente, die zunächst durchaus konflikterhöhend wirken kann. Denn es müssen Lösungsmechanismen gefunden werden, die einen Interessenausgleich aller Beteiligten ermöglichen und nicht nur administrative Neuregelungen darstellen. Diese immer bedeutsamere, frühestmögliche Einbeziehung breiter Bevölkerungsgruppen meint auch REUTER, wenn er konstatiert, „daß Verantwortung [Anm.: im Rahmen staatlicher Planungen] heute nur noch im Dialog wahrgenommen werden kann."[27] Insbesondere dort - und das ist meist der Fall -, wo zwischen technischen Alternativen und den dazu notwendigen Maßnahmen Wahlmöglichkeiten (unterschiedlichen Umfangs, örtlicher Erstreckung und zeitlicher Aufteilung) bestehen, die mit unterschiedlichen Begleitmaßnahmen im regionalpolitischen Bereich verbunden sind beziehungsweise verbunden werden müssen. Die Alternativenfindung erhält in diesem Zusammenhang besonderes Gewicht.
   Allerdings liegen im Einbezug größerer Bevölkerungskreise auch Gefahren. So steigt „mit zunehmender Projektgröße und Zahl der beteiligten Akteure" auch die Abhängigkeiten von Projekten von deren Umfeld und innerhalb der Projekte zwischen Teilprojekten, wobei vor allem zeitliche, finanzielle sowie räumliche Abhängigkeiten auftreten.[28] Kritischer Punkt ist es also das notwendige und größtmögliche Maß an Partizipation zu bestimmen.

2. Strategische und operative Komponenten eines integrierten Raummanagements

„Wenn es stimmt, daß es einerseits aus verschiedenen Gründen notwendig ist, Naturraum, Wirtschaftsraum und Sozialraum wieder zu re-integrieren, andererseits aber diesbezügliche Möglichkeiten einer „integrierten" Planung objektiv begrenzt sind, stellt sich die Frage nach der angemessenen Handlungsstrategie, die nicht auf beliebigen Kompromißformeln beruht, sondern ein Stück in die gewünschte Richtung weist. Handlungsrelevant könnten sogenannte „Schlüsselfelder" sein, in denen eine Integration verschiedener miteinander zusammenhängender Teilstrukturen aus der Sache heraus Sinn macht. Die daraus entwickelten Ideen und Verfahren können zu komplementären Sektoral- oder räumlichen

---

[26] Trotzdem wird es aufgrund der unterschiedlichen Standpunkte aller Beteiligten sowie der methodischen Schwierigkeiten keinen streng hierarchischen Zielkatalog mit vollständiger Ordnung geben können.

[27] vgl. REUTER, E.: Verantwortung im Dialog. In: Stuttgarter Nachrichten, 21. Februar 1989. Es erscheint sinnvoll auf diesem Wege die Präferenzen der Bevölkerung zu erheben. Dabei sind weniger konkrete Entwicklungswünsche, als vielmehr die Kenntnis von Einstellungen und Mentalitäten, die den Sinn und Erfolg von Maßnahmen bestimmen (zum Beispiel Haltung zu örtlichen und landschaftlichen Veränderungen, Erwerbs- und Wirtschaftsmentalität sowie die Einstellungen zu ökologischen Forderungen) von Interesse ('Wertewandel').

[28] vgl. SCHRETZENMAYR, M.: Was führt zum Scheitern raumplanerischer Konzepte? In: BfLR (Hrsg.): RuR, H.6/96, Bonn 1996, S.408

Gesamtstrategien verbunden werden. Diese haben nicht die Aufgabe, diffus zu integrieren versuchen, was auf völlig gegensätzlichen Systemlogiken beruht, sondern sie sollen zusammenführen, was sachlogisch zusammengehört."[29]

Folgt man der Ansicht von HESSE, so müssen im Zuge räumlicher Probleme „Schlüsselfelder" bestimmt und „zusammenhängende Teilstrukturen" heraus gearbeitet werden, um dann Strategien zur Problemlösung festlegen zu können. Hierzu können Bewertungsanalysen[30] (vgl. Abb.34) herangezogen werden, die methodischen Ansätze zur Beschaffung beziehungsweise Aufbereitung von Informationen bündeln. Mittels des ersten Hauptelemente der Situationsanalyse (Kapitel V 2.1) wird der räumliche Status Quo eruiert. Am besten geschieht dies auf der Ebene auf der das Problem anfällt, um eine möglichst große Problemnähe herzustellen und ein möglichst ausgeprägtes Problemverständnis zu nutzen. Die Situationsanalyse umfaßt dabei die Umweltanalyse, in der in einem ersten Schritt die Aufbereitung der Einflußfaktoren der Umwelt auf eben jene Problemlage erfolgt und damit den externen Handlungsrahmen untersucht. In einem zweiten Schritt werden mittels der Analyse des endogenen Entwicklungspotentials, die zur Verfügung stehenden Ressourcen bestimmt. Beide Schritte benötigen ein dezidiertes Berichtssystem, das die wesentlichen Felder und Daten erfaßt, um eine valide Grundlage für das weitere Vorgehen zu gewährleisten.

Abb.34: Hauptelemente und Verfahrensschritte von Bewertungsanalysen

Hauptelemente	**Verfahrensschritte**
Situationsanalyse	1. Vorklären der Aufgabe, Problemdefinition 2. Konkretisieren eines Zielsystems 3. Bestimmen des Entscheidungsfeldes
Alternativensuche	4. Auswählen und Darstellen der weiter zu untersuchenden Maßnahmen
Identifikation und Messung der Wirkungen	5. Ermitteln von Maßnahmewirkungen, Erfassung und Quantifizierung von Vor- und Nachteilen 6. Bestimmen der Meßskalen
Bewertung und Auswahl	7. Bewerten der Vor- und Nachteile der einzelnen Maßnahmen 8. Bestimmen der Unsicherheitsfaktoren und ihrer Auswirkungen auf das Analyseergebnis 9. Gegenüberstellen der quantifizierten Vor- und Nachteile der Maßnahmen 10. Verbales Beschreiben der nicht quantifizierten Vor- und Nachteile 11. Gesamtbeurteilung der Maßnahme als Grundlage der Entscheidung

Quelle: KLAUS, J.: Grundlegende Aspekte der Planungsrationalität und Planungsmethodik. In: KLAUS, J.. (Hrsg.): Entscheidungshilfen für die Infrastrukturplanung - Neuere Entwicklungen auf dem Gebiet der Analyse und Bewertung öffentlicher Projekte,Sonderdruck, Baden-Baden o.J., S.17 (leicht veränderte Darstellung)

29 HESSE, M.: Nachhaltige Raumentwicklung. In: BfLR (Hrsg.): RuR, H.2+3/96, Bonn 1996, S.110

30 vgl. KLAUS, J.: Grundlegende Aspekte der Planungsrationalität und Planungsmethodik. In: KLAUS, J.: Entscheidungshilfen für die Infrastrukturplanung - Neuere Entwicklungen auf dem Gebiet der Analyse und Bewertung öffentlicher Projekte. Sonderdruck, Baden-Baden, o.J., S.17

Bevor die Phase der Ziel- und Strategieformulierung beginnen kann, muß festgelegt werden, auf welcher föderalen Ebene das weitere Vorgehen ansetzen soll, welche Planungs- und Entscheidungsträger beteiligt werden und welche Interessen legitimer Weise zugelassen werden können und sollen. Erst wenn dies erfolgt und die Zielbestimmung durch die entsprechenden Planträger abgeschlossen ist (Kapitel V 2.2), schließt sich der strategische und operative Planungsprozeß (Kapitel V 2.3) an, dessen Komponenten sich in Alternativensuche (einschließlich der Identifikation möglicher Wirkungen) und der abschließenden Bewertung sowie Auswahl und Budgetierung unterteilen.
Da die Planumsetzung nicht originärer Gegenstand der vorliegenden Arbeit ist und sein kann, wird die Realisationsphase nur in sofern von Bedeutung sein, als auch dabei gewisse Teilaufgaben einer strategischen und operativen Planungskonzeption zu beachten sind. Dies betrifft insbesondere den Teil des Kontrollprozesses, der aufzeigt, daß in einem solchermaßen verstandenen, integrierten Raummanagementkonzept die Planungsleistung sich über die gesamte Dauer einer Problemlage hinweg zieht.

Die Differenzierung zwischen strategischer und operativer Planung ist deshalb von so zentraler Bedeutung, da die strategische Planung den grundsätzlichen Orientierungsrahmen für richtungsweisende Entscheidungen absteckt. Demgegenüber zielt die operative Planung darauf ab, „konkrete Orientierung für das tagtägliche Handeln" - unter Beachtung der strategischen Ziele - zu gewinnen. Sah man darin früher den Grund die strategische Planung als langfristige und die operative als kurzfristige Planung zu bezeichnen, so lehnt man diese Unterscheidung heute als nicht mehr zeitgemäß ab, da sich die Gleichsetzung von langfristig und strategisch als irreführend erwiesen hat. So können strategische Pläne sehr kurze zeitliche Horizonte haben, ohne im entferntesten Charakterzüge operativer Pläne anzunehmen.[31] Darum erscheint es sinnvoller, die beiden Planungsebenen sachlich zu unterscheiden, also zwischen der strategischen und der operativen Ebene, und getrennt davon nach dem zeitlichen Horizont.[32]

2.1 Situationsanalyse

„Die Regel sind sehr komplexe Standortsysteme, in denen sich Ursachen und Wirkungen aus allen Daseinsbereichen überlagern und von denen analytische Forschung, sei es auf dem Gebiet der Naturwissenschaften oder der Geisteswissenschaften, immer nur Teilbereiche zu erfassen vermag, aber nie die ganze Wirklichkeit in ihrer Vielseitigkeit im betroffenen Raum einbeziehen kann."[33]

Die Grundlage des strategischen Planungsprozesses ist die Klärung der strategischen Ausgangsposition. In dieser Planungsphase sind alle möglicherweise relevanten internen und externen Daten zu untersuchen.[34] Dementsprechend muß im Rahmen einer strategischen Analyse das Entwicklungspotential eines Planungsraums bestimmt und damit indirekt das offenstehende Handlungsfeld abgegrenzt werden um die prinzipiell zur Verfügung stehenden

---

31 Zu denken wäre etwa an dramatische Umsteuerung von Ressourcen beim Auftreten von Krisensituationen oder neuen wissenschaftlichen Erkenntnissen

32 STEINMANN, H.; SCHREYÖGG, G.: Management: Grundlagen der Unternehmensführung: Konzepte - Funktionen - Fallstudien. 3. Aufl.; Wiesbaden 1993, S.145

33 OTREMBA, E.: Der Raum und sein Wirkungsgefüge. In: ARL (Hrsg.): Grundriß der Raumordnung. Hannover 1982, S.17

34 vgl. PEEMÖLLER, V.: Controlling - Grundlagen und Einsatzgebiete. 2. Aufl, Berlin 1992, S.113f.

Alternativen erkennen und planerisch angehen zu können. Dabei versteht man unter `Entwicklungspotential´ das Gesamtbündel aller in einer Region zu einem bestimmten Zeitpunkt vorhandenen Faktoren, die zur Wohlfahrt der Region beitragen können. Diese Potentialfaktoren können entweder direkt Nutzen stiften (etwa Wasser, Luft, Erholungsflächen) oder aber indirekt, indem sie zuvor in wirtschaftliche Güter und Dienstleistungen transformiert werden.[35]

Eine solche Situationsanalyse durchleuchtet sowohl das externe Umfeld eines Raumes (Umweltanalyse) als auch den Raum in seiner Struktur selbst daraufhin, ob sich Anzeichen für eine bedrohliche Entwicklung des gegenwärtigen Raumzustands oder aber chancenreiche Entwicklungsmöglichkeiten abzeichnen. In diesem Stadium sind allgemeine Trends und Entwicklungen in allen gesellschaftlichen Feldern zu beobachten, die zu Diskontinuitäten führen könnten. Hierzu gehören neben den allgemeinen gesellschaftlichen Tendenzen und Veränderungen (vgl. `Wertewandel´), der politischen Strukturen auch die technologischen Entwicklungen, die sich zum Beispiel in veränderten Produktionsbedingungen und -verfahren niederschlagen und damit räumlich veränderte Arbeits- und Lebensstrukturen nach sich ziehen können.
Aufgrund der Komplexität und Dynamik der unterschiedlichen Prozesse auf den diversen Analysefeldern ist sowohl die Umweltanalyse als auch die Analyse des endogenen Entwicklungspotentials ein hochselektiver Informationsverarbeitungsprozeß, was diese Stufe stets unvollständig und somit risikobehaftet läßt.[36] Auch neuere, vermeintlich objektive Analyseinstrumente, wie regional orientierte Prortfolio-Matrizen[37], die regionale Stärken-Schwächenprofile im Vergleich zu Wettbewerbsregionen erstellen, können diese Selektivität nicht verringern, wenngleich sie durchaus interessante Ansatzpunkte bieten. So ist es heute immer öfter zu lesen, daß sich Städte, Kommunen und Kreise auf Feldern zu `Kompetenzregionen´[38] erklären, in denen sie vermeintliche Wettbewerbsvorteile haben um spezialisierte Erfolgswege einschlagen zu können.

---

35 vgl. THOSS, R.: Potentialfaktoren als Chance selbstverantworteter Entwicklung der Regionen. In: BfLR (Hrsg.): Informationen zur Raumentwicklung, H.1+2/84, Bonn 1984, S.21

36 Vgl. STEINMANN, H.; SCHREYÖGG, G.: Management: Grundlagen der Unternehmensführung: Konzepte - Funktionen - Fallstudien. 3. Aufl.; Wiesbaden 1993, S.153, die vergleichbare Schlüsse für Konzernunternehmen gezogen haben.

37 Vgl. hierzu BAUMGÄRTLER, T.: Regional-Portfolioanalyse und eine Anwendung in den Teilregionen Nordportugals. In: SCHRETTENBRUNNER, H. (Hrsg.): Tutorium Wirtschaftsgeographie/Planung - Raumordnung, Landes- und Regionalplanung, Portfolioanalyse Nordportugal, Wirtschaftsinformationen, Graphentheoretische Simulation eines Verkehrsnetzes. ERASMUS-Projekt: Geographie, Projekt-Nr. ICP-93-D-0185/07, Nürnberg 1994, S.29-44, der eine solches `Benchmarking´ am Beispiel prortugiesischer Regionen durchgeführt hat. Vgl. auch DUNZINGER, J.: Die Portfolio-Methode - ein Instrument der strategischen Regionalplanung? Unveröffentlichte Diplomarbeit der Friedrich-Alexander-Universität Erlangen-Nürnberg, Lehrstuhl für Wirtschafts- und Sozialgeographie, Nürnberg 1989 sowie HENDERSON, B.: Henderson on Corporate Strategy. Cambridge 1979, der die Idee strategischer Bestandsaufnahme für Unternehmen und deren strategischen Geschäftseinheiten (SGE) entwickelte und Normstrategien zur weiteren Ausrichtung empfiehlt (BCG-Matrix).

38 Beispielsweise der Großraum Nürnberg-Fürth-Erlangen, der seine Kompetenzen insbesondere in der Medizin- und Telekommunikationstechnik sieht (vgl. Die Region Nürnberg e.V. (Hrsg.): Raum für starke Visionen - Entwicklungsleitbild. Erlangen o.J. sowie N.N.: Wirtschaftsregion Nürnberg hat sich ein Programm für den Aufschwung gegeben - Ein `Leitbild´ weist in die Zukunft. In: Nürnberger Nachrichten vom 19.03.1998, S.22) oder aber das Ruhrgebiet, das sich heute über die Umwelttechnologien und Kommunikationswirtschaft definiert. Das Alpenvorland hingegen zählt eher Tourismus und Landwirtschaft zu seinen Stärken.

2.1.1 Allgemeiner Handlungsrahmen - Umweltanalyse

Im Rahmen der Umweltanalyse werden alle Felder, deren Auswirkungen das raumordnerische Gefüge beeinflussen können, zusammengestellt sowie die einzelnen Komponenten, die diese Felder konstituieren, aufgegliedert und analysiert (allgemeine Raumbeobachtung, vgl. Kapitel V 2.1.3) um zu erkunden, ob sich Anzeichen für eine Bedrohung der gegenwärtigen Situation und/oder neue Möglichkeiten und Chancen erkennen lassen.
Allgemein gesprochen geht es darum Trends und Entwicklungen, beispielsweise Werte wie das Umweltbewußtsein und der Nachhaltigkeitsgedanke, `harte´ Fakten, wie technologische Entwicklungen, Ressourcenbedarfe, aber auch `weiche´ Faktoren, wie politische Strukturen etc. zu beobachten, ihren weiteren Verlauf abzuschätzen und dahingehend zu bewerten, ob dies zu Diskontinuitäten der bisherigen räumlichen Entwicklung führen könnte.
Beispielhaft läßt sich dies am Wandel der seit dem Jahr 1945 gültigen Kombination der Rahmenbedingungen (Marktwirtschaft, Wirtschaftswachstum, Fortschrittsglaube) feststellen. Dieser Wandel vollzog sich dergestalt, daß sich heute, nach verstärkter Globalisierung beziehungsweise Internationalisierung der Märkte und der damit verbundenen (beinahe völligen) Mobilität der Produktionsfaktoren, das marktwirtschaftliche Prinzip im Zuge des Abbaus innerer und äußerer Grenzen geographisch und sachlich ausgedehnt hat.[39] Zu weiteren Veränderungen des allgemeinen Handlungsrahmens sei an dieser Stelle auf Kapitel II 1.1.2 verwiesen.

Anzumerken ist an dieser Stelle noch, daß je nachdem welches strategische Konzept unterlegt wird, eine andere System/Umwelt-Grenze der betrachteten räumlichen Einheit zu beachten ist. Wobei das jeweils zu wählende strategische Konzept von der/den planenden und handelnden Ebene(n) sowie der jeweils bestimmenden Einflußfaktoren einer Problemlage abhängt.

2.1.2 Analyse des endogenen Entwicklungspotentials

Gegenstück der Umweltanalyse ist die auf die `interne´ Ressourcenausstattung gerichtete Analyse des endogenen Entwicklungspotentials[40], steckt diese doch das Feld der strategischen Möglichkeiten, die überhaupt ergriffen werden können, ab.
Grundanliegen einer strategischen Analyse für Gebietseinheiten ist es - vergleichbar einer strategischen Geschäftsfeldanalyse im privatwirtschaftlichen Sektor - die `Kernkompetenzen´[41], sprich die Stärken und Schwächen und somit die Potentialfaktoren einer Region, zu eruieren. Darauf aufbauend, wären unter Berücksichtigung der allgemeinen

---

39 vgl. ZALAD, K.: Von der Raumplanung zum Raummanagement? In: ORL (Hrsg.): Planungssysteme - Planungskonzepte, wie weiter? ORL-Bericht 101/1996, Zürich 1996, S.81

40 Weiterführend zu regionalen Entwicklungspotentialen etwa GIERSCH, H.: Das ökonomische Grundproblem der Regionalpolitik. In: Jahrbuch für Sozialwissenschaften, H.3/14, 1963, S.393ff. oder SCHARRF, R.: Regionalpolitik und regionale Entwicklungspotentiale. Hohenheimer Volkswirtschaftliche Schriften, Bd.18, Frankfurt 1993, S.109ff. Eine sehr gute Zusammenfassung der Diskussion um regionale Entwicklungspotentiale, deren Definition, ihrer Ausprägungen und Kombinationsmöglichkeiten, findet sich bei WEGENER, T.: Institutionelle Aspekte der Regionalisierung von Wirtschafts- und Strukturpolitik - Das Beispiel Sachsen-Anhalt. In: ifo Institut für Wirtschaftsforschung (Hrsg.): ifo Dresden-Studien, Bd.24, München 2000, S.10-13

41 Zu Thema `Kernkompetenzen´ vgl. PRAHALAD, C.K.; HAMEL, G.: Nur Kernkompetenzen sichern das Überleben. In: HARVARDmanager, H.2/91, Harvard 1991, S.66-78

Ziele zugehörige Leitbildern zu formulieren und entsprechende Strategien zu deren Umsetzung zu entwickeln.
Um jedoch fundierte Aussagen über das in einem Raum vorhandene Entwicklungspotential machen zu können, wird wiederum eine Vielzahl von Daten benötigt. Hier, wie bei der Umweltanalyse, ist ein raumplanerisches Berichtssystem von Nöten, das vorgegebenen Anforderungen genügen muß, das heißt aussagefähige Daten als Entscheidungsgrundlage bietet. Andernfalls werden womöglich potentielle Probleme - aber auch Chancen - vor Ort nicht wahrgenommen oder lediglich als vernachlässigbare Störgrößen betrachtet. Zudem birgt eine nur oberflächliche Betrachtung der räumlichen Gegebenheiten, daß lokale beziehungsweise regionale Bedürfnisse nach einem einheitlichen Maßstab beurteilt und in der Folge unterschiedliche Räume gemäß dem `Rasenmäherprinzip´ - alle einheitlich - behandelt werden, ohne die jeweiligen Spezifika zu würdigen und in eine Gesamtstrategie einzubinden.[42]
Um dies zu gewährleisten muß ein System der Raumbeobachtung installiert werden, daß eine „fortwährende systematische Erfassung und Verwertung raumbedeutsamer Tatbestände und Entwicklungen" sicherstellt.[43]
Unabhängig von diesen Schwierigkeiten bleibt zu beachten, daß Entwicklungspotentiale immer relativ, das heißt auf bestimmte Aufgaben und Problemkreise bezogen, und nicht absolut zu sehen sind.[44]

2.1.3 Anforderungen an raumplanerische Berichtssysteme

Im Zuge der verstärkt wahrgenommenen Komplexität der Zusammenhänge bei raumordnerischen und raumplanerischen Entscheidungen sowie der immer detaillierteren Vorplanungen, ist heute ein veränderter Informationsbedarf bezüglich Umfang, Art und Detaillierung der raumplanerischen Berichtssysteme (Raumanalysen) festzustellen.

Nun gilt es mittels der Raumanalyse sowohl die Human- als auch die Naturfaktoren eines Gebietes (vgl. Abb.35) in ihrer Dynamik und Verflechtung zu erfassen. Dabei werden die im Raum ablaufenden Vorgänge auf ihre Ursachen und Folgen hin untersucht, Gesetzmäßigkeiten, Wirkungszusammenhänge sowie Regelkreise erforscht und der Raum in seiner Individualität dargestellt. Darüber hinaus wird das Beziehungsgefüge der Geofaktoren zusammenfaßt. Indem die Raumanalyse die „raumverändernden Wirkungen des wirtschaftenden Menschen sowie die Grenzen und Steuerungsmöglichkeiten seines Tuns" aufzeigt und versucht die Vielzahl der Raumelemente und ihre Anordnung zueinander zu übersehen, schließt sie die relevanten Aspekte der Raumordnung mit ein und geht damit über eine pure Raumbeschreibung deutlich hinaus.

---

42 vgl. STURM, R.: Erfahrungen mit Modellen regionaler Wirtschaftsentwicklung und -förderung. In: Friedrich-Alexander-Universität Erlangen-Nürnberg (Hrsg.): Uni-Kurier, Erlangen 1996, S.27

43 vgl. SCHÖNHOFER, J.: Begriffe der Raumplanung. In: ARL (Hrsg.): Daten zur Raumplanung. Zahlen - Richtwerte - Übersichten (Teil A), Hannover 1981, I.(2)

44 vgl. HÜBLER, K.-H.: Regionales Entwicklungspotential - Anmerkungen zu einem Beitrag von G. Strassert. In: BfLR (Hrsg.): RuR, H.1/85, Bonn 1985, S.38

Abb.35: Indikatorensystem für Raumordnung und Landesplanung

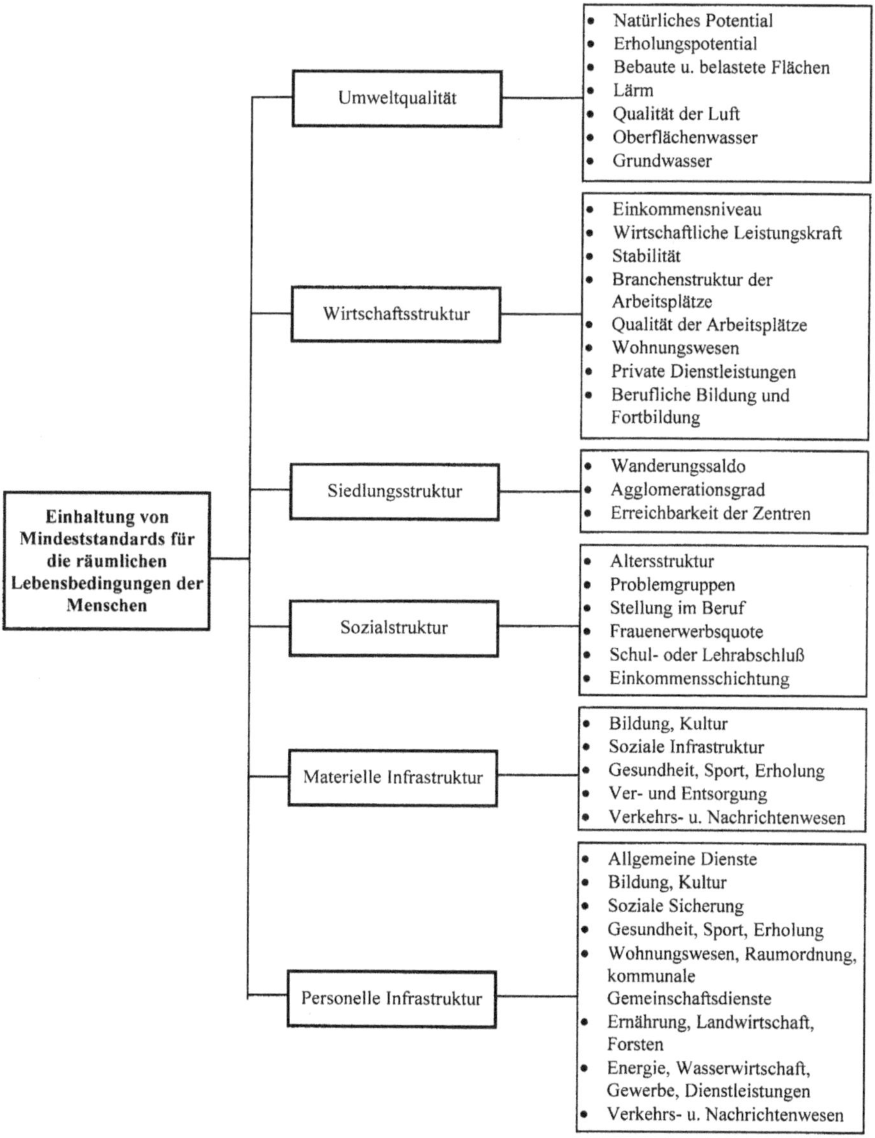

Quelle: Beirat für Raumordnung, Empfehlung vom 16. Juni 1976 (zitiert nach: BOUSTEDT, O.: Statistische Grundlagen. In: ARL (Hrsg.): Grundriß der Raumordnung, Hannover 1982, S.121

Die Abgrenzung des Untersuchungsgebietes für eine Raumanalyse kann gemäß politischer (etwa Verwaltungseinheiten folgend), wirtschaftlicher oder naturräumlicher Kriterien erfolgen. Bedeutend für eine Entscheidung ist in der Regel, welche Geofaktoren dominierend und raumprägend sind und damit besonderes Gewicht haben. Weniger bedeutend hingegen ist die Größe eines Untersuchungsgebiets, wenngleich kleinere, überschaubarere Gebiete einen leichteren methodischen Zugang erlauben.
Meist erfolgen Raumanalysen unter spezifischen Fragestellungen (etwa naturgeographische und landschaftsökologische Fragen), so daß aus methodischen und zeitlichen Gründen lediglich „thematische Raumausschnitte" (wie beispielsweise Fragen nach den räumlichen Auswirkungen gesellschaftlicher und wirtschaftlicher Prozesse, Fragen der Inwertsetzung oder auch der Werteverschiebungen) untersucht werden können. Bei Gesamtanalysen erweist sich das länderkundliche Schema als mögliches Gliederungsprinzip als geeignet: Nacheinander, beginnend bei den Naturfaktoren Lage, Klima, Relief, Boden, Vegetation etc. über die Humanfaktoren Wirtschaft, Verkehr, Siedlung etc. werden die einzelnen Geofaktoren untersucht und abschließend zu einer Gesamtschau zusammengefaßt.
Da linear verlaufende Kausalketten der Realität in der Regel nicht gerecht werden, ist bei der Analyse darauf zu achten, daß Zusammenhänge „zwischen den einzelnen Faktoren und ihrer Stellung im Gesamtgefüge des Raums aufgezeigt" werden, beispielsweise in Form von Ursachengeflechten und Wirkungsketten. Eine abschließende Synthese hat das vielschichtige Beziehungsgefüge der Geofaktoren zusammenzufassen sowie zu charakterisieren und damit einen Raum in seiner Individualität darzustellen. Vergleicht man nun dieses Ergebnis mit den zuvor aufgestellten Hypothesen, so sollte es möglich sein daraus Folgerungen für die räumliche Planung zu ziehen.[45]

Wichtig bei allen Raumanalysen ist jedoch, daß die durchgeführten Bestandsaufnahmen „nicht in Fleißarbeit ausarten", sondern prägnant die zentralen Probleme einer Raumeinheit aufzeigen: denn räumliche Konzepte können nur dann Erfolg haben, wenn sowohl ihr thematischer Schwerpunkt als auch die Zielrichtung nicht an den Problemen und den Akteuren vorbeigehen.[46]
Um eine bestmögliche Strategie zu entwickeln und damit die Ressourcen optimal einzusetzen, sollte stets ein Vergleich mit anderen, konkurrierenden räumlichen Einheiten (Stärken-Schwächen-Analyse) erfolgen, da es häufig um relative Stärken beziehungsweise Schwächen geht. Denn allein die Ressourcenausstattung einer räumlichen Einheit sagt noch nichts über deren relativen Wert für die zukünftigen Entwicklung aus, resultieren diese Chancen doch erst aus dem Vergleich mit anderen räumlichen Einheiten, bei dem Wettbewerbsvor- beziehungsweise -nachteile zu Tage treten.

Nach der Umweltanalyse und der Erfassung des endogenen Entwicklungspotential schließt sich in der logischen Folge die Bestimmung und Auswahl der strategischen (und operativen) Optionen an. Dies sollte - wie bereits in Kapitel V dargestellt - mittels Szenarien geschehen, denn mit ihrer Hilfe wird klar, welche Überlegungen und Annahmen zu einer Entscheidung geführt haben, welche der unterlegten Annahmen kritisch und deshalb besonders zu über-

45 Zu diesem gesamten Absatz BENDER, H.-U.; KÜMMERLE, U.; RUHREN, N.v.d.; THIERER, M.: Räume und Strukturen. 1. Aufl., Stuttgart 1985, S.313. Eine weitere Aufgliederung der Arbeitsthemen und Inhalte, die in einer solchen Raumanalyse bearbeitet werden können sowie der dabei einzusetzenden Methoden und Arbeitsmittel findet sich ebenfalls dort auf S.314.

46 vgl. HOSSE, O.; SCHÜBEL, S.: Neue Ansätze der Regionalplanung und -politik in Thüringen. In: BfLR (Hrsg.): RuR, H.4/96, Bonn 1996, S.238

wachen sind und wann die Abweichungen der Realität vom Plan so groß werden, daß ein Umsteuern unumgänglich wird.

2.2 Grundlagen der Zielformulierung, Strategieentwicklung und Planrealisation

Die geschilderten Berichtssysteme stellen nur eine der Grundlagen einer sinnvollen Zielformulierung, einer zielführenden Strategieentwicklung sowie einer erfolgreichen Planumsetzung dar. Ihr Beitrag liegt in der möglichst umfassenden und frühzeitigen Analyse aller planungsrelevanten Veränderungen im räumlichen Umfeld wie in der Raumstruktur - und zwar auf allen hierarchischen Stufen der Raumordnung.

Um nun überzeugende Zukunftsvisionen und - daraus abgeleitet - Zielsetzungen zu gewinnen und nicht in pures Wunschdenken zu verfallen, wird eine realistische Einschätzung dessen, was möglich ist, benötigt. Dies bedeutet jedoch nicht, daß Konzeptionen phantasielos sein müssen, sondern lediglich, daß das Machbare erkannt und kreativ ausgenutzt wird. Dazu bieten eine möglichst breite Integration relevanter Interessen sowie die bestmögliche Delegation der Problemlösung auf geeignete, das heißt problemnahe, Ebenen wesentliche Voraussetzungen.
Solchermaßen entwickelt, können quantitative und qualitative Ziele und in sich geschlossene Leitbilder festgelegt und in der Folge konsequent umgesetzt werden.

2.2.1 Funktionaler Föderalismus - Delegation der Problemlösung

Ist ein Staat föderal strukturiert, so zeichnet er sich insbesondere durch zwei zentrale Punkte aus:[47] (1) Legislative, Judikative und Exekutive sind auf allen Ebenen des Staates - getrennt voneinander - vorhanden. (2) Funktionen zur Wahrnehmung hoheitlicher Aufgaben und Hoheitsrechte sind gemäß einer Verfassung zwischen Gesamt- und Teilstaat(en) verteilt, so daß genau zugewiesene Aufgabenbereiche existieren.
Diese Macht-, Befugnis- und Aufgabenverteilung hat drei Kernziele: (1) Der älteste Gedanke des Föderalismus ist der Integrationsgedanke. Er will sicherstellen, daß die verschiedenen gesellschaftlichen Gruppen und deren Interessen ins politische Gesamtsystem integriert werden. (2) Eine Dezentralisierung und damit bessere Kontrolle der Machtbefugnisse soll durch die Gewaltenteilung gewährleistet werden. (3) Das parlamentarisch-demokratischen Regierungssystems soll durch Ausstattung \`unterer´ Ebenen mit Machtbefugnissen eigenen Rechts, gestärkt werden.
Das föderale Prinzip kann somit auch auf die \`Bestimmung geeigneter (Planungs-)Träger´ zusammengefaßt werden, denn letzten Endes stellt sich immer die Frage nach den gesellschaftlichen externen Effekten, die bei einer entsprechenden Verlagerung der Entscheidungs- und Handlungskompetenzen zu erwarten beziehungsweise beabsichtigt sind.

Die wirtschaftlich orientierte Form des allgemeinen Föderalismus, die \`ökonomische Theorie des Föderalismus´, greift diesen Grundgedanken auf und stellt folgende Fragen: Wie kann ein Gemeinwesen bestmöglich (im Sinne der Effizienz und Effektivität) organisiert und aufgebaut werden? Welche Aufgaben sollen auf den verschiedenen Ebenen wahrgenommen werden?

[47] vgl. im folgenden Brockhaus-Enzyklopädie, Bd.7, 18. Aufl., Mannheim 1988, S.436f.

Mit welchen Einnahmequellen sollen sie ausgestattet werden und welche Ausgaben tätigen? Und ergänzend zur letzten Frage: besteht die Notwendigkeit eines Finanzausgleichs?
Objekte des Interesses sind somit auch hier die horizontalen und vertikalen Wechselbeziehungen zwischen Gebietskörperschaften und damit die Suche nach geeigneten Kriterien für eine zweckmäßige Aufgabenverteilung auf die verschiedenen öffentlichen Ebenen. Das zentrale Prinzip hierbei ist das der fiskalischen Äquivalenz, das unter anderem sicherstellen soll, daß weder eine Über- noch eine Unterversorgung einzelner Regionen mit öffentlichen Gütern entsteht.

In Verbindung der beiden Sichtweisen - allgemeinem, staatspolitisch orientierten beziehungsweise ökonomisch ausgerichtetem Föderalismus - versucht nun der funktionale Föderalismus auf ganz pragmatische Weise geeignete Trägerebenen - unabhängig von einer ex-ante-Zuweisung von Kompetenzen! - für auftretende gesellschaftliche externe Effekte zu bestimmen. Dabei muß in zwei Stufen vorgegangen werden: (1) Räumliche Probleme müssen analysiert und Ebenen, auf denen sie auftreten zugeordnet werden und (2) darauf hin die geeignete(n) Trägerebene(n) zur Entwicklung von Gegenstrategien und zur Festlegung von Maßnahmen bestimmt werden. Ziel, im Sinne einer möglichst großen Problemnähe, ist es dabei die `niedrigstmögliche(n)´ Ebene(n) zu bestimmen um dem Verbundprinzip - insbesondere in seiner sachlichen Ausprägung - genüge zu tun. Damit wäre sichergestellt, daß das Ausmaß der Betroffenheit, die Problemkenntnis wie die Bereitschaft zum (wenn möglich, eigenen) Mitteleinsatz übereinstimmt. Daß nicht immer alle Maßnahmen nur auf einer Ebene und in deren Fachbereiche getroffen werden können, sondern sich auch Maßnahmen verschiedener Ebenen ergänzen müssen/können ergibt sich teilweise aus Gründen des staatlichen Föderalismus und der notwendigen finanziellen Mitteln sowie der instrumentellen Möglichkeiten.
Wie dies im Konkreten aussehen kann stellt die Abbildung 36 dar. In ihr sind beispielhaft (weit entfernt vom Anspruch auf Vollständigkeit!) denkbare Maßnahmen und handelnde Ebenen sowie deren fachpolitische Bereiche der Entwicklung ländlicher Räume zugeordnet.

Um hier zu einem effizienten Vorgehen zu gelangen, muß sowohl die horizontale als auch die vertikale Koordination der Fachpolitiken der verschiedenen Ebenen mittels der Raumplanung gesichert werden.
Wesentliches Anliegen des funktionalen Föderalimus ist es also, in Abhängigkeit vom konkreten Problem, Ebenen und Interessen so zu integrieren und zu artikulieren, daß in der Folge eine zielführende Umsetzung der Maßnahmen erfolgen kann.[48] Dabei scheint die Frage, wer für die/in der Region handeln soll, einfach zu beantworten, dies jedoch konkret festzulegen erweist sich in der Praxis als äußerst schwierig.[49] Hier spiegelt sich das gewandelte Planungsverständnis in der Suche nach entsprechenden, adäquaten Verfahrensregelungen

[48] Auch hier bestehen, wie bei den grundsätzlichen Überlegungen zu Planungsprozeß, große Ähnlichkeiten zu Ansätzen im unternehmerischen Umfeld. Der funktionale Föderalismus ähnelt in seiner Grundstruktur dem `Management by Objektives´ (MbO) in Strategischen Geschäftseinheiten (SGE) von Unternehmen. Beim MbO wird ebenfalls alles Handeln im Unternehmen auf die Erfüllung der Unternehmensziele gerichtet und die Kompetenz zur Zielbildung auf nachgeordnete Stellen delegiert (vgl. PEEMÖLLER, V.: Controlling - Grundlagen und Einsatzgebiete. 2. Aufl, Berlin 1992, S.145). Die SGEs als Teile des Gesamtunternehmens versuchen, unter Berücksichtigung der Gesamtziele des Unternehmens, ihre Ressourcen im jeweiligen Planungszeitraum auf die von ihnen in den verschiedenen (Teil-)Märkten verfolgten Zielen auszurichten (vgl. BRAMSEMANN, R.: Handbuch Controlling- Methoden und Techniken. 2. Aufl., München 1990, S.257).

[49] vgl. STURM, R.: Erfahrungen mit Modellen regionaler Wirtschaftsentwicklung und -förderung. In: Friedrich-Alexander-Universität Erlangen-Nürnberg (Hrsg.): Uni-Kurier, Erlangen 1996, S.28

wider, welche die verschiedenen Problemsichten, Lösungsvorstellungen und Wertungen einbeziehen können. Heterogenitäten dieser Art zeigen sich dabei innerhalb und zwischen Verwaltungsressorts, zwischen Verwaltung und Öffentlichkeit sowie zwischen verschiedenen Ebenen der staatlichen und/oder kommunalen Verwaltung und nicht zuletzt auch zwischen verschiedenen Gruppen der Öffentlichkeit.[50]

Abb.36: Maßnahmen und handelnde Ebenen - Beispiele zur Entwicklung ländlicher Räume

		Fachpolitiken				
		Umwelt	**Wirtschaft**	**Siedlung**	**Verkehr**	**etc.**
E	**Europäische Union**		Fonds zu Entwicklung ländlicher Räume			
b	**Bund**	Gesetze zur Umwidmung von Ackerland				
e	**Länder**	Ausweisung von Naturschutz-gebieten	Investitions-zuschüsse		Erreichbarkeit mittels Landesstraßen	
n	**Regionen**	Ausweisung von Ausgleichs-flächen	Standort-werbung			
e	**Landkreise, Kommunen, Städte**	Förderung umweltfreund-licher Baustile	Ausweisen von Gewerbe-gebieten	Baulandbereit-stellung und Erschließung	Örtlicher Infrastruktur-ausbau	Kulturelles Angebot, Stadt- und Dorfsanierung

Quelle: Eigene Darstellung

2.2.2 Integration relevanter Interessen und deren Legitimation - `Privat-Public-Partnership´

„Die gesellschaftliche Komplexität hat offensichtlich einen Grad erreicht, in dem wesentliche Veränderungen nicht mehr abstrakt durch Pläne befohlen und durch einfache Infrastrukturinvestitionen umgesetzt werden können."[51]

Sowohl auf regionaler wie auch kommunaler Ebene haben gegenwärtig Kooperationen von öffentlichen und privaten Planträgern (`private-public-partnership´ - PPP) bei räumlichen Entwicklungsprozessen Konjunktur.[52] Dabei werden in den einzelnen Ländern unterschied-

---

[50] vgl. KLAUS, J.: Grundlegende Aspekte der Planungsrationalität und Planungsmethodik. In: KLAUS, J.: Entscheidungshilfen für die Infrastrukturplanung - Neuere Entwicklungen auf dem Gebiet der Analyse und Bewertung öffentlicher Projekte. Sonderdruck, Baden-Baden, o.J., S.28

[51] SIEVERTS, T.; GANSER, K.: Vom Aufbaustab Speer bis zur internationalen Bauaustellung Emscher Park und darüber hinaus - Planungskulturen in der Bundesrepublik Deutschland. In: DISP (Hrsg.): Dokumente und Informationen zur Schweizerischen Orts-, Regional- und Landesplanung, H.29/93, Zürich 1993, S.35

[52] Beispiele zu verschiedenen Erscheinungsformen des `private-public-partnership´ finden sich in Kapitel VI.

liche Modelle getestet, mittels derer versucht wird die Interessen verschiedenster Akteure aus Politik, Verwaltung, Initiativen und Verbänden sowie der Bevölkerung zusammenzuführen. Dies geschieht vor dem Hintergrund sich schnell und durchgreifend verändernder Strukturen in Gesellschaft und Wirtschaft und dahinter steht die Erwartung, daß durch dieses Zusammenführen der unterschiedlichen Akteure, Barrieren überwunden sowie neue Ideen und Lösungen für Entwicklungs- und Innovationsprobleme gefunden werden können. Darüber hinaus sollen Synergieeffekte genutzt und konsensual beschlossene Vorhaben schneller umgesetzt werden.[53]

Um diese hoch gesteckten Ziele, mittels der Analyse des gesamten regionalen Inventars bezüglich seiner Leistungs- und Wettbewerbsfähigkeit sowie seiner anschließenden Mobilisierung zu erreichen, bedarf es des Willens der Bürger - im Sinne einer `corporate identity´[54] - sich für die Anliegen ihrer Region zu engagieren und verantwortlich zu zeigen.[55] Nur eine solch breite Basis `öffentlichen Wollens´ sichert die Akzeptanz räumlicher Analysen von Problemsituation seitens der Betroffenen und Beteiligten sowie im weiteren die Umsetzung noch zu beschließender staatlicher Infrastrukturmaßnahmen und Konzepte. Ergänzend müssen Regeln gefunden werden, die eine Beteiligung der Öffentlichkeit bereits in der Phase der Planungsvorbereitung ermöglichen, das bedeutet Regeln, nach denen sowohl der Informationsaustausch zwischen Planenden und Öffentlichkeit als auch eine mögliche Mitsprache der Bevölkerung zu erfolgen hat.[56]

Nur auf diesem Wege kann die Planung für die (Teil-)Öffentlichkeit zugänglich gemacht werden, können Interessengruppen ebenso wie Experten im Zuge von (beispielsweise) Anhörungsverfahren gehört und Minderheitsvoten zugelassen werden. Unter Beteiligung aller tangierter Ressorts kann so jeder Instanz und Gruppierung in jeder Phase der Entscheidungsbildung der Zugang zu ausreichenden Informationen eröffnet werden und damit deren Mitsprache gesichert sowie die Gefahr eines Blockierens, die in der Vergangenheit oftmals durch Informationsdefizite begründet war, gering gehalten werden.[57]

Wesentlicher Punkt bei diesen Überlegungen ist es, daß Interessengegensätze frühzeitig zum Ausdruck gebracht werden können. Sie vermögen dadurch zwar die technisch-sachlichen Planungsschritte zu beeinflussen, zu hemmen oder gar zu blockieren. Dies müßte aber in Kauf genommen oder sogar begrüßt werden, wenn zu befürchten steht, daß die gleichen Interessengegensätze und Blockadeeffekte zu einem späteren Zeitpunkt auf jeden Fall auftauchen würden und sich mit der vorgeschlagenen Verfahrensweise eine Verschwendung von Planungsressourcen verhindern läßt.

---

53 vgl. BEHRENDT, A.; KLEINE-LIMBERG, W.: Evaluierung einer regionalen Kooperation. In: BfLR (Hrsg.): RuR, H.6/97, Bonn 1997, S.450

54 `Corporate Identity´ beschreibt den „Aufbau von Identifikationsmöglichkeiten" mit den Zielen für Planungsbeteiligte beziehungsweise Planungsbetroffene. Sie ermöglicht die eindeutige Profilierung der Planung nach innen und außen, „fördert die (Wieder-)Erkennbarkeit des Leistungsangebots, stärkt das Wir-Bewußtsein und den (Anm.: Regional-)Stolz und unterstützt sämtliche Synergieeffekte". Dazu STAEHLE, W.H.: Management: eine verhaltenswissenschaftliche Perspektive. 8. Aufl., München 1999, S.658

55 vgl. SCHMERBACH, T.: Entwicklung und Perspektiven der deutschen und schweizerischen Regionalpolitik: ein Vergleich. In: BfLR (Hrsg.): RuR, H.2+3/96, Bonn 1996, S.189

56 vgl. KLAUS, J.: Grundlegende Aspekte der Planungsrationalität und Planungsmethodik. In: KLAUS, J.: Entscheidungshilfen für die Infrastrukturplanung - Neuere Entwicklungen auf dem Gebiet der Analyse und Bewertung öffentlicher Projekte. Sonderdruck, Baden-Baden, o.J., S.20

57 vgl. KLAUS, J.: Grundlegende Aspekte der Planungsrationalität und Planungsmethodik. In: KLAUS, J.: Entscheidungshilfen für die Infrastrukturplanung - Neuere Entwicklungen auf dem Gebiet der Analyse und Bewertung öffentlicher Projekte. Sonderdruck, Baden-Baden, o.J., S.32

Abb.37: Spektrum formeller und informeller Beteiligungs- und Kommunikationsformen[58]

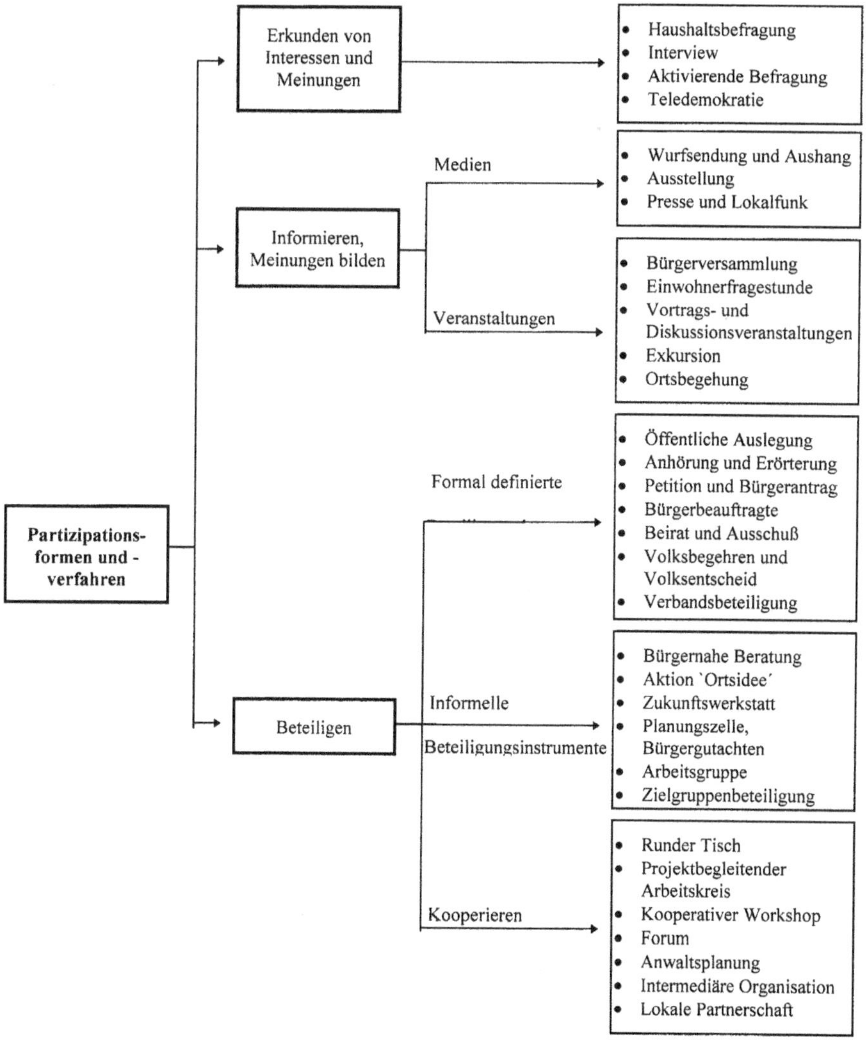

Quelle: FÜRST, D.; SCHOLLES, F.; SINNING, H.: Planungsmethoden - Partizipative Planung. In: Institut für Landesplanung und Raumforschung (Hrsg.): Gesellschaftswissenschaftliche Grundlagen, http://www.laum.uni-hannover.de/ilr/lehre/Ptm/Ptm_Part.htm (Stand 02.05.00), S.8

58 Diese Übersicht von FURST et al. ist eine Zusammenstellung nach BISCHOFF, A,; SELLE, K.; SINNING, H.: Informieren, Beteiligen, Kooperieren - Kommunikation in Planungsprozessen. Eine Übersicht zu Formen, Verfahren, Methoden und Techniken. 2. Aufl., Dortmund 1996

Die genannten Vorteile eines `private-public-partnership´ bergen jedoch auch einige Risikoquellen:
Ein grundlegendes Problem bei der Einbeziehung unterschiedlicher Interessenträger in raumwirksame Planungsprozesse liegt in der Auswahl und Zulassung spezifischer Interessen. Denn im Gegensatz zur weit verbreiteten Ansicht, daß hierdurch eine `Demokratisierung´ erreicht würde, bedarf es ausgeklügelter Verfahren mit deren Hilfe geprüft wird, welche Interessen berechtigt sind und zugelassen werden und welche unbeachtet bleiben können beziehungsweise müssen. Nur dann kann der Planungsprozeß auf einer legitimierten Basis aufbauen und systemkonforme Lösungen produzieren. Andernfalls trägt dieser Ansatz eher undemokratische, weil beliebige oder machtbasierte Züge. Denn so vorteilhaft es ohne Zweifel ist, eine möglichst breite Sicht der zu lösenden räumlichen Probleme zu bekommen, und so gut es ist eine möglichst große Zahl an Gestaltungsvorschlägen und Einschätzungen (Nicht-)Betroffener zu erhalten um letztendlich eine bestmögliche Entscheidung zu fällen, so unbefriedigend ist der Gedanke, daß sich unterschiedliche Interessen verschieden stark artikulieren können. Einerseits könnte man auf dem Standpunkt stehen, daß es genügt den Planungsprozeß für alle Beteiligungswilligen offen zu halten, getreu dem Motto, `wer sich nicht engagiert braucht sich hinterher auch nicht zu beschweren´, andererseits zeigt es sich in der Realität immer wieder, daß sich die (oftmals) große Gruppe der Befürworter einer Maßnahme beziehungsweise der einem Vorhaben neutral Gegenüberstehender nicht weiter äußert, sich jedoch die Gegner von Maßnahmen - wenngleich oftmals zahlenmäßig relativ schwach, jedoch mit geschicktem Medieneinsatz - deutlicher artikulieren und damit bei den Entscheidern verzerrt, das heißt weit über ihr wahres Gewicht hinaus, wahrgenommen werden.

Häufig wird bemängelt, daß bei solch integrierenden Planungsprozessen nicht durch Wahlen legitimierte Entscheidungsorgane eingerichtet werden, die zukunftsbedeutsame Entscheidung für die Allgemeinheit treffen. In den meisten Fällen kann dabei wenigstens den aufsichtsführenden Gremien, denen in der Regel politisch gewählte Mandatsträger vorstehen, eine indirekte demokratische Legitimation zugesprochen werden. Sollten hier Entscheidungen getroffen werden, die dem allgemeinen politischen Willen der Bevölkerung widersprechen, können zumindest diese Entscheider sanktioniert werden. Vertretern von Arbeitgeber-, Arbeitnehmervereinigungen, Naturschutzverbänden etc. droht ein solches Schicksal nicht, weshalb diesen die Konzentration auf die Durchsetzung von Partikularinteressen wesentlich leichter fällt. Daß gerade die Einbeziehung von Vertretern unterschiedlichster Interessen als Korrektiv wirkt, mag sich zwar im ein oder anderen Fall als richtig erweisen, kann aber als Rechtfertigung für ein solches Vorgehen nicht ausreichen. Oberstes Ziel muß es im demokratisch verfaßten Staat immer sein, das Primat der politischen Planung zu beachten. Andernfalls besteht die Gefahr im rechtsfreien Raum zu agieren und damit zu nicht abgesicherten, gerichtlichen Überprüfungen nicht standhaltenden Entscheidungen zu kommen.

Trotz der bislang noch ungelösten Probleme spricht die hohe Kreativität bezüglich möglicher Lösungen für eine intensive Beteiligung, so daß - wenngleich manche dieser Vorschläge aufgrund rechtlicher, finanzieller oder sonstiger Gegebenheiten nicht realisierbar sind -, ein sehr breite Sichtweise der Planungsgegenstände gewährleistet wird. Dies ist ein Aspekt, der insbesondere in der aktuellen Planungsdiskussion, die noch durch Unsicherheiten bezüglich der weiteren Entwicklung gekennzeichnet ist, als fruchtbar erweist. So zeichnen sich alle Ansätze, die zur frühestmöglichen Konsensfindung zwischen widerstreitenden Interessen führen (Mediation, Regionalkonferenzen etc.) in der Regel durch eine breite Beteiligung der

Planungsbetroffenen aus. Hierzu gilt es einen rein praktischen, Kosten und Zeit sparenden Aspekt zu berücksichtigen. Zeigt es sich doch, daß zu diesem Zeitpunkt die Kompromißbereitschaft der Interessengruppen noch wesentlich stärker ausgeprägt ist und sonst eine höhere Bereitschaft zu verzeichnen ist, offen auf die Anliegen und Argumentationen anderer Gruppen einzugehen und diese bei den eigenen Vorschlägen zu berücksichtigen. Konsenslösungen sind dem entsprechend einfacher zu erreichen.

Wichtig bei allen Kooperationen zwischen öffentlichen und privaten Institutionen und Gruppierungen ist, daß diesen eine Bündelung der regionalen Kräfte (Universitäten, Unternehmen, Banken, Politik, Arbeitnehmervertretungen, Naturschutzverbände, öffentliche Verwaltung etc.) gelingt. Solche Koalitionen sind aber weder von außen vorzugeben noch vorhersehbar und müßten für jedes spezifische Problem neu gebildet werden. Darüber hinaus muß die grundsätzliche Bereitschaft zur Konsensfindung bei allen beteiligten Akteuren gegeben sein. Um diese Bereitschaft zur Zusammenarbeit zu fördern, könnte daran die Vergabe von Fördermitteln geknüpft werden. Damit könnte zudem der Anreiz geschaffen werden den in einer Raum vorhandenen Sachverstand zu mobilisieren.[59]

Gelingt es im Sinne des Verbundprinzips nicht, neben den von Planungsergebnissen positiv oder negativ Betroffenen, auch die Zahler möglicher Maßnahmen in solchen Institutionen einzubinden, steht zu befürchten, daß es zu den geschilderten Mitnahmeeffekten oder Vorzieheffekten (vgl. Kapitel III 3.2) privater Aktivitäten kommt. Ein gesteigertes Verantwortungsgefühl bei allen Beteiligten könnte so zum Nutzen aller beitragen.

Generell ist kennzeichnend, daß beim `public-private-partnership', ebenso wie bei anderen neuartigen Steuerungsformen, wie zum Beispiel Kooperationen und Dezentralisation, sowohl der räumliche Bezug als auch die Nähe zu den unteren Steuerungsebenen, wie Kommunen, Städte und Regionen, gesucht wird. Durch diese Regionalisierungstendenzen erfahren die mit der Raumordnung und Raumplanung befaßten öffentlichen Stellen jedoch nicht zwangsläufig eine Aufwertung. Zentraler Grund hierfür ist, daß diese aktiven Ansätze einer neuen räumlichen Politik nicht in die Konzepte der traditionellen Landes- und Regionalplanung passen. Ebenen- und akteurmäßig lassen sie sich meist kaum ins bestehende Planungssystem einordnen.[60]

2.3 Ausprägungen des Planungsprozesses i.e.S. und Planrealisation

„Die strategische Planung ist das Bindeglied zwischen formulierter ... Politik und operativer Planung. Im Mittelpunkt steht die Entwicklung von ... Strategien, die auf die Erreichung formulierter ... Ziele ausgerichtet sind. Die Strategien zielen darauf ab, ... all ihre Aktivitätsbereiche (Anm.: die der Gesamtorganisation) mit den sie berührenden Verhaltens- und Verfahrensweisen auf die Sicherung der Erfolgspotentiale auszurichten."[61]

---

59 vgl. STURM, R.: Erfahrungen mit Modellen regionaler Wirtschaftsentwicklung und -förderung. In: Friedrich-Alexander-Universität Erlangen-Nürnberg (Hrsg.): Uni-Kurier, Erlangen 1996, S.28

60 vgl. ZECK, H.: Fallbeispiel „Städtenetze" - Kooperationskonzept in der Planung. In: ORL (Hrsg.): Planungssysteme - Planungskonzepte, wie weiter? ORL-Bericht 101/1996, Zürich 1996, S.52

61 GÄLWEILER, A.: Strategische Unternehmensplanung. In: STEINMANN, H.: Planung und Kontrolle, München 1979, S.84f.

„Die operative Planung konkretisiert die durch strategische Planung gegebenen Vorstrukturierungen und Abgrenzungen in unmittelbare Ziele und/oder Aktionen. Operative Planung ist in der Regel auf sachlich und zeitlich überschaubare Teilbereiche ... ausgerichtet. Ihre Aussagen sind, bedingt durch ihre Realisationsnähe, meist dokumentiert und auf Kontrollierbarkeit angelegt."[62]

Unterlegt man den dargestellten Strategiebegriff, so legen Raumordnung und Raumplanung die Gesamtstrategie fest, die für eine räumliche Einheit gelten soll. Dies tut sie im Rahmen ihrer Querschnittsfunktion und steckt so den Spielraum und die Grenzen der sich anschließenden operativen, umsetzungsorientierten Planung ebenso wie der einzelnen Fachplanungen, ab. Diese können dann - in den räumlich relevanten Feldern - nicht mehr im ureigentlichen Sinne strategisch planend tätig werden, sondern entwickeln `nur´ noch Programme zur Umsetzung der zuvor festgelegten Ziele. Eine konzeptionelle Aufgabe deren Ergebnis `strategische Programme´ sind, die vorbereitend der Umsetzung analytisch gewonnener Handlungsorientierungen (Leitbilder etc.) dienen. Ziel strategischer Programme ist nicht die vollständige planerische Aufbereitung der Aktionsfelder, sondern lediglich die Konkretisierung derjenigen Maßnahmen, die für Umsetzung und Erfolg der zuvor gewonnenen Strategie kritisch erscheinen. Diese strategischen Programme werden häufig als Funktionalstrategien bezeichnet, was aber der funktionsübergreifenden Verwendung des Strategiebegriffs widerspricht. Die einzelnen Fachplanungsbereiche können keine strategische Autonomie im unterlegten Sinn haben, ist doch ihre Steuerungsleistung eine nachgeordnete Aufgabe, die sich an der Gesamtstrategie auszurichten hat.[63]

Vor dem Hintergrund eines funktionalen ausgerichteten föderalen Systems, muß dies jedoch nicht bedeuten, daß nur die jeweils oberste Ebene die Strategie alleine entwickelt und an die nachgeordneten Ebenen zur Umsetzung delegiert. Vielmehr werden die relevanten Ebenen in den Prozeß der Strategieformulierung mit einbezogen und bringen auf diese Weise ihre Ideen und Vorstellungen ein. Lediglich die Umsetzung wird dann auf allen beteiligten Ebenen an die einzelnen Fachplanungsbereiche, ebenso wie an die fachplanerischen Sektionen der Raumplanung, weitergereicht.

Dieser Realisierungsprozeß ist zwar von gewichtiger Bedeutung für den Erfolg der Strategie, was jedoch die reine Umsetzung angeht, nicht mehr Bestandteil der strategischen Planung. Auch wenn diese Stufe der räumlichen Politik nicht mehr Gegenstand der vorliegenden Arbeit sein kann und hier nur die Raumplanung als wesentlicher Punkt problematisiert wird, soll nicht vergessen werden, darauf hinzuweisen, daß die sich oft über Jahre hinziehende Umsetzung der gewonnenen Pläne teils massive Implementationsprobleme beinhaltet.

Unabhängig aus welchem staatspolitischen Verständnis heraus man die Raumordnung und damit auch die Raumplanung betrachtet, muß ein zielführender Planungsprozeß stets der dargestellten Konzeption folgen. Es stellt sich lediglich die Frage, welche Planungsgegenstände und Kompetenzen welchen Planungsebenen zugesprochen werden?

Nimmt man eine marktorientierte Position ein und versucht die Präsenz des Staates in den gesellschaftlichen Prozessen zurückzudrängen, um eine zuverlässige Marktsteuerung zu gewährleisten, so wird eine dezentrale Lösung auftretender Probleme zu bevorzugen sein. Vertritt man hingegen eine innovationsorientierte Position und stellt auf erhöhte politische Durchsetzungskraft ab, so konzentriert man sich bei der staatlichen Plankoordination auf

---

62 SZYPERSKI, N.; WINAND, U.: Grundbegriffe der Unternehmensplanung. Stuttgart 1980, S.78

63 vgl. STEINMANN, H.; SCHREYÖGG, G.: Management: Grundlagen der Unternehmensführung: Konzepte - Funktionen - Fallstudien. 3. Aufl.; Wiesbaden 1993, S.151ff. i.V.m. S.213

wenige Engpaßbereiche. Und selbst, wenn das Ausgleichsziel im Vordergrund steht und dementsprechend eine hochintegrierte Entwicklungsplanung unabdingbar erscheint, bleibt das grundsätzliche Planungsproblem gleich.[64]
Während im ersten Fall der Planungsprozeß sicherlich auf einer niedrigeren Ebene ansetzen wird als im zweiten Fall, und im dritten Fall ein wesentlich breiteres Aufgabenfeld abgesteckt wird, so ist dies kein Grund die prinzipielle Vorgehensweise der Planung in Frage zu stellen.

2.3.1 Strategische Planung

Aufgabe der strategischen Planung ist es zukünftige Chancen und Risiken zu erkennen, mit dem Ziel, die notwendigen Erfolgspotentiale zu sichern und auszubauen beziehungsweise, falls Potentiale nicht vorhanden sind, diese aufzubauen.[65]
Dazu setzt die strategische Planung, betrachtet man sie in einem weiteren Sinne, bereits bei der oben dargestellten Situationsanalyse an. Bereits dort gilt es die Planungsumwelt sowie die endogenen Entwicklungspotentiale zu bestimmten und im Anschluß daran ein Bild anzustrebender zukünftiger Entwicklungen zu entwerfen. Das heißt es müssen - wie in Unternehmen[66] auch - entsprechend der herrschenden Planungsphilosophie Absichten, Globalziele sowie Grundsätze (im Sinne von Minimalanforderungen an das Handeln sowie den Instrumenteneinsatz) definiert werden. Werden Lücken im Erfolgspotential registriert, so muß in Abweichungsanalysen deren genaues Ausmaß bestimmt und im Zuge strategisch-taktischer Planungen auf mittlere Sicht Mittel und Wege gefunden werden diese zu schließen. Nur so können die zur Verfügung stehenden Ressourcen bestmöglich eingesetzt werden, um umfeldbedingte Möglichkeiten zu nutzen und Bedrohungen abzuwehren (vgl. Abb.38). In die strategische Gesamtphase fällt auch die Strategiebewertung, die vor dem Hintergrund der Bedarfe, beispielsweise auch in Abhängig der Entwicklungen und Tendenzen in konkurrierenden Räumen, zu sehen ist.
Die gesamte strategische Planung umfaßt dabei einen zeitlichen Horizont, der bis zum Abschluß des Auf- und Ausbaus benötigter räumlicher Potentialfaktoren, und damit dem gesicherten Übergang in die Zukunft, benötigt wird. Ihr strategisch-taktischer Teil reicht zeitlich nur bis zum Anstoß geeigneter Maßnahmen zur Schließung der Potentiallücken. Dies bedeutet jedoch nicht, daß strategische Planung unbedingt mit Langzeitplanung gleichzusetzen ist! Zwar können strategische Planungen durchaus längere Zeiträume einschließen, es sind aber auch sehr kurzfristige Planungen denkbar, mittels derer in die Zukunft weisende Entwicklungen angestoßen werden.

Grundlage jeder Strategieentwicklung sind Prognosen und, darauf aufbauend, die verschiedenen denkbaren Modelle zukünftiger Raumentwicklung und -nutzung. Mit Hilfe dieser Modelle (Szenarien; vgl. Kapitel IV 2.) können anhand regionaler Entwicklungskonzeptionen unterschiedliche, mittelfristige (das heißt etwa 10-15 Jahre) Entwicklungspfade aufgezeigt und dadurch `Zukunft´ der politischen und gesellschaftlichen Diskussion zugänglich gemacht

---

64 Zu den verschiedenen Positionen vgl. KLAUS, J.; SCHLEICHER, H.: Kritik und Reformkonzepte zur Regional- und Raumordnungspolitik in der Bundesrepublik Deutschland. In: WISU, H.12/80, Düsseldorf 1980, S.155.

65 vggl. PEEMÖLLER, V.: Controlling - Grundlagen und Einsatzgebiete. 2. Aufl, Berlin 1992, S.109

66 Vgl. KREIKEBAUM, H.: Strategische Unternehmensplanung. 4. Aufl., Stuttgart 1991, S.26, der dieses Vorgehen im Unternehmenssektor analog beschreibt.

werden.[67] Diese Szenarien basieren auf ganz unterschiedlichen Wertungen und das Kernproblem liegt in der Auswahl des wahrscheinlichsten Szenarios. Diesem gilt es möglichst nahe zu kommen um Fehlinvestitionen zu vermeiden.[68]

Abb.38: Flexibles Planungssystem

Planungsarten	**Hauptprobleme und zeitliche Abgrenzung**	**Planungsstufen**
Strategische Planung	• Festlegung neuer Systemleistungen • Umfaßt den Zeitraum, der zum Auf-/Ausbau der notwendigen räumlichen Potentialfaktoren zur Erreichung der Ziele benötigt wird	
Strategisch-taktische Planung	• Entwicklung der räumlichen Potentialfaktoren • Umfaßt den Zeitraum, der benötigt wird um den Auf-/Ausbau der notwendigen Potentialfaktoren grundlegend anzustoßen	
Operative Planung	• Nutzung der vorhandenen Potentialfaktoren • Umfaßt den Zeitraum, in dem mit gegebenen Potentialfaktoren gearbeitet werden muß	

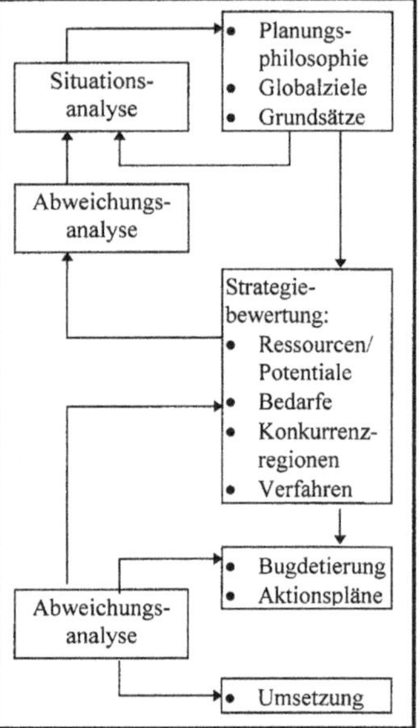

Quelle: Eigene Darstellung

Letzten Endes zielt die strategische Planung darauf ab, den Bestand an Entwicklungs- und Nutzungsmöglichkeiten, also den räumlichen Potentialen, zu erhalten oder gar auszudehnen.[69] Dazu müssen unter anderem Bewertungsverfahren in die Phase der Entscheidungsvorbereitung eingebracht werden, die ein Zusammenwirken von Administration, politischer Gremien und Öffentlichkeit ermöglichen. Hierbei ist einerseits der Bewertungsvorgang für politische Prozesse zu öffnen werden und andererseits müssen Politiker effektiv am gesamten Bewertungsvorgang beteiligt werden und nicht aufgrund

---

67 vgl. HESSE, M.: Nachhaltige Raumentwicklung. In: BfLR (Hrsg.): RuR, H.2+3/96, Bonn 1996, S.113, der sich u.a. auf SAUERBORN, K.; PETERS, U.: Potentiale und Ansatzpunkte für eine nachhaltige Regionalentwicklung - Vom Leitbild der Nachhaltigkeit zur Operationalisierung und empirischen Anwendung in Regionen. NARET-Arbeitspapiere Nr.5, Trier 1995 und SPEHL, H.: Nachhaltige Regionalentwicklung - Ansätze und Perspektiven. NARET-Arbeitspapiere Nr.3, Trier 1994 bezieht.

68 vgl. BENDER, H.-U.; KÜMMERLE, U.; RUHREN, N.v.d.; THIERER, M.: Räume und Strukturen. 1. Aufl., Stuttgart 1985, S.232

69 Ein Umstand, der trotz eventueller unterschiedlicher Ausgestaltung des konkreten Begriffs immer auch mit `Nachhaltigkeit´ (vgl. Kapitel VI 1.3) verbunden ist.

sachlich wie fachlich geringerer Kenntnis als die Administration, bei der Entscheidungsvorbereitung weitgehend ausgeschlossen werden. Sonst kann nicht ausgeschlossen werden, daß Lösungsalternativen (zum Beispiel konkrete Infrastrukturmaßnahmen) aus administrativen Gründen nicht zur engeren Wahl gestellt und für eine genaue Bewertung durchgeplant werden, obwohl sie „im Licht einer breiteren Meinungspalette in die nähere Wahl einbezogen werden müßten“.[70] Die dabei auftretenden organisatorisch-administrative Probleme scheinen zwar nur schwer überwindbar, jedoch bietet der strategische Planungsprozeß noch die besten Ansatzpunkte dazu. Denn in ihm werden `lediglich´ Eckpfeiler für die weiteren Entwicklungsziele bestimmt, wohingegen im operativen Planungsprozeß die technischen Detailkenntnisse von Fachleuten in der Administration und politischen Entscheidern wesentlich weiter auseinanderklaffen und ohne Zweifel sehr viel schwieriger zu vermitteln sind.

Bei all diesen Überlegungen ist zu beachten, daß bei föderalem Staats- und entsprechendem Kompetenzaufbau - ganz ähnlich den Prozessen in Unternehmen[71] - die Strategieformulierung und somit auch die strategische Planung nicht nur auf der jeweils obersten beteiligten Ebene anfällt, sondern auf jeder der beteiligten Planungsebenen. Wobei niedrigere Ebenen in ihrer Umweltanalyse bereits die Vorgaben der übergeordneten Ebenen als Rahmendaten zu beachten haben. Zugleich verpflichtet dies übergeordnete Ebenen wirklich nur diese Probleme vorzuplanen, die nicht effektiver und effizienter - weil problembewußter und datenreicher - auf den anderen Ebenen zu bearbeiten wären.

2.3.2 Operative Planung, Budgetierung und Realisation raumwirksamer Maßnahmen

Inhaltlich-logisch folgt die operative Planung der strategischen Planung. Den gemeinsamen Schnittpunkt bilden dabei die Vorgaben aus dem strategischen Umfeld, die in der operativen Sphäre berücksichtigt werden müssen. Jedoch bedarf auch die strategische Planung (im politischen Umfeld) eines gewissen Inputs seitens der operativen Planung (aus dem administrativen Umfeld): Um zwischen strategischen Alternativen (Nutzung der vorhandenen Potentialfaktoren) entscheiden zu können, bedarf es Bewertungsverfahren und diese wiederum müssen - neben den zu erwartenden Nutzen - eine zumindest grobe Abschätzung der Kosten und sonstigen Aufwände enthalten. Informationen, welche durch die Verwaltung nur in einer operativ ausgerichteten Planung ermittelt werden können oder in Form von Erfahrungen aus vergangenen Projekten vorliegen. Ebenso können die benötigten Daten aus der laufenden Raumbeobachtung gewonnen werden, die innerhalb der Administration angesiedelt ist. Bislang werden meist folgende Verfahren zur Projektbewertung eingesetzt:[72]

---

70 vgl. KLAUS, J.: Grundlegende Aspekte der Planungsrationalität und Planungsmethodik. In: KLAUS, J.: Entscheidungshilfen für die Infrastrukturplanung - Neuere Entwicklungen auf dem Gebiet der Analyse und Bewertung öffentlicher Projekte. Sonderdruck, Baden-Baden, o.J., S.20f.

71 Hier findet man ebenfalls getrennte strategische Planungsprozesse vor. So erfolgt die Strategieformulierung sowohl auf Unternehmensebene (`corporate strategy´) als auch auf Ebene strategischer Geschäftseinheiten (`business strategy´), wobei die Vorgaben der Unternehmensebene durch die strategischen Geschäftseinheiten unbedingt zu berücksichtigen sind. Innerhalb ihrer Kompetenzfelder und Wissensvorsprünge, beispielsweise durch größere Markt- und Kundennähe, sind hingegen die SGEs strategisch führend. Vgl. etwa PEEMÖLLER, V.: Controlling - Grundlagen und Einsatzgebiete. 2. Aufl, Berlin 1992, S.126

72 Vgl. dazu etwa HANUSCH, H. Nutzen-Kosten-Analyse. 2. Aufl., München 1994, RINZA, P.: Nutzwert-Kosten-Analyse - eine Entscheidungshilfe. Düsseldorf 1992, COHON, J.L.: Multiobjective Programming and

- Traditionelle (gesamtwirtschaftliche) beziehungsweise teilräumliche (regionale und kommunale) Kosten-Nutzen-Analysen (NKA)
- Erweiterte NKA sowie Kosten-Wirksamkeits-Analysen (KWA) (gemäß BHO § 7)
- Analysen der `Grand-Efficiency´
- Teilräumliche Nutzwert-Analysen (NWA)
- Teilräumliche Umweltverträglichkeits-Analysen (UVA)
- Analysen im Rahmen des `Multiobjective Planning´
- Analysen der teilräumlichen Sozialplanung

All diesen Bewertungsverfahren gemein ist der Versuch, Ansprüche unterschiedlicher Planungsebenen und Planungsträger gerecht zu werden, Wirkungszusammenhänge deutlich herauszuarbeiten sowie eine verbesserte Erfassung und Bewertung von Projekteffekten im Hinblick auf ein erweitertes gesellschaftliches Zielspektrum zu erreichen.[73]

Generell ist es wichtig, daß schon bei der Formulierung konkreter Maßnahmen darauf geachtet wird, in einem integrierten Gesamtkonzept, die Zuständigkeiten der regionalen Akteure in gemeinsamer Abstimmung festzulegen. Auf diese Weise kann die höchstmögliche Identifikation mit den Maßnahmen gewährleistet werden. Die Konzepte selbst sollten so zusammengestellt sein, daß eine möglichst gute Überschaubarkeit erhalten bleibt, damit mögliche Synergien deutlich werden und die eindeutige Zuordnung von Maßnahme und Ziel erkennbar ist.[74]

Ist im Zuge des Bewertungsverfahrens die Entscheidung zugunsten eines Aktionsplanes (Konzept mit den dazugehörigen Instrumenten und Maßnahmen) gefallen, gilt es diese in Budgets abzubilden. Hierzu werden die Plandaten übernommen, in Budgetvorgaben umgesetzt und daraus ein Budgetentwurf erarbeitet. Dabei werden die Aktionspläne auf den verschiedenen beteiligten Ebenen aufgenommen und im Rahmen der jeweiligen

---

Planning. New York 1978 und ERZ, W.: Bewerten und Erfassen für den Naturschutz in Deutschland - Anforderungen und Probleme aus der UVP. In: USHER, M.B.; ERZ, W.: Erfassen und Bewerten im Naturschutz, Heidelberg 1994. Die Aussagen der traditionellen Bewertungsverfahren basieren dabei auf einem stark verkürzten Rationalisierungsverständnis: klar definierte Problemstellung, vorgegebene Alternativen, festgelegte Such- und Meßvorschriften für die Projektwirkungen sowie definierte Bewertungs- und Amalgamationsvorschriften schränken ihre Verwendbarkeit für komplexe sowie erstmalig auftretende Probleme ein.

Mittels Erweiterungen und Anhängen, die pekuniär nicht bewertbare Projektwirkungen beschreiben, wird heute bereits versucht diesen Defiziten zu begegnen - allerdings mit unterschiedlichem Erfolg. Wobei die zentrale Frage bei der Weiterentwicklung von Planungs- und Bewertungsverfahren lautet: „Bei welchen Schritten und an welchen Stellen der Entscheidungsvorbereitung ergibt sich die Notwendigkeit, aufgrund veränderter Planungsanforderungen, eines breiteren Zielkatalogs und verbesserter Bewertungsmöglichkeiten zu neuen methodischen Ansätzen zu gelangen.“ Dies wiederum ist eingebettet in die Frage nach der Beziehung zwischen Rationalitätsverständnis (und dessen Wandlungen) sowie den aufzustellenden Beurteilungskriterien der Bewertung und Verfahrensregelungen. Neuere Entwicklungen haben den Rationalitätsmaßstab für Infrastrukturentscheidungen inhaltlich, das heißt aufgrund variierender Abbildungsausschnitte des Ziel-Wirkungsrahmens, bereits geändert. Vgl. KLAUS, J.: Grundlegende Aspekte der Planungsrationalität und Planungsmethodik. In: KLAUS, J.: Entscheidungshilfen für die Infrastrukturplanung - Neuere Entwicklungen auf dem Gebiet der Analyse und Bewertung öffentlicher Projekte. Sonderdruck, Baden-Baden, o.J., S.21ff.

73 vgl. KLAUS, J.: Grundlegende Aspekte der Planungsrationalität und Planungsmethodik. In: KLAUS, J.: Entscheidungshilfen für die Infrastrukturplanung - Neuere Entwicklungen auf dem Gebiet der Analyse und Bewertung öffentlicher Projekte. Sonderdruck, Baden-Baden, o.J., S.21

74 vgl. HOSSE, O.; SCHUBEL, S.: Neue Ansätze der Regionalplanung und -politik in Thüringen. In: BfLR (Hrsg.): RuR, H.4/96, Bonn 1996, S.238

Verantwortlichkeiten und Möglichkeiten ausgearbeitet und verfeinert. Damit es in der Folge nicht zu Ineffizienzen kommt, müssen die Budgets aufeinander abgestimmt und nötigenfalls angepaßt werden. Ist diese Phase erfolgreich beendet, kann die Realisation der Pläne gestartet werden (vgl. Abb.39).

Abb.39: Bewertung, Budgetierung und Realisation raumwirksamer Planungen

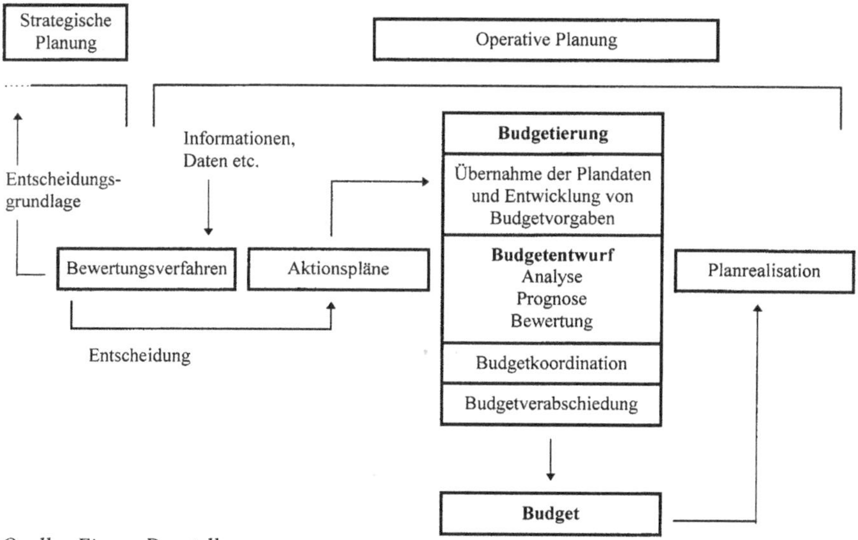

Quelle: Eigene Darstellung

Sowohl die Planenden in Politik und Verwaltung als auch die mit der konkreten Umsetzung betrauten Personen müßten, um einem strategisch-operativen Gesamtkonzept die volle Wirksamkeit zu gewährleisten, jeden ihrer Aktivitätsschritte strategisch begleiten. Das heißt, sie setzen nicht nur ihre jeweilige Aufgabe unter den gegebenen Prämissen um, sondern sie denken auch deren Prämissen und notwendigen Bedingungen mit (vgl. Abb.32 in Kapitel V 1.2 sowie Kapitel V 2.4.1) - und zwar über den gesamten Prozeß hinweg bis zur Zielerreichung oder zum Abschluß aller Maßnahmen.

2.3.3 Fallspezifische Formen horizontaler und vertikaler Zusammenarbeit

Im Prozeß eines integrierten Raummanagements besteht auf jeder Stufe des Bewertungs- und Entscheidungsverfahrens die Möglichkeit eine funktionale sowie zeitliche Abstufung der Institutionen und Gruppierungen vorzusehen, die jeweils hinzuzuziehen sind. Damit wird der notwendige, unter Umständen längere Zeit in Anspruch nehmende Prozeß „wechselseitiger Anregung, Auseinandersetzung, Abstimmung und Korrektur“ eingeläutet. Diese Interessenvertreter können nach Nutzern beziehungsweise Betroffenen, allgemeinen und politischen

Interessenvertretern, Administrationsbereichen sowie gesondert heranzuziehenden Gruppen und Personen gegliedert werden:[75]

a) *Bevölkerung* in räumlicher Unterteilung (z.B. nach Betroffenheitszonen) sowie demographischer und ökonomischer Differenzierung
b) Lokale und regionale *Repräsentanten und Funktionsträger*, wie etwa Bürgermeister und Gemeinderäte, Landräte, Vertreter von Initiativen und Abgeordnete
c) *Fachverwaltungen* innerhalb betroffener Ressorts auf den verschiedenen involvierten Verwaltungsebenen
d) *Externe Experten*
e) *Steuerungsgremien* wie beispielsweise Projektgruppen und interministerielle Ausschüsse, da sinnvolle und zielgerichtete Verfahrensschritte nur im Zusammenwirken aller beteiligter Disziplinen gewonnen werden können.

Bezieht man von den genannten Gruppierungen und Interessenträger jeweils die ein, die berechtigtes Interesse nachweisen können oder die notwendige Kompetenz zur Verbesserung der Planung besitzen, so wird die Erreichung einer der wichtigsten Aufgaben der Raumplanung - Vertrauensbildung in der Öffentlichkeit - wesentlich vereinfacht. Eine Aufgabe, die vor dem Hintergrund der notwendigen laufenden Anpassung und Veränderung von Plänen sowie stets neu auftretender räumlicher Problemlagen und dem damit verbundenen Bedarf an neuen raumplanerischen Handlungen, nicht einfach zu erfüllen ist.
Der Eckpfeiler der Vertrauensbildung - trotz aller neueren Ansätze - ist und bleibt jedoch in einer verfaßten Demokratie die Raumplanung und ihre klar gegliederte und mit einer festen Kompetenzordnung versehene Struktur. Das ergänzende, okkassionelle Hinzuziehen sogenannter Betroffener birgt - neben den genannten Vorteilen - einen wesentlichen Nachteil: `Interessen´-Vertreter sind im Gegensatz zu Politik und Verwaltung[76] nicht dem höchstmöglichen Gemeinwohl verpflichtet, sondern handeln erfahrungsgemäß nicht in größeren Zusammenhängen denkend und meist nur auf sich bezogen. „Sankt-Florian-Prinzip, das Schwarze-Peter-Spiel und die Suche nach Sündenböcken" sind dann oftmals das Ergebnis ihrer Beteiligung.[77]

Sowohl in der strategisch ausgerichteten Phase (Problemanalyse, Zielbestimmung, Strategieentwicklung und Alternativenbewertung) kann mittels des integrierten Raummanagements versucht werden, die einzelnen Bereiche, Institutionen und Aktivitäten inhaltlich vertieft anzugehen. Diese problemorientierte Vorgehensweise versucht einer „Zerstückelung durch Sachpolitiken, Aufgabengebiete und Rechtsbereiche im Interesse einer umfassenden Problemsicht" entgegenzuwirken. Im Sinne eines Projektmanagements erweisen sich trans- und inter-

---

[75] vgl. KLAUS, J.: Grundlegende Aspekte der Planungsrationalität und Planungsmethodik. In: KLAUS, J.: Entscheidungshilfen für die Infrastrukturplanung - Neuere Entwicklungen auf dem Gebiet der Analyse und Bewertung öffentlicher Projekte. Sonderdruck, Baden-Baden, o.J., S.28f.

[76] Daß auch Politiker nicht immer nur am Gemeinwohl orientiert handeln und die Verwaltung teilweise ebenfalls eigene Ziele verfolgt, ist ein berechtigter Einwand. Jedoch müssen sich erstere Wahlen stellen und zweitere innerhalb enger gesetzlicher Vorgaben handeln, so daß zumindest gewisse Kontroll- und Korrektivmittel zur `Disziplinierung´ zur Verfügung stehen (hierzu auch Kapitel VII 1.3.1 und 1.3.2). Demgegenüber dürfen andere Gruppierungen ganz offiziell nur am eigenen Vorteil orientierte Interessen vertreten.

[77] vgl. LENDI, M.: Grundriß einer Theorie der Raumplanung - Einleitung in die raumplanerische Problematik. 2. Aufl., Zürich 1995, S.111

disziplinäre Projektteams an den Schnittstellen zunehmend als geeignetes Instrument.[78] In solchen Teams treffen sich (Fach-)Spezialisten aus den verschiedensten Ressorts der beteiligten regionalen Einheiten (Kommunen, Städte, Regionen und Kreise, Länder etc.) und verfolgen vorgegebene transdisziplinäre Oberziele, für deren bestmögliches Erreichen `trade-off'-Prozesse hinsichtlich der jeweiligen Fachvorstellungen und der zugehörigen Unterziele notwendig sind.

Im Rahmen solcher Projektteams können, ungeachtet unterschiedlicher politischer Grundsätze - die in der Regel für konkrete Projekte sachlich nachrangig sind, aber eben gerade aus politischen Gründen in den Vordergrund gerückt werden -, gemeinsame Lösungen gefunden werden. Dabei ist das Ausmaß der konsensorientierten Arbeit sehr personenabhängig. Sind die persönlichen Beziehungen der Beteiligten gut, wird sich in der Regel auch ein gutes, zügiges und vor allem lösungsorientiertes Arbeiten einstellen.[79]
Dabei zeichnen sich Projektteams durch eine breit angelegte Zielkombination bei komplexen Problemen, aus. Ihre Aufgabenstellung erhalten sie im Idealfall von einer den Fachplanungen vorgeschalteten raumordnerischen (Ober-)Instanz, die das raumordnerische Leitmotiv mit einer entsprechenden konkreten Aufgabenstellung vorgibt (vgl. Abb.40). Auf Weisung dieser Instanz erfolgt dann die Einrichtung von Projektteams, die von den jeweiligs betroffenen Ressorts mit Fachleuten beschickt werden. Damit einher geht die Abgabe von Kompetenzen von den Ressorts an die Teams. In der Folge agieren die Projektteams eigenständig und sind nur ihrem Oberziel verpflichtet. Gerade in diesem Punkt liegt jedoch die entscheidende Schwierigkeit: Für ein solchermaßen zusammengesetztes Team sollte ein Zurückstecken bei fachlichen Teilzielen eigentlich keinen Verlust an Autorität und Kompetenz der Fachvertreter bedeuten, sonder lediglich eine höhere Effizienz beim Erreichen kombinierter Oberziele sichern. Durch die Zugehörigkeit der Teammitglieder zu unterschiedlichen Ressorts, die für sich wiederum ganz unterschiedliche Ziele definieren, gestaltet es sich jedoch in der Realität schwierig, alle Beteiligte auf diese gemeinsamen Oberziele einzuschwören.
Ein denkbarer Lösungsansatz könnte die möglichst weitgehende Herauslösung der Organisationsmitglieder aus ihren bisherigen fachlichen Strukturen und der entsprechenden hierarchischen und `beförderungstechnischen´ Bindungen sein. Da es aber auch immer eine `Zeit nach dem Projekt´ gibt dürfte es schwierig sein dies umzusetzen. Veränderte Förder- und Beförderungsstrukturen könnten hier Abhilfe schaffen, indem sie die Teilnahme an solchen interdisziplinären Projektteams honorieren[80].

---

[78] Diese Projektteams sind denen in Unternehmen sehr ähnlich: Dort werden beispielsweise kleine überschaubare Teams zur Produktentwicklung zusammengestellt, deren Mitglieder aus den Bereichen Entwicklung und Produktion, aber auch Marketing und Finanzen kommen. Im Vordergrund steht jeweils die Überwindung sektorellen Denkens und Handelns. Dies stellt sich in erster Linie als ein Problem der Mentalitäten, Verhaltensweisen und Einstellungen dar. Vgl. ZALAD, K.: Von der Raumplanung zum Raummanagement? In: ORL (Hrsg.): Planungssysteme - Planungskonzepte, wie weiter? ORL-Bericht 101/1996, Zürich 1996, S.95f.

[79] Diese Aussagen bezüglich der Erfahrungen mit Projektmanagement und Projektteams wurden von Herrn Dr. Werner EBERT im Rahmen eines Berichts zu Umweltprojekten der Stadt Nürnberg im Sommersemester 1998 an der Friedrich-Alexander-Universität getroffen.

[80] So wäre es denkbar, daß erst nach eine bestimmte Zahl solcher Projektmitgliedschaften Führungsfunktionen erreicht werden könnten. Dadurch würde die Bereitschaft zur Teilnahme steigen, das Verständnis für Kompromisse zulasten ressort-egoistischer Ziele und zugunsten übergeordneter Ziele gefördert sowie das Problembewußtsein für komplexe Zielzusammenhänge gesteigert.

Vor dem geschilderten Hintergrund unterschiedlicher fachlicher Kenntnisse, Erfahrungen und Prägungen machen die Koordinations- und 'trade-off'-Prozesse innerhalb eines Projektteams dieses zu einer planungsprozeßinternen 'Clearing'-Stelle für auftretende Zielkonflikte. Damit eng verbunden ist eine Verschiebung der Verantwortlichkeiten - weg von den Fachressorts hin zur raumordnerischen Oberinstanz, denn die Ressorts bekämen dann am Ende des Planungsprozesses lediglich Informationen und Vorgaben zur weiteren Bearbeitung.

Abb.40: Verortung interdisziplinärer Projektteams

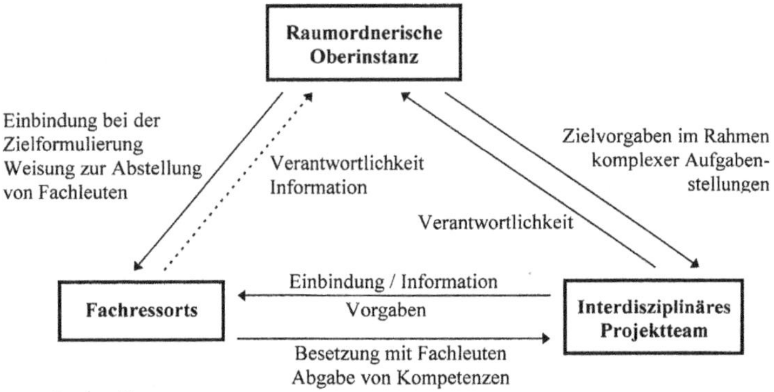

Quelle: Eigene Darstellung

Grundsätzlich besteht die Möglichkeit, ständige oder thematisch begrenzte Arbeitsgruppen einzurichten. Jedoch sollte im Sinne einer Konzentration auf Querschnittsaspekte die Zahl solch ständiger Arbeitskreise beschränkt werden. In Zukunft könnte das Schwergewicht vorbereitender Arbeit in thematisch begrenzten Arbeitsgremien zur Umsetzung räumlicher Entwicklungskonzepte liegen. Dabei wären, je nach inhaltlichem Anlaß, sowohl teilräumliche und themenbezogene Ad-hoc-Arbeitsgruppen als auch extern ausgerichtete (interdisziplinäre) Expertenrunden und Workshops denkbar. Der Vorschlag zur Einrichtung entsprechender Arbeitsgremien muß aus den raumordnerisch verantwortlichen Instanzen kommen, die auch die Projektleitung benennt.[81]

Generell können relevante Interessen, und zwar sowohl auf Entscheidungs- als auch auf der konkreten Planungsebene, nicht nur aus verschiedenen Ressorts (horizontal) sondern auch aus verschiedenen Ebenen (vertikal) integriert und durch weitere, externe Interessen- und Kompetenzträger ergänzt werden.

2.3.4 Einschränkung der Flexibilität - Bedeutung der Rechtssicherheit

Unter Berücksichtigung der notwendigen Planänderbarkeit und der Erfordernisse der gegebenen Planungsdynamik, ist die Berechenbarkeit der Raumordnung und -planung für die Adressaten der Raumplanung unerläßlich. Schließlich haben die Planungsadressaten einen wesent-

---

[81] In ganz ähnlicher Weise wurden von Bremen und Niedersachen Ad-hoc-Arbeitsgruppen eingerichtet. Vgl. BAUMHEIER, R.: Langzeitaufgabe Kooperation. In: BfLR (Hrsg.): RuR. H.3/97, Bonn 1997, S.197, der sich auf die gemeinsame Landesplanung von Bremen und Niedersachsen bezieht.

lichen Beitrag zur Umsetzung der Pläne zu leisten und müssen „innerhalb des Planungshorizonts auf die Verläßlichkeit eines Planes vertrauen können". Darum müssen Pläne so aufgestellt sein, daß sie - zumindest auf Zeit - die erforderliche Rechtssicherheit bieten, während sie andererseits flexibel genug sein müssen, um veränderten Verhältnissen angepaßt werden zu können. Zwischen diesen beiden Erfordernissen - Verläßlichkeit und Flexibilität - gilt es abzuwägen, wobei generell gilt: je bedeutender Pläne für Betroffene sind, desto mehr Rechtssicherheit wird benötigt.[82]
Um nun den hohen Standard der Rechtssicherheit aufrecht zu erhalten, muß die Kompetenzzuordnung die Mitwirkung der Öffentlichkeit garantieren. Nicht nur im klassischen Rechtsschutz, der durch langwierige Prozesse in der Vergangenheit häufig zu großen zeitlichen Verzögerungen öffentlicher Planungen geführt hat, sondern vermehrt durch die Integration aller relevanter Interessen im Zuge der Partizipation aller Planungsbeteiligten. Werden diese bereits im Vorfeld der Planung aufgenommen und soweit als möglich berücksichtigt, werden Reibungsflächen reduziert und es kann (unter Umständen) in den Fällen, in denen Interessen nicht berücksichtigt werden können, Verständnis dafür geweckt werden. Im letzteren Fall könnten dann gleich mögliche Kompensationsstrategien entwickelt werden.

2.4 `Kontrolle´ - Effektivität und Effizienz auf allen Aktivitätsstufen

Raumplanung als permanenter Vorgang muß gegenüber Veränderungen sensibel sein und dementsprechend offen strukturiert sein. Ist dies nicht der Fall, so kann sie den ihr gestellten Auftrag - Sicherung der Lebensgrundlagen der Bevölkerung für ein prosperierendes soziales, kulturelles, wirtschaftliches und ökologisches Leben - nicht oder nur unzureichend erfüllen. Die späte Wahrnehmung der Bedeutung der ökologischen Dimension der Raumplanung ist hierfür ein eindrucksvolles Beispiel.

Will man hingegen ein integriertes Raummanagement im aufgezeigten Sinne einführen, das Veränderungen frühzeitig wahr- und aufnimmt, muß dieses auch eine `Kontrollfunktion´ beinhalten. Nur so können die verschiedenen potentiellen Fehlerquellen[83] in Planung, Ausführung und Kontrolle selbst im Auge behalten werden. Eine solchermaßen verstandene Kontrolle kann dann keine reine `ex post´-Kontrolle - das angehängte Schlußglied des gesamten Planungs- und Umsetzungsprozesses - sein, sondern muß im Sinne eines selbständigen Steuerungsinstruments, das den gesamten Planungsprozeß bis hin zur endgültigen Realisation aller Maßnahmen kritisch absichernd begleitet, konzipiert werden. Dies ist notwendig, da die Planung ein hoch-selektiver Vorgang ist, der eines fortwährenden Korrektivs bedarf, um frühzeitig Prämissen- und Planabweichungen erkennen und verarbeiten zu können.[84] Dies ist der Punkt, an dem der `zweifache Zukunftsaspekt´ der Raumplanung zum tragen kommt: zum einen wirkt sie immer in die (ungewisse) Zukunft hinein, zum anderen muß sie deshalb Umsteuerpotentiale vorhalten. Umstände, die sich bei irreversiblen oder nur schwer korrigierbaren Vorgängen als besonders kritisch erweisen.
Die verschiedenen Arten der Kontrolle (vgl. Kapitel V 2.4.1 und 2.4.2) setzen darum teilweise bereits mit Beginn des Planungsprozesses ein (vgl. Abb.32).

---

[82] vgl. LENDI, M.: Grundriß einer Theorie der Raumplanung - Einleitung in die raumplanerische Problematik. 2. Aufl., Zürich 1995, S.135
[83] vgl. PEEMÖLLER, V.: Controlling - Grundlagen und Einsatzgebiete. 2. Aufl, Berlin 1992, S.272
[84] vgl. STEINMANN, H.; SCHREYÖGG, G.: Management: Grundlagen der Unternehmensführung: Konzepte - Funktionen - Fallstudien. 3. Aufl.; Wiesbaden 1993, S.154

Ein integriertes Raummanagement versteht also die Kontrollfunktion nicht länger im Sinne einer 'klassischen' Kontrolle, die lediglich das Erreichte mit den Zielvorgaben vergleicht. Vielmehr verlangt das Raummanagement nach einem modernen Controlling (Abb.41), das ...

1. notwendige *Informationen* in allen Stufen des Planungsprozesses *sammelt und* Planern, Entscheidern und Betroffenen *bereitstellt*.
2. die *Planung aktiv begleitet*, das bedeutet beispielsweise Ziele, Prämissen, Termine etc. auf ihre Realisierbarkeit prüft.
3. während des Prozesses - so nötig - *steuernd*, d.h. regulierend und zielorientiert, *eingreift*.
4. erst in einer *abschließenden* Stufe zu den verfahrensorientierten Kontrollkomponenten eine *Ergebniskontrolle* hinzufügt.

Abb.41: Funktionsbereiche des Controlling

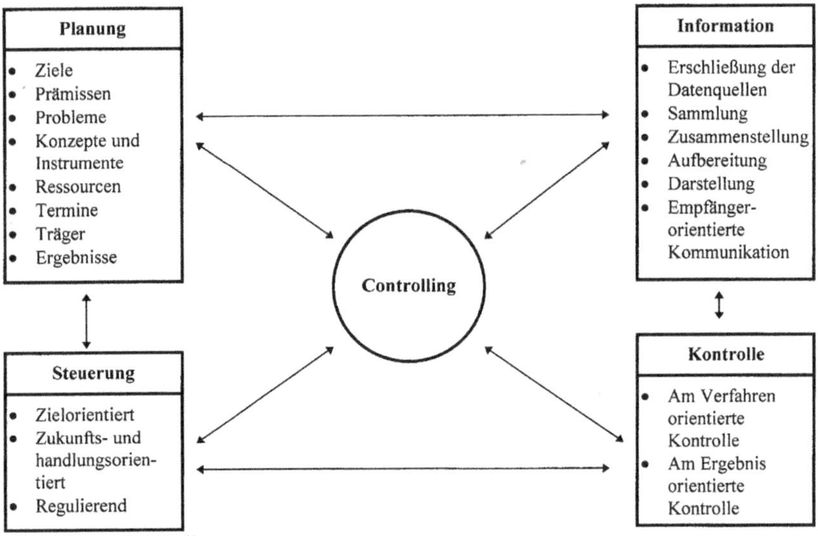

Quelle: Eigene Darstellung

In Abhängigkeit von Komplexität und Variabilität der räumlichen Problemlage beziehungsweise der Planungsumwelt verändert sich die Gewichtung dieser vier Funktionsbereiche. Bei leicht überschaubaren Problemen und stabiler Umwelt kommt der Planungsunterstützung sowie der ergebnisorientierten Kontrolle zentrale Bedeutung zu. Ist hingegen die Umwelt in schneller Änderung begriffen und sind die Probleme komplex, so treten steuernde Eingriffe im gesamten Planungsprozeß und die verfahrensorientierte Kontrolle in den Vordergrund.

Das Controlling in der Raumplanung sieht sich grundsätzlich mit den gleichen Aufgaben und Problemen konfrontiert, wie andere öffentliche Bereiche, Verwaltungen und Behörden auch. Um bei vorhandenen Defiziten in Planung und Realisation den Veränderungsbedarf erkennen und umsetzen zu können, müssen alle Aufgaben ständig hinterfragt, veränderte Bedürfnisse und Werte der Bevölkerung offengelegt, Verbesserungsvorschläge unterbreitet und Impulse zu Änderungen gegeben werden. Dabei ist das räumliche Controlling bei weitem nicht nur auf die wirtschaftliche Unterstützung des Verwaltungshandelns begrenzt, sondern muß insbeson-

Abb.42: Spezifische Rahmenbedingungen und Bestimmungsfaktoren des Controlling bei öffentlichen Planungen

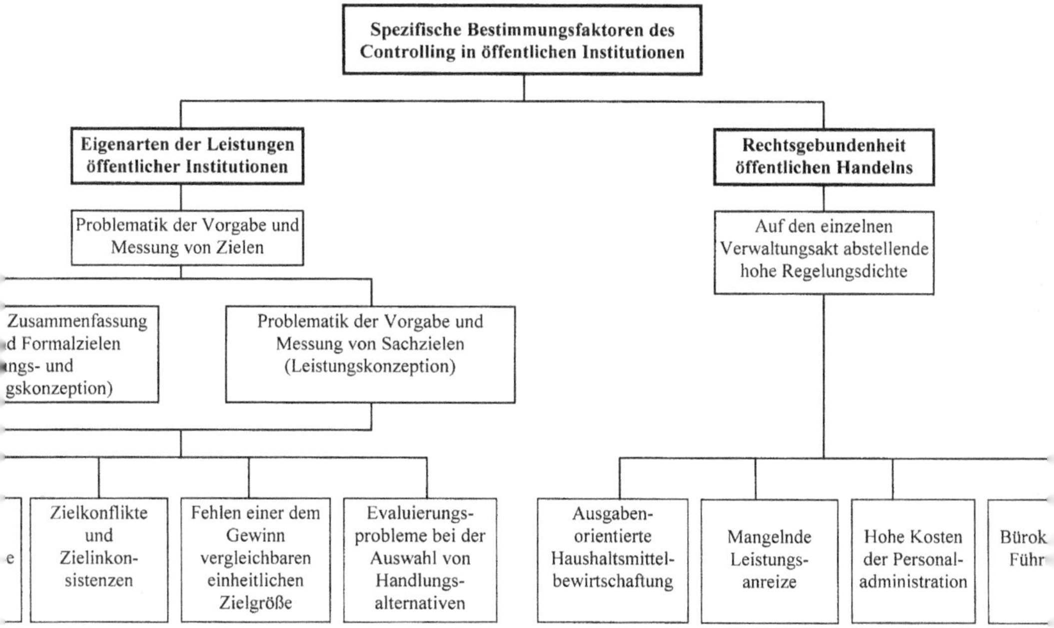

ÖLLER, V.: Controlling - Grundlagen und Einsatzgebiete. 2. Aufl., Berlin 1992, S.63

dere die enge Einbindung aller betroffener Institutionen in den Gesamtzusammenhang des öffentlichen Handelns berücksichtigen.

Dabei ist das Controlling öffentlicher Planungen durch spezifische Rahmenbedingungen beziehungsweise Bestimmungsfaktoren gekennzeichnet (eine detaillierte Übersicht hierzu gibt Abb.42). Grundsätzlich lassen sich zwei Hauptproblemkreise trennen: (1) Die Eigenarten und Vielfältigkeit der Leistungen öffentlicher Institutionen (öffentliche Güter, die nur schwer beschreibbar und damit schlecht operationalisierbar sind), die dazu führen, daß es schwer ist homogene Zielkataloge vorzugeben und den Grad der Zielerreichung zu messen. (2) Die Rechtsgebundenheit allen öffentlichen Handelns, die für jeden einzelnen Verwaltungsakt eine hohe Regelungsdichte aufweist und zahlreiche Rechtsnachweise erforderlich macht.
Darüber hinaus sind Führungs- und Organisationsstrukturen, die Gestaltungsfreiheit und Entscheidungskompetenzen einschränken, sowie die Mentalität in der Administration (vgl. Kapitel III 1.1.2 und 2.) einem selbstbewußten, modernen Controllingansatz oft wenig zugänglich.[85]

2.4.1 Strategische Kontrolle[86] - `Feedforward´-Kontrolle

Die strategische Kontrolle, wie sie hier verstanden wird, entspricht weitestgehend dem dargestellten Controlling-Begriff. Sie ist als selbständiges Steuerungsinstrument konzipiert, das den Planungsprozeß kritisch absichernd begleitet und ihre ureigenste Funktion in der Kompensation des mit der Planung einhergehenden Selektionsrisikos findet.

Abb.43: Strategischer Kontrollprozeß

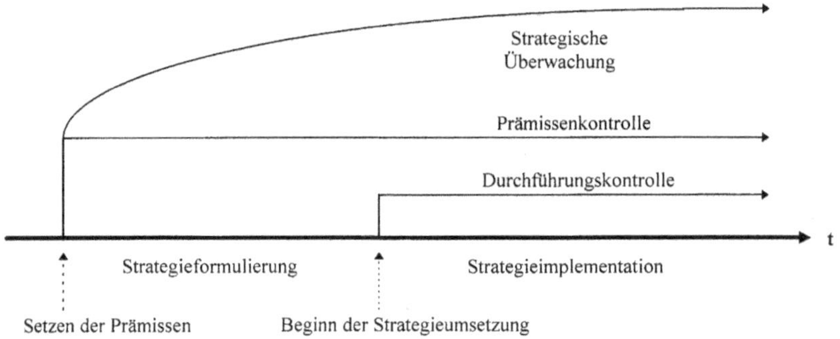

Quelle: STEINMANN, H.; SCHREYÖGG, G.: Management: Grundlagen der Unternehmensführung: Konzepte - Funktionen - Fallstudien. 3. Aufl.; Wiesbaden 1993, S.222

Aufgrund dieses Risikos sind die Pläne grundsätzlich potentiell revisionsbedürftig. Das bedeutet nichts anderes, als daß die strategische Kontrolle - im Sinne einer `Feedforward´-

---

85 vgl. PEEMÖLLER, V.: Controlling - Grundlagen und Einsatzgebiete. 2. Aufl, Berlin 1992, S.365ff.

86 Die folgenden Abschnitte zur strategischen wie auch zur operativen Kontrolle beziehen sich insbesondere auf die sehr übersichtliche Darstellung der Sachverhalte bei STEINMANN, H.; SCHREYÖGG, G.: Management: Grundlagen der Unternehmensführung: Konzepte - Funktionen - Fallstudien. 3. Aufl.; Wiesbaden 1993 (zur strategischen Kontrolle insbesondere S.219-226, zur operativen Kontrolle S.345-347).

Kontrolle - die strategischen Pläne der Raumordnung und Raumplanung (Leitbilder etc.) fortlaufend auf ihre weitere Gültigkeit hin überprüft sowie Störgrößen bei der Planumsetzung identifiziert[87], um Bedrohungen und damit nötige Änderungen der strategischen Ausrichtung frühzeitig zu signalisieren.
Die Kompensationsfunktion innerhalb des strategischen Kontrollprozesses läßt sich dabei in drei Kontrollarten ausdifferenzieren (vgl. Abb.43): [88]

1. *Strategische Überwachung*
2. *Strategische Durchführungskontrolle*
3. *Prämissenkontrolle*

Während die letzten beiden Kontrollarten Spezielfunktionen darstellen, handelt es sich bei der strategischen Überwachung um eine global ausgerichtete Funktion.

2.4.1.1 Strategische Überwachung

Da die beiden nachfolgend beschriebenen Kontrollaktivitäten in ihrer Anlage eher selektiv, weil spezialisiert, sind, bedürfen sie eines unspezialisierten „Auffangnetzes" - der strategischen Überwachung[89]. Deren Notwendigkeit begründet sich in der Einsicht, daß im Normalfall zahlreiche kritische Ereignisse auftreten, die im Zuge der Prämissensetzung entweder falsch eingeschätzt oder schlicht übersehen werden, die aber (noch) keinen Niederschlag in der Planumsetzung gefunden haben. Damit ist die strategische Überwachung die folgerichtige Antwort auf das unbegrenzte, strategisch relevante Umfeld der Raumplanung.
Dabei handelt es sich um eine grundsätzlich ungerichtete Kontrollhandlung[90], die nicht a priori auf konkrete Kontrollobjekte bezogen ist. Um jedoch sinnvolle Informationen gewinnen zu können, bedarf es eines Maßstabs: diesen bildet die Gefährdung der Wohlfahrt einer Region oder eines anderen Teilraumes, wobei innerhalb dieses sehr allgemeinen Kontrollobjekts 'kritische Beobachtungsfelder'[91] (etwa der Arbeitsmarkt, der Umweltzustand etc.) bestimmt werden können, an denen die Bewährung der gewählten Strategie gemessen wird.
Ziel ist es somit, Krisensignale in einem möglichst frühen Stadium aufzufangen um hinreichende Handlungsspielräume sicherstellen zu können.

---

87 vgl. PEEMÖLLER, V.: Controlling - Grundlagen und Einsatzgebiete. 2. Aufl, Berlin 1992, S.134

88 vgl. PREBLE, J.F.: Towards a Comprehensive System of Strategic Control. In: Journal of Management Studies, No.29, Oxford und Cambridge 1992, S.391-409

89 Vgl. dazu AGUILAR, F.: Scanning the Business Environment. New York 1967, der diese Funktion am Beispiel von (Groß-)Unternehmen schildert.

90 Auf den ersten Blick wirkt eine solche Kontrollvorstellung paradox, bedarf es doch nach allgemeiner Auffassung eines möglichst präzisen Kontrollmaßstabs, um Kontrolle wirksam werden zu lassen. Eine solche strategischen Überwachung ist trotzdem möglich: Die Wohlfahrtsgefährdung ist zwar weit unbestimmter als die Strategie, konkretisiert sich jedoch in Form von Krisen, welche die räumlichen Entwicklungspotentiale, auf die eine gewählten Strategie aufgebaut wurde, zu erodieren drohen. Dadurch wird es ermöglicht, die Komplexität alternativ durch die Beobachtung von Krisenanzeichen zu verringern. Vgl. dazu LUHMANN, N.: Zweckbegriff und Systemrationalität. Frankfurt/Main 1973, S.328

91 vgl. LORANGE, P.: Strategic Control: Some Issues in Making it Operationally More Useful. In: LAMB, R.: Competitive Strategic Management, Englewood Cliffs (N.Y.) 1984

2.4.1.2 Kontrolle der Prämissen

Das Setzen von Prämissen ist im strategischen Planungsprozeß das wesentliche Mittel, um Entscheidungssituationen zu strukturieren. Mit deren Festlegung werden jedoch zeitgleich eine große Zahl möglicher Alternativzustände ausgeblendet, womit sich ein kontrollbedürftiges Risiko begründet.
Die Prämissenkontrolle konzentriert sich also fortlaufend auf die Frage, ob die explizit getroffenen strategischen Annahmen im Planungsprozeß weiterhin Gültigkeit beanspruchen können. Ist dies nicht mehr der Fall, muß sofort kritisch geprüft werden, ob dadurch die Strategie als ganzes oder in Teilen zu revidieren ist, oder ob die geänderten Umweltbedingungen sich nicht auf den eingeschlagenen Weg auswirken.

2.4.1.3 Strategische Durchführungskontrolle - Begleitung der Realisationsphase

Die Durchführungskontrolle beginnt mit dem Zeitpunkt der Strategieumsetzung und begleitet die gesamte Implementationsphase. Dabei sammelt sie all die Informationen, die sich im Rahmen der Umsetzung der räumlichen Leitbilder ergeben und auf eine Gefährdungen dieser hindeuten könnten. Insbesondere versucht die strategische Durchführungskontrolle dabei diejenigen potentiell bedrohlichen Bereiche abzudecken, die bei der Prämissensetzung ausgeblendet wurden. Dazu versucht sie anhand prognostizierter Abweichungen von \`Meilensteinen´ wie auch störender Einflüsse zu bestimmen, ob die beschlossenen Konzepte und eingesetzten Mittel noch zielführend sind oder nicht[92], wobei natürlich nur Abweichungen außerhalb bestimmter Toleranzgrenzen[93] ein Signal zur Umsteuerung darstellen.

2.4.1.4 Organisation der strategischen Kontrolle

Die strategische Kontrollfunktion gliedert sich, wie gezeigt, in drei Bereiche, die auf unterschiedliche Kontrollobjekte ausgerichtet sind und unterschiedlich enge Blickwinkel aufweisen.
Bei der strategische Durchführungskontrolle macht eine gewisse Formalisierung der Informationsaufnahme den größten Sinn, ist sie doch relativ stark auf konkrete Kontrollobjekte gerichtet. Diese Zwischenziele sind relativ leicht festzulegen. Überraschend eintretende Krisen in der Planrealisation lassen sich dagegen nicht solchermaßen vorstrukturieren. Diese ergänzen das Aufgabenfeld der strategischen Durchführungskontrolle.
Demgegenüber ist die Informationsbeschaffung im Zuge der Prämissenkontrolle allenfalls bis zu einem Gewissen, deutlich niedrigeren Grade, formalisierbar. Sie muß ihre Kontrollaktivitäten auf kritische Annahmen und Schwellenwerte richten, die Grundlagen des strategischen Planungsprozesses bilden. Dabei ist die Überwachung dieser Prämissen am sinnvollsten von den sachlich zuständigen Funktionalbereichen (Umweltschutz, Finanzverwaltung etc.) zu erbringen.
Die auf die allgemeine Umwelt sowie die zur Verfügung stehenden Ressourcen gerichtete strategische Überwachung entzieht sich einer vergleichbaren Vorstrukturierung. Kritische

---

92 Vgl. die ähnlichen Ausführungen zur strategischen Kontrolle in Unternehmen von WILD, J.: Grundlagen der Unternehmensplanung. 3.Aufl., Reinbek 1980, S.44.

93 vgl. PEEMÖLLER, V.: Controlling - Grundlagen und Einsatzgebiete. 2. Aufl, Berlin 1992, S.257

Beobachtungsfelder können - und sollen! - hier nicht festgelegt werden, geht es doch darum eine möglichst umfassende Bandbreite für die Kontrolle potentiell kritischer Ereignisse zu erhalten. Das Ausmaß der Gerichtetheit zu erhöhen wäre mithin kontraproduktiv. Ein gewisses Maß an Strukturierung bildet sich jedoch dann aus, wenn bei der Umweltbeobachtung kritische Ereignisse erkannt werden, deren weitere Entwicklung zu überwachen ist.

Abb.44: Arten strategischer Kontrolle - Charakteristika

Arten strategischer Kontrolle / **Kontroll-charakteristika**	**Strategische Überwachung**	**Prämissen-kontrolle**	**Strategische Durchführungs-kontrolle**
Ausmaß der Gerichtetheit	gering	mittel	hoch
Kontrollobjekt	Umwelt / Ressourcen	Planungsprämissen	Zwischenziele

Quelle: Eigene Darstellung

2.4.2 Operative Kontrolle

Die operative Kontrolle hat ihren Schwerpunkt in der Durchführungskontrolle, die sich einmal als Ergebnis- und zum anderen als Planfortschrittskontrolle präsentiert. Eine allererste Kontrolleistung liegt jedoch darin, zu prüfen, ob die im Zuge der Planung festgelegten Maßnahmen und Konzepte überhaupt geeignet sind, die angestrebten räumlichen Ziele effizient (`doing the things right´[94]) zu erreichen.

Abb.45: Operative Kontrolle im Regelkreis

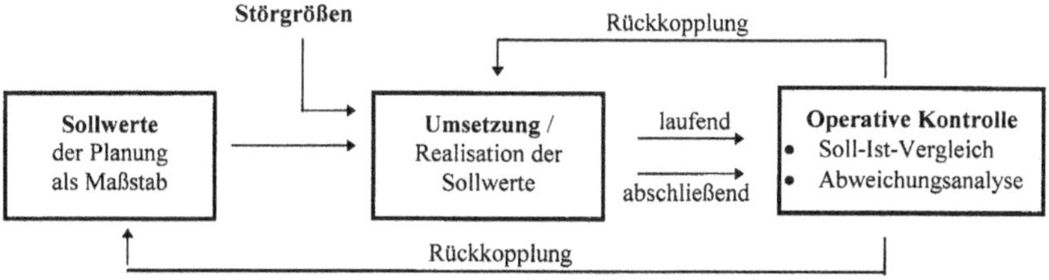

Quelle: Eigene Darstellung

Inhaltlich ist die operative Kontrolle dann auf die Identifikation von Planabweichungen ausgerichtet, wobei sie sowohl am Schluß des Planungs- und Realisierungszykluses ansetzt (`Feedback´-Kontrolle), als auch im laufenden Prozeß (`Feedforward´-Kontrolle), um der Gefahr verspäteter Rückkopplungsinformationen zu begegnen. Typischerweise erfolgt die

94 Demgegenüber hinterfragt die strategische Kontrolle die Richtigkeit der formulierten Strategie und stellt auf Effektivitätssteigerung ab - `doing the right things´.

operative Kontrolle dabei periodisch und die notwendigen Informationsgewinnungs- sowie -verarbeitungsprozesse sind stark formalisiert.

2.4.2.1 Vergleich der Ergebnisse mit dem Plan - `Feedback´-Kontrolle

Auch wenn die Bedeutung der Konzepte in der Raumplanung nicht grundsätzlich in Frage gestellt wurde, so zeichnete sich in den 80er Jahren doch ein Trend ab, in dem - aus mangelnder Umsetzbarkeit früherer Konzepte - eine projektorientierte Planung präferiert wurde, die jedoch häufig eher einem `muddling through´, denn einer klar strukturierten Planung glich. Dieser zum Teil (trotzdem) erfolgreiche Wege entzog den raumplanerischen Konzepten notwendige Rückmeldungen aus dem Umsetzungsprozeß, so daß keine Überprüfung oder gar Anpassung der Konzepte ermöglicht wurde und in der Folge keine Basis für die Weiterentwicklung der Konzepte gegeben war.
Tatsächlich können aber erst durch die Konzeptumsetzung Rückschlüsse gezogen werden. Wenngleich aufgrund der Dynamik räumlicher Realitäten nie eindeutige und reproduzierbare Erkenntnisse - sowohl was die Tauglichkeit als auch was die Nebenwirkungen von Konzepten angeht - gewonnen werden.[95]

Der Ergebniskontrolle als `Feedback´-Komponente der operativen Kontrolle kommt daher ganz wesentliche Bedeutung im gesamten Kontrollprozeß zu. Um einen Soll-Ist-Vergleich durchführen zu können, müssen beide Größentypen sowohl sachlich als auch zeitlich kongruent sein. Darüber hinaus wäre es wünschenswert, wenn Kontrollzeitpunkte sowie Vergleichsgrößen vorlägen. Letztere bereiten insbesondere dann Schwierigkeiten, wenn räumliche Planungen für einmalige oder neue Probleme durchgeführt werden müssen.
Soll-Ist-Vergleich können neben der Planerfüllung, sowohl positive Abweichungen (Zielübererfüllung) als auch negative Abweichungen (Zielverfehlung) zu Tage fördern. Beiden Fehlerarten ist in Abweichungsanalysen auf den Grund zu gehen. Mögliche Gründe für das Auftreten von Abweichungen können beispielsweise sein:

- Störgrößen, die unvorhersehbar die Planungsgrundlagen veränderten
- Fehlentscheidungen, Mehr- oder Minderleistungen
- Nichtberücksichtigung oder falsche Gewichtung von Einflußgrößen (Planfehler)

Die Kritik an der bislang stattfindenden `ex-post´-Kontrolle in Form der Finanzkontrolle, bei der untersucht wird, ob bewilligte Mittel abgerufen wurden, wurde bereits geübt (vgl. Kapitel III 3.3). Aber selbst hier könnte ein `managementorientierter´ Übergang von Einzel- zu Programmbudgets mithelfen, Leistungsreserven ineffizienter Verwaltung - und somit insbesondere auch der Raumplanung, an der so viele verschiedene Ressorts beteiligt sind - aufzudecken[96] und einer besseren Nutzung zugänglich zu machen.

---

95 vgl. SCHRETZENMAYR, M.: Was führt zum Scheitern raumplanerischer Konzepte? In: BfLR (Hrsg.): RuR, H.6/96, Bonn 1996, S.408f.

96 vgl. RECKTENWALD, H.C.: Umfang und Struktur der Öffentlichen Ausgaben. In: Handbuch der Finanzwissenschaft, 3.Aufl, 1981, S.751

2.4.2.2 Adaptive Kontrolle - `Feedforward´-Kontrolle

Nicht erst mit Abschluß von Maßnahmen und Konzepten, sondern bereits während deren Realisation können verfügbare Informationen herangezogen werden, um zu prüfen, ob vorgegebene Ziele (beispielsweise Kostenobergrenzen) noch erreichbar erscheinen. Sinn dieses adaptiven Kontrollansatzes ist es, möglichst frühzeitig Abweichungen zu erkennen, um zu einem Zeitpunkt reagieren zu können, zu dem noch ausreichend Handlungsspielräume zur Verfügung stehen. Analog zur strategischen Planung geht man dabei kontrolltechnisch so vor, daß man den Umsetzungszeitraum anhand von Meilensteinen in Abschnitte unterteilt. Diese Abschnitte müssen dabei so gewählt werden, daß an deren Enden eine sinnvolle Projektion auf das Gesamtergebnis geleistet werden kann.

Unabhängig davon, ob nun strategische oder operative Komponenten berührt sind, kann ein richtig verstandenes und erfülltes Publizitätsgebot für geplante Maßnahmen sowie die allgemeine Informationspflicht des Staates die Bevölkerung und damit die Betroffenen, die Zahler und die Nutzer raumordnerischer und raumplanerischer Aktivitäten an der Kontrolle beteiligen. Ein Umstand, der eine ausgesprochen breit angelegte Kontrollfunktionen beinhaltet.[97]

[97] vgl. LENDI, M.: Grundriß einer Theorie der Raumplanung - Einleitung in die raumplanerische Problematik. 2. Aufl., Zürich 1995, S.62

Sechstes Kapitel
Wege aus der Krise

„Alle Politik ist lokal."[1]

1. Lösungsansätze in der Disukssion

Vor dem Hintergrund der in den vorangegangenen Kapiteln geschilderten Unzulänglichkeiten und Krisensymptomen der Raumordnung und Raumplanung in der Bundesrepublik (aber auch in anderen Nationen, die vergleichbare Anstrengungen zur Entwicklung ihrer Teilräume unternehmen) sowie der gesellschaftlichen, institutionellen und organisatorischen Anforderungen an ein modernes Raummanagement, entwickeln sich in den letzten Jahren zunehmend neue Formen räumlicher Problembewältigung.

Einordnung des Kapitels in den Gesamtzusammenhang

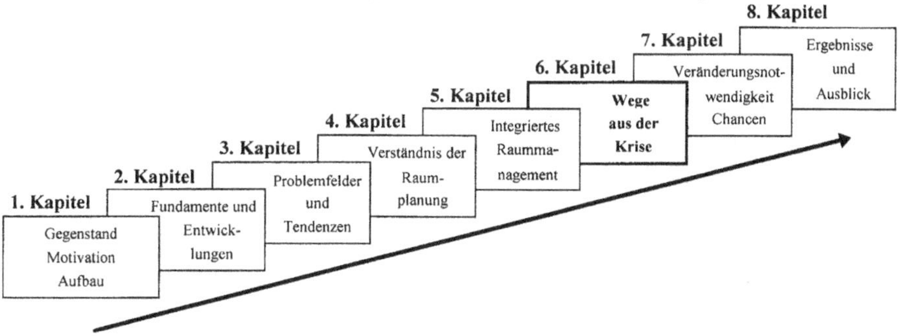

Quelle: Eigene Darstellung

Dabei kristallisieren sich drei wesentliche Charakterzüge zukünftiger Ansätze heraus:

1. *Planungsprozesse* werden nur noch dann sinnstiftende Ergebnisse nach sich ziehen können, wenn sie *dynamisch* gestaltet sind und damit der Veränderungsgeschwindigkeit der räumlichen Umwelt folgen können.
2. Die nur konzeptionell-planerischen Funktion der räumlichen Planung muß überwunden und die *Implementationsphase in den Planungsprozeß integriert* werden. Denn nur so kann die Planung „verstärkt selbst Probleme aufgreifen, Ideen entwickeln" und dann eine entsprechende Koordinationsfunktion im regionalen Rahmen übernehmen.[2]
3. Im gleichen Zug muß sich die *Raumplanung zunehmend als Dienstleister* für die verschiedenen räumliche Belange begreifen. Einmal um auf diese Weise eine zusätzliche Begründung für ihr Handeln zu gewinnen und zum anderen als unabdingbare Voraussetzung für ihre Öffnung gegenüber einer dynamischeren Umwelt, die den *Einbezug breiterer Interessengruppen* in den Planungsprozeß erfordert.

---

1 O'NEILL, T. zitiert nach: PINZLER, P.: Alle Politik ist lokal. In: Die Zeit, Nr. 45, 29. November 1998, S.14

2 vgl. FÜRST, D.; RITTER, E.-H.: Perspektiven der Entwicklung ländlicher Räume in Deutschland. In: ARL-Nachrichten, H.1, Hannover 1995, S.5

Nur wenn diese Bedingungen erfüllt sind, werden neue Verfahren und Instrumente durchsetzbar und traditionelle Instrumente für neue Ziele einsetzbar. Andernfalls könnte, wie in anderen europäischen Staaten auch, nationale Raumordnungspolitik nur noch mittels der Infrastrukturpolitik betrieben werden[3], da andere Maßnahmen höhere Anforderungen an den zeitlichen Rahmen sowie den dafür notwendigen Konsens stellen.

1.1 Dynamisierung der politischen Prozesse

Größere Unsicherheiten, schnellere Wechsel, unterschiedlichere Ziele sowie erhöhte Dynamik bilden den Rahmen für des Planungssystem. Dadurch nimmt die Zahl der Aufgaben drastisch ab, die im herrschenden Rechts- und Planungssystem mittels fünf- und mehrjähriger Pläne im Sinne eines `command and control´-Ansatzes gesteuert werden können. Um nun die Handlungsfähigkeit zu bewahren, werden oftmals `Paketlösungen´ zwischen privaten Interessenträgern und öffentlicher Hand geschnürt und damit bestehende Pläne und geltende Vorschriften umgangen. Zwar wird damit das Kernproblem - die gegenüber der Wandlungsgeschwindigkeit staatlicher Systeme und Konzepte (vgl. `time lags´ Kapitel III 1.2.1) wesentlich schnelleren sozial-ökonomischen Prozesse - ausgehebelt, diese Lösung jedoch ist politisch äußerst brisant, bewegen sich die Beteiligten doch schnell im rechtsfreien Raum.
Die neue Gesamtsituation führt darüber hinaus zu neuen Leitbildern räumlicher Ordnung, die in erster Linie auf deren Entwicklung in einer Welt der Globalisierung ausgerichtet ist. Zentraler Punkt der gewandelten Leitvorstellungen ist die Idee, räumliche Unterschiede - im Sinne SCHUMPETERS - als positive Chance zu verstehen und damit Ungleichgewichte als den Normalfall der Wirtschaft wie der Gesellschaft zu sehen und davon auszugehen, daß unregelmäßig-dynamische und offene Systeme leistungsfähiger sein können.[4]

Raumplanung wird also zu einem dynamischen politischen Prozeß der Verständigung über regionale Zielvorstellungen und Maßnahmen zu deren Umsetzung. Die damit verbundenen Anforderungen gehen weit über die bisherige Erstellung perfekter Planungswerke hinaus. Im Vordergrund steht künftig die Suche nach gemeinsamen Lösungen staatlicher, kommunaler, aber auch privater Akteure. Planung soll nicht mehr ausschließlich hoheitlich ausgerichtet sein, sondern zunehmend auch eine Service-Leistung werden, koordinieren und kooperieren können. Denn die regional unterschiedlichen Anforderungen sowohl der Wirtschaft als auch der Gesellschaft an spezifische Lösungen wachsen. Darauf muß flexibel reagiert werden und dies wird nur gelingen, wenn die Eigenverantwortung der Regionen gestärkt wird.[5]
Neue Aufgabenstellung werden damit verbunden sein: Die Regionalplanung wird zunehmend die Moderation zwischen raumwirksam Handelnden und Interessenträgern übernehmen, um regionale Lösungskonzepte gemeinsam in Gang zu setzen. Dabei wird sie verstärkt projektbezogen auf der Vollzugsebene tätig werden, ohne ihre klassischen Aufgaben in der Raumplanung als Grundlage einer funktionierenden Raumstruktur, zu vernachlässigen. Ein großer Vorteil könnte dabei das gestiegene Regionalbewußtsein und der Trend zu regionalen Zweckbündnissen (z.B. beim ÖPNV und der Ausweisung von Gewerbeflächen) sein.

---

[3] vgl. hierzu ZALAD, K.: Von der Raumplanung zum Raummanagement? In: ORL (Hrsg.): Planungssysteme - Planungskonzepte, wie weiter? ORL-Bericht 101/1996, Zürich 1996, S.90f.

[4] vgl. ZALAD, K.: Von der Raumplanung zum Raummanagement? In: ORL (Hrsg.): Planungssysteme - Planungskonzepte, wie weiter? ORL-Bericht 101/1996, Zürich 1996, S.87ff.

[5] vgl. BMBau (Hrsg.): Raumordnung in Deutschland. Bonn 1996, S.10

1.2 Föderalisierung der Raumplanung

„Die Großregionen sind als maßgebende Ebene für eine Regionalpolitik des Bundes im europäischen Rahmen zu betrachten."[6]

Das angesprochene Bewußtsein regionaler Identität und Verantwortung bildet die Grundlage für die weitergehende Föderalisierung der Raumplanung.

Mit dieser - oftmals auch mit dem Schlagwort `Regionalisierung´ versehenen - Tendenz, werden große Hoffnungen verbunden. So erwartet man dadurch (a) im Sinne des Subsidiaritätsprinzips „eine Verlagerung von Entscheidungskompetenzen auf untere Ebenen" (etwa von der Länderebene zur regionalen oder kommunalen Ebenen) sowie (b) eine zunehmende interkommunale Kooperation. Da bei letzterer jedoch immer auch die Notwendigkeit zu Kompromissen besteht, kann dies die Handlungsspielräume in der Realität auch verengen. Dementsprechend ist ein wohlüberlegtes Abwägen der Vor- und Nachteile interkommunaler Abstimmungen sowie der erforderlichen institutionellen Regelungen unabdingbar.[7]

Zu den Vorteilen einer weitergehenden Föderalisierung gehören sicherlich folgende Punkte:

1. *Steigerung der Problemnähe* involvierter Ebenen und Planungsträger sowie in der Folge *gesteigerte Effektivität und Effizienz* aller beschlossenen Maßnahmen und Konzepte.
2. Eng mit dem ersten Punkt verbunden ist der Umstand, daß das *Bewußtsein aller räumlich Handelnden um die räumliche Dimensionen* dieser Schwierigkeiten in den Ländern und Regionen stärker ausgeprägt ist, da man sich innerhalb dieser Räume wiederum als Teil einer darüberliegenden, größeren Einheit erfährt. Eine Erfahrung, die auf Bundesebene, trotz der Einbindung in eine europäische Dimension, sicherlich so nicht erlebt wird, auf der `regionalen´ Ebene jedoch identitätsstiftend und motivierend wirkt.
3. Bestehenden *Unterschiede* der jeweiligen Problemräume *können besser berücksichtigt* und darauf abgestimmte Maßnahmenbündel zusammengestellt werden.
4. Durch die Re-Delegation von Aufgaben werden die *Spielräume* (beispielsweise der Landespolitik) wieder *größer*[8], so daß zunehmend schneller auf die vorn geschilderte Dynamisierung der Planungsumwelt reagiert werden kann.

Dies sind Argumente, die für einen verstärkten funktionalen Föderalismus sprechen (vgl. auch Kapitel VI 2.4.1) und die unter den Stichwörtern `Verbundprinzip´ und `dezentrale Koordination´ subsumiert werden können.

Nachteile einer verstärkten Föderalisierung hingegen liegen insbesondere in deren institutionellem Bezug: Geht man vom bestehenden System föderaler Institutionen aus, so werden beinahe alle Problemlagen innerhalb der bestehenden verwaltungstechnischen räumlichen Abgrenzungen angegangen. Dies verursacht teilweise erhebliche Transaktionskosten, denn all diejenigen Probleme, die über Verwaltungsgrenzen hinausgehen, führen zu langwierigen und aufwendigen Koordinationsprozessen bei der gemeinsamen Zielfindung, Zuordnung der

---

[6] vgl. PFISTERER, T.: Der Föderalismus von morgen: Die Kantone zwischen Kooperation und Konkurrenz. Zitiert aus ZALAD, K.: Von der Raumplanung zum Raummanagement? In: ORL (Hrsg.): Planungssysteme - Planungskonzepte, wie weiter? ORL-Bericht 101/1996, Zürich 1996, S.88

[7] Vgl. HESSE, M.: Nachhaltige Raumentwicklung. In: BfLR (Hrsg.): RuR, H.2+3/96, Bonn 1996, S.117, der sich auf FÜRST, D.: Stadt und Region. In: MÄDING, H. (Hrsg.): Stadtperspektiven. Difu-Symposium 1993, Berlin 1994 und KRUSE, H.: Reform durch Regionalisierung - Eine politische Antwort auf die Umstrukturierung der Wirtschaft. Frankfurt/Main 1990, bezieht.

[8] Vgl. PALMER, Ch. in einem Interview mit BRAUN, A.: Wir starten jetzt durch. In: Sonntag Aktuell, Nr.47 vom 22. November 1998, S.8, der darauf hinweist, daß es ganz wesentlich ist, darauf zu achten, daß dabei die Zuständigkeiten zwischen den räumlichen Einheiten sowie zwischen den jeweiligen Ressorts deutlich voneinander abgegrenzt werden.

Verantwortlichkeiten, der Einigung über Maßnahmen und Konzepte sowie der Durchführung geeigneter Maßnahmen.
Dies ist wahrscheinlich einer der Gründe, daß sich außerhalb des bestehenden institutionellen Gefüges so vielfältigere Initiativen räumlicher Zusammenarbeit gebildet haben, je weniger systematisch die Regionalisierung dieser (oftmals wirtschaftlichen) Initiativen betrieben wurde und je eingeschränkter (zudem auf den ersten Blick unpolitischer) die räumliche Zusammenarbeit ist. Beispiele solcher Organisationsformen reichen von Institutionengründungen (z.B. Entwicklungsgesellschaften) bis hin zu „informellen Kommunikationszusammenhängen".[9]

Die bislang erzielten Ergebnisse mit Ansätzen der Regionalisierung sind nicht eindeutig. So konstatiert WEGENER in seiner Analyse solcher Konzeptionen in Sachsen-Anhalt, daß bislang lediglich „drei suboptimale Ausprägungen regionalisierter Wirtschafts- und Strukturpolitik" zu verzeichnen sind:[10]

- In Fällen gelungener horizontaler und vertikaler Regionalisierung (Bündelung und Verlagerung von wirtschaftspolitischer Trägerschaftskompetenz) sind die Institutionen der Regionen noch sehr schwach entwickelt und gefestigt, was sich insbesondere daran zeigt, daß sie die gewonnenen Trägerschaftskompetenzen bislang noch kaum in eigene Gestaltungsansätzen anwenden. Die regionalen Institutionen bleiben damit unterhalb eines für die eigenständige Politikgestaltung notwendigen Mindestmaßes der Institutionalisierung (*Schwache Institutionalisierung*).
- In einigen Fällen der Regionalisierung horizontal verteilter Trägerschaftskompetenzen (Komplementärstrategie der Regionalisierung) ergeben sich substitutive Effekte. Insbesondere regionale und sektorale Schwerpunktsetzungen der Landes- oder vorgelagerter Ebenen werden dadurch konterkariert (*Konkurrierende Institutionalisierung*).
- Die horizontale Regionalisierung einiger wirtschaftspolitischer Handlungsfelder durch intraregionale Bündelungsprozesse kommt überhaupt nicht zustande (*Fehlende Institutionalisierung*).

Als zentrale Gründe für diese Ergebnisse nennt WEGENER die „opportunistischen Strategien der regionalen Akteure" sowie die „verbreitete Nutzung von Umgehungsstrategien in bezug auf den Regionalisierungsgrad der wirtschaftspolitischen Projekte der Regionen". Ermöglicht würde dies durch die gering entwickelten institutionenpolitischen Vorkehrungen gegen diese Strategien.

1.2.1 Eigenverantwortung der Regionen - Endogene Entwicklungsstrategien

„Heute eröffnet sich die Notwendigkeit, den Wettbewerb der Regionen[11] als zusätzliche Komponente in zum einen komplementär oder kompensierend von den Regionen zu bearbeitenden Politikfeldern und zum anderen in autonom und selbstverantwortlich von

---

9 vgl. STURM, R.: Erfahrungen mit Modellen regionaler Wirtschaftsentwicklung und -förderung. In: Friedrich-Alexander-Universität Erlangen-Nürnberg (Hrsg.): Uni-Kurier, Erlangen 1996, S.28

10 vgl. WEGENER, T.: Institutionelle Aspekte der Regionalisierung von Wirtschafts- und Strukturpolitik - Das Beispiel Sachsen-Anhalt. In: ifo Institut für Wirtschaftsforschung (Hrsg.): ifo Dresden-Studien, Bd.24, München 2000, S.190f. sowie seine Erläuterungen hierzu auf S.191-199.

11 Der Gedanke eines Regionenwettbewerbs überträgt die Idee des Wettbewerbs privater Märkte auf Gebietskörperschaften und deutet diese als eigenverantwortliche, eigenständige sowie nutzenmaximierende Akteure, die sich im Wettbewerb zusammenschließen. Vgl. LICHTBLAU, K.: Von der Transfer- in die Marktwirtschaft - Strukturpolitische Leitlinien für die neuen Länder. Köln 1995, S.357

der Region zu bearbeitenden Politikfeldern oder Problemlösungen einzuführen. Im Einzelfall kann jedoch auch die Verantwortung für die Bearbeitung einzelner Politikfelder, die bislang bei vor- oder nachgelagerten Ebenen lag, durch die regionale Ebene substituiert werden."[12]

Um im Sinne einer Selbsthilfe mit geringen externen Inputs ein Verantwortungsbewußtsein für die eigene Region herauszubilden und regionale Stärken auszuschöpfen sowie entsprechende Schwächen abzubauen[13], bedarf es der Verknüpfung kleinräumiger Lebens- und Wirtschaftszusammenhänge mit dezentralen Entscheidungskompetenzen gemäß dem Subsidiaritätsprinzip. Das „bedeutet mehr räumliche Überschaubarkeit, sachliche Transparenz, Gestaltbarkeit und direkte Erfahrbarkeit der Folgen des eigenen Handelns". Dadurch könnten Ursachen und Wirkungen räumlicher Aktivitäten wieder enger zusammengeführt werden.
Ergänzend sprechen die politische Probleme, die mit der zentralen Steuerung des sozioökonomischen Strukturwandels verbundenen Schwierigkeiten, wie auch die Vollzugs- und Kontrollprobleme im Planungs- und Rechtsbereich, für weniger bürokratische, dezentrale und Eigenverantwortung ermöglichende (und fordernde) Formen regionaler Zusammenarbeit. Hier werden in Zukunft noch verschiedene Ansätze entwickelt und erprobt werden müssen.[14] Eine Vorstufe zu allen Aktionen auf kommunaler wie regionaler Ebene bilden zumeist `runde Tische´. Diese Form der Sammlung entscheidungsrelevanten Wissens um räumliche Zusammenhänge, ebenso wie des `ex ante´-Interessenabgleichs betroffener Bevölkerungsgruppen, gewinnt immer mehr an Bedeutung. Ansätze, die auf solchermaßen gesammeltem Wissen aufbauen und heute bereits intensiv diskutiert werden, sind beispielsweise[15] Regionalverbände, Initiativen zum Regionalmarketing und Netzwerke. All diesen Konzepten gemeinsam ist eine Kombination schwacher finanzieller Anreize und eine persuasiv angelegte Steuerung der räumlichen Aktivitäten, was ihre Wirkungskraft in relativ engen Grenzen hält.[16] Einen Überblick über die Charakteristika endogen-regional orientierter Ansätze gibt Abb.46.

---

12 WEGENER, T.: Institutionelle Aspekte der Regionalisierung von Wirtschafts- und Strukturpolitik - Das Beispiel Sachsen-Anhalt. In: ifo Institut für Wirtschaftsforschung (Hrsg.): ifo Dresden-Studien, Bd.24, München 2000, S.46

13 vgl. FÜRST, D.; RITTER, E.-H.: Landesentwicklungsplanung und Regionalplanung - Ein verwaltungswissenschaftlicher Grundriß. 2.Aufl., Düsseldorf 1993, S.51 sowie STÖHR, W.B.: Ansätze zu einer neuen Fundierung der Regionalpolitik. In: Jahrbuch für Regionalwissenschaft, 5.Jg., 1984, S.15

14 vgl. SAUERBORN, K.: Die Regionalisierung der Wirtschaft als Beitrag zu einer nachhaltigen Entwicklung. In: BflR (Hrsg.): RuR, H.2+3/96, Bonn 1996, S.149. Eine Ansicht, die auch STURM vertritt, wenn er - auf die Wirtschaft bezogen - schreibt: „In Zeiten wirtschaftlicher Krisen stehen Landesregierungen und Kommunen vor der Grundsatzfrage, was unterhalb und unabhängig von der Ebene der nationalen Bemühungen um wirtschaftliche Gesundung von ihnen selbst getan werden kann, um ihre Wirtschaft zu stärken und ihren Bürgern eine wirtschaftliche Perspektive zu bieten." STURM, R.: Erfahrungen mit Modellen regionaler Wirtschaftsentwicklung und -förderung. In: Friedrich-Alexander-Universität Erlangen-Nürnberg (Hrsg.): Uni-Kurier, Erlangen 1996, S.27

15 So unterschiedlich angelegte Initiativen wie das grenzüberschreitende, flächendeckende Netzwerk der Eurocities, Städtenetzwerke [wie die MAI-Region (München-Augsburg-Ingolstadt) oder ANKE] sind hier exemplarisch zu nennen. Vgl. HACHMANN, R.: Städtekooperation MAI - Standortvorsorge durch Vernetzung. In: BfLR (Hrsg.): Informationen zur Raumentwicklung, H.7/997, Bonn 1997, S.451-452, der 66 Mitglieder der `Wirtschaftsregion Südbayern (MAI) e.V.´ benennt oder auch TOMYS, N.: Städtenetz ANKE - Arhem-Nijmegen-Kleve-Emmerich. In: BfLR (Hrsg.): Informationen zur Raumentwicklung, H.7/97, Bonn 1997, S.464-466.

16 vgl. etwa GATZWEILER, H.-P.: Siedlungsentwicklung und Siedlungspolitik in Deutschland. In: BfLR (Hrsg.): RuR, H.2+3/96, Bonn 1996, S.129-136 oder auch Empirica Gesellschaft für Struktur- und Stadtforschung (Hrsg): Dezentrale Konzentration. Neue Perspektiven der Stadtentwicklung in den Stadtregionen? Bonn 1996

Mehr oder minder unklar ist bei all diesen Initiativen, der sich selbst organisierenden Regionalförderung, in wie weit sie (1) mit bestehenden Verwaltungsstrukturen vereinbar sind und wie (2) eine demokratische Kontrolle gesichert werden kann.[17]

Abb.46: Charakteristika endogen-regionaler Entwicklungsstrategien

- Möglichst breite Mobilisierung regionaler und lokaler Ressourcen und Potentiale
- Den Markt ergänzende gesellschaftliche Regelungsmechanismen
- Möglichst breite, basisdemokratische Beteiligung an Entscheidungsprozessen und Nutzen
- Intersektorale Ausrichtung
- Förderung lokaler und regionaler Finanz- und Wirtschaftskreisläufe
- Über technische Prozesse hinausgehende Innovationsorientierung
- Verknüpfung regionaler Wirtschaftsfunktionen, Identität und Entscheidungsstrukturen
- Förderung durch übergeordnete Ebenen, Einbindung in überregionale Strukturen
- Veränderte Aufgabenstellungen für staatliche Institutionen (Informantion, Beratung, Moderation etc.)

Quelle: Eigene Darstellung nach STÖHR, W.B.: Ansätze zu einer neuen Fundierung der Regionalpolitik. In: Jahrbuch für Regionalwissenschaft, 5.Jg., 1984, S.15ff.

1.2.2 Regional differenzierte Lösungsansätze - Regionalisierung

Wie gezeigt, erfordern die pluralistische Gesellschaft und der föderale Staatsaufbau eine enge Abstimmung der verschiedenen Ebenen der öffentlichen Planungsträger ebenso, wie die Koordination öffentlicher Planung und privater Investoren. Das „vernetzte Denken" der Raumordnung und Raumplanung muß dafür auf allen Ebenen zunehmen, da der Druck hin zu regional differenzierten Lösungen spezifischer Problemlagen weiter steigt. Zentrale Lösungen für dezentral ausgeformte Schwierigkeiten können hierbei kaum sinnstiftend sein.[18]
Damit aber die gestiegene Eigenverantwortung der Regionen wahrgenommen werden kann, müssen die Strategien und Konzepte die regionalen Bedürfnisse, Wissensstände sowie die endogenen Potentiale in den Mittelpunkt der Überlegungen gestellt werden.[19] Dies steht im Gegensatz zu den bislang eingesetzten Instrumenten, die zum Großteil 'Normstrategie'[20]-Charakter aufweisen. Da Räume in ihrer ganzen Komplexität nur schwer abbildbar sind, scheint dieser Ansatz in der räumlichen Planung wenig erfolgversprechend. Regional orientierte Lösungsansätze, deren Strategien und Konzepte auf die jeweiligen Problemlagen und -räume individuell zugeschnitten werden, scheinen hier besser geeignet zu sein. Dazu sollten

---

17 vgl. STURM, R.: Erfahrungen mit Modellen regionaler Wirtschaftsentwicklung und -förderung. In: Friedrich-Alexander-Universität Erlangen-Nürnberg (Hrsg.): Uni-Kurier, Erlangen 1996, S.28

18 vgl. BMBau (Hrsg.): Raumordnung in Deutschland. Bonn 1996, S.9f.

19 Vgl. STURM, R.: Erfahrungen mit Modellen regionaler Wirtschaftsentwicklung und -förderung. In: Friedrich-Alexander-Universität Erlangen-Nürnberg (Hrsg.): Uni-Kurier, Erlangen 1996, S.28, der als Beispiel die Dezentralisierungsversuche der Regionalpolitik in Nordrheinwestfalen, Niedersachsen, Sachsen-Anhalt und Brandenburg nennt.

20 Unter 'Normstrategien' versteht man standardisierte Handlungsanweisungen, die nach einer ebenfalls standardisierten Problem- und Potentialanalyse zur weiteren Orientierung vorgegeben werden. Eine wirkliche Differenzierung oder auch der Aufbau ganz neuer Potentiale und Chancen wird bei diesem Ansatz eher in den Hintergrund gedrängt. Die meisten heute zu verzeichnenden Regionalisierungstendenzen zeichnen sich hingegen dadurch aus, daß sie auf Interessen- und Kompetenzfeldern der jeweiligen Regionen aufbauen. Das bedeutet eine Abkehr vom Ziel einer idealtypischen Wirtschaftsstruktur hin zu Spezialisierungsmustern, wie sie sich aufgrund naturräumlicher und/oder gesellschaftlich-historischen Gegebenheiten entwickelt haben.

die Interessen und das regionale 'Know-how' von Akteuren aus den betroffenen Räumen gebündelt und koordiniert werden. Nur so kann man in Zukunft der zunehmenden Bedeutung der Region als Umsetzungsebene raumordnerischen Handelns gerecht werden.

Nicht nur die größere Problemnähe legt die Delegation der Lösungsversuche von Bundes- und Länderebene auf die regionale Ebene nahe, sondern auch der gestiegene Bedarf an gemeinsamen - Stadt- und Kreisgrenzen überschreitenden Ansätzen - führt zu einem Bedeutungszuwachs der regionalen (teils auch überregionalen) Zusammenarbeit. Beide Tendenzen, 'von oben' wie 'von unten' auf die Region hin, verlangen nach einem höheren Konkretisierungsgrad sowie der passenden instrumentellen Ausstattung auf der regionalen Ebene[21], denn eine Regionalisierung wirtschafts- und strukturpolitischen Denkens und Handelns ist eng mit der Delegation der zugehörigen Verantwortung für den Einsatz regionalpolitischer Strategien verbunden.
Bislang jedoch ist das institutionelle Gefüge der Bundesrepublik durch eine „weitgehende Zersplitterung der Trägerschaftskompetenzen" gekennzeichnet. Dabei dominieren zentrale Programme sowie nationale (und teils europaweite) Regelungen und Förderkonzepte, die mit einer entsprechenden „Fragmentierung der Implementationsstrukturen in Form eines verbleibenden Exekutivföderalismus" einhergehen. In dieser Form des Föderalismus kommt Institutionen auf nachgelagerten Ebenen lediglich die Rolle als „Implementationsgehilfe zentralstaatlicher Programme" zu. Darüber hinaus ist nicht eindeutig bestimmt, ob Regionalisierung zu lokaler, nationaler beziehungsweise supranationaler Politik substitutiv, komplementär, neutralisierend, konkurrierend oder gar konterkarierend wirkt.[22] Ein Regionalisierungsprozeß, der sich als Alternative versteht und dementsprechend politische Kompetenzen delegiert, muß „Momente vertikaler wie horizontaler Kompetenzverlagerungen" einschließen[23]. Ergeben sich jedoch Konflikte mit Entscheidungsträgern auf vor- oder nachgelagerten Ebenen, so ist abzuwägen, ob eine Kompetenzverlagerung zugunsten der regionalen Ebene erfolgen sollte oder ob lediglich komplementäre regionalpolitische Maßnahmen zu den Aktivitäten vor- oder nachgelagerter Ebenen ergriffen werden sollten.

---

21 Diese Aussagen wurden von Herrn Dr. Werner EBERT im Rahmen eines Praxisberichts im Sommersemester 1998 in der Friedrich-Alexander-Universität Erlangen-Nürnberg getroffen.

22 vgl. hierzu die ausführlichen Darstellungen bei WEGENER, T.: Institutionelle Aspekte der Regionalisierung von Wirtschafts- und Strukturpolitik - Das Beispiel Sachsen-Anhalt. In: ifo Institut für Wirtschaftsforschung (Hrsg.): ifo Dresden-Studien, Bd.24, München 2000, S.118-124

23 *Horizontale Regionalisierung* meint die Bündelung von Trägerschaftskompetenzen auf regionaler Ebene. Ergebnis solcher Prozesse sind wirtschafts- und strukturpolitische Handlungsansätze regionaler Institutionen, die das „vor- und nachgelagerte Kompetenzgefüge unverändert lassen und sich zu der, von den jeweiligs zuständigen Kompetenzträgern ausgehenden Politik komplementär verhalten." Um solche Bündelungsprozesse zu initiieren und zu begleiten sind institutionenpolitische Maßnahmen bedeutsam: (1) Unterstützung des Bündelungsprozesses, (2) Förderung der Prozeßergebnisse sowie (3) inhaltliche und strukturelle Konditionierung der Prozeßergebnisse.
Vertikale Regionalisierung hingegen meint die „Verlagerung von Trägerschaftskompetenzen auf vor- oder nachgelagerte Kompetenzträger" und tritt dementsprechend als Zentralisierung oder Dezentralisierung auf. Im Zuge eines solchermaßen angelegten Regionalisierungsprozesses wird einer oder werden mehrere bisherige Kompetenzträger durch eine regionale Institution substituiert. Bedeutsam dabei ist (1) die „rechtliche Übertragung der Kompetenzen auf die regionale Institution" ('de jure'-Regionalisierung) sowie (2) die „Bereitstellung von Instrumenten zur Aufgabenerledigung für die regionale Institution" (faktische Entscheidungsmacht und Durchsetzungsmacht, 'de facto'-Regionalisierung).
Zu diesem Themenkomplex vgl. WEGENER, T.: Institutionelle Aspekte der Regionalisierung von Wirtschafts- und Strukturpolitik - Das Beispiel Sachsen-Anhalt. In: ifo Institut für Wirtschaftsforschung (Hrsg.): ifo Dresden-Studien, Bd.24, München 2000, S.215ff.

Denkbare Regionalisierungsansätze und zugehörigen institutionellen Ausprägungen finden sich in folgender Abbildung.[24]

Abb.47: Regionalisierungsansätze und institutionelle Ausprägung

Regionalisierungsansatz	**Institutionelle Ausprägung**
vertikale Verlagerung von staatlichen Trägerschaftskompetenzen (übergeordnete Ebene, territorial größere Einheit) auf die Regionsebene	Dezentralisierungsprozeß
vertikale Verlagerung kommunaler Trägerschaftskompetenzen (gemeindliche, städtische, kreisliche Kompetenzen) auf die Regionsebene	Zentralisierungsprozeß
horizontale Kompetenzgewinnung durch Kompetenzbündelung (Public-Private-Partnerships / Korporatismus)	Initiations-, Mediations-, Koordinations- und/oder Bündelungsprozesse

Quelle: WEGENER, *T.: Institutionelle Aspekte der Regionalisierung von Wirtschafts- und Strukturpolitik - Das Beispiel Sachsen-Anhalt. In: ifo Institut für Wirtschaftsforschung (Hrsg.): ifo Dresden-Studien, Bd.24, München 2000, S.118*

Institutionenpolitik, deren Ziel es ist die Wirtschafts- und Strukturpolitik zu regionalisieren, muß initiierend und begleitend angelegt sein. Insbesondere, wenn neue Institutionen auf regionaler Ebene gebildet werden sollen, muß sie einen maßgeblichen Einfluß auf die Art der regionalen Institutionen und der damit verbundenen Wirkungsmechanismen ausüben. Parallel dazu muß sie die Koheränz der von dieser Institutionen ausgehenden Wirtschafts- und Strukturpolitik gewährleisten. Somit ergeben sich vielfältige Verbindungen zwischen initiierender und begleitender Landesebene - als Träger der entsprechenden Institutionenpolitik - und zu gestaltender regionaler Institution.[25]

Abb.48: Facetten der Interaktion zwischen Landesebene und Regionalinstitution

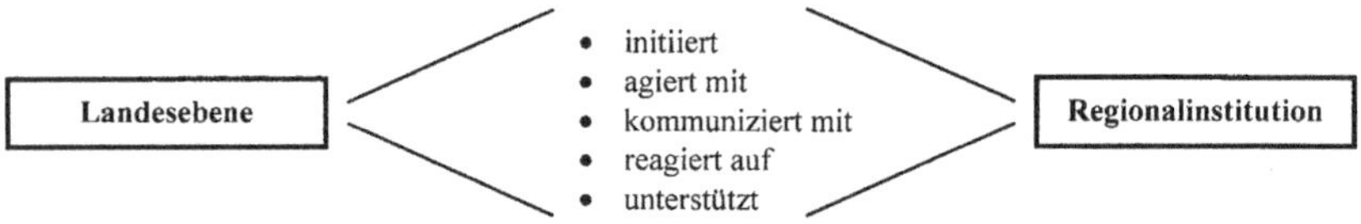

Quelle: WEGENER, *T.: Institutionelle Aspekte der Regionalisierung von Wirtschafts- und Strukturpolitik - Das Beispiel Sachsen-Anhalt. In: ifo Institut für Wirtschaftsforschung (Hrsg.): ifo Dresden-Studien, Bd.24, München 2000, S.112*

---

24 Dazu vgl. VOELZKOW, U.: Organisatorisch-institutionelle Aspekte einer regionalen Industriepolitik - illustriert am Beispiel Nordrhein-Westfalen. In: JÜRGENS, U. (Hrsg.): Industriepolitische Strategien - Bundesländer im Vergleich, Berlin 1991, S.138ff.

25 vgl. WEGENER, T.: Institutionelle Aspekte der Regionalisierung von Wirtschafts- und Strukturpolitik - Das Beispiel Sachsen-Anhalt. In: ifo Institut für Wirtschaftsforschung (Hrsg.): ifo Dresden-Studien, Bd.24, München 2000, S.189 i.V.m. S.214, bei dem sich auch eine vertiefende Sicht der Zusammenarbeit von Landesebene und regionalen Institutionen sowie deren notwendigen Bedingungen, findet (S.103-113).

Nicht nur die Einrichtung und Ermöglichung regionalisierter Prozesse bedarf institutionenpolitischer Eingriffe übergeordneter Ebenen, sondern auch die Phase, in der die Region zur Entscheidungsinstanz heranwächst. Hier sieht FÜRST besonderen Bedarf aller regionaler Kooperationsformen an „härteren Formen der Institutionalisierung". Einerseits, weil ein gewisses Mindestmaß an Formalisierung notwendig ist, wenn mit Hilfe der Institutionen Problemlösungsvarianten bestimmt werden sollen, und andererseits, weil deren Ergebnisse und Maßnahmen spürbare Auswirkungen auf die Region und die darin lebende Bevölkerung haben.[26]
Solchermaßen konstruierte interkommunale Kooperationen haben bereits zu positiven Ergebnissen geführt. So sind sie beispielsweise immer dann ökologisch sinnvoll, wenn nicht in falsch verstandenem Wettbewerbsdenken, wie bislang auf Vorrat beziehungsweise dem Prinzip der Bedarfsdeckung folgend geplant wird oder wenn vorhandene Infrastrukturen durch Mehrfachnutzung besser ausgelastet wird (Gewerbeflächen, Abfall, Verkehr etc.). Zudem wird aus sozialer Sicht ein besseres Verständnis füreinander bei Interessenkonflikten und deren Regelung ermöglicht.[27]

Um nun eine Strategie der Regionalisierung zum Erfolg zu verhelfen, müssen nach WEGENER folgende Bedingungen erfüllt sein:[28]

- „*Integration der regionalen Gremien und Entscheidungen in die Landespolitik*: Damit sind einerseits Grad der Intensität und Grad der Verbindlichkeit der Integration (zur Förderung institutionell gefestigter regionaler Strukturen mit Gestaltungskompetenz, zur Vermeidung von substitutiven Effekten und Kompetenzkonflikten, zur Stärkung der Wahrnehmung von Komplementärstrategien), andererseits die Bereitstellung von Ressourcen zur Wahrnehmung der regionalisierten Kompetenzen (insbesondere bei Prozessen vertikaler Kompetenzverlagerung) gemeint.
- *Inhaltliche und prozessuale Konditionierung von Leistungen der Landesebene zur Förderung des Regionalisierungsprozesses*: Damit ist die positive Definition der zu beteiligenden Akteure in den Regionen je nach regionalpolitischer Themen- und Problemstellung und der einzusetzenden Verhandlungslogik in den regionalen Institutionen gemeint. Speziell für die Regionalisierung horizontal verteilter wirtschaftspolitischer Trägerkompetenzen läßt sich aus den Erfahrungen Sachsen-Anhalts schlußfolgern, daß eine Institutionenpolitik, die ihre Leistungen (z.B. Finanzierung des Regionalisierungsprozesses) nicht an Bedingungen knüpft, die eine derartige Regionalisierung fördern würden, die Institutionalisierung von regionalen Trägerschaften für solche Strategien zumindest nicht fördert."

Es gilt also aktive Wege einzuschlagen. Instrumente, wie die klassische, eher passive Wirtschaftsförderung werden zwar nach wie vor ein Ansatz sein, allerdings müssen vermehrt flexiblere, insbesondere dem regionalen Entwicklungspotential angepaßte Instrumente flankierend hinzutreten.

---

[26] Vgl. hierzu FÜRST, D.: Regionalkonferenzen zwischen offenen Netzwerken und fester Institutionalisierung. In: BfLR (Hrsg.): RuR, H.3/94, Bonn 1994, S.191. In die gleiche Richtung zielen auch die Beiträge von FÜRST, D.: Stadt und Region in Verdichtungsräumen. In: BLANKE, B. (Hrsg.): Staat und Stadt - Systematische, vergleichende und problemorientierte Analyse „dezentraler" Politik, PVS Sonderheft 22/91, Opladen 1991, S.105ff. und BENZ, A.; FÜRST, D.: Regionalisierte Strukturpolitik in Sachsen-Anhalt - prozessuale Begleitforschung. Jahresbericht 1997/98, Halle/Hannover 1998, S.115

[27] vgl. HESSE, M.: Nachhaltige Raumentwicklung. In: BfLR (Hrsg.): RuR, H.2+3/96, Bonn 1996, S.113

[28] vgl. WEGENER, T.: Institutionelle Aspekte der Regionalisierung von Wirtschafts- und Strukturpolitik - Das Beispiel Sachsen-Anhalt. In: ifo Institut für Wirtschaftsforschung (Hrsg.): ifo Dresden-Studien, Bd.24, München 2000, S.200

Spezielle Rollen werden von den unterschiedlich strukturierten Räumen zu übernehmen sein. Städte und Agglomerationen werden nach wie vor als Zentren der wirtschaftlichen Entwicklung und des kulturellen Lebens zu entwickeln sein, die ländlichen, weniger entwickelten Gebiete jedoch übernehmen zunehmend neue Funktionen als „Komplementärraum der Agglomerationen, zuständig für Erholung, Natur und Freizeit.“[29]

1.2.3 Netzwerke[30] - Ergebnisse regionaler Initiativen

„Städtenetze sind in sehr kurzer Zeit bei Planern wie bei Politikern in ganz Europa in Mode gekommen. ... liegt es daran, daß in unserer Gesellschaft allgemein Hierarchien `out´ und Netzwerke `in´ sind.“[31]

„Doch was sind Städtenetze? Gibt es sie wirklich? Gibt es ein europäisches Städtenetz oder sogar mehrere sich überlagernde Netze? Welche Städte (Europas) gehören solchen Netzen an bzw. sind in Netzwerken zusammengeschlossen? Sind Städtenetze nur ein Thema für Geographen oder haben sie strategische, interkulturelle und politische Bedeutung? Unter welchen Umständen können sie eine solche strategische Rolle übernehmen, und gegenüber wem? ... raumwissenschaftliche Forschung über Städtenetze ... erst am Anfang. Jedenfalls liegen bislang keine überzeugenden empirischen Befunde zur Entstehung, Struktur und zur Dynamik von Städtenetzen in Europa vor.“[32]

Ein seit Beginn der 90er Jahre verstärkt in die politische Diskussion aufgenommenes und vermehrt - zum Teil noch modellhaft - umgesetztes Beispiel für föderal strukturierte, die regionale (Eigen-)Verantwortung wahrnehmende Konzepte, stellen Netzwerke dar. Sie sind ein Versuch, die bei den verschiedenen Akteuren verteilten Ressourcen und Potentiale zur Lösung räumlicher Probleme auf effizientem Wege zu aktivieren[33] und sollen im folgenden, stellvertretend für andere Kooperationsformen, näher betrachtet werden.

Durch die massiven internationalen Umbrüche in diesem Zeitraum - wirtschaftliche und politische Internationalisierung, Europäisierung beziehungsweise Globalisierung, sinkende Transportkosten und neue Informationstechnologien - sowie dem allgemein zunehmenden Umweltbewußtsein, sehen sich Städte heute einem verschärften Standortwettbewerb gegenüber, der von einer Neubewertung der Standortvor- und -nachteile herrührt. Durch die Zunahme der funktionsräumlichen Beziehungen, der Spezialisierung und Arbeitsteilung im Zuge dieser Prozesse, scheinen sich die bisher bereits bestehenden räumlichen Spezialisierungsmuster nicht nur zu verfestigen sonder weiter zu verstärken. Die sich daraus

---

29 vgl. ZALAD, K.: Von der Raumplanung zum Raummanagement? In: ORL (Hrsg.): Planungssysteme - Planungskonzepte, wie weiter? ORL-Bericht 101/1996, Zürich 1996, S.87

30 In dieser Arbeit soll, der Argumentation und Unterscheidung von KELLER und STAMM folgend, unter einem Netzwerk immer eine „Anzahl von Akteuren, die miteinander in Beziehung stehen und diese Beziehungen zu regeln imstande sind“ verstanden werden. Dies in Abgrenzung zum häufig synonym verwandten Begriff `Netz´, das jedoch eher auf einen statischen Zustand von physischen Elementen hindeutet, wie zum Beispiel das Verkehrswegenetz. Vgl. hierzu KELLER, S.; STAMM, T.: Grenzen und Perspektiven von grenzüberschreitenden Städtenetzwerken. In: BfLR (Hrsg.): RuR, H.1/97, Hannover 1997, S.14

31 Frederic VESTER zitiert nach KUNZMANN, K.R.: Europäische Städtenetze und die Hauptstadt Berlin. In: BfLR (Hrsg.): Informationen zur Raumentwicklung. H.2+3/95, Bonn 1995, S.128

32 KUNZMANN, K.R.: Europäische Städtenetze und die Hauptstadt Berlin. In: BfLR (Hrsg.): Informationen zur Raumentwicklung. H.2+3/95, Bonn 1995, S.128

33 vgl. KENIS, P.; SCHNEIDER, V.: Policy Networks and Policy Analysis: Scrutinizing a New Analytical Toolbox. In: MARIN, B.; MAYNTZ, R.: Poliyc Networks. Frankfurt 1991, S.42

ergebenden komplexen Aufgaben und Probleme haben sich verstärkt im großräumigen Standortwettbewerb niedergeschlagen und lassen sich weder durch die Städte selbst noch innerhalb des Rahmens bisheriger Stadt-Umland-Beziehungen ausreichend lösen. Durch die teils prekäre finanzielle Situation der Städte und Kommunen noch unterstützt, führt dieser Handlungsdruck dazu, daß versucht wird mittels gezielter Zusammenarbeit auf verschiedenen Feldern den neuen Anforderungen gerecht zu werden. [34]
Dazu verknüpft der Netzwerkansatz in hervorragender Weise die bestehenden „Ansätze adressaten- und handlungsbezogener Planung mit Kooperationsformen des `public-privat-partnership´ sowie mit Politikansätzen der Dezentralisierung und Regionalisierung". Darüber hinaus berücksichtigt der Netzwerkgedanke den Umstand, daß heute hohe Bedarfe an Dienstleistung, Beratung, Information und Lernfähigkeit der Systeme bestehen, zu denen Verwaltungen in der Regel nur durch „Öffnung nach außen" und gründlicher innerer Modernisierung befähigt sind. Insofern leisten Netzwerke an der Schnittstelle von Staat, Wirtschaft und Gesellschaft einen wichtigen Beitrag zur Modernisierung der Planungssysteme.[35]

Somit lassen sich Netzwerke[36] als „informelle Zweckbündnisse von Städten und Gemeinden (Anm.: überörtliche Handlungskonzepte[37]), die bei Bedarf entstehen, ihre Aufgabenschwerpunkte im Laufe der Zeit verlagern und sich nach Abarbeiten der gemeinsam definierten Handlungsfelder wieder auflösen können oder mit anderen Themenfeldern und Partnern neu formieren"[38], definieren. Anders ausgedrückt repräsentieren sie die funktionale Zusammenarbeit oder Arbeitsteilung zwischen Städten in einem Raum (funktionale Städtenetze) oder die Kooperation[39] von Städten und Kommunen zur Erreichung spezifischer strategischer, ökonomischer, ökologischer oder sozio-kultureller Ziele (projektbezogene oder dauerhaft angelegte

---

34 vgl. ACHE, P; et al: Auswirkungen des europäischen Binnenmarktes auf die Raum- und Siedlungsstruktur in Westdeutschland. In: BMBau (Hrsg.): Raumordnerische Aspekte des EG-Binnenmarktes. Bonn 1992, S.50ff. sowie SPANGENBERG, V.: Städtenetze - der neue interkommunale und raumordnerische Ansatz. In: BfLR (Hrsg.): RuR, H.5/96, Bonn 1996, S.313 und ZALAD, K.: Von der Raumplanung zum Raummanagement? In: ORL (Hrsg.): Planungssysteme - Planungskonzepte, wie weiter? ORL-Bericht 101/1996, Zürich 1996, S.94

35 vgl. ZECK, H.: Fallbeispiel „Städtenetze" - Kooperationskonzept in der Planung. In: ORL (Hrsg.): Planungssysteme - Planungskonzepte, wie weiter? ORL-Bericht 101/1996, Zürich 1996, S.42

36 Eine ökonomisch orientierte Definition beschreibt Städtenetzen als „die wirtschaftlichen Verflechtungen zwischen Unternehmen in Städten (z.B. über `multinationale Konzerne´), durch Warenströme (Import-Export-Beziehungen), durch funktionale Arbeitsteilung (z.B. `just in time´), oder durch strategische Wirtschaftsallianzen ... oder durch Informationsnetze der Medien (überregionale Zeitungen oder Fernsehkanäle), die Vermittler (und `Vernetzer´) von Informationen, Meinungen, Wertsesystemen und Lebensstilen zwischen Bewohnern von Städten und Regionen sind." Siehe KUNZMANN, K.R.: Europäische Städtenetze und die Hauptstadt Berlin. In: BfLR (Hrsg.): Informationen zur Raumentwicklung. H.2+3/95, Bonn 1995, S.129

37 Vgl. SPANGENBERG, V.: Städtenetze - der neue interkommunale und raumordnerische Ansatz. In: BfLR (Hrsg.): RuR, H.5/96, Bonn 1996, S.314, der KRAUTZBERGER, M.: Städtenetze: Ein Leitbild des raumordnungspolitischen Orientierungsrahmens als ExWoSt-Forschungsfeld. In: Institut & Energie (Hrsg.): Dokumentation der Vorbereitung und Durchführung des Auftaktseminars zum Forschungsfeld „Städtenetze", Hamburg 1994, S.5 zitiert.

38 RUNKEL, P.: Städtenetze als neues Instrument der Raumordnung. In: Informationsdienst und Mitteilungsblatt des VHW, H.15+16/94, S. 160

39 Bei der Netzwerkbildung müssen die gleichen Prinzipien wie bei allen Kooperationen erfüllt sein: (1) gemeinsame Interessen der Betroffenen , (2) verläßliche Erwartungen, (3) für alle gültige Spielregeln, (4) keine Ebenen- oder Gruppengebundenheit, (5) direkte Kommunikation und Interessenaustausch zwischen den Handelnden, (6) Offenheit und Informiertheit als vertrauensbildende und -fördernde Faktoren. Vgl. ZECK, H.: Fallbeispiel „Städtenetze" - Kooperationskonzept in der Planung. In: ORL (Hrsg.): Planungssysteme - Planungskonzepte, wie weiter? ORL-Bericht 101/1996, Zürich 1996, S.41f. u. S.51

strategische Netze).[40] Netzwerke sind somit einerseits „relativ lose institutionelle Bindungen zwischen formal autonomen Akteuren, andererseits markieren sie eigene „emergente Phänomene", die qualitativ neue Organisations- und Steuerungsmuster jenseits des Marktes und jenseits politischer Hierarchien begründen.[41] Die verschiedenen Formen ihrer Steuerung sind dabei Resultate zeitlich parallel verlaufender sozialer Prozesse der funktionalen Ausdifferenzierung gesellschaftlicher Teilsysteme sowie des Verlustes der Steuerungsfähigkeit des Staates oder anderer Hoheitsträger.

Abb.49: Typen von Institutionen zwischen Netzwerk und Organisation

	Politikfeld-Netz	**Policy-Netz**	**Formale Organisation**
Strukturelles Kennzeichen	gemeinsamer Symbolhaushalt (Problemerkennung, Wirkungsanalyse, pluralistische Politikansätze)	Policy-Bezug als Normalfall symbolischen Handelns (Festlegung von Policy, Implementierung) Minimum an Steuerungsaktivität	Binnensteuerung als Normalfall der Interaktion der Mitglieder (Hierarchie, Delegation und Legitimität)
Mobilisiertes Potenzial	aufgabenfokusiertes Analyse- und Konzeptionspotential der Akteure	aufgabenfokusiertes Problemlösungs- und Implementationspotenzial der Akteure	aufgabenunabhängige, pflichtgemäße Loyalität und Engagement der Mitglieder

Quelle: WEGENER, T.: Institutionelle Aspekte der Regionalisierung von Wirtschafts- und Strukturpolitik - Das Beispiel Sachsen-Anhalt. In: ifo Institut für Wirtschaftsforschung (Hrsg.): ifo Dresden-Studien, Bd.24, München 2000, S.79

Die vielgestaltigen Ansätze und Ausgestaltungsformen kooperativer Zusammenarbeit auf regionaler Ebene lassen sich oftmals nur schwer voneinander abgrenzen (vgl. Abb.49). Folgt man jedoch WEGENER, der in Abgrenzung von formalen Organisationen die Netzwerke in Politikfeld-Netze und Policy-Netze trennt, so lassen sich generell vier Dimensionen institutionellen Handelns bei regionalen Kooperationen - und damit auch bei Netzwerken - bestimmen:[42]

1. *Kommunikation*: kooperativ-diskursive Konsensfindungsprozesse zur Zielvereinbarung
2. *Entscheidung*: gemeinsame Abstimmung über Themen und Projekte
3. *Implementation*: gemeinsame Realisation vereinbarter Projekte

---

40 Vgl. KUNZMANN, K.R.: Europäische Städtenetze und die Hauptstadt Berlin. In: BfLR (Hrsg.): Informationen zur Raumentwicklung. H.2+3/95, Bonn 1995, S.129. Alle andere Netzarten sind entweder reine Infrastrukturnetze, interne Kommunikationsnetze der Akteure in den Städten oder aber Netze, die lediglich die wirtschaftlichen Tätigkeiten von Unternehmen innerhalb einer Region widerspiegeln.

41 Vgl. hierzu WAARDEN, F.v.: Dimensions and Types of Policy Networks. In: European Journal of Political Research, Nr.21/92, 1992, S.29-52 sowie MESSNER, D.: Die Netzwerkgesellschaft - Wirtschaftliche Entwicklung und internationale Wettbewerbsfähigkeit als Probleme gesellschaftlicher Steuerung. In: Schriftenreihe des Deutschen Instituts für Entwicklungspolitik, Bd.108, Köln 1995, S.20

42 Vgl. WEGENER, T.: Institutionelle Aspekte der Regionalisierung von Wirtschafts- und Strukturpolitik - Das Beispiel Sachsen-Anhalt. In: ifo Institut für Wirtschaftsforschung (Hrsg.): ifo Dresden-Studien, Bd.24, München 2000, S.75, der BATT, H.-L.: Regionale und lokale Entwicklungsgesellschaften als Public-Private-Partnerships - Kooperative Regime subnationaler Politiksteuerung. In: BULLMANN, U.: Regionale Modernisierungspolitik - Nationale und internationale Perspektiven, Opladen 1997, S.179 zitiert.

4. *Verantwortung*: getroffene Entscheidungen werden gemeinsam getragen

Unabhängig von der konkreten Netzform, zeichnen sich alle Ansätze durch eine Reihe gemeinsamer Merkmale aus.

Abb.50: Merkmale von Netzwerken

• Freiwilligkeit der Zusammenarbeit als Grundlage eines vertrauenvollen Klimas und einer erfolgreichen Zusammenarbeit • Gleichberechtigung[43] und Autonomie aller Akteure • Ausgewogenheit durch die Möglichkeit des Profitierens aller Beteiligten • Geringer Institutionalisierungsgrad[44] • Weitgehend hierarchiefreier Aubau	• Hohe Reagibilität der Netzwerkstrukturen • Motiv- und problemadäquate Akteursstruktur • Inhaltlich offen und flexibel • (I.d.R.) punktueller, nicht flächendeckender räumlicher Bezug • Bestimmter (begrenzter) zeitlicher Horizont • Interorganisatorischer Rahmen zur Steuerung der Transaktionsprozesse

Quelle: Eigene Darstellung

Folgt man den Abgrenzungen der Europäische Kommission, so lassen sich vier Arten von Städtenetzen unterscheiden:[45]

1. Das *funktionale Netz* von Städten, also das System von Städten in einer Region, einem Land oder in Europa, die jeweils unterschiedliche Funktionen ausüben (verbundene Hierarchien innerhalb des punkt-axialen Systems der Raumordnung und der Landesplanung). Solche Funktionen reichen von der Versorgung der Bevölkerung mit Waren des täglichen Bedarfs bis zu besonderen ökonomischen, sozialen oder kulturellen Funktionen, also zu spezialisierten Produkten und besonderen Dienstleistungen[46].
2. Das *Netz der physischen Beziehungen* zwischen Städten (Infrastrukturverbindungen), also die Netze der Bahnen und Straßen, die der Fluglinien und Wasserstraßen, die der Energieversorgung und der Telekommunikation oder die der Wasserversorgung und der Abwasserbeseitigung.

---

43 Hierzu gibt es durchaus geteilte Meinungen. So ist BRAUDEL der Ansicht, daß sich lediglich im Idealfall „Städte durch Aufteilung der verschiedenen Aufgaben" miteinander verknüpfen, Netze bilden und sich auf einer „überlagernden Pyramide" zusammenschließen. Voraussetzung dafür sei eine dominierende Stadt in ihrem Zentrum bzw. an ihrer Spitze, „die mehr Gewicht hat als die anderen, herrschsüchtiger ist und das Kommando an sich reißt." Siehe BRAUDEL, F.: Aufbruch zur Weltwirtschaft. München 1986, S.194

44 Städtenetze können locker geflochten werden (indem nur Erfahrungen ausgetauscht werden), aber auch einen hohen Verflechtungsgrad aufweisen (gemeinsame Planung, Finanzierung und Trägerschaft von Projekten). Ein organisatorischer Rahmen ist aber immer nötig, damit der Arbeitsfortschritt ergebnisorientiert moderiert und eine klare Aufgabenzuteilung erfolgen kann. Hierzu KELLER, S.; STAMM, T.: Grenzen und Perspektiven von grenzüberschreitenden Städtenetzwerken. In: BfLR (Hrsg.): RuR, H.1/97, Hannover 1997, S.18

45 Vgl. Europäische Kommission, Generaldirektion XVI (Hrsg.): European Cooperation Networks. Brüssel 1992, KUNZMANN, K.R.: Europäische Städtenetze und die Hauptstadt Berlin. In: BfLR (Hrsg.): Informationen zur Raumentwicklung. H.2+3/95, Bonn 1995, S.128 sowie KELLER, S.; STAMM, T.: Grenzen und Perspektiven von grenzüberschreitenden Städtenetzwerken. In: BfLR (Hrsg.): RuR, H.1/97, Hannover 1997, S.14f.

46 vgl. SCHRETZENMAYR, M.: Was führt zum Scheitern raumplanerischer Konzepte? In: BfLR (Hrsg.): RuR, H.6/96, Bonn 1996, S.400

3. Das *Netz der Zusammenarbeit zwischen Städten*[47], also die immateriellen Beziehungen zwischen Städten, die aus unterschiedlichen Motiven Informationen und Erfahrungen austauschen, um bei ausgewählten Projekten zusammenzuarbeiten oder um sich gemeinsam für oder gegen etwas einzusetzen[48]. Die Austauschbeziehungen zwischen ihren Mitgliedern sind enger und intensiver als deren Beziehungen zu Nichtmitgliedern. Dabei müssen die Netzwerkmitglieder nicht unbedingt räumlich aneinander angrenzen, jedoch mit gleichgelagerten Problemen konfrontiert sein. Parallele Durchführung von Maßnahmen und deren Erfolgskontrolle sind hier beispielsweise Möglichkeiten konkreter Zusammenarbeit.
4. Das *Netz unterschiedlicher Akteure in einer Stadt*, also das kooperative Beziehungsgefüge unterschiedlicher Entscheidungsträger und Meinungsführer in einer Stadt, das für die strategische Durchsetzung von lokalen Politiken und Projekten erforderlich ist.

Faßt man die Aussagen zur Notwendigkeit von Städtenetzwerken zusammen, so stellt man fest, daß neben dem nach wie vor herrschenden Wettbewerb zwischen den Städten[49] eine zunehmende Zusammenarbeit und ein verstärkter Erfahrungsaustausch in der Zukunft zu gestalten sein wird. So können strategische Allianzen geschmiedet werden um knappe Ressourcen gemeinsam effizienter und effektiver zu nutzen, Informationen auszutauschen, Skaleneffekten bei der Erstellung öffentlicher Leistungen zu erreichen, sowie gemeinsam Märkte und nicht zuletzt Komplementaritäten (wie beispielsweise in sich ergänzenden Funktionsräumen) zu erschließen.[50]
Vor diesem Hintergrund sowie einer stetig zunehmenden funktionalen Verflechtung der Raum- und Siedlungsstruktur, sind auf den verschiedenen Ebenen der Raumordnung unterschiedliche, sich teilweise ergänzende Motive zur Netzwerkbildung auszumachen (vgl. Abb.51).

Losgelöst von Städtenetzen, bedarf es geeigneter Voraussetzungen und Institutionen um erfolgreiche Netze zu installieren, denn nur dann können fachliche und geographische Grenzen überschritten und ein Minimum kultureller Übereinstimmung der Teilnehmer erreicht werden. So müssen sich die Netzwerkmitglieder gegenseitig ergänzen (`Komplementarität´), gegenseitige Rechtssicherheit muß gewährleistet sein und es sollten

---

47 Ein kooperatives Städtenetzwerk ist „ein nicht-hierarchisch organisiertes System horizontaler Kommunikations- und Kooperationsbeziehungen zwischen Städten." Vgl. SCHÖN, K.-P.: Struktur und Entwicklung des Städtesystems in Europa. In: BfLR (Hrsg.): Informationen zur Raumentwicklung. H.9+10/93, Bonn 1993, S.650

48 Dabei geht es um hierarchiefreie sowie freiwillige, auf kommunaler Eigeninitiative und Selbstorganisation basierender Planung und Realisierung von Maßnahmen. vgl. ZECK, H.: Fallbeispiel „Städtenetze" - Kooperationskonzept in der Planung. In: ORL (Hrsg.): Planungssysteme - Planungskonzepte, wie weiter? ORL-Bericht 101/1996, Zürich 1996, S.42

49 Kritisch steht beispielsweise KUNZMANN diesem Wettbewerbsgedanken gegenüber, wenn er schreibt: „Die neuen strategischen Städtenetze in Europa sind eine von vielen politischen und technokratischen Antworten auf die von Medien, Marketingfachleuten und Handelskammern übermäßig hochgespielte Städtekonkurrenz in Europa. Doch diese internationale Städtekonkurrenz gibt es in der Regel nicht, jedenfalls nicht in dem Maße, wie es die Medien oder manche Stadtvertreter und Wissenschaftler artikulieren." Siehe KUNZMANN, K.R.: Europäische Städtenetze und die Hauptstadt Berlin. In: BfLR (Hrsg.): Informationen zur Raumentwicklung. H.2+3/95, Bonn 1995, S.131

50 vgl. CAMHIS, M.; FOX, S.: The European Community as Catalyst for European Urban Networks. In: Ekistics 352/353 (1992), S.4 und PYRGIOTIS, Y.N.: Urban Networking in Europe. In: Ekstcis 350/351 (1991), S.272 zitiert nach KELLER, S.; STAMM, T.: Grenzen und Perspektiven von grenzüberschreitenden Städtenetzwerken. In: BfLR (Hrsg.): RuR, H.1/97, Hannover 1997, S.16

bereits erste Verbindungen bestehen. Entscheidend jedoch sind Beziehungsnetze, die im Rahmen von `Personalaustausch´ zwischen den Mitgliedern entwickelt werden sollten. Denn nur sie schaffen das notwendige Vertrauen aller Beteiligter untereinander und das notwendige Verständnis füreinander.[51]

Abb.51: Motive der Netzwerkbildung[52]

Motive der Städte:	• Kritische Sachverhalte, die über die Grenzen von Verwaltungseinheiten hinaus gehen • Kosteneinsparungen (bei Stadtmarketing, Wirtschaftsförderung, Gutachten etc.) • Erzielen von Synergieeffekten durch gemeinsame Ressourcennutzung (bspw. der Infrastrukturausstattung, ökologischer Ausgleichsflächen oder der Überwindung personeller Engpässe), Erfahrungsaustausch, Spezialisierung und Arbeitsteilung • Bündelung und Artikulation gemeinsamer politischer, wirtschaftlicher und kultureller Interessen gegenüber übergeordneten Gebietseinheiten • Verbesserte Nutzung der Standortvorteile • Vereinfachung des weiter zunehmenden Leistungsaustauschs zwischen den Beteiligten • Informationsaustausch • Stärkung der jeweils eigenen Position im System der Städte und Kommunen • Gesteigertes (inter-)nationales Renomeé, verbessertes Image des Standortes
Motive der Raumordnung:	• Stärkung und weiterer Ausbau der dezentralen Siedlungsstruktur • Verbesserung der Standortqualitäten zur Steigerung der Wettbewerbsfähigkeit von Städten und Regionen • Verbesserte Nutzung der großräumigen Infrastruktur • Entwicklungsimpulse über die engeren Regionsgrenzen hinaus • Gegenüber bestehenden raumordnerischen Plänen und Programmen verbesserte räumliche, methodische und inhaltliche Reaktionsmöglichkeiten auf spezifische Anforderungen
Motive der Europäischen Union:	• Verringerung regionaler Disparitäten • Transfer technischer und finanzieller Ressourcen • Politische, wirtschaftliche und gesellschaftliche Integration (durch grenzüberschreitende Netze) • Stärkung regionaler und kommunaler Interessen gegenüber nationalen Vorstellungen

Quelle: Eigene Darstellung

---

51 Vgl. ZALAD, K.: Von der Raumplanung zum Raummanagement? In: ORL (Hrsg.): Planungssysteme - Planungskonzepte, wie weiter? ORL-Bericht 101/1996, Zürich 1996, S.95, der in diesem Zusammenhang schreibt: „Es wird zunehmend die primäre Aufgabe der Planung, Berührungspunkte, Knoten, Netze, Treffpunkte zu schaffen, zu organisieren, voranzubringen und zu fördern - und dies auch gegen den Wunsch der Beteiligten ... Die Frage bleibt letztlich offen, ob die Raumplanung, Gesellschaften gegen ihren Willen zusammenhalten kann und soll."

52 vgl. beispielsweise KELLER, S.; STAMM, T.: Grenzen und Perspektiven von grenzüberschreitenden Städtenetzwerken. In: BfLR (Hrsg.): RuR, H.1/97, Hannover 1997, S.16 i.V.m. BAUMHEIER, R.: Städtenetze - Raumordnungspolitische Ziele und Anforderungen an den weiteren Ausbau der städtischen und regionalen Vernetzung. In: BfLR (Hrsg.): RuR, H.6/94, Bonn 1994, S.383f., KUNZMANN, KR.: Strategische Städtenetze in Europa: Mode oder Chance? Überarbeiteter Beitrag zum Symposium des Instituts für Europäische Integrationsforschung e.V. zum Thema: Regionalentwicklung im Prozeß der Europäischen Integration. Bonn 19.10.1994, S.5 sowie derselbe: Europäische Städtenetze und die Hauptstadt Berlin. In: BfLR (Hrsg.): Informationen zur Raumentwicklung. H.2+3/95, Bonn 1995, S.131 und BMBAU (Hrsg.): Raumordnungspolitischer Orientierungsrahmen. Leitbilder für die räumliche Entwicklung der Bundesrepublik Deutschland. Bonn 1993

Der Zusammenhalt solcher Netzwerke sowie das Engagement der Beteiligten, Konflikte erst gar nicht aufkommen zu lassen oder auftretende Probleme schnell und kooperativ beizulegen, wird im wesentlichen durch drei Faktoren sichergestellt: (1) Interesse an den Ressourcen der anderen Netzmitglieder, (2) Transaktionskosten bei der Abstimmung sowie (3) die latent vorhandenen Disziplinierung durch entstehende `costs-of-exit´ im Falle des Auseinanderbrechens des Netzes.[53] Je ausgeprägter diese Punkte sind, um so höher ist die Bestandssicherheit[54] der Netzwerke und um so eher werden kleinere Änderungen vorgenommen um eine gemeinsame Basis zu erhalten. Fundamentale Umorientierungen werden in diesen Fällen nur selten anzutreffen sein. Der erste Punkt erfordert implizit, daß die beteiligten Partner etwa gleich stark sind, Stärken wie Schwächen der Partner bekannt sind und die Beziehungen zwischen der Akteuren nicht zu komplex und zu kompliziert sind.[55]

Im Gegensatz zu den hierarchisch strukturierten Steuerungs- und Entscheidungssystemen der herkömmlichen raumordnerischen Konzepte, bedürfen Netzwerke Verhandlungsprozesse, die auf Ausgleich und Konsens angelegt sind. Dies bedarf eines Wandels im Staatsverständnis und im Verwaltungshandeln in Richtung einer auf `Gleichheit´[56] basierenden Beziehung von Staat und Privaten.[57]

Wie eng die Bindungen innerhalb eines Netzwerks sein sollten, läßt sich nicht a priori festlegen, sondern ist in jedem Fall neu zu bestimmen. Die der jeweiligen Situation angemessene Form zu finden, ist „die Kunst der Gestaltung von Kooperationsprozessen".[58] Welche Form man auch wählt, wichtig ist, daß Netzwerke offen für Verbindungen zu anderen Netzwerken und zur Aufnahme neuer Partner bleiben. Um diesen Anforderungen gerecht zu werden, muß bei der Einrichtung von Netzen folgendes beachtet werden:[59]

1. *Identifikation* geeigneter räumlicher, kommunalspezifischer und regionalpolitischer Konstellationen sowie *des Interesses* von Städten und Kommunen etc. zur Zusammenarbeit
2. *Offenlegen der Vor- und Nachteile* in Frage kommender Verfahrensweisen
3. *Entwurf eines Orientierungsrahmens* für die Kooperation (inhaltliche, organisatorische und methodische Fragestellungen)
4. Setzen *sektoraler Schwerpunkte*, Vorstrukturierung der Maßnahmen zur Umsetzung
5. *Verankerung der Kooperation* innerhalb eines gemeinsamen regionalen Handlungsrahmens

---

53 vgl. KELLER, S.; STAMM, T.: Grenzen und Perspektiven von grenzüberschreitenden Städtenetzwerken. In: BfLR (Hrsg.): RuR, H.1/97, Hannover 1997, S.17

54 Es sind jedoch auch Konflikte denkbar, die nicht durch kooperative Formen der Zusammenarbeit lösbar sind, in denen sich konkurrierende Fachplanungen nicht in Netzwerke einbinden lassen oder gar zusätzliche Netzwerke `dagegen´ aufziehen. Vgl. hierzu DILLER, Ch.: Die Regionalplanung als Mediatorin einer nachhaltigen Entwicklung. In: BfLR (Hrsg.): RuR, H.4/96, Bonn 1996, S.230

55 vgl. ZECK, H.: Fallbeispiel „Städtenetze" - Kooperationskonzept in der Planung. In: ORL (Hrsg.): Planungssysteme - Planungskonzepte, wie weiter? ORL-Bericht 101/1996, Zürich 1996, S.44

56 Diese Partizipationsforderung begründet zugleich die Frage nach der Homogenität der Akteursstruktur: die Mitglieder eines Netzwerkes sollten weitgehend von den gleichen Motiven für die Netzwerkgründung getrieben sein und Kompetenz für die behandelten Problematiken vorweisen können. Vgl. KELLER, S.; STAMM, T.: Grenzen und Perspektiven von grenzüberschreitenden Städtenetzwerken. In: BfLR (Hrsg.): RuR, H.1/97, Hannover 1997, S.17

57 vgl. RITTER, H.: Raumpolitik mit `Städtenetzen´ oder: Regionale Politik der verschiedenen Ebenen. DÖV, Bd.10, 1995, S.395 oder FÜRST, D.: Regionalkonferenzen zwischen offenen Netzwerken und fester Institutionalisierung. In: BfLR (Hrsg.): RuR, H.3/94, Bonn 1994, S.184-192

58 vgl. SELLE, K.: Was ist bloß mit der Planung los? Dortmund 1994, S.77

59 vgl. ZECK, H.: Fallbeispiel „Städtenetze" - Kooperationskonzept in der Planung. In: ORL (Hrsg.): Planungssysteme - Planungskonzepte, wie weiter? ORL-Bericht 101/1996, Zürich 1996, S.46f. und S.50f.

Während des gesamten Prozesses müssen die Planer moderierend eingreifen und inhaltliche und normative Orientierung geben, damit die Verknüpfung mit dem Auftrag der Regionalplanung und eine Orientierung an den Zielen der regionalen Raumordnung gesichert werden kann.
In diesem Zusammenhang muß allerdings beachten werden, daß die Zahl der in Netzwerken eingebundenen Akteure und Interessen zu einem wesentlichen Teil deren Erfolg bestimmt. Geringe Teilnehmerzahlen sichern schnelle, unkomplizierte Einigungsprozesse, die mit zunehmender Zahl der Akteure und vertretener Interessen schwieriger werden. Dem steht gegenüber, daß durch eine größere Zahl der Akteure eine detailliertere Problemsicht und umfassender Kompetenzbündelung erreicht wird. Die optimale Zahl einbezogener Interessen und Interessenvertreter muß sich der jeweils zu bearbeitenden Problemsituation entsprechend, bestimmen.[60]

Trotz der geschilderten Vorteile und der großen Beachtung, die Netzwerken als neuem Kooperationsparadigma derzeit entgegengebracht wird, bleibt festzuhalten, daß eine abschließende wissenschaftliche Beurteilung ihrer Bedeutung noch aussteht.[61] Die verschiedenen Erscheinungsformen sowie der bisherige Umgang mit Netzen als Entwurf einer neuen raumplanerischen Strategie legt den Gedanken nahe, daß man sich bislang über ihre Bildung, Funktionsweisen und Charakteristika noch keine ausreichenden Gedanken gemacht hat. Aus wissenschaftlicher Sicht hätten daher (Städte-)Netze noch nicht Eingang in den Kreis raumordnerischer und raumplanerischer Strategien finden dürfen. Vielmehr scheint sich eine „gewisse Planungsmode“ durchgesetzt zu haben.[62]
Darüber hinaus stehen kooperative Prozesse - und im Speziellen Netzwerke - häufig in Konflikt mit formellem Planungsdenken und -handeln, da sie sich ebenen- und akteurmäßig meist nicht in das Planungssystem einordnen lassen und eine gewisse Eigengesetzlichkeit haben. Beides bedingt durch Multikausalität und Rückkopplungen der Interaktionsprozesse der Beteiligten. Darin liegt einerseits die Chance klassische Planungsinstrumente zu ergänzen und starre Planungsstrukturen aufzubrechen, zugleich aber auch ein Grund mehr Netzwerke (noch) nicht als vollwertiges raumordnerisches Instrument anzuerkennen.
Obwohl der Netzwerkansatz wie auch die anderen neueren Steuerungsformen, beispielsweise Kooperation, `privat-public-partnership´ und Dezentralisation, die Nähe zu unteren Steuerungsebenen (Region, Kommune und Stadt) und deren räumlichen Bezug suchen, führt dies nicht zwangsläufig zu einer Rückgewinnung der Kompetenz und Akzeptanz raumordnerischer und raumplanerischer Institutionen. Denn neben der genannten mangelnden rechtlichen Fixie-

---

60 vgl. WEGENER, T.: Institutionelle Aspekte der Regionalisierung von Wirtschafts- und Strukturpolitik - Das Beispiel Sachsen-Anhalt. In: ifo Institut für Wirtschaftsforschung (Hrsg.): ifo Dresden-Studien, Bd.24, München 2000, S.92f.

61 vgl. FÜRST, D.: Regionale Netzwerke im politischen Umfeld. In: DOMHARDT, H.-J.; JACOBY, C. (Hrsg.): Raum- und Umweltplanung im Wandel. Kaiserslautern 1994, S.59
Die räumliche Forschung ist hier gefordert. Einerseits gibt es noch keine Raumordnungstheorie über die Funktionsfähigkeit, Notwendigkeit und Systematik von Netzwerken, andererseits sprechen alle praktischen Erfahrungen dafür, daß weder punktartig noch bandartig organisierte Siedlungsstrukturkonzeptionen letztendlich den Anforderungen genügen. Hier könnte als Ergänzung der Schwerpunktsetzung in Punkt- und Achsenstrukturen mittels Netzwerken ein entsprechendes Flächenelement eingeführt werden. Vgl. FISCHER, K.: Fortentwicklung der Regionalplanung und Anforderungen an die räumliche Forschung. In: BfLR (Hrsg.): Informationen zur Raumentwicklung, H.2/3, Bonn 1989, S.146

62 vgl. SCHRETZENMAYR, M.: Was führt zum Scheitern raumplanerischer Konzepte? In: BfLR (Hrsg.): RuR, H.6/96, Bonn 1996, S.405

rung, sind auch die Anwendungsbereiche sowie die Ziel-Mittel-Bezüge nicht ausreichend konkretisiert, um wirklich erfolgversprechend eingesetzt zu werden.
Zudem sind Städtenetze weder flächendeckend, noch querschnittsbezogen und bleiben damit hinter der räumliche Planung zurück. Allerdings sind sie wiederum mehr als regionalisierte sektorale Fachplanungsansätze. Und trotz ihrer mangelnden planungsrechtlichen Bindung an bestehende Pläne und Programme der Raumordnung, orientieren sie sich doch zumindest indirekt - „über ihre kommunale Trägerschaft und durch die Mitwirkung von Planern/Planerinnen ... an verbindlichen Regionalzielen“ - an deren Zielsetzungen.[63]

Einen letzten, wesentlichen Kritikpunkt stellt der Umstand dar, daß Netz-Konzepte einerseits als Ersatz für nicht ausreichendes Wachstum sowie als Versuch Wachstum ohne „Nebenwirkungen“ zu erreichen, angelegt sind. Andererseits jedoch ist ersichtlich, daß viele der bestehenden Netze eher defensiven Charakter haben, also eben gerade nicht proaktiv konstruiert sind. Zudem sind Netzwerke zur Aufwertung weniger entwickelter Räume nur bedingt geeignet.[64] De facto wird der Schwerpunkt der räumlichen Politiken verlagert: Auf der nationalen Ebene tritt die Binnenvernetzung und der Zugang zu den Großzentren in den Mittelpunkt der Bemühungen.[65] Die Zeiten hingegen, in denen man sich auf den Disparitätenabbau konzentrierte, sind vorbei.

Abschließend noch einige Bemerkungen zu Netzwerken im nationalen wie europäischen Rahmen:
In der Bundesrepublik sind die funktionalen Zusammenhänge zwischen den verschiedenen Zentren sowie den Zentren und ihrem jeweiligen Umland, aufgrund der polyzentrischen Siedlungsstruktur - einer der wesentlichen Stärken Deutschlands im Vergleich mit anderen Staaten - bereits seit langem entwickelt und in ihrer physischen Erscheinungsform bereits 1933 von CHRISTALLER[66] modellhaft nachgezeichnet worden. Erste funktionale Städtenetze gab es im deutschen Sprachraum jedoch bereits viel früher. So betrieb beispielsweise die Hanse vom 12. bis zum 16. Jahrhundert ein offenes Städtenetz für eine strategische Handelspolitik.
In Europa existieren bereits verschiedene reale wie virtuelle, transeuropäische Netze (Informations-, Kommunikations-, Verkehrs- und Versorgungsnetze), die seitens der EU zur inneren Stärkung Europas gefördert werden (so liefen in der Vergangenheit bis zu 30 Förderprojekte parallel). Dabei existieren ökonomisch motivierte Städtenetze (z.B. `Messestandorte Europas´) neben kulturellen Netzen.[67] Ob damit die Schaffung des Binnenmarktes wirksam abgestützt werden kann, muß bezweifelt werden. Denn bereits auf nationaler Ebene haben

---

63 Zum gesamten Absatz vgl. ZECK, H.: Fallbeispiel „Städtenetze“ - Kooperationskonzept in der Planung. In: ORL (Hrsg.): Planungssysteme - Planungskonzepte, wie weiter? ORL-Bericht 101/1996, Zürich 1996, S.49ff.

64 vgl. ZALAD, K.: Von der Raumplanung zum Raummanagement? In: ORL (Hrsg.): Planungssysteme - Planungskonzepte, wie weiter? ORL-Bericht 101/1996, Zürich 1996, S.94 sowie DEITERS, J: Ist das Zentrale-Orte-System als Raumordnungskonzept noch zeitgemäß? In: Erdkunde, 50/95, 1996, S.31, der Netzwerke ebenfalls nur für die Verknüpfung von Zentren als geeignet erachtet.

65 vgl. HAUSMANN, U.; EGGER, U.K.: Strukturwandel und produktionsorientierte Dienstleistungen. In: DISP 122, ORL-Institut Zürich 1988

66 Der Schwerpunkt seiner Betrachtungsweise lag dabei insbesondere auf materiellen Verflechtungen (Bahnlinien, Straßen, etc.). Vgl. CHRISTALLER, W.: Die Zentralen Orte in Süddeutschland. Jena 1933

67 Vgl. KUNZMANN, K.R.: Europäische Städtenetze und die Hauptstadt Berlin. In: BfLR (Hrsg.): Informationen zur Raumentwicklung. H.2+3/95, Bonn 1995, S.129ff., wobei einige Netze jedoch lediglich Clubcharakter haben (z.B. `Vereinigung der Hauptstädte Europas´).

vergleichbare Ansätze zu keiner Verringerung bestehender Disparitäten beitragen können. Im europäischen Rahmen dürfte dies noch schwerer fallen, da die hier existierenden Netze primär auf den „radialen Austausch zwischen Kern und Rand" und somit wachstumspolitisch ausgerichtet sind.[68]

1.2.4 Agenda 21 - Beteiligung der Öffentlichkeit und `Nachhaltige Entwicklung´

Die im Juni 1992 in Rio de Janeiro verabschiedete Agenda 21[69] bietet einen der zentralen Bezugspunkte für die moderne Planung räumlicher Aktivitäten. Sie stellt heute die treibende Kraft bei der zunehmenden Öffnung der Planungsprozesse für eine breite Öffentlichkeit sowie einer Orientierung am Prinzip der `Nachhaltigkeit´[70] dar.

Unter dem Stichwort `enabling´ fordert die Agenda 21 in ihren Einzelkapiteln durchgängig diese Beteiligung der Öffentlichkeit und meint damit das Ziel möglichst breite Schichten der Bevölkerung in die Lage zu versetzen, ihre zukünftige Umwelt mit zu gestalten. Dies umfaßt sowohl ein Verständnis für die den Verfahren und Strategien zugrunde liegenden Annahmen, als auch die Umsetzung von Maßnahmen, bei der die Öffentlichkeit maßgeblich mitwirken soll. Dazu bedarf es des generellen Verständnisses der Planenden für die Notwendigkeit und Sinnhaftigkeit einer solchen Partizipation, einer entsprechenden Öffnung des Planungssystems sowie nicht unerheblicher Investitionen in die `human resources´ um die für solche Prozesse notwendigen Wissens- und Machtkapazitäten (dem Modell der `civil society´ folgend) in der Gesellschaft aufzubauen.
Um dezentrale Nachhaltigkeit zu erreichen, müssen kollektive und individuelle Lernprozesse angestoßen, Voraussetzungen für ihre Realisation bestimmt, bestehende Dissense und Konsense herausgearbeitet sowie dauerhaft tragfähige Kompromisse angestrebt werden. Die daraus resultierenden Aktivitäten und Ergebnisse müssen dann erfahrbar gemacht werden, damit sie eine langfristig Eigendynamik entfalten. Um die notwendigen institutionellen und personellen Vorraussetzungen vor Ort zu schaffen und die Kommunikation mit zahlreichen Akteuren einer Region herzustellen sowie den notwendigen Innovationen einen Raum außerhalb des traditionellen Rahmens zu eröffnen, bedürfen solche Prozesse eines geeigneten, konkreten Rahmens. Diesen benennt die Agenda 21 in ihrem Kapitel 34, wobei ganz unterschiedliche Ansätze (`runde Tische´, Qualitätszirkel, Innovationsbündnisse und sonstige kooperative Modelle) zur Verfügung gestellt werden. Dabei werden Regionalforen[71] und

---

68 Vgl. ZALAD, K.: Von der Raumplanung zum Raummanagement? In: ORL (Hrsg.): Planungssysteme - Planungskonzepte, wie weiter? ORL-Bericht 101/1996, Zürich 1996, S.86, der hierzu kritisch anmerkt: „Der erhoffte Wohlstands- und Effizienzgewinn beruht auf (diesem) erhöhtem Austausch: Kollapse, z.B. im Verkehrsbereich, werden wahrscheinlicher. Die einzigen übrig bleibenden Regulative sind Umweltmaßnahmen und die Internalisierung der externen Kosten, die - sinnvoll eingesetzt - das System bremsen können und damit die Kollapsgefahr zu steuern vermögen. Hieraus legitimiert sich auch das wachsende Interesse an Regelungen in diesem Sektor und an einer europäischen Raumordnung für die Bereiche Verkehr und Umwelt."

69 vgl. Bundesminister für Umwelt, Naturschutz und Reaktorsicherheit (Hrsg.): Konferenz der Vereinten Nationen für Umwelt und Entwicklung im Juni 1992 in Rio de Janeiro - Dokumente. Bonn o.J.

70 Da die Nachhaltigkeit einen sehr zentralen Punkt in der zukünftigen Raumordnung und Raumplanung spielen wird, ist ihr ein separates Kapitel gewidmet. Dort finden sich auch Definitionen und weitere Erläuterungen. Vgl. hierzu Kapitel VI 1.3.

71 Regionalforen kommen dabei drei Hauptfunktionen zu: (1) Information, (2) Diskussion und (3) Projektschmiede. Vgl. BEHRENDT, A.; KLEINE-LIMBERG, W.: Evaluierung einer regionalen Kooperation. In: BfLR (Hrsg.): RuR, H.6/97, Bonn 1997, S.455

Regionalmanagement in steigendem Maße als informelle Alternativen und Ergänzungen der Regional- und Kommunalplanung praktiziert.[72]

Ursprünglich sollten sich gemäß der Agenda 21 bis zum Jahre 1996 eine Großzahl der Kommunalverwaltungen der beteiligten Länder einem Konsultationsprozeß mit ihren Bürgern unterzogen haben, um einen Konsens zu kommunalen und regionalen Agendes 21 zu erzie- len.[73] In der Bundesrepublik ist dieser Prozeß relativ konsequent angegangen worden und heute überwiegend etabliert. Dabei verbindet dieser Kommunikationsprozeß auf sehr konkrete Weise die räumliche Planung und deren Gegenstände mit beteiligungsorientierten Planungs- und Politikmodellen.
Die bisherigen Erfahrungen mit `private-public-partnership´ zeigen jedoch, daß sich die Vorstellungen und „Ziele der lokalen Agenda 21 nicht allein auf Verwaltungsebene umsetzen" lassen. Das unterstreicht die Bedeutung gemeinschaftlichen Handelns von Verwaltung, Wirtschaft und Bevölkerung. Damit aber Marktinteressen diese Prozesse nicht einseitig dominieren, bedarf es nach wie vor der Führung durch öffentliche Institutionen: denn „Modernisierung des öffentlichen Sektors heißt nicht, daß der Auftrag öffentlicher Institutionen zur Abwägung individueller Ziele mit dem Gemeinwohl" zugunsten einer reinen Moderatorenfunktion[74] eingeschränkt wird.[75]

1.3 Nachhaltige Raumplanung - Trend ohne Inhalt?

„Aufgrund der immer massiveren Inanspruchnahme durch den Menschen und der Ausdehnung der wirtschaftlichen Aktivität sind Bodenressourcen einem zunehmenden Druck ausgesetzt, der zu Konkurrenzsituationen und Nutzungskonflikten und einer suboptimalen Nutzung der Flächen und Bodenressourcen führt. Wenn die Nutzungsansprüche des Menschen in Zukunft in nachhaltiger Weise erfüllt werden sollen, muß für diese Nutzungskonflikte schon heute eine wirksamere und schonendere Nutzung des Bodens und seiner natürlichen Ressourcen angestrebt werden."[76]

Der Begriff der `nachhaltigen´ oder `dauerhaften Entwicklung´ beziehungsweise `sustainable development´ hatte seine Hochkonjunktur zu Beginn der 90er Jahre.[77] Der entscheidende Anstoß zur weltweiten Diskussion ging dabei vom Leitbild eines `sustainable development´ im sogenannten Brundtland-Bericht[78] aus, in dem die Forderung nach einer dauerhaft umweltgerechten Gestaltung der wirtschaftlichen Entwicklung erhoben wurde. Eine Vertiefung erfuhr die verstärkte Berücksichtigung von Umweltthemen, deren räumlichen Wirkungen sowie der nachhaltigen Entwicklung und Nutzung der Umwelt mittels einer integrierten Raumplanung,

---

72 vgl. HESSE, M.: Nachhaltige Raumentwicklung. In: BfLR (Hrsg.): RuR, H.2+3/96, Bonn 1996, S.113

73 vgl. Bundesministerium für Umwelt, Naturschutz und Reaktorsicherheit (Hrsg.): Konferenz der Vereinten Nationen für Umwelt und Entwicklung im Juni 1992 in Rio de Janeiro - Dokumente. Agenda 21. Bonn, o.J., 28.2

74 vgl. hierzu Kapitel VI 1.4.1

75 vgl. HESSE, M.: Nachhaltige Raumentwicklung. In: BfLR (Hrsg.): RuR, H.2+3/96, Bonn 1996, S.113

76 Bundesministerium für Umwelt, Naturschutz und Reaktorsicherheit (Hrsg.): Konferenz der Vereinten Nationen für Umwelt und Entwicklung im Juni 1992 in Rio de Janeiro - Dokumente. Agenda 21. Bonn, o.J., 10.1

77 vgl. DILLER, Ch.: Die Regionalplanung als Mediatorin einer nachhaltigen Entwicklung. In: BfLR (Hrsg.): RuR, H.4/96, Bonn 1996, S.231

78 vgl. WCED (Hrsg.): Our Common Future. Oxford 1987

durch die Konferenz in Rio de Janeiro[79] (UNCED) und der dort verabschiedeten 'Agenda 21' im Jahre 1992. In dieser Agenda 21 wird explizit Bezug auf die Themen 'nachhaltige Siedlungsentwicklung[80]' (Kapitel 7), 'integrierter Ansatz für Planung und Bewirtschaftung der Bodenressourcen' (Kapitel 10) und ihrer lokalen Umsetzung (Kapitel 28) genommen.[81]

Die Nachhaltigkeit bezieht sich auf das Prinzip der Möglichkeit einer andauernden Nutzung der natürlicher Ressourcen durch den Menschen. Das bedeutet nichts anderes, als daß sich die (ökonomische) Produktion an Assimilationskapazitäten und Raten der natürlichen Reproduktion des ökologischen Systems orientieren muß. Der grundlegende Gedanke dabei ist die intergenerative und somit die intertemporale Gerechtigkeit[82] und damit das Ziel, den natürlichen Kapitalstock sowohl für die Bedürfnisse der jeweils aktuellen Generation als auch für die Bedürfnisse kommender Generationen, zu erhalten. Ein zugegebenermaßen anspruchsvolles Ziel, dessen Realisierbarkeit ganz unterschiedlich eingeschätzt wird.
Das darauf aufbauende Leitbild einer 'nachhaltigen oder dauerhaften Entwicklung'[83] schließt dabei ausdrücklich neben der ökologischen und ökonomischen Tragfähigkeit auch die soziale mit ein. Der hohe Anspruch, alle drei Handlungsfelder zugleich einer solchen Entwicklung zuzuführen, schließt die „Notwendigkeit zur Austragung und Regelung von Konflikten" ein.[84]

Abgeleitet aus dem Zielsystem der Raumordnung (vgl. Kapitel II 1.1.1 und 1.1.2) ergeben sich für eine nachhaltig angelegte Raumplanung folgende Gegenstände und Diskussionsfelder: (1) Ökonomie[85] und Wirtschaftspolitik, (2) Gesellschaft[86] und Sozialpolitik sowie (3) Ökologie[87] und Umweltpolitik. Die Ökologie ist dabei das Differenzierungsmerkmal zur traditionellen Raumplanung, die diese Komponente nur dann betrachtet hat, wenn es zu Schäden durch die Ökonomie oder/und die gesellschaftliche Nutzung der natürlichen Lebensgrundlagen kam.

---

79 Bundesminister für Umwelt, Naturschutz und Reaktorsicherheit (Hrsg.): Konferenz der Vereinten Nationen für Umwelt und Entwicklung im Juni 1992 in Rio de Janeiro - Dokumente. Bonn o.J.

80 Wobei offiziell zugegeben wird, daß „die Siedlungsentwicklung in Deutschland noch weit davon entfernt ist, nachhaltig zu verlaufen". Vgl. BMBau (Hrsg.): Habitat II - Siedlungsentwicklung und Siedlungspolitik. Nationalbericht Deutschland. Bonn 1996, S.3

81 vgl. hierzu Bundesministerium für Umwelt, Naturschutz und Reaktorsicherheit (Hrsg.): Konferenz der Vereinten Nationen für Umwelt und Entwicklung im Juni 1992 in Rio de Janeiro - Dokumente, Agenda 21. Bonn, o.J.

82 Gerechtigkeit ist hier nicht im Sinne einer Verteilungsregel zu verstehen. Vielmehr gilt es den Kapitalstock und damit die Einkommenserzielungsmöglichkeiten langfristig - und damit für alle Generationen - zu maximieren.

83 Aus ökonomischer Sicht unterscheidet sich der Ansatz der 'sustainability' nicht wesentlich von der neoklassischen Sichtweise. Diese stellt ebenfalls eine 'dauerhafte' Nutzung der Ressourcen mittels des Knappheits-Preis-Zusammenhangs in Verbindung mit dem technischen Fortschritt sowie dem Grad der Substituierbarkeit der natürlichen Güter sicher. Einziges reales Problem der neoklassischen Perspektive ist die Dauer der Anpassungsprozesse. Das ethische Problem der zugrunde liegenden Naturbetrachtung (in wieweit ist ein Naturgut - insbesondere im Falle der Limitationalität - substituierbar?) liegt dagegen auf einer anderen Ebene. Zur neoklassischen Betrachtungsweise regenerierbarer und nicht-regenerierbarer Ressourcen sowie der Bodennutzung vgl. NEUMANN, M.: Theoretische Volkswirtschaftslehre III - Wachstum, Wettbewerb und Verteilung. München 1982, S.76-100 und derselbe: Zukunftsperspektiven im Wandel - lange Wellen in Wirtschaft und Politik. Tübingen 1990, S.123-129

84 vgl. HESSE, M.: Nachhaltige Raumentwicklung. In: BfLR (Hrsg.): RuR, H.2+3/96, Bonn 1996, S.105

85 vgl. KLEMMER, P.: Nachhaltige Entwicklung aus ökonomischer Sicht. In: Zeitschrift für angewandte Umweltforschung , H.1/94, Berlin 1994, S.14-18

86 vgl. HEINS, B.: Nachhaltige Entwicklung aus sozialer Sicht. In: Zeitschrift für angewandte Umweltforschung H.1/94, Berlin 1994, S.19-25

87 siehe hierzu HABER, W.: Nachhaltige Entwicklung aus ökologischer Sicht. In Zeitschrift für angewandte Umweltforschung, H.1/94, Berlin 1994, S.9-13

Ihre Eigenwertigkeit und damit von den anderen Gegenständen unabhängige Ziele erfuhr sie erst in den letzten Jahrzehnten. Neben den konkreten politischen Fragestellungen hat die nachhaltige Raumplanung noch zwei weitere Diskussionsfelder zu berücksichtigen. Sie ist aufgefordert neue theoretische Erkenntnisse zu berücksichtigen und einer breiten Diskussion zugänglich zu machen sowie ihre normative Basis immer wieder erneut zu definieren, insbesondere dann, wenn sich veränderte theoretische Grundlagen ergeben.

Abb.52: Konstitutive Fachbereiche, Gegenstände und Diskussionsfelder der Raumforschung und Raumplanung

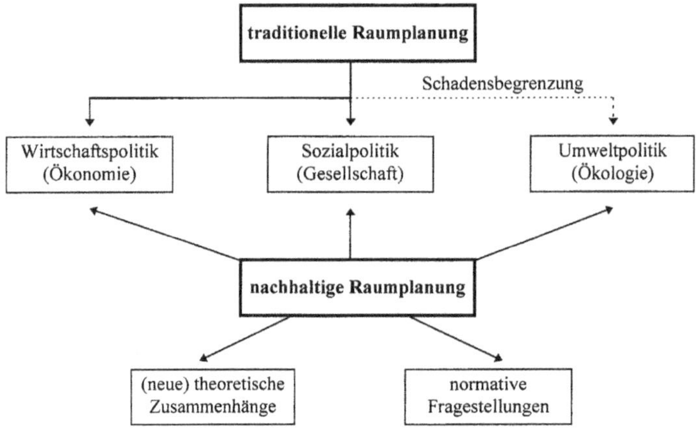

Quelle: Eigene Darstellung nach: ARL (Hrsg.): Dauerhafte, umweltgerechte Raumentwicklung. (Arbeitsmaterial), Hannover 1994, S.III

Wenn die nachhaltige Entwicklung solchermaßen als mehrdimensionales Ziel der sozialen, ökonomischen und ökologischen Entwicklung verstanden wird, bedeutet dies definitionsgemäß die „Synthetisierung dieser drei Tatbestände und Ziele". HESSE bringt diese Problematik folgendermaßen auf den Punkt: „Sie (Anm.: die Synthetisierung) beruht allerdings auf der Einbettung des ökonomischen Systems in das soziale System und beider Subsysteme in den Naturhaushalt[88], wobei aus der Perspektive der jeweiligen Teilsysteme unterschiedliche Zielhierarchien bestehen; unbestritten bleibt, daß die Funktionsfähigkeit des Naturhaushalts übergeordneter Maßstab bleibt. Daraus leitet sich jedoch nicht zwangsläufig die Forderung nach einer pauschalen Priorisierung ökologischer Ziele gegenüber konkurrierenden Zielen ab, wie es auch das Begriffspaar 'Umwelt und Entwicklung' andeutet; zumindest wäre eine diesbezügliche Erwartungshaltung bei allem objektiv bestehenden Problemdruck schwierig. Unter Berücksichtigung dieses Verständnisses von Begriff und Inhalt 'Nachhaltiger Entwicklung'

---

[88] Zum Zusammenhang von Ökosystem und sozio-ökonomischem System sowie der zugehörigen Energie- und Stoffströme vgl. beispielsweise FOLKE, C.: Socio-Economic Dependence on the Life-Supporting Environment. In: FOLKE C.; KABERGER, T. (Hrsg.): Linking the Natural Environment and the Economy: Essays from the Eco-Eco-Group, Dordrecht 1991, S.86 und ROTHGANG, M.: Ökonomische Perspektiven des Naturschutzes - Analyse naturschutzpolitischer Ansätze im Hinblick auf das Zusammenwirken von ökologischen Begrenzungen, institutionellen Strukturen und ökonomischen Erfordernissen. Berlin 1997, S.56-60

muß vor dem Mißverständnis gewarnt werden, mit dem Begriff der Nachhaltigkeit per se eine Maximierung ökologischer Anspruchsniveaus zu verbinden. Eine Verfeinerung des umweltpolitischen Diskussionsstandes etwa dergestalt, daß nach der eher punktuell orientierten Politik der Schadstoffreduktion der 80er Jahre und der bereits stärker integrierenden Klimaschutzpolitik der ersten Hälfte der 90er Jahre nun eine umfassende Nachhaltigkeit auf höherem ökologischen Niveau folge, ist nicht zu erwarten."[89] Diese Bemerkungen gelten selbstverständlich ebenso für eine nachhaltig orientierte Raumplanung, bei der ergänzend noch die Erweiterung um eine räumliche und kulturelle Dimension tritt.[90] Die Raumplanung ist der Ausbalancierung aller drei Themenfelder verpflichtet, um eine bestmögliche Raumnutzung über die Zeit hinweg zu sichern.
Zugleich liegt gerade darin eine ganz wesentliche Existenzberechtigung der Raumordnung und Raumplanung. Denn will sie sich eine neue Berechtigungsgrundlage schaffen und eine erweiterte Vermittlerrolle im Planungs- und Umsetzungsprozeß einnehmen, so muß sie originär ein Thema besetzen, das von anderen Institutionen entweder gar nicht oder nur unvollkommen ausgefüllt werden kann. Um das Thema 'nachhaltige Raumplanung' erfolgversprechend zu besetzen, muß sie eigene, neue Instrumente entwickeln.[91]

Sowohl der 'nachhaltigen Raumplanung' als auch dem 'integrierten Raummanagement' liegt ein Planungsverständnis zugrunde, das verstärkt zu einer „abgestimmten Gesamtentwicklungsplanung" tendiert, ohne daß bislang detailliert Konsequenzen für die kommunale Planung, die Regional- und Landesplanung sowie die Bundesraumordnung, benannt würden. Beide Ansätze entfernen sich jedoch von dem in den letzten Jahren praktizierten punktuellen Projektmanagement. Sie rücken perspektivisches Planungsdenken und die Schaffung örtlicher Rahmenbedingungen in den Vordergrund, „in deren Kontext sich individuelle Entscheidungskalküle" selbst organisieren beziehungsweise selbstregulierend entfalten können. Ihre planungsrelevanten Aufgaben schließen darüber hinaus die effiziente Abstimmung übergeordneter Planungen, die „Entwicklung von unten", die verstärkte Integration der Öffentlichkeit und von Nicht-Regierungsorganisationen sowie die horizontale Koordination der verschiedenen Aufgaben ein.[92]

1.3.1 Verständnisformen der Nachhaltigkeit

Bislang existiert keine geschlossene Vorstellung einer allgemeinen nachhaltigen Entwicklung und ebenso fehlt noch eine exakte Definition der nachhaltigen räumlichen Entwicklung. Folgende Betrachtungs- beziehungsweise Wirkungsebenen können jedoch bereits unterschieden werden: [93]

1. *Art und Intensität der Flächennutzung* an einem konkreten Standort oder einem konkreten Teilraum

---

[89] HESSE, M.: Nachhaltige Raumentwicklung. In: BfLR (Hrsg.): RuR, H.2+3/96, Bonn 1996, S.115f.

[90] vgl. HABER, W.: „Sustainability" und „Sustainable Development" ökologisch kommentiert. In: ARL (Hrsg.): Dauerhafte, umweltgerechte Raumentwicklung. Arbeitsmaterialien Bd. 212, Hannover 1994, S.167

[91] vgl. DILLER, Ch.: Die Regionalplanung als Mediatorin einer nachhaltigen Entwicklung. In: BfLR (Hrsg.): RuR, H.4/96, Bonn 1996, S.228

[92] vgl. HESSE, M.: Nachhaltige Raumentwicklung. In: BfLR (Hrsg.): RuR, H.2+3/96, Bonn 1996, S.110, der sich auf ALBERS, G.: Über den Wandel im Planungsverständnis. In: RaumPlanung, Nr. 61, Juni 1993, S.97-103 und HOFFMANN-AXTHELM, D.: Die dritte Stadt. Frankfurt/Main 1993 bezieht.

[93] vgl. HESSE, M.: Nachhaltige Raumentwicklung. In: BfLR (Hrsg.): RuR, H.2+3/96, Bonn 1996, S.105

2. *Quantitativer Umfang der Flächennutzung* an einem konkreten Standort beziehungsweise in einem konkreten Teilraum
3. die *Beziehungen zwischen verschiedenen Standorten und/oder Teilräumen*, ausgedrückt in der räumlichen Ordnung beziehungsweise Organisation

Darauf aufbauend geht es um die weitestmögliche Optimierung aller genannten Faktoren (Ökonomie, Ökologie, Soziales) in einem - und das ist entscheidend - einheitlichen Maßstab und auf lange Sicht. Das bedeutet aus ökonomischer Sicht, daß der Kapitalstock aus anthropogenen Gütern und Naturgütern insgesamt dauerhaft zu sichern (in seinen Kapitalwert konstant zu halten) ist und aus ökologischer Sicht, daß jeder Eingriff in die Natur an anderer Stelle zumindest kompensiert werden muß[94], wobei sich einmal mehr die Problematik der Substitutionalität von Naturgütern[95] stellt.

Es gilt also den `richtigen´ Weg zwischen ökonomisch-sozialen und ökologischen Kriterien zu finden. Dazu bedarf es - wie bereits angedeutet - einer Operationalisierung der von Werten abhängigen und somit wandelbaren Nachhaltigkeitsziele damit sie den täglichen Planungsanforderungen genügen. Diese müßten möglichst viele der Dimensionen der Nachhaltigkeit umfassen. Folgerichtig müßte ein System objektivierbarer Indikatoren sowie von auf Konfliktfälle anwendbarer, operationalisierbarer Leitlinien, die angeben, wie ökologische, ökonomische, soziale und kulturelle Aspekte im Sinne einer nachhaltigen Raumentwicklung untereinander abzustimmen sind, aufgestellt werden.[96]

So könnten zum Beispiel folgende, aus theoretischen Grundsatzarbeiten abgeleitete Nachhaltigkeitsregeln aufgestellt werden:[97]

1. Die *Abbaurate* erneuerbarer Ressourcen soll deren *Regenerationsrate nicht überschreiten.*
2. Nicht-erneuerbare Ressourcen sollen nur in dem Umfang genutzt werden, in dem ein physisch und funktionell gleichwertiger Ersatz in Form erneuerbarer Ressourcen oder höherer Produktivität der erneuerbaren sowie der nicht-erneuerbaren Ressourcen, geschaffen wird (*Substituierbarkeit*).
3. Stoffeinträge in die Umwelt sollen sich an der Belastbarkeit der Umweltmedien orientieren (*Assimilationsfähigkeit*), wobei alle Funktionen zu berücksichtigen sind, nicht zuletzt auch die „stille" und empfindlichere Regelungsfunktion.
4. Das *Zeitmaß anthropogener Einträge beziehungsweise Eingriffe* in die Umwelt muß *im ausgewogenen Verhältnis zum Zeitmaß der für das Reaktionsvermögen der Umwelt* relevanten natürlichen Prozesse stehen.

Die konsensuale Festlegung geeigneter Indikatoren in diesen komplexen und breiten Diskussionsfeldern der Raumplanung erscheint jedoch nahezu unmöglich (vgl. die Debatte um

---

94 vgl. DILLER, Ch.: Die Regionalplanung als Mediatorin einer nachhaltigen Entwicklung. In: BfLR (Hrsg.): RuR, H.4/96, Bonn 1996, S.231

95 Die Substitutionalität von Naturgütern differiert dabei je nachdem, welche normative Orientierung der Entscheidung über den verwendeten Nachhaltigkeitsbegriff zugrunde liegt. Hier eröffnet sich ein Spektrum von `Very Weak Sustainability´ bis hin zu einer fundamentalökologischen Sichtweise. Vgl. ROTHGANG, M.: Ökonomische Perspektiven des Naturschutzes - Analyse naturschutzpolitischer Ansätze im Hinblick auf das Zusammenwirken von ökologischen Begrenzungen, institutionellen Strukturen und ökonomischen Erfordernissen. Berlin 1997, S.77-79 sowie TURNER, K.; PEARCE, D.; BATEMAN, I.: Environmental Economics. Hempstead 1994, S.31 u. S.55f.

96 vgl. DILLER, Ch.: Die Regionalplanung als Mediatorin einer nachhaltigen Entwicklung. In: BfLR (Hrsg.): RuR, H.4/96, Bonn 1996, S.232f.

97 vgl. hierzu den Bericht der Enquete-Kommission „Schutz des Menschen und der Umwelt" - Bewertungskriterien und Perspektiven für umweltverträgliche Stoffkreisläufe in der Industriegesellschaft. Bundestags-Drucksache 12/8260 vom 12.7.1994, Bonn 1994, S.29ff.

Sozialindikatoren Mitte der 70er Jahre[98]), so daß alles in allem nur eine weiterhin pragmatische Ausrichtung an entsprechenden 'Leitlinien einer umweltschonenden Raumentwicklung' - trotz der damit verbundenen Probleme[99] -, sinnvoll scheint.

1.3.2 Ausprägungen in neueren Ansätzen der Raumplanung

Die nachhaltige Raumentwicklung als strategischer Gegenentwurf zur Trennung von Raumentwicklung und Handlungskompetenz, versucht die unterschiedlichen sachlichen Ebenen und räumlichen Niveaus wieder stärker zu integrieren. Damit ist 'Nachhaltigkeit' in der Raumnutzung einerseits auf die wirksame Modernisierung politischer Willensbildungs- und Entscheidungsprozesse sowie des Planungssystems angewiesen. Das vorzufindende Ressort- und Spartendenken innerhalb traditioneller Strukturen, verhinderte bislang, daß querschnittsorientierte Ziele nachhaltig interpretiert und in entsprechenden Leitbildern verankert werden konnten. Das Mindeste ist daher die Bündelung direkt benachbarter Handlungsfelder und Fachplanungen mittels integrierter Ansätze. Dazu bedarf es des Willens zur Vernetzung und vorausschauendes Denken. Bisherige Erfahrungen haben jedoch gezeigt, wie schwer die raumorientierte Integration verschiedener Ressorts und Ziele ist, wenn regionale Handlungsmuster und Planungskulturen die benötigte Elastizität nicht aufweisen und/oder „lokale Egoismen sich als innovationsresistent" erweisen.[100]

Auf seiner strategischen Ebene ist das Konzept der nachhaltigen Entwicklung durch seine langfristige Perspektive gekennzeichnet. An ihr sind kurz- und mittelfristige Ziele zu messen. Die konkurrierenden Nutzungsansprüche der Planung und der Umwelt werden dabei als miteinander konkurrierender Nutzungsansprüche an den Raum angesehen. Die erfolgreiche Aushandlung und Handhabung dieser Konflikte sind das zentrale und konstituierende Element der Nachhaltigkeit. Leitende strategische Ziele in diesen Prozessen sind:[101]

---

98 Vgl. Beirat für Raumordnung (Hrsg.): Gesellschaftliche Indikatoren für die Raumordnung. In: Schriftenreihe des BMBau (Hrsg.): Empfehlungen vom 16. Juni 1976, Bonn 1976. Damals ging es um die Definition von 'Lebensqualität' unter Berücksichtigung der Umweltqualität, heute um die Definition einer 'Überlebensqualität'. Zudem ist der Zeithorizont bei der Diskussion um 'Sustainability' ungleich länger.

99 Vgl. DILLER, Ch.: Die Regionalplanung als Mediatorin einer nachhaltigen Entwicklung. In: BfLR (Hrsg.): RuR, H.4/96, Bonn 1996, S.233. Nachhaltigkeitsregeln geben einen genauen Rahmen wieder, auf den Beschränkungen zu beziehen sind. Demgegenüber stellen Leitlinien einer umweltschonenden Raumentwicklung nach oben offene Maximalforderungen dar und stehen stets Leitlinien desselben Charakters in den Fachplanungen gegenüber, wobei letztere untereinander nicht koordiniert zum Ausgleich gebracht werden. So stoßen beispielsweise Leitlinien, wie 'Minimierung des Versiegelungsgrades', 'Erhalt städtischer Frischluftschneisen', 'Befriedigung des Wohnungsbedarfs' oder 'Bereitstellung ausreichender Gewerbeflächen zur Schaffung ausreichender Arbeitsplätze', für sich genommen, alle auf Akzeptanz. Im Konfliktfall gibt es jedoch keinen Ansatzpunkt zur Gewichtung der Belange oder zur Vermittlung der Ziele durch entsprechende Plangestaltung.

100 Vgl. HESSE, M.: Nachhaltige Raumentwicklung. In: BfLR (Hrsg.): RuR, H.2+3/96, Bonn 1996, S.108 u. S.113, der unter Bezug auf NETZBAND, A.; BRAKE, K.: Zu Zielen und Leitbildern „nachhaltigerEntwicklung" im Hinblick auf die Siedlungsstruktur in Großstädten. In: BRAKE, K., RICHTER, U. (Hrsg.): Sustainable Development - Ausgangsüberlegungen zur Theorie einer nachhaltigen Stadtentwicklung. Oldenburg 1996, darauf hinweist, daß komplementär zum Begriff 'Integration' auch der Begriff 'Internalisierung' verwendet wird, da bisherige Lebensstile und -qualitäten in Teilräumen nur durch ständige Externalisierung ihrer Folgen möglich waren (Rohstoffimporte und Abfallexporte, Verlagerung der Risiken und Folgekosten auf zukünftige Generationen). Diese sollen nun im Zuge der Nachhaltigkeit internalisiert werden.

101 vgl. HESSE, M.: Nachhaltige Raumentwicklung. In: BfLR (Hrsg.): RuR, H.2+3/96, Bonn 1996, S.107ff.

1. *Formulierung komplementärer Strategien* auf den räumlichen Ebenen beziehungsweise innerhalb eines Raumes, welche die sektoralen Planungen vernetzen.
2. Um vorsorgende Handlungskonzepte zu konstituieren sollen *räumliche Planungsebenen mit ökologischen Handlungsstrategien* (und umgekehrt) *verknüpft* werden.
3. *Kombination der drei Dimensionen* - Ökonomie, Ökologie und Soziales - auch auf der Handlungsebene (etwa durch eine ökonomische Steuerung der Umweltnutzungen).
4. *Lokale und regionale Planungsträger* sollen in ihrer Handlungs- und Problemlösungskompetenz *aufgewertet* werden.
5. *Ziele und Maßnahmen* öffentlicher wie privater Entscheidungsträger sind zu *verbinden*, die *Öffentlichkeit* ist umfassend an den Entscheidungsprozessen zu *beteiligen*.

In der folgenden Abbildung sind Ziele für die jeweiligen Dimensionen der Nachhaltigkeit zusammengefaßt und den Handlungsfeldern zugeordnet, von denen erwartet werden kann, daß sie bei der Realisierung der Nachhaltigkeit hinsichtlich der Raumentwicklung eine zentrale Rolle spielen.

Abb.53: Mögliche Ziele und Handlungsfelder einer nachhaltigen Raumentwicklungspolitik

Dimensionen	**Ziele**	**Handlungsfelder**
ökologisch	• Reduzierung von Ressourcen- und Energieverbrauch • Reduzierung der absoluten Flächeninanspruchnahme • Erhöhung der spezifischen Ressourcen- und Flächenproduktivität	• Energie- und Mobilitätspolitik, Stoffstrommanagement, lokale Kreislaufökonomie • Koordinierte lokale und regionale Planung, Wachstumsmanagement • Ökologisches Bauen, aktives Bodenmanagement, Steuerpolitik
ökonomisch	• Räumliche Bindung von Wertschöpfung in einer Region • Abbau ökonomischer Disparitäten in der regionalen Entwicklung • Raumbezogene Flankierung des Strukturwandels	• Lokale und regionale Innovations- und Strukturpolitik, lokale Kreislaufökonomie • Infrastrukturpolitik, Wirtschaftsförderung, Finanztransfers • Umbau von Altstandorten, Konversion und Flächenrecycling
sozial / politisch	• Erhöhung von lokaler und regionaler Problemlösungskompetenz • Verbesserung von Effizienz und Wirksamkeit raumbezogener Planung • Verhinderung einer weiteren Verschärfung der gesellschaftlichen Spaltung bzw. Polarisierung	• „soft policies“: Kommunikations- und Kooperationsstrategien, Qualifizierung, Wissenstransfers • Kombination von Anreizen, Positiv- und Negativkatalogen • Konsensrunden, Bündnisse für Arbeit und Umwelt, etc.

Quelle: HESSE, M.: Nachhaltige Raumentwicklung. In. BfLR (Hrsg.): RuR, 2/3.96, Bonn 1996, S.110

Grundsätzlich stellen sich auch beim Konzept der Nachhaltigkeit wieder zwei Kernfragen:[102]

1. *Auf welcher räumlichen Ebene soll die Nachhaltigkeit verfolgt werden?*

[102] vgl. DILLER, Ch.: Die Regionalplanung als Mediatorin einer nachhaltigen Entwicklung. In: BfLR (Hrsg.): RuR, H.4/96, Bonn 1996, S.232

Prinzipiell muß sie selbstverständlich auf allen Ebenen und von allen handelnden Subjekten und Institutionen verfolgt werden. Die Region jedoch ist die bedeutendste Ebene, da ...

- wirtschaftliche Einheiten (überwiegend) auf dieser Ebene agieren.
- die politische Bedeutung der Regionen wächst (insbesondere im föderalen Staat).
- sich die Probleme zumeist auch auf dieser Ebene abspielen, denn nur hier liegen geschlossene ...
- ... Einheiten von Naturhaushalten (Boden, Gewässer etc.) sowie die notwendige Orts- und Situationskenntnis vor.

Allerdings ist es wie bei der Regionalisierung generell notwendig, das räumliche Ausmaß der jeweilige Problemlage zu berücksichtigen (vgl. Kapitel II 2.2.2).

2. *Wer könnte dann der zentrale Akteur nachhaltiger Entwicklung auf regionaler Ebene sein?*
   - Fachplanungen können aufgrund ihrer Fachorientierung der umfassenden Nachhaltigkeitsforderung kaum nachkommen. So könnte die Wirtschaftsförderung höchstens eine nachhaltige Wirtschaftsentwicklung anstreben. Der Naturschutz wiederum wird primär ökologische Aspekte beachten.
   - Die Regionalplanung ist als einzige Instanz (außer der Finanzplanung) mit Querschnittsorientierung geradezu prädestiniert alle Dimensionen der Nachhaltigkeit zu erfassen und weist somit die zentrale Qualifikation zur Konfliktlösung auf. Trotz des im BROG von 1997 modifizierten §4 ('Bindungswirkungen der Erfordernisse der Raumordnung') verfügt die Raumplanung dafür noch nicht über ausreichende Kompetenz. Bislang kann sie lediglich die formale Koordination der Fachplanungen an raumrelevanten Stellen übernehmen. Möglicherweise ist dies jedoch kompensierbar, indem sich die Raumplanung inhaltliche Kompetenzgewinne verschafft (etwa durch Verzicht in anderen Bereichen, wie einer 'Verschlankung' der Regionalpläne zur Freisetzung notwendiger Kapazitäten) und dadurch freiwillig als Mediatorin bei Konflikten hinzugezogen wird (hier stellt sich allerdings die Frage nach der Motivation anderer Fachplanungen die Raumplanung hinzuzuziehen).

Sind diese Fragen fallspezifisch beantwortet, stehen zur Implementation einer nachhaltigen Raumentwicklung verschiedene Instrumente zur Verfügung (vgl. dazu Abb.54, die - in einer etwas anderen Gliederung - sowohl vorhandene als auch ergänzende Instrumente darstellt). Diese lassen sich in drei strategische Bereiche untergliedern: [103]

1. *Klassischer Handlungsrahmen der förmlichen raumbezogenen Planung*:
   Dieser Handlungsrahmen stellt eingespielte Institutionen, Regelwerke und Instrumente zur Verfügung. Diese haben ohne Zweifel einige Vorteile, insbesondere bezüglich ihrer grundsätzlichen Nachvollziehbarkeit, ihrer Allgemeingültigkeit (Verbindlichkeit) und damit ihrer Rechtsstaatlichkeit. Jedoch bestehen große Zweifel, was ihre Wirksamkeit und Effizienz im Hinblick auf die Erreichung gesteckter Ziele betrifft. Alleine eine Reform des vorhandenen Instrumentariums genügt hier nicht. Eine Reihe ergänzender Verfahren sind notwendig.
2. *Instrumente ökonomischer Steuerung*:
   Ökonomische Anreize sind die einer Marktgesellschaft unterliegenden treibenden Kräfte, und zwar sowohl privaten als auch zunehmend öffentlichen Handelns. Darum erscheint es nur konsequent, dies auch im Planungsprozeß zur Erreichung der Nachhaltigkeit zu nutzen. So sollte auf staatlicher beziehungsweise supranationaler Ebene das Steuer- und Abgaben-

[103] vgl. HESSE, M.: Nachhaltige Raumentwicklung. In: BfLR (Hrsg.): RuR, H.2+3/96, Bonn 1996, S.113ff.

system zunehmend sozial-ökologisch ausgerichtet werden. Auf lokaler und regionaler Ebene hingegen sollte eine zielgerichtete, effiziente und ökonomische Steuerung mittels Anreizen, Geboten und Verboten sowie nutzungsbezogenen Abgaben gesteigerte Bedeutung zukommen. Die dazu in der Agenda 21 gemachten Ausführungen beziehen sich überwiegend auf die Bereiche der Bodenpolitik und dabei insbesondere auf das Flächen- und Grundstücksmanagement. Eine wachsende Bedeutung kommt auch einer ökonomischen Steuerung des Transfer- oder Leistungsausgleichs zwischen unterschiedlichen Regionen zu.

3. *`Soft policies´ zur Kommunikation und Vermittlung sowie zum Interessenausgleich*:
Komplementär - teilweise auch substitutiv - zur förmlichen Planung rücken in den letzten Jahren zunehmend `weiche´ Instrumente ins Bewußtsein der Planer. Primäres Ziel ist es nicht die Beteiligung der Öffentlichkeit auszubauen, sondern Verfahren zu straffen, Projekte zielgerichtet zu realisieren und ein bestmögliches Angebot zur räumlichen Nachfrage zu erreichen. Heute geht die Diskussion dahin, „Verhandlungslösungen, `public-private-partnership´ und das Management (bzw. die Inszenierung) von Projekten zu propagieren". Das würde den integrativen Ansatz der Nachhaltigkeit konterkarieren und wurde bereits als „Abschied vom Plänemachen" interpretiert. Auf der anderen Seite bergen diese offenen und kommunikativen Verfahren große Chancen; zahlreiche Experimente haben dies bereits gezeigt. Um nun aber Kommunikations- und Vermittlungsarbeit nicht dem Verdacht der „Überzeugungstäterschaft" auszusetzen, sollte sie nur in Kombination mit den anderen geschilderten Instrumenten eingesetzt werden. Ein bestmöglich angepaßter Instrumentenmix, der die verschiedenen Ebenen der Problemwahrnehmung angemessen anspricht, dürfte die beste Lösung sein.
In diesem Zusammenhang betont die Agenda 21 die herausragende Bedeutung der Rahmenbedingungen zur Koordination der Entscheidungsfindung. Auch dies könnte als klassische Aufgabe der Raumordnung angesehen werden. In jedem Falle kommt dem öffentlichen Bereich mit seinen Regulierungsformen, seinen intermediären Organisationen (Vermittlungsfunktion) sowie der offensiven Einbeziehung der Öffentlichkeit auf regionaler und lokaler Ebene eine Schlüsselrolle bei der Problemwahrnehmung und -behandlung zu.

Bezüglich der Organisation des Raumes greift die Nachhaltigkeit auf die Prinzipien Mischung, Dichte und Dezentralität zurück. Dies umfaßt Oberziele der Raumordnung und Raumplanung, insbesondere die ausgewogene räumliche Entwicklung, die Stärkung dezentraler Teilräume und die zeitgleiche Entlastung der Ballungszentren, die Aufgabe der städtebaulichen Funktionstrennung als Planungsleitbild auf lokaler Ebene, eine verbesserte Nutzung der Boden- und Flächenressourcen durch Nachverdichtung und Innenentwicklung, sowie die sparsame Nutzung verbliebener Freiräume, der Energie und der Mobilität.

Abschließend bleibt festzuhalten, daß räumliche Nachhaltigkeit mit einigen Kernbegriffen und -konzepten der gegenwärtigen Raumordnungsdiskussion korrespondiert. Ob sich diese Prinzipien unter Marktbedingungen bewähren beziehungsweise überhaupt eine realistische Chance zu deren Umsetzung und Wirkungsentfaltung besteht, ist noch unklar. Und selbst wenn Wirkungen erzielt werden, besteht immer noch die Frage, ob diese den Zielen entsprechen. Bislang wird eher intuitiv vermutet, daß diese Prinzipien zukunftsverträglich sind.

Abb.54: Instrumente der räumlichen Planung im Licht der Nachhaltigkeit und Agenda 21

Ebene	Vorhandene Instrumente	Ergänzende Instrumente/Verfahren
Raumordnung	• Bundesraumordnungsgesetz (BROG) • Raumordnungspolitischer Orientierungs- und Handlungsrahmen • Städtebauförderung • Gemeinschaftsaufgaben von Bund und Ländern (GA)	• Räumliche Konkretisierung eines nationalen Umweltplans (vgl. NEPP der Niederlande) • Bodenschutzgesetz als Rahmensetzung für Bodenmanagementsysteme, durch rechtliche und fiskalische Instrumente • Strategische UVP (SEA), Programm-UVP, erweiterte Nutzen-Kosten-Analysen
Landesplanung	• Landesplanungsgesetze (LPIG) • Landesentwicklungspläne • Zentrale-Orte-Konzeption und Entwicklungsachsen	• Abstimmung überörtlicher Infrastrukturpläne mit örtlichen Zielen und Problemen (bspw. Verkehrswegeplanung) • Räumliche Harmonisierung von Funktionen (Gewerbe, Wohnen, ...)
Regionalplanung	• Regionalplan, Gebietsentwicklungsplan, Regionaler Raumordnungslpan, etc. • Regionalisierte Strukturpolitik, Regionale Entwicklungskonzepte • Regionalmanagement	• Aufbau und Anwendung von Bodenmanagementsystemen • Regionales Wachstumsmanagement (regionale Wachstumsgrenzen bzw. „growth boundaries") • Institutionalisierte interkommunale Kooperation
Kommunale Planung	• Förmliche Bauleitplanung (F-Plan, B-Plan), L-Planung • Stadtentwicklungsplanung, Sektoralplanungen (Zentren, Gewerbe, Verkehr,...) • „Soft policies"	• Aufbau und Anwendung von Bodenmanagementsystemen • „Linkages policies" (Festlegung sozialer und ökonomischer Standards in Baugenehmigungen, Verträgen usw.) • Integration umweltrelevanter Fachplanungen in eine Umweltleitplanung der Kommune • Fachübergreifende Planung für Teilräume (örtliche Integration in „Kooridoren") • Lokale Referenden, Bürgerentscheide, Mitwirkungsmöglichkeiten usw.

Quelle: HESSE, M.: Nachhaltige Raumentwicklung. In: BfLR (Hrsg.): RuR, 2/3.96, Bonn 1996, S.114 (leicht modifizierte Darstellung)

Zudem könnte eine derartig komplexe Herangehensweise die Raumplanung und Raumordnung leicht überfordern oder aber wiederum in Leerformeln münden. Beide Fälle wären alles andere als wünschenswert, kämpfen Raumordnung und Raumplanung doch seit Jahren um eine neue Legitimationsbasis.

Desweiteren stellt die institutionelle Vereinigung von fachlicher Kompetenz einerseits und Entscheidungsbefugnis andererseits ein Problemfeld dar, das es zu lösen gilt. Hier entstehen sonst Legitimationsprobleme durch die Verbindung von erweiterter Entscheidungsautorität und technokratischem Fachwissen, die zu einer Entpolitisierung der Entscheidungsprozesse über regionale Entwicklungen führen könnten. Ein Umstand, der mit dem Schlagwort „Regionalplanung als Diktator der Nachhaltigkeit?" treffend umrissen wird.[104]

1.4 Raumplanung - Dienstleistung für räumliche Belange

Eine wesentlich geringere Bedeutung kommt der Raumplanung zu, wenn man ihren zukünftigen Aufgabenschwerpunkt in der Dienstleistung i.e.S. für räumliche Belange sieht. Sie würde sich dann auf die Erbringung unterstützender Leistung - beispielsweise die Informationsbereitstellung - für die sonstigen regionalen Akteure, wie Unternehmen, Haushalte und öffentliche Institutionen (Städte und Gemeinden, Landkreise etc. mit ihren jeweiligen Fachressorts und Fachplanungen) beschränken.
Die Rolle des Staats als koordinierender, sein Handeln an übergeordneten Zielen ausrichtender Lenker reduziert sich dementsprechend und wird dafür um die als 'gleichberechtigter' Akteur und - in erster Linie - Initiator ergänzt. Seine Aufgaben können dann folgendermaßen zusammengefaßt werden:[105]

1. Auf einen Kernbereich beschränkte, langfristige, gesetz- und rahmengebende Ordnungspolitik.
2. Aktive Rolle des Staates und seiner Verwaltung als handelnder Akteur, der markt- und ordnungskonforme Prozesse vorantreibt und in Zusammenarbeit mit gesellschaftlichen Kräften ständig neue Lösungen sucht.

Die öffentliche Verwaltung hätte dann den Auftrag sich bei allen auftretenden räumlichen Problemlagen Aktionspartner innerhalb der Gesellschaft zu suchen, diese zu motivieren oder umzustimmen, alle benötigten Informationen zu beschaffen, Leistungen bereitzustellen und die Handlungsbereitschaft gesellschaftlicher Kräfte zu befördern, eine allgemein breitflächige Interessenübereinstimmungen herbeizuführen und dabei immer flexibel zu bleiben, kurz ein weiches Vorgehen bei offenen Handlungsräumen anzustreben.[106]

Im Falle eines nicht durch ergänzende Ziele, Instrumente und Konzepte 'abgerundeten' Auftrags der Raumordnung und Raumplanung entfiele deren originäre gestalterische Kraft und sie würde sich dem Vorwurf aussetzen, in einer Zeit der Orientierungslosigkeit lediglich eine neue Existenzberechtigung zu suchen. Ihre eigentliche Schwäche wäre damit sicherlich nicht zu überwinden.

1.4.1 Moderation und Mediation regionaler Lösungen

Die Einsicht, daß lediglich koordiniertes Entwickeln räumlicher Vorstellungen und gemeinsames Entscheiden regionaler Akteure den gewandelten raumgestalterischen Anforderungen entspricht, muß allen 'moderierenden' Ansätze vorausgesetzt werden. Dementsprechend richtet sich seitens der Bundesländer eine Forderung nach abgestimmtem Handeln in erster

---

[104] vgl. DILLER, Ch.: Die Regionalplanung als Mediatorin einer nachhaltigen Entwicklung. In: BfLR (Hrsg.): RuR, H.4/96, Bonn 1996, S.233

[105] vgl. ZALAD, K.: Von der Raumplanung zum Raummanagement? In: ORL (Hrsg.): Planungssysteme - Planungskonzepte, wie weiter? ORL-Bericht 101/1996, Zürich 1996, S.91

[106] vgl. EICHENBERGER, K.: Gewandelte Staatlichkeit im entfalteten Leistungsstaat. In: Neue Züricher Zeitung vom 4.10.1990

Linie an die Träger der regionalen Planung und an die Kommunen. Bislang ist jedoch noch ungeklärt, wie eine solche Forderung umzusetzen ist.[107]
Die regionale Moderation steht dabei in der Tradition der bekannten Ansätze `endogener Entwicklungspotenziale´. Der Kerngedanke wird dazu dahingehend operativ ausformuliert, daß alle in einer Region vorhandenen Kräfte mobilisiert und zum „Nutzen der Region koordiniert" werden. Somit geht der Ansatz an dieser Stelle über die administrative Regionalplanung hinaus, indem sie einen größeren Kreis regionaler Akteure integriert.[108]

Verschiedene Erscheinungsformen und Ausgestaltungen moderierend-koordinierender Ansätze sind in der Praxis anzutreffen. Wobei die Begriffe Mediation, Moderation, Regionalmanagement, Koordination und Initiatorenfunktion in der ansonsten so akademisch geführten Debatte meist nur unzulänglich voneinander abgegrenzt werden. Die Gemeinsamkeit, die allen Begriffen zu eigen ist, liegt in der geforderten verstärkten Prozeßorientierung. Diese wird allerdings zum Teil auf unterschiedliche Aktivitätsstufen bezogen, einmal nur auf die Phase der Planerstellung, das andere mal bis hinein in die Umsetzung dieser Pläne.
Sowohl Moderation als auch Mediation schließen die Initiativfunktion und die Koordination mit ein. Um beide Begriffe voneinander abzugrenzen bedient man sich geeigneter Weise der Kriterien[109] `Stärke´ und `Charakter´ des jeweils zugrunde liegenden Konflikts. Bei leichten Konflikten und Interesse an einvernehmlichen Lösungen der beteiligten Konfliktparteien, wird im Rahmen der Moderation die Verfahrenssteuerung Kern der gestellten Aufgabe sein. Bei strikter Neutralität des Moderators gilt es nicht einen eigenen inhaltlichen Lösungsvorschlag zu präsentieren, sondern primär um die Klärung von Mißverständnissen zwischen den Konfliktparteien. Im Vordergrund steht also die Beschaffung von Informationen, die Begriffsklärung, der Entwurf von Verfahrensregeln und die Suche nach dem größten gemeinsamen Nenner. Generell stellen sich immer zwei zentrale Fragen: Soll eine moderierende (Regional-)Planung in ihrer neutralen Rolle auch Konflikte abbauen oder soll sie lediglich konfliktfreie Spielräume ausloten? Soll eine „zentrale Rolle bei der Umsetzung komplexer Planungsprozesse und Einzelvorhaben" eingenommen werden oder soll die Vermittlungstätigkeit auf die Prozesse zur „Erstellung und Fortschreibung" der (Regional-) Pläne ausgedehnt werden?
Liegt demgegenüber das Konfliktpotential deutlich höher, so ist im Zuge der Mediation eine gesteigerte inhaltliche Kompetenz des Mediators bezüglich der strittigen Fragen vonnöten und ihm eine größere Entscheidungsautorität zu sichern. Nur auf diese Weise lassen sich verhärtete Fronten, die keine kooperativen Lösungen der Konfliktparteien mehr zulassen, aufweichen. Eigene, umfassende Lösungsvorschläge und unter Umständen sogar gewisse Druckmittel erlauben dem Mediator als agierendem Verhandlungssubjekt in diesen Fällen die Möglichkeit des Machteingriffs.
Beide Ansätze, Moderation wie Mediation, lassen sich wiederum vom Ansatz des Raummanagements dahingehend abgrenzen, daß die beiden erstgenannten nur auf potentiell

---

107 vgl. HUEBNER, M.: Moderation als Instrument der Kontextsteuerung im Prozeß einer kooperativen Regionalplanung. In: BfLR: RuR, H.4+5/97, Bonn 1997, S.279

108 vgl. SCHMERBACH, T.: Entwicklung und Perspektiven der deutschen und schweizerischen Regionalpolitik: ein Vergleich. In: BfLR (Hrsg.): RuR, H.2+3/96, Bonn 1996, S.189

109 Zu einer neunstufigen Differenzierung der Konfliktgrade kommt SELLE in seinem Beitrag: Kooperative Problemlösungen. In: BOCHNING, S.; SELLE, K. (Hrsg.): Freiräume für die Stadt. Sozial und ökologisch orientierter Umbau für Stadt und Region, Bd.2, 1994, S.287

konfliktträchtige Ausschnitte beziehungsweise Teilprozesse abzielen. Selbstverständlich können sie jedoch in ein umfassendes managementorientiertes Konzept integriert werden.[110]

Systemtheoretisch betrachtet ist die Moderation ein Instrument dezentraler Kontextsteuerung. Sie hat zwei Grundfunktionen, die sich zusammenfassend als (1) *`Mäßigung´* auf der interpersonellen Ebene (etwa Organisation und Leitung von Sitzungen) und (2) als *`Lenkung´* im Rahmen des Prozeßmanagements beschreiben lassen. Ihre volle Wirksamkeit kann die Moderation nur dann entfalten, wenn beide Handlungsebenen zugleich aktiv bearbeitet werden. Diese Grundfunktionen umfassen folgende Teilfunktionen, die in Abb.55 noch weiter aufgeschlüsselt werden:[111]

1. So sollen mittels der Moderation die unterschiedlichen Interessen beteiligter Städte und Kommunen sowohl untereinander als auch gegenüber denen der Landesebene koordiniert werden. Ziel muß es dabei stets sein, alle Beteiligte im Konsens zusammenzuführen und auf diesem Wege von allen getragene Entwicklungsstrategien zu generieren. Der Konsens soll dabei zwei Dinge sicherstellen: Thema und Inhalt der regionalen Entwicklungsstragien und Einigkeit über die Verfahren der Konsensfindung selbst beziehungsweise der Abstimmung der (Einzel-)Aktivitäten der Beteiligten.
2. Da sich die Verfahrensebene „oftmals entlang der eigensinnigen Operationslogiken von Organisationen“ gestaltet, muß durch die Moderation die Institutionalisierung der verschiedenen, als geeignet erachteten Gremien gefördert werden.
3. Innerhalb dieser Gremien und Institutionen muß ein Prozeßmanagement implementiert werden, das die „Einspeisung von Ergebnissen in den jeweiligen innerorganisationellen Entscheidungsgang“ sowie deren Umsetzung ermöglicht

Will die Raumplanung solchermaßen ihre neue koordinierende Funktionen wahrnehmen, wird sie ihren Koordinierungsauftrag aus BROG §4 (wie auch bei Thema `nachhaltige räumliche Entwicklung´; vgl. Kapitel VI 1.3.2) weiter auslegen müssen als bislang üblich.[112]

Die Übernahme von Aufgaben der Moderation durch geeignete Institutionen erscheint, nicht zuletzt durch die wohl auch in Zukunft noch weiter zunehmende Zahl der konfliktträchtigen, raumrelevanten Entscheidungssituationen, zunehmend notwendig.[113]
In diesem Zusammenhang wird meist die Regionalplanung in der Rolle des Moderators gesehen. Dementsprechend wäre es ihre Aufgabe sich von konfliktträchtigen Bereichen fernzuhalten und lediglich „Konsensinseln“ zu suchen. Dies könnte zum Beispiel bei der grenzüberschreitenden Abstimmung zwischen Bundesländern ebenso der Fall sein, wie bei der zwischennationalen Zusammenarbeit, bei der Standortbestimmung für Ent- und Versorgungseinrichtungen, bei der Konstitution von Verkehrs- und arbeitsteiligen Funktionsverbünden und nicht zuletzt bei der Konversionsproblematik.[114] Hierbei stellt sich allerdings die Frage,

---

[110] Zu diesem gesamten Abschnitt vgl. beispielsweise DILLER, Ch.: Die Regionalplanung als Mediatorin einer nachhaltigen Entwicklung. In: BfLR (Hrsg.): RuR, H.4/96, Bonn 1996, S.228ff.

[111] vgl. HUEBNER, M.: Moderation als Instrument der Kontextsteuerung im Prozeß einer kooperativen Regionalplanung. In: BfLR: RuR, H.4+5/97, Bonn 1997, S.279ff.

[112] vgl. DILLER, Ch.: Die Regionalplanung als Mediatorin einer nachhaltigen Entwicklung. In: BfLR (Hrsg.): RuR, H.4/96, Bonn 1996, S.230

[113] ARL (Hrsg.): Zukunftsaufgabe Regionalplanung. Anforderungen - Analysen - Empfehlungen. Hannover 1995, Forschungs- und Sitzungsberichte, Bd.200, S.39

[114] ARL (Hrsg.): Zukunftsaufgabe Regionalplanung. Anforderungen - Analysen - Empfehlungen. Forschungs- und Sitzungsberichte, Bd. 200, Hannover 1995, S.258-262

ob die Regionalplanung die dazu benötigte Interessenneutralität[115] überhaupt in den Prozeß einbringen kann, geht sie doch stets von einer eigenen räumlichen Ordnungsvorstellung und damit anzustrebender Ziele aus. Daher scheint es sinnvoller in den Fällen, in denen eine reine Moderatorenrolle gefordert ist, diese an andere, externe Akteure[116], etwa nicht-staatliche Institutionen, zu vergeben. Diesen wäre dann schon aus eigenen Wirtschaftlichkeitsüberlegungen an einer reibungslosen und schnellen Prozeßabwicklung gelegen.[117]

Abb.55: Moderation und Mediation - Aspekte und Funktionen

Inhaltliche/materielle	**Funktionen der Moderation**	
Aspekte der Moderation	**Interpersonelle Ebene**	**Prozeßsteuerung**
1. Erarbeitung von Vorschlägen und Anregungen 2. Leitung der Diskussionen in Arbeitsgruppen etc. 3. Leitbildentwicklung 4. Ziel(vor-)formulierung für die einzelnen Handlungsfelder 5. Entwicklung von Auswahl-/ Abstufungskriterien für vorgeschlagene Projekte 6. Bestimmung von Abstimmungsbedarfen 7. Vorbereitung von Abstimmungsprozessen 8. Behandlung interfachlicher Konflikte 9. Entwicklung von Konsensvorschlägen 10. Motivation aller Beteiligten 11. Organisation/Durchführung von Abstimmungsprozessen	1. Zusammenbringen der beteiligten Personen 2. Herstellen einer vertrauensvollen Atmosphäre 3. Wahrung der Integrität der Beteiligten 4. Diskussionsleitung 5. Unterstützung von Vorschlägen Beteiligter mit geringeren Durchsetzungsmöglichkeiten 6. Besänftigung von Kritikern durch spezielle Gesprächsangebote/Verfahrensvorschläge	1. Verfahrensorganisation 2. Bestimmung des zeitlichen Ablaufs 3. Beseitigung/Verhinderung von „Verfahrensmüdigkeit" der Beteiligten 4. Koordination von Einzelaktivitäten der Beteiligten 5. Reorganisation des Verfahrens bei entdeckten Mängeln
Ergänzender Einsatz von 'Druckmitteln' im Zuge der Mediation bei nicht kooperativ zu lösenden Konflikten		

Quelle: Eigene Darstellung in Anlehnung an HUEBNER, *M.: Moderation als Instrument der Kontextsteuerung im Prozeß einer kooperativen Regionalplanung. In: BfLR: RuR, 4/5.97, Bonn 1997, S.280f.*

---

115 Gebietskörperschaften versuchen im allgemeinen möglichst viele, ihnen direkt zugute kommende Maßnahmen durchzusetzen, was meist vor dem Hintergrund der damit verbundenen externen finanziellen Fördermittel zu verstehen ist. Ein Umstand, der das Einnehmen einer neutralen Rolle auch für die regionale Planungsebene zusätzlich erschwert. Vgl. HUEBNER, M.: Moderation als Instrument der Kontextsteuerung im Prozeß einer kooperativen Regionalplanung. In: BfLR: RuR, H.4+5/97, Bonn 1997, S.280

116 Durch externe gewonnene Moderatoren versucht man heute bereits in der Bundesraumordnung die Akteure zu gemeinsamen Handeln zu bewegen. Vgl. FÜRST, D.; LÖB, S.: Sanierungs- und Entwicklungsgebiete - das Modellvorhaben Okertal/nördliches Harzvorland. In: BfLR (Hrsg.): Informationen zur Raumentwicklung, 3/97, Bonn 1997, S.193-200

117 vgl. DILLER, Ch.: Die Regionalplanung als Mediatorin einer nachhaltigen Entwicklung. In: BfLR (Hrsg.): RuR, H.4/96, Bonn 1996, S.230f.

Auch wenn die Regionalplanung nicht interessenneutral angelegt ist, so kommt ihr doch gerade bei Fällen stark ausgeprägter Interessenkonflikte, im Zuge der Mediation zentrale Bedeutung zu.
Denn in diesen Fällen muß bezweifelt werden, ob Konflikte mit Hilfe der von Fachplanungen gebildeten Netzwerke oder durch konsensual angelegte intermediäre Organisationen gelöst werden können. Beiden Lösungsmustern - insbesondere, wenn sie private Akteure einbeziehen - fehlt die erforderliche Legitimationsbasis um Dissense so zu lösen, daß die Ergebnisse dauerhaft Gültigkeit beanspruchen könnten. Die einzig logische Konsequenz wäre somit die Delegation der Problemlösung auf die nächst höhere Ebene, nämlich die der Landesplanung. Um nun jedoch einen weiteren Funktionsverlust der Regionalplanung zu vermeiden und die Region in ihrer Bedeutung zu stärken, wird die Forderung nach einem mediationsorientierten Aufgabenprofil der Regionalplanung erhoben. Insbesondere in Fällen, in denen sich Netzwerke oder - allgemeiner - Moderationsansätze zwischen Kommunen (zum Beispiel in der Flächennutzungsplanung oder der Bauleitplanung benachbarter Kommunen), innerhalb von Fachplanungen oder sonstigen staatlichen und privaten Planungsträgern als zu schwach erweisen und keine Verständigung über unterschiedliche Positionen möglich erscheint, wäre die Mediation gefordert. All dies wären Konflikte, in denen „ökonomische, soziale und ökologische Aspekte besonders kraß aufeinanderprallen und zu Pattsituationen führen oder wo die Schaffung vollendeter Tatsachen durch einen Akteur zu befürchten ist.“ Hier wäre die Regionalplanung als Mediator, der eigene Konfliktlösungs- aber eben auch Entscheidungskompetenz mitbringt, die ein schon fast „staatlich-schiedsrichterliches“ Element aufweist, gefordert. Denn gerade sie erfüllt beide Forderungen, wenn die Kompetenzausweitung auch eine erweiterte fachliche Kompetenz verlangt, so ist sie doch zumindest über die staatliche Mittelinstanz - Regierungspräsident- oder über die Landesführung beziehungsweise die entsprechenden politischen Institutionen legitimiert. Demgegenüber erscheint die von intermediären, nicht-staatlichen Institutionen bisweilen geforderte Übernahme der Mediationsaufgabe eher in konfliktärmeren Fällen geeignet zu sein, in denen Beratungs- und Informationsaufgaben im Vordergrund stehen.[118]

Richtig ist, daß die geforderte Umorientierung der Regionalplanung - ob als Moderatorin oder Mediatorin - keine grundsätzliche neue Aufgabenstellung schafft, war die Raumplanung doch schon immer eher ein „zahnloser Tiger“, der sich mangels durchschlagender Instrumente auf die Überzeugungskraft seiner Argumente verlassen mußte. Jedoch erfolgt eine beträchtliche Verschiebung innerhalb der unterliegenden Systemlogiken der Planung: Geringere Gewichtung der an der verwaltungsrechtlichen Dogmatik orientierten \`legalistischen Systemlogik´, und zunehmende Gewichtung der \`politischen Systemlogik´, welche die Forderung nach stärkerer Prozeßorientierung in sich trägt.[119]

---

[118] vgl. DILLER, Ch.: Die Regionalplanung als Mediatorin einer nachhaltigen Entwicklung. In: BfLR (Hrsg.): RuR, H.4/96, Bonn 1996, S.231 i.V.m. KNIELING, J.: Intermediäre Organisationen und kooperative Regionalentwicklung. In: BfLR (Hrsg.): RuR, H.2/94, Bonn 1994, S.118 u. S.231

[119] vgl. FÜRST, D.: Von der Regionalplanung zum Regionalmanagement. In: Die öffentliche Verwaltung, H.7/93, S.552

1.4.2 Regionalmanagement - (teil-)integrierende Lösung

Kommt man zum Schluß, daß die traditionellen staatlichen Interventionsinstrumente - Geld und Recht - in zunehmendem Maße an Wirksamkeit verlieren, so kann diese Diagnose als Ausgangspunkt eines mehr oder weniger institutionalisierten, umsetzungs- und prozeßorientierten Regionalmanagements (im Sinne des in Kapitel V skizzierten Raummanagements) dienen. Unter Regionalmanagement versteht man dabei die umfassende Steuerung regionaler Prozesse und sie umfaßt in diesem Sinne sowohl Moderations- und Mediationsfunktion als auch Initiierungsaufgaben. Initiiert werden dazu Lösungen, die an ausgewählten Schnittstellen und bei konkreten Problemen öffentliche und private Bereiche integrierend verknüpfen sollen. Diese neue Funktion stellt indirekt einen Versuch der Raumplanung dar, die an andere Akteure und Institutionen abgegebene staatliche Steuerungskompetenz über `die Hintertür´ wieder zurück zu erlangen. Die zu stellende Frage lautet dann: „If we can't govern, can we manage?"[120]
Eine solchermaßen zum Regionalmanagement umgestaltete Raumplanung hat jedoch zahlreiche Konkurrenten: Beispielsweise regionale und Landesentwicklungsgesellschaften, die über zentrale Funktionen in Projekten und erhebliche investive Mittel verfügen. Des weiteren Regionalkonferenzen, die mittlerweile für beinahe alle Bundesländer programmatisch vorgesehen sind, sowie Netzwerke, die sich in Form flexibler Kooperationen bilden, Planungsvorhaben formulieren und Planungen durchführen. Zu guter letzt stehen noch eine große Zahl intermediärer Organisationen (u.a. Zweckverbände) bereit, die zwischen Markt, Staat und privaten Akteuren vermittelnd tätig werden. Bei all diesen Organisationsformen ist die Raumplanung nur als Vertreter von Partikularinteressen einbezogen, hat jedoch selbst keine Führungsrolle.[121]
Aber auch die Konkurrenten der Regionalplanung bewegen sich innerhalb struktureller Grenzen der Handlungsmöglichkeiten: Zum Beispiel versagen Regionalkonferenzen dort, wo sie vom Land als Kooperationsforum zur Klärung von Interessenkonflikten verschiedener, konkurrierender räumlicher Entwicklungsmodelle und Entwicklungsträger sowie zur Kontrolle notwendiger Fördermittel gedacht sind[122], von den beteiligten Kommunen jedoch als Anspruchskartell betrachtet werden.[123] Und auch privatrechtliche Zweckverbände eignen sich als Planträger nicht in jedem Fall zur Erfüllung öffentliche Aufgaben.[124] Beispielsweise fällt auf dieser privatrechtlichen Ebene der notwendige Legitimationsnachweis der Handelnden schwer, so daß schnell der Verdacht aufkommt, nur ausgewählte Interessen würden berücksichtigt, was schnell den Anschein erweckt, raumwirksame Planungen würden `zwischen Filz und Zweckverband´ durchgeführt.

---

120 BRODKIN, E.Z.: Policy Politics: If we can't govern, can we manage? In: Political Science Quarterly, 1987, 102, S.571-587 zitiert nach DILLER, Ch.: Die Regionalplanung als Mediatorin einer nachhaltigen Entwicklung. In: BfLR (Hrsg.): RuR, H.4/97, Bonn 1997, S.

121 vgl. DILLER, Ch.: Die Regionalplanung als Mediatorin einer nachhaltigen Entwicklung. In: BfLR (Hrsg.): RuR, H.4/96, Bonn 1996, S.229, der sich sowohl auf BMBau (Hrsg.): Raumordnungspolitischer Handlungsrahmen. Beschluß der Ministerkonferenz für Raumordnung in Düsseldorf am 8. März 1995. Bonn 1995 als auch auf FÜRST, D.: Regionalkonferenzen zwischen offenen Netzwerken und fester Institutionalisierung. In: BfLR (Hrsg.): RuR, H.3/94, Hannover 1994, S.184-192 bezieht.

122 vgl. STURM, R.: Erfahrungen mit Modellen regionaler Wirtschaftsentwicklung und -förderung. In: Friedrich-Alexander-Universität Erlangen-Nürnberg (Hrsg.): Uni-Kurier, Erlangen 1996, S.28

123 vgl: FÜRST, D.: Regionalkonferenzen zwischen offenen Netzwerken und fester Institutionalisierung. In: BfLR (Hrsg.): RuR, H.3/94, Bonn 1994, S.191

124 vgl. LENDI, M.: Grundriß einer Theorie der Raumplanung - Einleitung in die raumplanerische Problematik. 2. Aufl., Zürich 1995, S.101

2. Offizielle Schwerpunkte der Raumordnung in der Bundesrepublik

Abschließend sollen die offiziell verlautbarten Schwerpunkte der Raumordnung in Deutschland für die nächsten Jahre überblickartig dargestellt werden. Diese bauen auf dem in Kapitel II 1.1.2 geschilderten Zielsystem der Raumordnung und der Raumplanung sowie der veränderten Umweltbedingungen auf, berücksichtigen teilweise bereits die dargestellten institutionellen und ökonomischen Unzulänglichkeiten (vgl. Kapitel III) der traditionellen Vorgehensweisen und beziehen zum Teil neue Lösungsansätze in ihre Überlegungen mit ein.

Vom überarbeiteten Zielsystem der Raumordnungspolitik ausgehend, wurden im Zuge des 'Raumordnungspolitischen Orientierungsrahmens' fünft Leitbilder für die zentralen Themen der Zukunft entwickelt: (1) *Siedlungsstruktur*, (2) *Ordnung und Entwicklung*, (3) *Umweltnutzung*, (4) *Verkehr* und (5) *Europa*. Jedem dieser Leitbilder wurden weitere strategische Zielsetzungen zur Seite gestellt; zusammen bieten sie für alle Planungsbeteiligten Orientierungspunkte, an denen sie ihr Handeln und Denken ausrichten können.

Abb.56: Raumordnungspolitischer Orientierungsrahmen: Leitbilder und Schwerpunkte

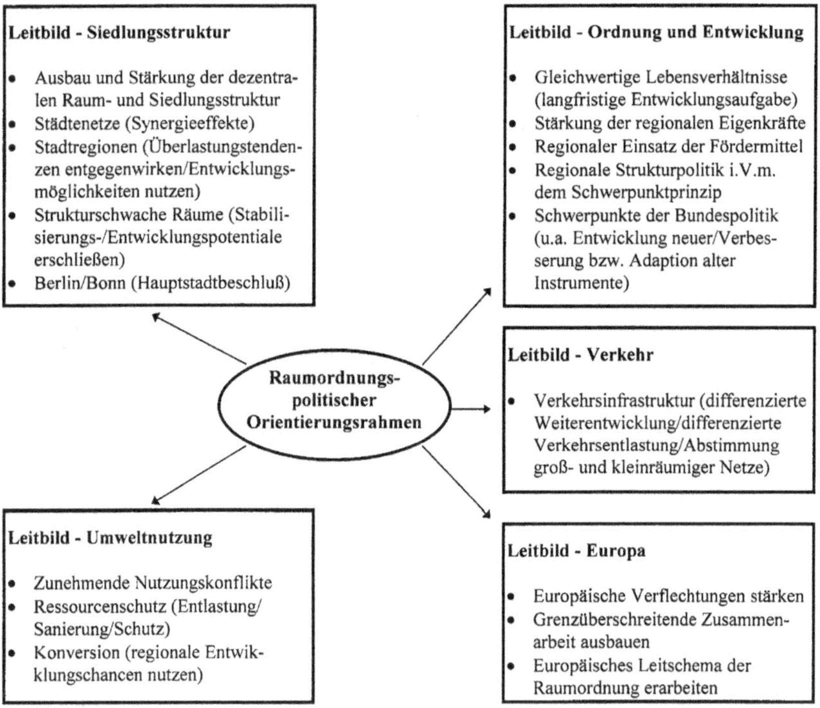

Quelle: Eigene Darstellung nach: BMBau (Hrsg.): Raumordnung in Deutschland. Bonn 1996, S.61-73

Der raumordnungspolitische Orientierungsrahmen ist dabei so gestaltet, daß er neue Entwicklungen aufnehmen kann und eine flexible (Weiter-)Entwicklung des vorhandenen Instrumentariums erlaubt.[125] Ein Umstand, der vor dem Hintergrund der hoch dynamischen Umwelt, unabdingbar erscheint.

Neben beziehungsweise in Ergänzung zu diesem Orientierungsrahmen wurde der 'Raumordnungspolitsche Handlungsrahmen' entwickelt. Dieser steckt vier Themenbereiche ab und definiert Aufgaben, die allen raumordnerisch und raumplanerisch tätigen Ebenen und Planungsträgern zur Umsetzung vorgegeben sind. Die Art der Umsetzung ist dabei freigestellt. Folgende Themenbereiche wurden hierzu festgelegt: (1) *Region als Umsetzungsebene* raumordnerischer Aktivitäten, (2) *Europäische Dimension* raumordnerischen Handelns, (3) *Fachplanungen raumwirksamer Bedeutung*, (4) *Ausgestaltung des Rechts* von Raumordnung und Landesplanung des Bundes und der Länder.

Abb.57: Raumordnungspolitischer Handlungsrahmen: Themenbereiche und zugehörige Aufgaben

Themenbereiche	**Aufgaben**
Region als Umsetzungsebene raumordnerischer Aktivitäten	• Regionale Entwicklungskonzepte erstellen • Regionalkonferenzen einrichten • Strukturschwache (insbesondere ländliche) Räume stärken • Städtenetze aufbauen • die Siedlungserweiterungen eingeschränkten und Ressourcenschutz vorantreiben in den großen Verdichtungsräumen und deren Umland
Europäische Dimension raumordnerischen Handelns	• Raumordnerische Zusammenarbeit in den Europäischen Union • Zusammenarbeit der deutschen Metropolregionen mit europäischer Bedeutung • Allgemeine grenzüberschreitende Zusammenarbeit
Fachplanungen von raumwirksamer Bedeutung	• Koordination, Integration und Gestaltung der bedeutsamen raumwirksamen Bereiche zur Vermeidung bzw. Verringerung bestehender und potentieller Nutzungskonflikte • Erarbeitung geeigneter Lösungsmöglichkeiten • Verkehr (Entlastung hochbelasteter Räume) • Umwelt (nachhaltige Sicherung und Entwicklung der natürlichen Lebensgrundlagen)
Ausgestaltung des Rechts von Raumordnung und Landesplanung des Bundes und der Länder	• Schaffung eines modernen Rechtsinstrumentariums entsprechend der geänderten Anforderungen • Prüfung eines effektiveren Instrumentariums • Engere Verzahnung einzelner Instrumente • Vereinfachung von Planungsverfahren

Quelle: BMBau (Hrsg.): Raumordnung in Deutschland. Bonn 1996, S.75-96

Der 'Raumordnungspolitische Handlungsrahmen' schlüsselt in seinem weiteren Verlauf seine Themenbereiche sowie die Leitbilder des 'Raumordnungspolitischen Orientierungsrahmens' weiter auf und bestimmt damit die 'Aktuellen Aufgaben der Raumordnung in Deutschland'

[125] vgl. BMBau (Hrsg.): Raumordnung in Deutschland. Bonn 1996, S.72f.

(vgl. die Zusammenfassung in Abb.58-60). Diese Aufgaben werden jeweils auf die zugrundeliegenden Ausgangssituationen zurückgeführt, die aktuellen Problemlagen sowie die damit verbundenen Ziele geschildert und abschließend einem Bündel möglicher Maßnahmen zugeordnet.[126] Dabei wird sichtbar, daß bereits einige der in Abschnitt 1. dieses Kapitels vorgestellten Lösungsansätze zur Umsetzung vorgeschlagen sind.

3. Schlußfolgerungen aus den Lösungsansätzen

Betrachtet man die dargestellten Lösungsansätze, so lassen sich drei zentrale Schlüsse ziehen:

1. Sowohl die neueren theoretischen Konzepte als auch deren praktische Ausgestaltung sind zumeist nur Lösungen zum Erhalt des institutionellen Status Quo, aber nicht zu einer wirklichen Stärkung der Raumplanung beziehungsweise Lösung der genannten Probleme. Dort wo neue Institutionen eingeführt wurden, ist deren Legitimationsbasis teilweise unzureichend, zumeist sind nur indirekte Legitimations- und Begründungszusammenhänge gegeben.
2. Das eigentliche Kernproblem der heutigen Raumordnung und Raumplanung liegt zwischen den durchaus differenzierten Zielvorstellungen und deren Umsetzungen, welche integrierte Gesamtkonzepte erforderlich machten. Teilweise bieten die neuen Ansätze - von einigen \`Leerformeln´ abgesehen - gute Ideen, allerdings fehlt nach wie vor ein \`integrierendes Konzept´, das diesen Namen wirklich verdient.
3. Die Rolle des Staats als Lenker reduziert sich immer weiter und wird dafür um die als Akteur und Initiator ergänzt.[127] Dies bedeutet zum einen, daß Raumordnungspolitik sich in Zukunft auf Kernbereiche beschränkt und langfristig, gesetz- und rahmengebend wirkt. Zum anderen nehmen Staat und Verwaltung eine aktive Rolle dort ein, wo markt- und ordnungskonforme Prozesse vorangetrieben und in Zusammenarbeit mit gesellschaftlichen Kräften neue Lösungen gesucht werden müssen.

---

126 vgl. BMBau (Hrsg.): Raumordnung in Deutschland. Bonn 1996, S.6 u. S.11ff. i.V.m. S.61-96

127 vgl. ZALAD, K.: Von der Raumplanung zum Raummanagement? In: ORL (Hrsg.): Planungssysteme - Planungskonzepte, wie weiter? ORL-Bericht 101/1996, Zürich 1996, S.91

Abb.58: Aktuelle Aufgaben der Raumordnung in Deutschland (Teil I)

ngsstruktur	**Städtenetze (in Deutschland)**	**Stadt-Umland-Beziehungen**
:entrale Siedlungsstruktur entren > 500.000 Ew.; 58 Städte > 100.000 Ew.) .änder günstige Verteilung Länder ungünstige Verteilung eichbarkeit (insgesamt) gut ır) gute produktions- und konsumrelevante Infrastruktur	Hoher Verflechtungsgrad von Städten (wirtschaftlicher, verkehrlicher und kultureller Art) ⇒ monozentrische Stadtregionen ⇒ polyzentrische Stadtregionen	Hoher Verflechtungsgrad bei gegenseitiger Abhängigkeit (Arbeitsstätten, Erholungsbe Deponiestandorte, kulturelle Einrichtunger
n / Wachstumsregionen: ehr/Staus, Lärm, Schadstoffe, ...) enverbrauch ividuelle und volkswirtschaftliche Kosten nehmen zu che Regionen: neine Verschlechterung der Entwicklungschancen	- Konzentrationstendenzen ⇒ Polarisierung, regionale Verarmung, Monostrukturen - z.T. ruinöse Konkurrenz statt Wettbewerb ⇒ Stärken der Regionen als Ganzes gehen verloren - wegen mangelnder Kooperationsbereitschaft bleiben (potentielle) Synergieeffekte ungenutzt	- Verstädterungsprozeß im Umland von Ballungszentren (Flächenbedarfe, neue Betriebsformen, ...) - Bevölkerungs-/Beschäftigungsrückgang i Kernstädten ⇒ Suburbanisierungsprozeß (Folgen auf Gemeindefinanzen, Bodenpreise, ...)
d: 'Dezentrale Konzentration' regionen: differenzierter Ausbau ale-Orte-Systeme stärken ogene Entwicklungspotentiale stärken	- Auf-/Ausbau von Städtenetzen (interkommunale und regionale Zusammenarbeit auf freiwilliger Basis) zur Stärkung der dezentralen Siedlungsstruktur (ergänzen das Zentrale-Orte-System) - Konkurrenzfähigkeit der Regionen und Deutschlands ⇒ Entlastungsstrategien für Ballungsräume ⇒ Entwicklungs- und Stabilisierungsstrategien für ländliche Räume	Stadt-Umland-Kooperation statt Konkurrer Kernstädten und Umlandgemeinden ⇒ 'gerechter Interessenausgleich' um die Z der Landschaft einzuschränken
tzte Raumordnung': ennachfrage in geeignete Räume lenken re Zuordnung von Wohn- und Arbeitsflächen cung der endogenen Entwicklungspotentiale enzierte Förderung nach sachlichen und räumlichen benheiten (Ende des 'Gießkannenprinzips') Einseitige Förderung von Wachstumsregionen	Steuerung der Siedlungstätigkeit in Städte, die Entwicklungspotential bei geringen negativen externen Effekten aufweisen. Gemeinsam: - Flächenmanagement (Siedlung, ...) - Infrastrukturausbau (Wasser, ...) - Nutzung kultureller Einrichtungen	- Nutzungsmischung - Begrenzung von Eingriffen in Natur und - Eingrenzung von Stoffkreisläufen und de verkehrlichen Mobilität

Fortsetzung

Abb.59: Aktuelle Aufgaben der Raumordnung in Deutschland (Teil II)

Ländliche Räume	Wohnen, Arbeit, Freizeitmix	Natürliche Lebensgrundlagen
Ländliche Räume sind nicht automatisch strukturschwach und mit geringem Einkommen verbunden, sondern: - geringe Bevölkerungsdichte - Unterschiede in der Wirtschafts- und Infrastruktur, landwirtschaftlichen Nutzungseignung, ökologischen Bedeutung, Entfernungen zu Verdichtungsräumen/Zentralen Orten ⇒ 5 Typen ländlicher Räume: - strukturschwache ländliche Räume - gering verdichtete Räume mit industriellen Wachstumstendenzen - Räume mit relativ günstigen landwirtschaftlichen Produktionsbedingungen - attraktive Räume für den überregionalen Fremdenverkehr - Räume in günstiger Lage zu Verdichtungsgebieten/Zentren und überregionalen/großräumigen Verkehrsachsen	Vielfach strikte Trennung bei gleichzeitig hohem Flächenverbrauch	Verbliebene natürliche Lebensräum ihrer Leistungs- und Regenerations gemindert.
Nutzungskonflikte zwischen ... - Siedlung/Verkehr (durch Suburbanisierung) - Gewerbeflächenbedarf - Freizeit-/Erholungsnutzung (Gefahr der Übernutzung) - Naturraumerhaltung ⇒ soziale und räumliche Trennung	Probleme, die mit der resultierenden 'notwendigen' Mobilität verbunden sind. Organisation der Siedlungsstruktur bei weiterem Bevölkerungszuwachs und wirtschaftlicher Entwicklung in den Verdichtungsräumen ohne größeren Flächenverbrauch.	- Aussterben von Tier- und Pflanze - Klimaveränderungen (lokal, regio global) - Grundwasserbelastung - Altlastenproblematik - Verknappung des Bodens - etc.
Eigenständige (endogene) und regionsspezifische Entwicklung i.V.m. Kooperationsstrategien, um ... - die Vielfalt der Lebensformen zu erhalten - landwirtschaftliche Räume als Funktionsgebiete für Landwirtschaft, Erholung, ökologischen Ausgleich und Lebens-/ Arbeitsräume zu erhalten	Leitbild: 'Kompakt gemischte Stadt': - diese soll 'im Bestand' wachsen (Industriebrachen, Baulücken, ...) Drei räumliche Ordnungsprinzipien: - Dichte - Mischung - Dezentralität	'Dauerhafte umweltgerechte Raum - gesellschaftliche Umdenkprozess - Reduktion flächendeckenden Sch - kleinräumliche Stoff- und Energi - flächendeckender Natur- und Res inselartigem Gebietsschutz - geringerer Flächenverbrauch
- Förderung extensiver/organischer Landwirtschaft und nachwachsender Rohstoffe - Ausgleichszahlungen für Naturschutzleistungen - Förderung 'sanfter' Tourismusformen - Bewahrung kulturellen Erbes - Siedlungsdruck aus den Städten widerstehen - zukunftsträchtige Arbeitsplätze außerhalb der Landwirtschaft	'Städtebauliche Innenentwicklung': - genutzte Flächen werden nachverdichtet (ermöglicht bessere Nutzung vorhandener technischer und sozialer Einrichtungen) - Flächenrecycling/Konversionsflächen ⇒ trotzdem Neubauflächen nötig: - 'kompakte Planung' (kompakter Einheiten) - 'Stadt am Stadtrand'	- Ausweisung von Vorranggebiete Funktionen - ökologisch echte Preise als Steue

Forts

Abb.60: Aktuelle Aufgaben der Raumordnung in Deutschland (Teil III)

hr	Europäische Nachbarstaaten
egene ('abnehmende') Mobilität veltbelastung (Lärm, Abgase, ...) schaftsverbrauch lle	- Grenzen zu 9 Staaten - Gemeinsame Verflechtungsräume (einheitliche Landschaftsräume, wirtschaftliche/touristische Verflechtungen, zunehmend mit den mittel-/osteurop. Reformstaaten)
ostizierte Verkehrszunahme durch ... senden Güter(fern)verkehr (Deutschland als Transitland) ende Pendlerströme (weitergehende Suburbanisierungsprozeß) ıdertes Freizeitverhalten (Kurzurlaube durch kürzere Arbeitszeiten, ...)	- Grenzüberschreitende Schadstoffbelastungen (unterschiedliche Ziele und Standa jeweiligen Umweltpolitiken → 'Umweltdumping') - Zuwanderungen aus Mittel-/Osteuropa → Integrationsdruck - EU: vielfältige sektorale Politiken mit räumlichen Wirkungen Aber: (noch) kein einheitliches räumliches Leitbild
d: 'Stadt der kurzen Wege' stung/Verbesserung in stark belasteten Bereichen (Innenstädte, Umland der ngszentren, überregionalen/internationalen Verkehrsachsen, Fremdenverkehrsgebiete) eststandards der Erreichbarkeit in dünnbesiedelten Räumen	Europäisches Raumentwicklungskonzept! Basis: 'Leipziger Papier' - Grundlagen einer europäischen Raumentwicklungspoli (Schwerpunkte: Umwelt und Verkehr) - Modernisierung des europäischen Städtesystems unter Einbeziehung des ländlich - Verbindung der Stadtregionen Europas mittels umweltverträglicher Verkehrsnetz Informationsstrukturen [Datenübermittlungsnetze]) - Erhalt des natürlichen und kulturellen Erbes - stärkere eigenständige Rolle der ländlichen Regionen
d keine grundlegenden Änderungen durch Verbote und finanzielle Restriktionen zu en! dination einzelner Verkehrsträger ration der groß-/kleinräumigen Verkehrsnetze (incl. der Hochgeschwindigkeitsnetze) ungsfähige Ost-West-Achsen fristig: innergemeindliche (Flächen-)Nutzungsstruktur verkehrsvermeidend gestalten wirtschaftliche und private Kosten verdeutlichen, um Bewußtseinswandel/Akzeptanz uzieren el: 'Integriertes Verkehrskonzept' (Freiburg)	- bilaterale Raumordnungskommissionen (z.B. D/NL, D/CH) - internationale Städtenetze - gemeinsame Planungen/Strategien - rechtliche Grundlagen (deutsche, europäische) prüfen, wie eine flexible und unk Zusammenarbeit zwischen örtlichen und regionalen Akteuren ermöglicht werden - gegenseitige Nutzung von Infrastruktureinrichtungen

'usammenfassung und Darstellung nach: BMBau (Hrsg.): „Raumordnung in Deutschland". Bonn 1996, S.11-41

Siebtes Kapitel

Realisierungschancen der Veränderungsnotwendigkeiten

„Es ist niemandem gedient, wenn der Diskurs über die zukünftigen Aufgaben und Möglichkeiten der räumlichen Planung um neue Anspruchniveaus erweitert wird, deren Erfüllung im Lichte der aktuellen Umsetzungsprobleme der Planung unklar ist.“[1]

Folgt man dieser Meinung von HESSE, so stellt sich die Frage, wie die wünschenswerte Integration verschiedener Interessen, Ziele und Beteiligter vor dem Hintergrund des institutionellen Status Quo gelingen kann. Aus diesem Grund werden in einem ersten Schritt institutionentheoretische Grundüberlegungen anzustellen sein. Hierbei soll in der gebotenen Kürze dargestellt werden, welche ökonomischen Gründe für das Entstehen von Institutionen sprechen und wie sich diese Institutionen wandeln (können). In einem zweiten Schritt werden aus polit-ökonomischer Perspektive die Ziele und Motive der von der Raumordnung und -planung Betroffenen betrachtet, um Chancen und/oder Risiken für eine Umsetzung der notwendig erscheinenden Änderungen realistisch einschätzen zu können. Abschließend werden einige, ganz pragmatische Punkte aufgegriffen, die einen Veränderungszwang für Institutionen der Raumordnung und Raumplanung begründen und unter Umständen zu einem Leidensdruck führen könnten, der ein (weiteres) Ausweichen vor notwendigen Veränderungen unmöglich macht.

Einordnung des Kapitels in den Gesamtzusammenhang

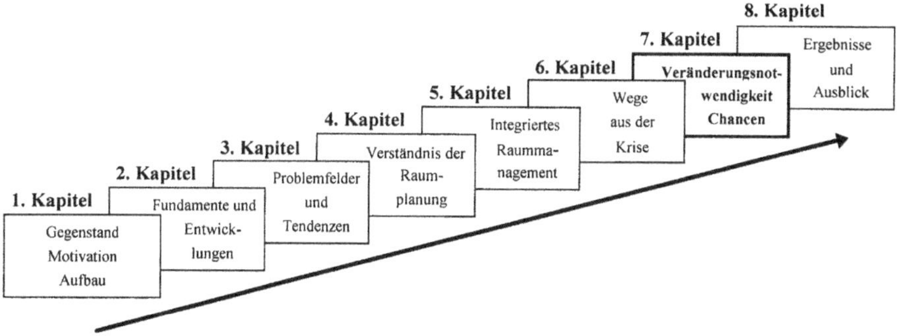

Quelle: Eigene Darstellung

1. Institutionenökonomische Betrachtung

„Institutionen ... sind Spielregeln ohne Spieler, Ordnungssysteme ohne Benutzer. Die Funktionstüchtigkeit einer Institutionen hängt jedoch, wie leicht einzusehen ist, nicht nur von der Qualität der Ordnung, sondern auch den Fähigkeiten ihrer Benutzer ab.“[2]

---

1 HESSE, M.: Nachhaltige Raumentwicklung. In: BfLR (Hrsg.): RuR, H.2+3/96, Bonn 1996, S.107

2 RICHTER, R.; BINDSEIL, U.: Neue Institutionenökonomik. In: WiSt, H.3/95, München u. Frankfurt/Main 1995, S.133. Im Gegensatz dazu, sind Organisationen Institutionen mitsamt ihren Benutzern.

Die Raumordnung weist dem begrenzten öffentlichen Gut `Raum´ Nutzungsformen zu und hat in dieser Funktion zwischen den konkurrierenden Ansprüchen an den Raum zu entscheiden. Ist dies geschehen, setzt die Raumplanung ein, mit deren Hilfe die bestmöglichen Nutzungswege bestimmt und beschritten werden sollen. Beide, die Raumordnung wie die Raumplanung, regeln damit immer wiederkehrende Problembereiche und bedürfen hierzu eines verläßlichen und nachvollziehbaren Gerüsts - sprich geeigneter Institutionen.
Um nun nachvollziehen zu können, warum sich Institutionen[3] bilden und unter welchen Bedingungen sie sich verändern können - angesichts der Unzulänglichkeiten der bestehenden Raumordnung und Raumplanung (vgl. Kapitel III) sicherlich ein wesentlicher Aspekt -, soll der institutionenökonomische Ansatz und einige seiner wesentlichen Ausprägungen im folgenden skizziert werden. Dieser Ansatz bietet sich deshalb an, da er fachübergreifend angelegt ist und nicht versucht die Realität in künstlich geschaffene sozialwissenschaftliche Disziplinen aufzuteilen.[4]

Die Diskussion um Institutionen wurde von COASE[5] bereits im Jahre 1937 angestoßen. Stand bei diesen ersten Überlegungen noch die Entstehung und Organisation von Unternehmen im Vordergrund, so wurde dieser Ansatz sehr schnell auf andere Arten organisierten Zusammenwirkens übertragen.
Ganz allgemein gesprochen, handelt es sich bei Institutionen um allgemeingültige normative Muster und Regeln[6] sowie der zu deren Umsetzung und Einhaltung notwendigen Garantieinstrumente, die bestimmten Problembereichen zugeordnet sind und das Nutzenniveau von handelnden Individuen beziehungsweise ganzer Gruppen von (Wirtschafts-)Subjekten beeinflussen, indem sie „wiederkehrende Entscheidungssituationen zwischen Menschen ordnen und zu wechselseitigen Verhaltenserwartungen führen“[7]. Somit steuern Institutionen das soziale

---

3 Um Institutionen systematisch zu analysieren, bietet es sich an ihre Aktivitäten in *strukturgestaltende* und *aufgabenbezogene* zu unterteilen. Dabei wirken strukturgestaltende Aktivitäten „nach innen“ und können über die Dimensionen „Handlungsfeld der Institution“ (Selbstkonzept oder Leitidee der Institution; „Institution als Regulativ“), „Zielorientierung der Institution“ (Zweck und Adressaten der Institution) und „Grad der Formalisierung“ (beschreibt die Struktur der Institution sowie deren Interaktionsregeln und Interaktionsregelmäßigkeiten; „Akkumulation von Ordnungsfolgen“ und „Deskription der Aggregationsmechanismen“) erfaßt werden. Die aufgabenbezogenen, „nach außen“ wirkenden Tätigkeiten lassen sich über die Dimensionen „Träger der Institution“ (die in der Institution agierenden und über Entscheidungs- und Willensfindungsregeln ein Handeln der Institutionen initiierenden Akteure) und „Problemadäquanz der Institution“ (inhaltlich-prozessuale Seite) erfassen. Detaillierter bei WEGENER, T.: Institutionelle Aspekte der Regionalisierung von Wirtschafts- und Strukturpolitik - Das Beispiel Sachsen-Anhalt. In: ifo Institut für Wirtschaftsforschung (Hrsg.): ifo Dresden-Studien, Bd.24, München 2000, S.73, der neben den geschilderten Dimensionen noch den „Grad der Fremdreferenz“ und das „begleitende und initiierende Umfeld der Institution“ (S.74) differenziert.

4 vgl. FREY, B.S.; BOHNET, I.: Der ökonomische Blickwinkel - Ein Ansatz zu einer einheitlichen Sozialwissenschaft. In: WiSt, H.2/93, München u. Frankfurt/Main 1993, S.95

5 vgl. COASE, R.: The Nature of the Firm. Economica, N.F.; Vol.4, 1937, S.386-405

6 WEGENER spricht in diesem Zusammenhang von allen „nicht situativen, nicht spontanen, nicht einmaligen und nicht abweichenden auf Dauer gestellten Handlungsorientierungen. Vgl. WEGENER, T.: Institutionelle Aspekte der Regionalisierung von Wirtschafts- und Strukturpolitik - Das Beispiel Sachsen-Anhalt. In: ifo Institut für Wirtschaftsforschung (Hrsg.): ifo Dresden-Studien, Bd.24, München 2000, S.50. Bei ihm findet sich auch eine guter Überblick über Begriff, Inhalte sowie Eigenschaften von Institutionen. S.69-71, wobei er sich auf LEPSIUS, M.R.: Institutionenanalyse und Institutionenpolitik. In: NEDELMANN, B. (Hrsg.): Politische Institutionen im Wandel, Kölner Zeitschrift für Soziologie und Sozialpsychologie, Sonderheft 35/95, Opladen 1996, S.394, bezieht.

7 Vgl. ELSNER, W.: Institutionen und ökonomische Institutionentheorie. In: WiSt, H.1/87, München u. Frankfurt/Main 1987, S.5 sowie SCHOTTER, A.: The Economic Theory of Social Institutions. Cambridge

Handeln und regeln Konflikte, indem sie beides strukturieren, wobei es für ihren Charakter als Institutionen entscheidend ist, daß sie allgemeine Anerkennung besitzen.[8]
Aus ökonomischer Sicht bestimmen Institutionen die Anreizstruktur der Gesellschaft, indem sie Transaktionskosten reduzieren.[9] Diese Kostenreduktion setzt in einem ersten Schritt auf der gedanklichen Ebene an, da standardisierte Problemlösungsverfahren vorgegeben werden und nicht jedesmal neu bestimmt werden müssen. In einem zweiten Schritt werden dann die Handlungskosten auf der realen Ebene reduziert. Somit können Institutionen auch als Möglichkeit, die Auswirkungen beschränkter Rationalität auf das Handlungsergebnis zu verringern, interpretiert werden.[10] Zu diesem Zwecke können sie sich spontan, das heißt durch das Eigeninteresse der Individuen oder Gruppen motiviert, entwickeln oder aber durch eine zentrale Stelle organisiert werden.[11]

Solchermaßen den für individuelles Verhalten maßgeblichen Möglichkeitsraum begrenzend, lassen sich Institutionen in zwei Arten unterteilen:[12]

1. *Regeln und Normen*: Regeln geben den Rahmen individuellen Handelns vor. Dabei bestimmen auf konstitutioneller Ebene Entscheidungssysteme[13] „auf welche Art und Weise Beschlüsse gefaßt werden". Normen hingegen ordnen auf Ebene der laufenden politischen Prozesse das menschliche Handeln.
2. *Organisationen*: Institutionen dieser Art sind beispielsweise Staat, Unternehmen, Parteien und internationale Organisationen, aber auch private Clubs, Familien und informelle Vereinigungen.

Indem die institutionelle Ebene in die Betrachtung einbezogen wird, verharrt die Analyse nicht beim einzelnen Individuum (wie es etwa die Neoklassik[14] tut), sondern schließt „gesellschaftliche, politische, ökonomische und psychologische Elemente, die das Handeln der Individuen beeinflussen", ein.

1981, S.11. Ähnlich auch North, D.: Institutions, Institutional Change and Economic Performance. Cambridge 1990, S.5, der Institutionen als „constraints that human beings impose on themselves" definiert.

8 vgl. HEMMER, H.-R.: Von der traditionellen Preistheorie zur Neuen Institutionenökonomik - Eine Einführung. In: ders. (Hrsg.): Die Bedeutung der Neuen Institutionenökonomik für die Entwicklungsländer, Tagungsband zum 1. Limburg-Seminar „Wissenschaft und Praxis der Entwicklungsökonomik", KfW Kreditanstalt für Wiederaufbau, Frankfurt 1998, S.4, CEZANNE, W.; MAYER, A.: Neue Institutionenökonomik - Ein Überblick. In: WiSu, H11/98, Düsseldorf 1998, S.1346 sowie RICHTER, R.: Geldtheorie - Vorlesung auf der Grundlage der Allgemeinen Gleichgewichtstheorie und der Institutionenökonomik. 2.Aufl., Berlin 1990, S.76

9 vgl. RICHTER, R.; BINDSEIL, U.: Neue Institutionenökonomik. In: WiSt, H.3/95, München u. Frankfurt/Main 1995, S.133

10 vgl. DICKERTMANN, D.; LEHMANN, M.: Ansatzpunkte einer ökonomischen Handlungstheorie - ein Beitrag zur Integration neo-institutionalistischer Analyseansätze. Arbeitspapier Nr.50, Trier 1998, S.25

11 vgl. CEZANNE, W.; MAYER, A.: Neue Institutionenökonomik - Ein Überblick. In: WiSu, H11/98, Düsseldorf 1998, S.1346

12 vgl. FREY, B.S.; BOHNET, I.: Der ökonomische Blickwinkel - Ein Ansatz zu einer einheitlichen Sozialwissenschaft. In: WiSt, H.2/93, München u. Frankfurt/Main 1993, S.95f.

13 Als Entscheidungssysteme kommen beispielsweise Preis/Markt, Demokratie, Hierarchie/Autorität und Verhandlungssysteme in Frage.

14 Die Neoklassik berücksichtigt institutionelle Regelung lediglich als Teil des gegebenen Datenkranzes, vor dessen Hintergrund Individuen handeln. Vgl. hierzu Rothgang, M.: Ökonomische Perspektiven des Naturschutzes - Analyse naturschutzpolitischer Ansätze im Hinblick auf das Zusammenwirken von ökologischen Begrenzungen, institutionellen Strukturen und ökonomischen Erfordernissen. Berlin 1997, S.108

Die `Neue Institutionelle Ökonomie´[15] (NIÖ) versucht nun Institutionen, wie sie bestehen und wie sie wünschenswert erscheinen, unter Einsatz des Instrumentariums der neoklassischen Mikroökonomie zu analysieren. Dabei werden folgende, neoklassischen Hypothesen den Überlegungen zugrunde gelegt:[16]

- *Methodologischer Individualismus*: : Institutionen wie soziale Prozesse und Handlungen von Gruppierungen werden anhand theoretischer Einsichten über Einstellungen, Verhalten und Handeln deren individueller Mitglieder beschrieben.
- *Individuelle Rationalität*[17]: Den Individuen wird dabei unterstellt, daß sie über stabile und konsistente Präferenzen (Nutzenfunktionen) verfügen und mit ihrer Handlungswahl ihre jeweiligen Nutzenniveaus zu maximieren suchen.

Die soziale Umwelt legt Anreize in Form von Kosten und Nutzen fest, die den Einzelnen zu voraussehbarem Verhalten bewegen. Änderungen des individuellen Verhaltens sind dann auf Änderungen in den für die Einzelnen bedeutsamen Restriktionen zurückzuführen.[18] In der Gesamtsicht ergeben sich gesellschaftliche Zustände - innerhalb institutioneller Gegebenheiten - als vom Einzelnen nicht beabsichtige Ergebnisse individueller Handlungen.[19]

Zentrale Theoriezweige innerhalb der Neuen Institutionellen Ökonomie sind die allgemein ausgerichtete Theorie der Verfügungsrechte (`property rights´) und der Transaktionskosten-ökonomie sowie die eher pragmatisch orientierte Theorie der Neuen Politischen Ökonomie. Alle drei sollen mit ihren wesentlichen Implikationen im folgenden kurz dargestellt und - insbesondere letztere - bezüglich ihrem Erklärungsgehalt zu raumordnungspolitischen und raumplanerischen Fragestellungen untersucht werden.

1.1 Theorie der Verfügungsrechte - `Property Rights´

`Property rights´ - oftmals etwas vage - als Verfügungs-, Dispositions- oder Handlungsrechte übersetzt, regeln die Verhältnisse zwischen Wirtschaftssubjekten im Umgang mit knappen Gütern. Dabei repräsentieren die `property rights´ ein System von Berechtigungen, das sich aus vier Teilrechten zusammensetzt: (1) Recht zur *Nutzung* (usus), (2) Recht zur *Veränderung* (abusus), (3) Recht zur *Ertragsaneignung* (usus fructus) und (4) Recht zur

---

15 Die NIÖ als wertfreie, lediglich an der wirtschaftlichen Effizienz ausgerichtete Analyse von Institutionen, besteht im wesentlichen aus drei zentralen Ansätzen: der Transaktionskosten-, der `Property-Rights´- und der `Principal-Agent´-Theorie, wobei letztere im folgenden unberücksichtigt bleiben soll. Vgl. CEZANNE, W.; MAYER, A.: Neue Institutionenökonomik - Ein Überblick. In: WiSu, H11/98, Düsseldorf 1998, S.1345. Zu diesen drei zentralen Ansätzen vgl. auch den guten Überblick bei FURUBOTN, E.G.; RICHTER, R.: The New Institutional Economics: An Assessment. In: FURUBOTN, G.E.; RICHTER, R.: The New Institutional Economics - A Collection of Articles from the Journal of Institutional and Theoretical Economics, Tübingen 1991, S.1-32

16 vgl. THIELE, M.: Neue Institutionenökonomik. In: WiSu, H.12/94, Düsseldorf 1994, S.993, RICHTER, R.; BINDSEIL, U.: Neue Institutionenökonomik. In: WiSt, H.3/95, München u. Frankfurt/Main 1995, S.132 und CEZANNE, W.; MAYER, A.: Neue Institutionenökonomik - Ein Überblick. In: WiSu, H11/98, Düsseldorf 1998, S.1347

17 Zum Rationalitätspostulat in der institutionellen Ökonomie vgl. auch RICHTER, R.: Sichtweise und Fragestellung der Neuen Institutionenökonomik. In: ZWS, 110. Jg., 1990, S.573

18 vgl. FREY, B.S.; BOHNET, I.: Der ökonomische Blickwinkel - Ein Ansatz zu einer einheitlichen Sozialwissenschaft. In: WiSt, H.2/93, München u. Frankfurt/Main 1993, S.95

19 vgl. SUCHANEK, A.: Institutionenökonomik und ökologische Herausforderung. In: BIEVERT, B.; HELD, M. (Hrsg.): Das Naturverständnis der Ökonomik: Beiträge zur Ethikdebatte in den Wirtschaftswissenschaften. Frankfurt/Main 1994, S.91

Veräußerung (Verschenkung, Vererbung) aller oder einzelner Teilrechte.[20] Dem entsprechend werden auf Märkten nicht physische Ressourcen getauscht sondern Rechtsbündel. Diese wiederum setzen sich aus den einzelnen Rechtskomponenten zusammen. Die „effektiven Güter" sind dann diese Rechte.[21]

Auf Grundlage der Hypothese, daß die Ausgestaltung der Verfügungsrechte Einfluß auf die Allokation und Nutzung von Ressourcen hat und das Verhalten betroffener Individuen in „vorhersehbarer Weise beeinflußt", wird mittels einer Ordnung bestimmt, „welche Individuen über welche Ressourcen verfügungsberechtigt sind". Anreizwirkungen stehen somit im Vordergrund der Überlegungen. Wie stark Verfügungsrechte sind, hängt von ihren Durchsetzungskosten ab.
In der Regel wird mit der Theorie der Verfügungsrechte die grundsätzliche Sinnhaftigkeit des Privateigentums begründet, wenngleich darin nicht unter allen denkbaren Umständen die bestmögliche Lösung für die ökonomische Organisation eines Gemeinwesens zu sehen ist. So kommt es doch zu deutlichen Unterschieden in der Nutzung von privaten und öffentlichen Gütern. Da bei letzteren die Kosten nur schwer oder gar nicht zurechenbar sind, werden diese Güter und Leistungen oftmals weit über das vertretbare Maß hinaus genutzt. Grundsätzlich gilt, daß, je detaillierter die Verfügungsrechte spezifiziert sind, die Kosten und Nutzen um so klarer internalisiert werden können. Bei unvollkommener Spezifikation hingegen kommt es zu Externalitätenproblemen, wobei die Verbindung zwischen individuellem Handeln und zugehörigen Handlungsfolgen schwächer wird.
Dem entsprechend problematisch ist bei diesem Ansatz der Umstand, daß sich `property rights´ in einer Welt mit Transaktionskosten nicht immer eindeutig einzelnen Individuen zuordnen (etwa das Recht auf Luftverschmutzung), durchsetzen (Diebstahl) beziehungsweise gegen Entgelt zur Verfügung stellen lassen.[22] Umstände, die (vgl. Kapitel II 1.2) ein Eingreifen des Staates im Zuge der Raumordnungspolitik notwendig erscheinen lassen, geht es doch regelmäßig darum, die Verfügungsmöglichkeiten zukünftiger Generationen über räumliche Ressourcen zu sichern, öffentliche Güter einer kontrollierten Nutzung zugänglich zu machen und negative externe Effekte dort, wo sie nicht oder nur mit unvertretbar hohem Aufwand internalisierbar sind, in Grenzen zu halten.

1.2 Transaktionskostentheorie

Der Transaktionskosten-Ansatz umfaßt Teile der Wirtschafts-, Organisations- und Rechtswissenschaften und ist somit interdisziplinär angelegt. Dabei bilden Transaktionen die Grundeinheiten der Analyse.[23] Transaktionen und deren Kosten werden dabei unterschiedlich umfassend verstanden: als *Nutzung, Sicherung und Übertragung von Verfügungsrechten*[24]

---

20 vgl. THIELE, M.: Neue Institutionenökonomik. In: WiSu, H.12/94, Düsseldorf 1994, S.994 und FURUBOTN, E.G.; PEJOVICH, S.: Property Rights and Economic Theory - A Survey of Recent Literature. In: Journal of Economic Literature, Vol.12/72, 1972, S.1140

21 vgl. DEMSETZ, H.: Toward a Theory of Property Rights. In: American Economic Review, Vol.57, 1967, S.347

22 vgl. RICHTER, R.; BINDSEIL, U.: Neue Institutionenökonomik. In: WiSt, H.3/95, München u. Frankfurt/Main 1995, S.134ff. sowie THIELE, M.: Neue Institutionenökonomik. In: WiSu, H.12/94, Düsseldorf 1994, S.994

23 vgl. THIELE, M.: Neue Institutionenökonomik. In: WiSu, H.12/94, Düsseldorf 1994, S.994

24 vgl. TIETZEL, M.: Die Theorie der Property Rights: Ein Überblick. In: Zeitschrift für Wirtschaftspolitik, 30. Jg., 1981, S.211

sowie die damit jeweils verbundenen Kosten, allgemeiner als Reibungskosten des Wirtschaftssystems[25] oder als Kosten der Marktnutzung[26] bezeichnet.
Letztendlich fallen diese Kosten immer durch unvollkommene Informationen der am Leistungs- und Güteraustausch Beteiligten an. Dabei können sie in Form von Such- und Informationskosten, Verhandlungs- und Entscheidungskosten sowie Kosten der Überwachung, Durchsetzung und Anpassung von Leistungspflichten auftreten.[27]
Um nun die anfallenden Transaktionskosten (TAK) so gering wie möglich zu halten, werden auf Basis individueller Vorteilsüberlegungen ökonomische Institutionen eingerichtet.[28] Dazu muß folgende Bedingung erfüllt sein:

$$\mathbf{TAK}_{\text{ohne Institution}} > \mathbf{TAK}_{\text{mit Institution}} + \mathbf{Kosten}_{\text{der Einrichtung von Institutionen}}$$

Aufgrund der skizzierten, mit der Ausgestaltung und Verteilung von Verfügungsrechten verbundenen Probleme, können die tatsächlich bei der Nutzung und Verteilung öffentlicher wie privater Güter anfallenden Transaktionskosten nicht eindeutig bestimmt werden. Mit der Raumordnung und Raumplanung bietet die öffentliche Hand ein öffentliches Gut an, das dazu beitragen kann diese Kosten möglichst gering zu halten. Individuelle Vorteilsüberlegungen allein könnten nicht zu vergleichbaren Institutionen führen, da meist die Möglichkeit zum `free-rider´-Verhalten bestünde, oder aber der Aufwand zum Nutzungsausschluß bei solchen Leistungen unvertretbar hoch wäre.

1.3 Neue Politische Ökonomie

Zwar wurden bereits vorn die Ziele der Raumordnung und Raumplanung genannt und deren Entwicklung im Zeitverlauf sowie die diesem Wandel zugrunde liegenden gesellschaftlichen Veränderungen dargestellt (Kapitel II). Trotzdem stellen sich wesentliche Fragen: Die Wertvorstellungen und Interessen welcher Gruppierungen in der Gesellschaft stehen hinter Auswahl, Rangfolge und Ausgestaltung der Ziele? Wer ist in der Lage, seine Absichten in konkreten Entscheidungsprozessen durchzusetzen?
Weiter wurde auf die technische Eignung raumordnerischer Instrumente abgestellt, deren Auswahl, Dosierung und Terminierung jedoch nicht weiter problematisiert. Auch hier stellt sich wiederum die Frage: Wer dominiert im politischen Willensbildungs- und Entscheidungsprozeß und wer bleibt unberücksichtigt? Ein ganz wesentlicher Aspekt, wie bereits in der Darstellung der institutionellen und ökonomischen Problemfelder (Kapitel III) zu erkennen und bei Lösungsansätzen im Rahmen eines integrierten Raummanagements (Kapitel V) zu sehen war.

Wie gesehen, liegen die Gründe für die Unzulänglichkeiten der Raumordnung und Raumplanung insbesondere im administrativen, das heißt bürokratischen, Prozeß sowie der zu geringen Aufmerksamkeit, die beiden Felder in der öffentlich-politischen Diskussion entgegengebracht

---

25 vgl. ARROW, K.J.: The Organisation of Economic Activity: Issues Pertinent to the Choice of Market Versus Nonmarket Allocation. In: Joint Economic Committee (Hrsg.): The Analysis and Evaluation of Puplic Expenditure - The PPB System, Vol.1, Washington 1969, S.48
26 vgl. COASE, R.: The Nature of the Firm. In: Economica, N.F., Vol.4, 1937, .390 und DEMSETZ, H.: The Cost of Transacting. In: Quarterly Journal of Economics, Vol.83/68, 1968, S.35
27 vgl. THIELE, M.: Neue Institutionenökonomik. In: WiSu, H.12/94, Düsseldorf 1994, S.993f.
28 vgl. WILLIAMSON, O.E.: Die ökonomischen Institutionen des Kapitalismus. Tübingen 1990, S.1

wird. In der Folge werden die Präferenzen der Bevölkerung verzerrt und deren Äußerung in Form von Abstimmungsergebnissen ist nicht zu leisten, womit eine Rückkopplung auf Politiker und Bürokratie deutlich eingeschränkt wird.

Im Rahmen der 'Neuen Politischen Ökonomie' (NPÖ) und deren Modellen scheint nun die Integration politisch-bürokratischer Prozesse in die allgemeine Raumplanungstheorie besonders fruchtbar. Stellt sie doch ökonomische Überlegungen und Methoden zur Analyse kollektiver Entscheidungen[29] (über die absolute und relative Höhe der verschiedenen Budgets der öffentlichen Hand) in den Mittelpunkt der Betrachtung. Die zentralen Punkte, die mit ihrer Hilfe untersucht werden können, sind (vgl. Abb.61):[30]

1. Offenlegung, Erfassung und Bündelung der *Präferenzen* im öffentlichen Bereich
2. Überlegungen und Schlußfolgerungen zum *Parteienwettbewerb* und zum *Regierungsverhalten*
3. Erfassen der handlungsleitenden Überlegungen der *Bürokratie*
4. Verhalten der *Wähler* in Demokratien
5. Existenzbedingungen und Einflußmöglichkeiten von *Interessengruppierungen*

Abb.61: Polit-ökonomisches Grundmodell

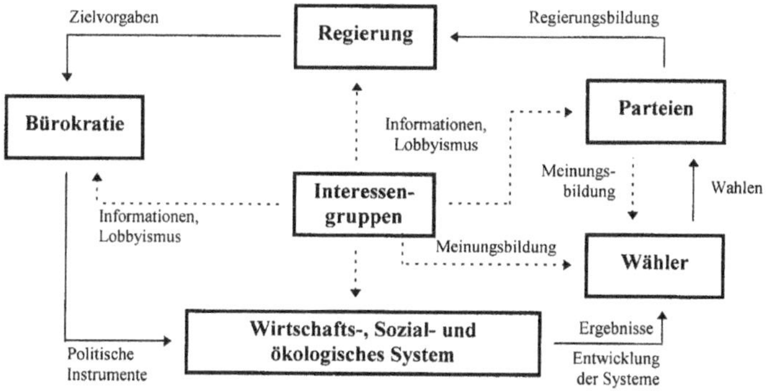

Quelle: Eigene Darstellung

Die Frage nach den vorherrschenden Entscheidungsmechanismen in der Gesellschaft und den Zielen der verschiedenen Akteure wird hier ebenso berücksichtigt, wie die Frage ob sich der politische Wille der Staatsbürger auf gesellschaftlicher Ebene durch bestehende Abstim-

[29] Wie schon bei der NIÖ gilt wieder die Annahme des methodologischen Individualismus, das heißt es werden ihren Nettonutzen maximierende Individuen und deren Verhalten innerhalb ihres jeweiligen Aktionsfeldes betrachtet und nicht die Bürokratie als ganzes oder der politische Sektor. Zentrale Antriebskraft beziehungsweise Entscheidungsregel der Beteiligten ist die Ökonomie. Näheres zum Konzept des methodologischen Individualismus findet sich etwa bei HEINE, W.: Methodologischer Individualismus - Zur geschichtsphilosophischen Begründung eines sozialwissenschaftlichen Konzepts. Würzburg 1983

[30] vgl. THIELE, M.: Neue Institutionenökonomik. In: WiSu, H.12/94, Düsseldorf 1994, S.996

mungsverfahren[31] wirklich widerspiegelt. Die Untersuchung von Einflüssen organisierter Interessen auf Politik und Bürokratie runden die polit-ökonomische Betrachtung ab.

Bei den folgenden Betrachtungen muß die „allzu naive Auswechslung“ des 'homo oeconomicus' durch den 'homo politicus' sowie die oftmals sehr simple Struktur der Modelle kritisch gesehen werden. Trotzdem liegt der entscheidende Vorteil dieser Ansätze darin, daß die „rein technokratische Kalkulation im Sinne der Optimierung einer irgendwie gegebenen gesellschaftlichen Wohlfahrtsfunktion“ aufgelöst und unterliegende Prozesse herausgearbeitet werden.[32]

1.3.1 Stimmenmaximierungskalkül politischer Entscheider

„Vielmehr konzipieren sie (Anm.: Parteien und Politiker) Programme und dienen Interessengruppen, um die Regierungsgeschäfte übernehmen zu können. Folglich wird ihre soziale Funktion - die darin besteht, Politiken zu entwerfen und aufgrund geeigneter Maßnahmen durchzuführen - erfüllt als Nebenprodukt ihrer privaten Motivation. Letztere ist gekennzeichnet durch den Wunsch, Einkommen, Macht und Prestige der Amtsausübung zu erlangen.“[33]

Das Modell von DOWNS[34] zur politischen Stimmenmaximierung versucht das Verhalten politisch Verantwortlicher zu erklären, setzt auf Grundlagen der ökonomischen Theorie der Demokratie auf und erklärt primär die Ausgabenstruktur, aber auch die Ausgabenhöhe der öffentlichen Hand. Somit bietet es eine geeignete Grundlage um den Bedeutungsgrad, welcher der Raumordnung und Raumplanung zukommt und der sich (auch) in der relativen Höhe des entsprechenden finanziellen und personellen Ressourceneinsatzes äußert, zu bestimmen.

Dabei liegen dem Modell (vgl. Abb.62) folgende Annahmen zugrunde: In einer Demokratie stehen stets Parteien im Wettbewerb um die Stimmen der Wähler. Damit sind sie vom Ziel der Maximierung der Zahl der Wählerstimmen - nicht der Wohlfahrtsmaximierung! - getrieben. Des weiteren wird unterstellt, daß sowohl Wähler als auch Politiker, die Parteien vertreten, jeweils versuchen ihren Nutzen zu maximieren. Für die Politiker bedeutet dies, daß sie ihre Wählerschaft größtmöglich (zumindest jedoch mehrheitsfähig) gestalten wollen, um ihre Wiederwahl, die Nebenbedingung ihrer Nutzenmaximierungsformel, zur Sicherung ihres persönlichen Machtstrebens, zu gewährleisten. Für die Wähler hingegen bedeutet dies, daß diejenigen Politiker und Parteien gewählt werden, die ihren Präferenzen am ehesten entsprechen. In der Folge dieses Maximierungsproblem werden Budgets so lange ausgeweitet, bis der Grenzstimmengewinn des Politikers, das heißt die letzten gewonnenen Wählerstimmen durch eine Ausdehnung des Budgets für einen Aufgaben- beziehungsweise Politikbereich, gerade dem dadurch erreichten Grenzstimmenverlust durch die notwendige Finanzierung entspricht.

---

31 Gemeint ist hier weniger die widerspruchsfreie Zusammenfassung der individuellen Präferenzen und der damit verbundenen Problematik, wie sie beispielsweise ARROW (1951) problematisiert, sondern vielmehr das Angebot an Entscheidungsalternativen, das von Politikern gemacht wird.

32 CASSEL, D.: Wirtschaftspolitik in alternativen Wirtschaftssystemen - Begriffe, Konzepte, Methoden. In: CASSEL, D.; BLAICH, F.: Wirtschaftspolitik im Systemvergleich - Konzeption und Praxis der Wirtschaftspolitik in kapitalistischen und sozialistischen Wirtschaftssystemen. München 1984, S.9

33 DOWNS, A.: Eine ökonomische Theorie des politischen Handelns in einer Demokratie. In: RECKTENWALD, H.C. (Hrsg.): Finanzpolitik, Köln/Berlin 1969, S.51

34 DOWNS, A.: Inside Bureaucracy. Boston 1968

Abb.62: Stimmenmaximierung der Politiker (Modell von DOWNS)

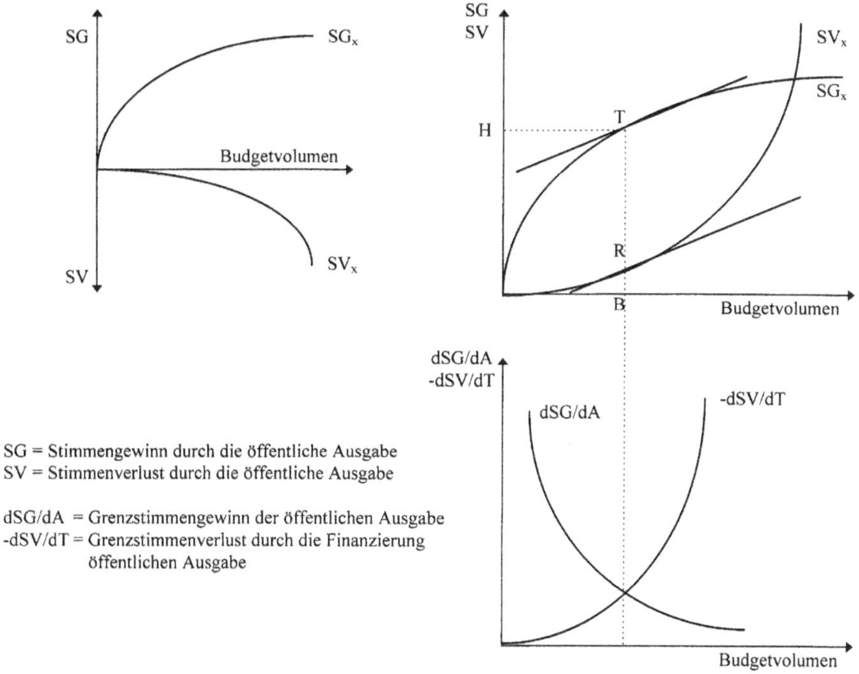

Quelle: GRÜSKE, K.-D.: Öffentliche Ausgaben - Hauptstudium Finanzwissenschaft (Skript). Nürnberg 1995, Abb.21

Um nun ihre Ziele bestmöglich zu erreichen, werden Regierende in der Regel folgende Strategien verfolgen:

1. *'Concentrated benefits - diffused costs'*: Maßnahmen, die größtmögliche positive Effekte beim Wähler erzielen, werden primär verfolgt. Parallel dazu wird versucht die Kosten möglichst unmerklich anfallen zu lassen, um die ...
2. ... *Finanzierungsillusion*[35] zu nutzen: Wahl solcher Finanzierungsformen, welche die (vollen) Kosten öffentlicher Leistungen verschleiern, wobei unsicher ist, ob die Bevölkerung Leistungen in Anspruch nehmen würde, wenn sie die tatsächlichen Kosten kennen würde.

[35] Bei Vorliegen der Fiskalillusion versuchen Politiker die monetäre Belastung ihrer Wähler so gering zu halten, daß deren Widerstand so gering wie möglich ausfällt. Dies kann durch die hohe Komplexität des Steuersystems, erst in späteren Perioden merkliche Staatsverschuldung oder aber durch die Wahl des Ausgabenzeitpunkts, der dementsprechend immer deutlich von Wahlterminen entfernt gewählt wird, erfolgen. Der letzte Punkt scheint aber im Bereich der Raumplanung nicht von Bedeutung zu sein, da das Gesamtgewicht der Raumplanung und deren öffentliche Wahrnehmung (vgl. Kapitel III 1.2) zu gering ist. Vgl. ZIMMERMANN, H.; HENKE, K.-D.: Einführung in die Finanzwissenschaft. 6. überarb. u. erg. Aufl., München 1990, S.37 u. S.62

3. *'Timing' der Maßnahmen*: Maßnahmen werden dann ergriffen, wenn spürbare positive Effekte zum Ende von Wahlperioden eintreten. Belastungen der Wähler hingegen läßt man möglichst direkt nach Wahlen anfallen, um die 'Vergeßlichkeit' der Wähler zu nutzen. Daraus resultieren dann die sogenannten 'politischen Konjunkturzyklen'[36] im finanziellen Gebaren der öffentlichen Hand.
4. *Anreize für neue Wählergruppen*: Um die eigene Wählerschaft weiter zu vergrößern, werden Ausgaben bevorzugt getätigt, die zu Nutzen bei bislang noch nicht zum Klientel der politisch Verantwortlichen gehörenden Bevölkerungsteile gereichen.

Obgleich dieser theoretische Ansatz nicht vollständig empirisch nachweisbar ist und seine Relativierung von seinen Begründern zum Teil selbst vorgenommen wurde[37], weist er doch eine gewisse realitätsorientierte Plausibilität[38] auf, die ihn für die Analyse der hier behandelten Probleme geeignet erscheinen lassen:

1. *„Diffused benefits - diffused costs“*: Aufgrund der oftmals langfristig eintretenden Ergebnisse der Raumordnung und Raumplanung, wird es für die Bevölkerung nahezu unmöglich zwischen Planungsergebnissen und sich von allein einstellenden Ergebnissen der allgemeinen Prozesse des Wirtschafts- und Gesellschaftssystems zu unterscheiden. So entstehen dem einzelnen vermeintlich keine Vorteile raumordnungspolitischen Handelns und in der Folge besteht kein gesteigertes Interesse der Verantwortlichen auf diesem Politikfeld umfangreichere Aktivitäten einzuleiten. Zudem zeigen raumordnerische Unterlassungen ihre Wirkungen erst langfristig und sind nur schwer ihren Ursachen - dem Nicht-Handeln Verantwortlicher - zuzuordnen. Die Vorteile solch opportunistischen Verhaltens fallen hingegen zeitlich ungleich früher an
   Demgegenüber ergreifen Politiker zur Maximierung ihres Grenzstimmengewinns lieber Maßnahmen (mit dem zugehörigen Aufwand finanzieller Ressourcen) in anderen fachpolitischen Bereichen, die schnellere und spürbarere Effekte nach sich ziehen. Dies ist dann auch der wesentliche Grund für die Dominanz der Fachpolitiken gegenüber der querschnittsorientierten Raumplanung.
2. *„Fiscal illusion“*: Das Vortäuschen geringerer als der tatsächlichen Kosten könnte auch bei raumplanerischen Maßnahmen gelingen, insbesondere dann, wenn diese nur einen geringen Umfang aufweisen. Bei Großprojekten[39] hingegen läßt sich dies praktisch nicht mehr bewerkstelligen.

---

36 Zu den 'politischen Konjunkturzyklen' beispielsweise NORDHAUS, W.D.: The Political Business Cycle. In: Review of Economics Studies, Vol.42, 1975, S.169-190 und FREY, B.S.: Moderne Politische Ökonomie. München 1981

37 vgl. FREY, B.S.: Neue Politische Ökonomie II. In: WiSu, 3. Jg., Düsseldorf 1974, S.74f.

38 Die wesentlichen, für die Raumplanung relevanten Kritikpunkte des Stimmenmaximierungsmodells von DOWNS lassen sich wie folgt zusammenfassen: (1) Annahme eines Zwei-Parteien-Systems, das der bundesrepublikanische Parteienlandschaft sicherlich nicht gerecht wird. (2) Wahlentscheidungen sind Entscheidungen über Maßnahmenbündel und nicht über Einzelmaßnahmen. (3) Einige Maßnahmen schlagen sich gar nicht in Budgetveränderungen nieder. (4) Der Einfluß der Bürokratie, von Interessengruppen und Lobbyisten auf politische Entscheidungen wird - zumindest in der direkten Betrachtung - vernachlässigt. Vgl. dazu BERNHOLZ, P.; BREYER, F.: Grundlagen der Politischen Ökonomie. 2. Aufl., Tübingen 1984, S.306ff.

39 Nimmt man Punkt 1 und 2 zusammen, so hätte aus theoretischer Sicht ein Großprojekt wie das 'Neue Fränkische Seenland', dessen endgültige Fertigstellung erst etwa 30 Jahre nach Beschlußfassung erfolgte und dessen Kosten sich auf mehrere Milliarden DM belaufen, nie zustande kommen dürfen. Daß dieses Projekt trotzdem gestartet wurde, läßt sich zu einem großen Teil nur aus der besonderen bayrischen Politik-Landschaft sowie dem hohen Prestigewert des Projekts erklären.

3. Ein passendes *'timing'* mittel- und langfristig raumwirksamer Maßnahmen in vier- bis fünfjährige Wahlperioden ist in der Regel unmöglich, entsprechendes Engagement seitens der Politiker daher kaum zu erwarten.
4. Das Gewinnen *neuer Wählergruppen* erscheint aus den genannten Gründen ebenfalls keine Motivation für politische Entscheider zugunsten von Raumordnung und Raumplanung zu bieten.

Zusammenfassend ist festzuhalten, daß Politiker zwar dem Gemeinwohl verpflichtet sind, dieses jedoch nicht immer konsequent verfolgen, da sie eigennützige Interessen, wie Macht, Einkommen, Prestige und somit Wiederwahl, verfolgen. Ein Umstand, der - für sich allein betrachtet! - einen Bedeutungszuwachs der Raumordnung und Raumplanung für die Zukunft unwahrscheinlich werden läßt.

1.3.2 Bürokratietheoretische Hemmnisse einer Umgestaltung

„In einem modernen Staat liegt die wirkliche Herrschaft ... notwendig und unvermeidlich in den Händen des Beamtentums."[40]

Nicht zuletzt aufgrund der von WEBER formulierten Erkenntnis, wäre es sicherlich unangebracht für die Entwicklung der Raumordnung und Raumplanung allein die politischen Entscheidungsträger verantwortlich zu machen. Sind Politiker doch in Zeiten zunehmender Komplexität der Umwelt verstärkt auf die Unterstützung durch Behörden angewiesen und somit in großem Maße von diesen abhängig.
Nun sind Bürokraten im idealisierten Demokratieverständnis lediglich Vollzugsorgane der Politik und allein daran interessiert, die öffentlichen Güter und Dienstleistungen, die in kollektiven Entscheidungsprozessen als wünschenswert festgelegt wurden, effizient und effektiv für die Bürger zu erbringen. Näher dürfte man indes der Wahrheit kommen, wenn man sie als mit eigenen Zielen und Interessen (beispielsweise hohes Einkommen, Entscheidungsspielräume, konfliktfreies Leben und Arbeiten) ausgestattete Individuen betrachtet. An diesen individuellen Zielen setzt nun die Bürokratietheorie von NISKANEN[41] an, die besagt, daß höheres Einkommen, Macht und Ansehen zumeist mit der Größe der verwalteten Budgets korrelieren und Führungskräfte der Administration deshalb versuchen ihre Budgets[42] so weit als möglich zu vergrößern.[43] In der Folge ist dann davon auszugehen, daß es zu einer Überversorgung mit öffentlichen Gütern und Dienstleistungen kommt und dieses Angebot ineffizient erstellt wird. Unterstützt werden diese Umstände dadurch, daß

---

40 WEBER, M.: Parlament und Regierung im neugeordneten Deutschland (1918). In: WINKELMANN, J. (Hrsg.): Max Weber - Gesammelte Politische Schriften, 3. Aufl. Tübingen 1971, S.320

41 vgl. NISKANEN, W.A.: Bureaucracy and Representative Government. Chicago 1971

42 vgl. BUCHANAN, J.M.: Die Grenzen der Freiheit. Tübingen 1984, Kapitel 9

43 Diese Budgetausdehnung versuchen Bürokraten durch ihre überlegenen Fachkenntnisse sowie das alleinige Wissen um die genauen Kosten öffentlicher Projekte im Sinn ihrer Interessen zu optimieren. Hierbei ist es ihr Ziel die marginale Zahlungsbereitschaft der politischen Entscheider auszuschöpfen. Alternativ zur Budgetmaximierung wird oftmals auch die Maximierung der Spielräume diskutiert (vgl. MIGUÉ, J.L.; BÉLANGER, G.: Toward a General Theory of Managerial Discretion. In: Center for Studies of Public Choice (Hrsg.): Public Choice, Bd.17, Blacksburg/Virginia 1974, S.27-43), wobei die zugrunde liegenden Mechanismen die gleichen sind. Kritisch ist gegen die Modellannahmen einzuwenden, daß sie fachliche und finanzielle Kenntnisse der Politiker unterschätzen.

meist keine ausreichende Kontrolle über die Mittelverwendung existiert.[44] Alternativ dazu können seitens der Administration bevorzugt Lösungen angeboten werden, die mit geringem Aufwand erbracht werden können beziehungsweise sich schnell abwickeln lassen, ohne daß mit langwierigen Einsprüchen durch Betroffene zu rechnen ist. Im Hinblick auf die Raumplanung kommt erschwerend hinzu, daß die einzelnen Fachbereiche bestmögliche Lösungen für ihr jeweiliges Handlungsfeld suchen und so die Gefahr besteht, daß Gesamtzusammenhänge unberücksichtigt bleiben und suboptimale Gesamtergebnisse erzielt werden.[45]

Zusammenfassend kann man sich dem Urteil von ZILLEßEN/BARBIAN anschließen, die konstatieren, daß die politischen Entscheidungsträger die eigentliche Entscheidungsbefugnis im Grunde verloren haben und von der zielsetzenden Funktion der Politik lediglich die Steuerung des Zielfindungsprozesses übrig geblieben ist.[46]

Mit diesen Begründungen lassen sich zwar die unbefriedigenden Ergebnisse der bislang verfolgten räumlichen Strategien erklären, nicht jedoch das geringe Gewicht, das Raumordnung und Raumplanung innerhalb des administrativen Systems zukommt.

Warum dehnen nun die in der Raumordnung und Raumplanung tätigen Bürokraten ihre Budgets nicht entsprechend des theoretischen Ansatzes aus um damit ihrem Handlungsfeld mehr Gewicht zu verschaffen?

Es kann vermutet werden, daß die Raumplaner dies sogar versuchen. Da die Raumplanung jedoch über ein relativ kleines Budget und geringe personelle Ressourcen verfügt, erschließen sich für sie keine großen Aktionsräume. Denn andere Ressorts verfügen über umfangreichere Ressourcen und damit über ungleich gewichtigere Einflußpotentiale, so daß eine relative - oftmals auch nur absolute - Ausdehnung des Budgets der Raumplanung von den um die gleichen Mittel konkurrierenden Ressorts verhindert wird.

Genauso scheitert auch die Einflußnahme der Raumordnung und Raumplanung auf die Gestaltung der Budgets anderer fachpolitischer Bereiche im Zuge ihrer Querschnittsfunktionen. Eine Änderung der Gewichte innerhalb des administrativen Systems zugunsten raumordnerischer und raumplanerischer Aktivitäten wäre somit nur aufgrund eines konkreten politischen Willens und entsprechender gesetzlicher sowie organisatorischer Veränderungen möglich.

1.3.3 Lobbyismus - Quelle für Veränderungen?

Um zu untersuchen, warum es in der Politik generell, speziell aber bei raumordnungspolitischen Maßnahmen und in deren Vorfeld, zunehmend zu Einflußnahmen von Seiten der Interessengruppen kommt und warum Interessengruppen und Verbände auch freiwillig in

---

44 vgl. MUSGRAVE, R.A.: Excess Bias and the Nature of Budget Growth. In: Journal of Public Economics, Bd.28, 1985, S.287ff.

45 vgl. WALDMÜLLER, B.: Sozio-ökonomische Entwicklung und Ökologie - Planungs- und Bewertungsprobleme bei Infrastrukturprojekten. Frankfurt a.M. 2000, S.156

46 vgl. ZILLEßEN, H.; BARBIAN, T.: Ökologie und Politik - Möglichkeiten der Berücksichtigung ökologischer Erfordernisse in umweltpolitischen Entscheidungsverfahren. In: FRÄNZLE, O. (Hrsg.): Handbuch der Umweltwissenschaften - Grundlagen und Anwendungen der Ökosystemforschung (Band II), Landsberg/Lech 1997, S.4

Planungen einbezogen werden, sollen einige Überlegungen zum Lobbyismus[47] angestellt und deren Implikationen für die Raumplanung aufgezeigt werden.
Ob jedoch das gesteigerte Interesse von/an Gruppierungen an/in der Raumplanung letztendlich zu einem Bedeutungsgewinn für die Planung führen kann, oder ob es sich nur um eine als 'strategisch' zu bezeichnende Beteiligung handelt, wird sich erweisen.

Legitimiert am politischen Entscheidungsprozeß teilzunehmen sind Wähler, Politiker (Abgeordnete) und Exekutive, so daß die Analyse deren direkten und indirekten Verhaltens zur Erklärung von Willensbildungs- und Planungsprozessen richtig und notwendig war. Wenn nun Interessenverbände und sonstige Gruppierungen mit in die Betrachtung einbezogen werden, ist dies „ein Eingeständnis, daß der ausschließliche Blick auf die gesetzlich vorgeschriebenen Institutionen nicht ausreicht, wenn der ... Willensbildungsprozeß realistisch beschrieben und erklärt werden soll"[48].
In diesem Sinne bezeichnet der Lobbyismus das Einwirken von Verbänden auf Regierungen, Parlamente und Administration auf allen politischen Ebenen, mit der Zielsetzung, dort zu treffende Entscheidungen im Sinne der Interessen der Verbandsmitglieder zu beeinflussen. Dazu stellen Verbände Informationen für politische Entscheidungsträger bereit und üben politischen Druck auf diese aus, indem sie mit dem Stimmenentzug ihrer Mitglieder bei folgenden Wahlen sowie intensiver, interessenbezogener Öffentlichkeitsarbeit drohen. Andererseits locken sie mit Wählerstimmen für den Fall, daß ihre Interessen Eingang in die Entscheidungen finden und versprechen „sowohl sachlichen Erfolg als auch politische Widerstände von dritter Seite zu minimieren".[49] Grenzen erfahren die Verbandseinflüsse dort, wo (1) für die Interessengruppen die Grenzkosten des Lobbying dessen Grenzerträge überschreiten, wo (2) der Steuerwiderstand der Gesamtbevölkerung steigt, so daß eine weitere Ausdehnung der Ausgaben zugunsten von Interessengruppen nicht mehr möglich ist, oder aber (3) konjunkturelle Einflüsse die Finanzierungsmöglichkeiten einschränken.
Festzuhalten bleibt, daß der Staat durch entsprechende Ausgaben Partialinteressen befriedigt und auf diese Weise zur Stabilität der Gesellschaft und nicht zuletzt deren institutionellen Rahmen, beiträgt.

Grundsätzlich ist dabei - unter der Annahme stabiler institutioneller Rahmenbedingungen - der Organisationsgrad der Gruppierungen entscheidend für das Ausmaß ihres Einflusses, wobei kleinere Gruppen wesentlich leichter organisierbar sind als große, zumal sie über klarere Ziele und Strukturen verfügen sowie niedrigere Transaktionskosten aufweisen, 'free-rider-Verhalten praktisch ausgeschlossen ist und eine selektive Anreizstruktur für die Mitglieder besteht. Dementsprechend ist es plausibel anzunehmen, daß in der Politik die Interessen kleinerer Gruppen - relativ! - stärkere Berücksichtigung finden als die größerer Gruppen.

---

47 Zu den weiteren Ausführungen in diesem Abschnitt vgl. OLSON, M.: Die Logik des kollektiven Handelns. 2. Aufl., Tübingen 1985.

48 ZIMMERMANN, H.; HENKE, K.-D.: Einführung in die Finanzwissenschaft. 6. überarb. u. erg. Aufl., München 1990, S.71

49 Dieser Informationsbedarf eröffnet den Verbänden den Zugang zur Entscheidung, denn oftmals sind Politiker über Sachverhalte und Wahlrelevanz von Interessen nur unzureichend informiert. Vgl. TEICHMANN, U.: Wirtschaftspolitik - Eine Einführung in die demokratische und die instrumentelle Wirtschaftspolitik. 3. Aufl., München 1989, S.38f. i.V.m. S.321

Überträgt man die Erkenntnisse der Theorie von Interessengruppen auf Raumordnung und Raumplanung, so findet man wesentliche Begründungen dafür, warum gerade hier der Einfluß von (kleinen) Bürgerinitiativen und (lokalen) Umweltverbänden so stark ist und an welchen Stellen ökonomisch orientierte Interessen einfließen.
Die eindeutige Abgrenzung des Zielgebietes raumplanerischer Maßnahmen fördert das Bewußtsein der Bevölkerung von einer Maßnahme positiv oder negativ betroffen zu sein - dies steht im Gegensatz zu den meist undurchschaubaren Effekten der Maßnahmen der anderen Ressorts. Durch diese direkte Betroffenheit meist überschaubarer Bevölkerungsteile, lassen sich aufkommende Widerstände wesentlich leichter bündeln und damit zum Ausdruck bringen. Eine hohe Kohäsion der Gruppierungen, ein niedriger Organisationsgrad[50] und einheitliche Ziele erleichtern ihnen den geschlossenen Auftritt in der Öffentlichkeit. Dadurch erscheint die Drohungen des Entzugs der Wählerstimmen für lokale und regionale politische Entscheider nachdrücklich und führt dazu, daß (teils) relativ kleine Interessengruppen über relativ viel Gehör finden und in der Entscheidungsphase deren Einflüsse schnell dominant werden können.
Ökonomisch ausgerichtete Verbandsinteressen bringen hingegen in der Raumordnung und Raumplanung ein (wiederum relativ!) geringeres Gewicht ein. Dafür sprechen zwei zentrale Gründe: (1) Ihr Einfluß wird insbesondere in der Vorbereitungsphase wirksam, indem durch ihre Initiativen lokale und regionale Projekte (beispielsweise zum Ausbau der Verkehrsinfrastruktur) angestoßen werden. In der öffentlichen Diskussion um die Entscheidung über solche Projekte treten sie dann regelmäßig in den Hintergrund. (2) Wirtschaftliche Interessengruppen versuchen ihre Ziele vorwiegend über die Beeinflussung von Fachressorts zu erreichen, da sie hier ihre Fachkenntnis direkt zum Zuge bringen können und ganz konkret auf Einrichtung von Budgets für die jeweils vertretenen Klientel hinarbeiten können. Ein weiterer Vorteil hierbei ist, daß Maßnahmen einzelner Fachpolitiken im Regelfall mit ihren konkreten Auswirkungen wesentlich besser und genauer abgeschätzt werden können, als ein Konglomerat einzelner, sich jedoch bedingender Maßnahmen im Zuge einer ganzheitlichen Raumplanung.

Umweltverbände und -initiativen spielen auf der lokalen und regionalen Ebene eine weitaus bedeutendere Rolle als auf Landes- oder gar Bundesebene. Ein Ergebnis, das einerseits der größeren Problemnähe auf diesen Ebenen zuzuschreiben sein dürfte und andererseits dem Umstand, daß ihre Zielorientierung denen der Raumordnung und Raumplanung näher stehen (`Nachhaltigkeit´) als Gruppierungen, die rein ökonomische Ziele vertreten. Dies äußert sich nicht zuletzt darin, daß Umweltverbände viel eher für eine Stärkung der koordinierenden und integrierenden Gesamtplanung eintreten.
Darüber hinaus verschaffen sich diese Gruppen leichter Vorteile in Form nicht-monetärer Leistungen und Güter (obgleich damit unter Umständen auch monetäre externe Effekte für die übrige Bevölkerung verbunden sind!). So ist die Ausweisung eines zusätzlichen Naturschutzgebietes einfacher zu erreichen als eine zusätzliche Bewilligung von Finanzmitteln für naturpflegerische Einsätze, obwohl damit unter Umständen finanzielle Belastung für die Bevölkerung verbunden sind, etwa durch den Verzicht in alternativer Nutzungsform als Gewerbegebiet und den damit verbundenen Gewerbesteuereinnahmen.

Ganz allgemein ist heute zu beobachten, daß sich die Exekutive zunehmend dem Einfluß von Verbänden öffnet. Wobei weniger die Nutzung externen Sachverstands im Vordergrund steht,

[50] Dies gilt besonders für lokale Interessen und Aktionsbündnisse, die als Reaktion auf kleinräumig wirksame Planungen entstehen und eine oftmals bedeutende Rolle im Entscheidungsprozeß spielen.

als vielmehr der Versuch bereits „im Vorfeld von Entscheidungsprozessen mögliche Widerstände auszuloten". Sind Widerstände zu erwarten, überlegt man, ob man sich diesen aussetzen will und ob die Möglichkeit besteht, sich gegen diesen durchzusetzen. Im Gegensatz zu den Verbänden scheuen Politiker Konflikte, was dazu führt, daß die „Asymetrie der Konfliktbereitschaft ... Verbandsegoismen maßgeblichen Einfluß auf den politischen Willensbildungsprozeß" ermöglicht. [51]

1.4 Bedingungen institutionellen Wandels

Die bestehenden Institutionen konnten den veränderten Anforderungen an Raumordnung und Raumplanung in der Vergangenheit nicht immer gerecht werden. In der Folge kam es (wie gezeigt) immer wieder zu Versuchen, angestrebte Ziele mit neuen Instrumenten und Konzepten sowie mittels neuer Organisationsformen, zu begegnen. Kurz: bestehende Institutionen waren Wandlungsprozessen ausgesetzt. Wie jedoch verlaufen solche Wandlungsprozesse? Was sind ihre Triebfedern? Folgen diese Veränderungen gewissen Mustern? Und können sie ökonomisch erklärt werden?

Die Theorie des institutionellen Wandels - von NORTH begründet - geht davon aus, daß die Grundbedingung für ökonomisches Wachstum die zunehmende Spezialisierung ist. Diese ist mit einer zunehmenden Zahl an Transaktionen und damit steigenden Transaktionskosten verbunden. Eine fortschreitende Spezialisierung läßt sich somit nur solange realisieren, wie bei den verfügbaren Institutionen, die Zuwächse der Transaktionskosten geringer sind als die Spezialisierungsgewinne. Dem entsprechend stellen institutionelle Innovationen die notwendige Bedingung für weiteres wirtschaftliches Wachstum dar. Daß sich dabei nur effiziente Institutionen durchsetzen, wird durch die Annahme individueller Nutzenmaximierung aller Beteiligter garantiert.[52] Geht man davon aus, daß das starke Wirtschaftswachstum der Nachkriegszeit die Verarbeitungskapazität des bestehenden raumordnungspolitischen und raumplanerischen Institutionengefüges überfordert hat, so stellt dieser theoretische Ansatz interessante Ansatzpunkte zum Verständnis institutioneller Veränderungen in diesem Bereich zur Verfügung.

Folgende paradigmatische Ausgangspunkte bilden die Grundlage einer Theorie des institutionellen Wandels für die Raumordnung und Raumplanung:[53]

- *Institutionelle Veränderungen ergeben sich evolutorisch*, indem sich Prozeßvariable - in Form der Ergebnisse räumlicher Entwicklungen und raumwirksamer Maßnahmen - gegenseitig beeinflussen und Daten - in Form raumordnerisch relevanter Institutionen - variieren.
- *Im Prozeß existieren verschiedene Ebenen*, die durch Institutionen mit unterschiedlichem Regelungsgehalt gekennzeichnet sind, die unterschiedliche Reaktionsfristen aufweisen und die unterschiedlich starke Impulse zu ihrer Veränderung erfordern.

---

[51] Vgl. TEICHMANN, U.: Wirtschaftspolitik - Eine Einführung in die demokratische und die instrumentelle Wirtschaftspolitik. 3. Aufl., München 1989, S.39

[52] vgl. NORTH, D.: Transaction Costs, Institutions, and Economic History. In: Zeitschrift für die gesamte Staatswissenschaft, Bd.140, Tübingen 1984, S.7ff.

[53] Ähnlich einem Ansatz zur Erklärung der Entwicklung arbeitsmarktpolitischer Institutionen von KLAUS, J.: Institutionelle Veränderungen als Folge von Beschäftigungskrisen. In: Schriften des Vereins für Socialpolitik, Neue Folge Band 178, Beschäftigungsprobleme hochentwickelter Volkswirtschaften, Berlin 1989, S.198.

- *Der Gesamtprozeß wird endogen*, durch Entscheidungen und Handlungen von Individuen in Marktprozessen *gesteuert*, indem diese versuchen ihre Vorteilspotentiale (Nutzen, Gewinne) zu maximieren und ihre Artikulationsfähigkeit (Organisation, Information) sowie Durchsetzungsmöglichkeiten (politischer beziehungsweise wirtschaftlicher Einfluß) zu nutzen.

Wie gesehen (vgl. Kapitel VII 1.), ist die Stabilität des Umfelds die zentrale Einflußgröße für Entstehung und Veränderung von Institutionen. Handlungskosten, Kosten der Einrichtung von Institutionen, Effizienzgewinne und Häufigkeit der Änderungsnotwendigkeit von Institutionen sind hier gegeneinander abzuwägen.[54] Um nun aber die Notwendigkeit zur Veränderung von Institutionen zu begründen, bedarf es Störungen im Umfeld, die aus Marktprozessen herrühren und bestehende Institutionen in ihrer bisherigen Effizienz einschränken.
Generell gilt, daß immer dann institutionelle Strukturen verändert werden, wenn sich Transaktionskosten reduzieren lassen oder sich die Transaktionskosteneffizienz erhöhen läßt.[55] Dazu muß folgende Bedingung erfüllt sein:

$$\mathbf{TAK}_{\text{der bestehenden Institution}} > \mathbf{TAK}_{\text{mit gewandelter Institution}} + \mathbf{Kosten}_{\text{institutioneller Veränderung}}$$

Die Schwellen, an denen es ökonomisch sinnvoll ist Institutionen zu verändern, sind von Institution zu Institution unterschiedlich hoch. Das führt dazu, daß sich nicht alle Institutionen eines Politikfeldes zugleich ändern (vgl. Abb.63). Vorgelagerte, weniger komplexe Institutionen verursachen geringe(re) Änderungskosten, so daß es bereits bei kleineren potentiellen Effizienzgewinnen sinnvoll ist, sie den geänderten Bedürfnissen anzupassen. In diese Kategorie fallen beispielsweise einzelne raumordnungspolitische Instrumente.
Dem stehen sogenannte Hyperinstitutionen gegenüber. Dies sind Institutionen höherer Ordnung, die sich nur langfristig und mit hohem Aufwand anpassen lassen. Sie bieten den Rahmen für die vorgelagerten Institutionen und deren Änderungen, und werden selbst erst dann geändert, wenn alle Effizienzsteigerungsmöglichkeiten innerhalb des von ihnen abgesteckten Rahmens ausgeschöpft sind. Ganz allgemein folgen jedoch auch sie dem Ansatz der Neuen Institutionellen Ökonomie, nachdem jeweils ein Veränderungsdruck auf die Institutionen ausgeht, die für spezifische Koordinationsleistungen im Rahmen von Marktprozessen dringend benötigt werden und die ihre Funktionen nicht mehr ausreichend erfüllen können.[56]
Exemplarisch für Hyperinstitutionen ist das Bundesraumordnungsgesetz (BROG) zu nennen. Seine Änderung ließ zuletzt mehr als 30 Jahre auf sich warten. Erst dann fanden geänderte Ziele und Notwendigkeiten Eingang in dieses Gesetz.

Generell sollten selbstverständlich alle Institutionen auf Dauer angelegt sein[57], nichtsdestotrotz müssen sie notwendigen Anpassungen gegenüber offen bleiben, wollen sie nicht ihre Existenzberechtigung verlieren. Die Wandelbarkeit von Institutionen stößt immer dort an Grenzen, wo das „Phänomen der Persistenz dieser Institutionen“ auftritt. KLUMP führt

---

54 vgl. zu diesem Themenkomplex die ausführliche Darstellung für unterschiedliche Umweltsituationen bei DICKERTMANN, D.; LEHMANN, M.: Ansatzpunkte einer ökonomischen Handlungstheorie - ein Beitrag zur Integration neo-institutionalistischer Analyseansätze. Arbeitspapier Nr.50, Trier 1998, S.26ff.

55 vgl. RICHTER, R.: Institutionen ökonomisch analysiert. Tübingen 1994, S.9

56 vgl. KLAUS, J.: Institutionelle Veränderungen als Folge von Beschäftigungskrisen. In: Schriften des Vereins für Socialpolitik, Neue Folge Band 178, Beschäftigungsprobleme hochentwickelter Volkswirtschaften, Berlin 1989, S.198 i.V.m. S.207

57 vgl. VANBERG, V.: Markt und Organisation - Individualistische Sozialtheorie und das Problem korporativen Handelns. Tübingen 1982, S.32

drei Gründe für diese Persistenz auf, welche die Pfadabhängigkeit der Institutionen begründen: (a) *spezifischen Investitionen* in Institutionen ('sunk costs'), (b) *Netzwerkeffekte* und (c) *kognitiven Verankerungen* der Institution entsteht."[58] Alle drei Gründe führen zu einem hohen Änderungswiderstand und sichern damit bestehenden Regelmechanismen eine überlange, unveränderte Existenz, obgleich geänderte Institutionen Effizienzvorteile innerhalb kommender Perioden bedeuten würden.[59]

Abb.63: Institutionen und Marktprozesse: Interaktionen

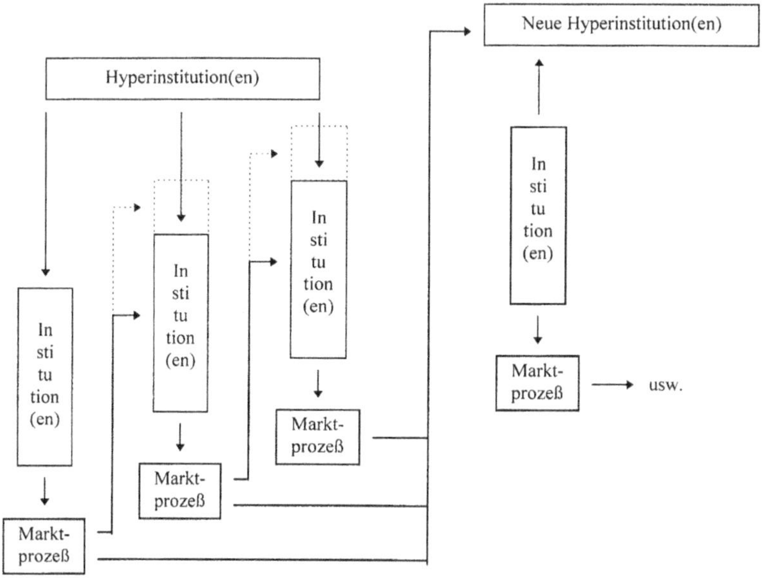

Quelle: KLAUS, J.: *Institutionelle Veränderungen als Folge von Beschäftigungskrisen. In: Schriften des Vereins für Socialpolitik, Neue Folge Band 178, Beschäftigungsprobleme hochentwickelter Volkswirtschaften, Berlin 1989, S.199*

Organisationsform und instrumentelle Ausstattung der traditionellen Raumordnung und Raumplanung wurden offensichtlich seit dem Beginn der 80er Jahre den starken exogenen Einflüssen nicht mehr gerecht. Die zu dieser Zeit einsetzende Dynamisierung der Umwelt und der technologische Wandel sowie in deren Folge die Zielverschiebungen (vgl. Kapitel II 1.1.2) konnten innerhalb des vorhandenen institutionellen Rahmens nicht mehr ausreichend aufgefangen werden. Nötigen institutionellen Anpassungen standen Rigiditäten des gesellschaft-

[58] Vgl. WEGENER, T.: Institutionelle Aspekte der Regionalisierung von Wirtschafts- und Strukturpolitik - Das Beispiel Sachsen-Anhalt. In: ifo Institut für Wirtschaftsforschung (Hrsg.): ifo Dresden-Studien, Bd.24, München 2000, S.68 i.V.m. KLUMP, R.: Wirtschaftswachstum und institutionelle Entwicklung. In: HEMMER, H.-R. (Hrsg.): Die Bedeutung der Neuen Institutionenökonomik für die Entwicklungsländer, Tagungsband zum 1. Limburg-Seminar „Wissenschaft und Praxis der Entwicklungsökonomik", KfW Kreditanstalt für Wiederaufbau, Frankfurt 1998, S.118.

[59] vgl. DICKERTMANN, D.; LEHMANN, M.: Ansatzpunkte einer ökonomischen Handlungstheorie - ein Beitrag zur Integration neo-institutionalistischer Analyseansätze. Arbeitspapier Nr.50, Trier 1998, S.39

lichen Systems und der bestehenden Institutionen sowie Unsicherheiten über den zukünftigen Kurs entgegen. Erst als der Veränderungsdruck kritische Schwellen überschritt und die Raumplanung grundsätzlich in Frage gestellt wurde, öffnete sie sich nach außen und begann neue Wege (vgl. Kapitel VI) zu beschreiten.

2. Pragmatische Sicht

Neben den bislang angestellten, sicherlich realitätsnahen, aber letztendlich doch theoretischen Überlegungen, welche die Vorherrschaft der Fachpolitiken begründeten, dominieren zwei weitere, ganz pragmatische Aspekte die möglichen Entwicklungsverläufe von Raumordnung und Raumplanung. Aufgrund ihrer hervorgehobenen Bedeutung sollen sie an dieser Stelle aufgezeigt werden.

2.1 Finanzknappheit

Der immer enger werdende finanzielle Spielraum des Bundes, der Länder sowie der Regionen, Kreise und Städte zwingt alle Gebietskörperschaften zunehmend zu sparsamerer und effizienterer Mittelbewirtschaftung. Ein Umstand, der sich auf die Raumordnungspolitik und deren Maßnahmen direkt auswirkt.
So steigert die allgemeine Verknappung der finanziellen Mittel die Herausforderungen an die Prozeßgestaltung von Raumordnung und Raumplanung und läßt - auf den ersten Blick - Chancen zu Veränderungen dieser Prozesse geringer erscheinen. Denn die zunehmende subsidiäre Verlagerung von Aufgaben und Verantwortung von Bund und Ländern auf Regionen und Gemeinden, deren Ressourcenausstattung sich in den vergangenen Jahren tendenziell verschlechtert hat, schafft Rahmenbedingungen, die eine Lösung der anstehenden Probleme nicht einfacher erscheinen lassen. Daß im Zuge dieser Aufgabenzuweisungen keine entsprechenden Finanzierungsmöglichkeiten zur Verfügung gestellt wurden, verschärft diese Situation weiter. Andererseits kann gerade der daraus resultierende Druck notwendige Änderungen im institutionellen und im instrumentellen Gefüge, voranbringen, indem er Kräfte freisetzen und zu neuen, kreativen Lösungsansätzen motivieren kann. Erste Beispiele stellen die in Kapitel VI dargestellten, derzeit diskutierten Lösungsansätze dar.

Unabhängig davon, welche Lösungskonzepte sich in Zukunft durchsetzen werden, müssen sie drei wesentliche Voraussetzungen erfüllen:

1. *Valide Planung*: Die bestmögliche Auswahl durchzuführender Projekte sowie eine genaue Vorbereitung und Durchführung aller Planungsschritte wird unentbehrlich, sollen Projekte nicht aufgrund unzureichender Planung verzögert oder gar gestoppt werden und damit (große) Ressourcen ohne nutzenstiftende Ergebnisse fehlgeleitet werden. Das kann durchaus zu längeren und unter Umständen teureren Planungsphasen führen. Dieser Umstand sollte jedoch als Investition betrachtet werden, die sich durch reibungslosere und zügigere Planrealisation rechnet.
2. *Integration der Kompetenzen und Ressourcen nicht-öffentlicher Planungsträger*: Um die Planung nicht Widersprüchen und Rechtsstreiten und somit teueren Verzögerungen auszusetzen, wird die Einbeziehung breiter Bevölkerungsteile bereits in die Planerstellung immer dringender. Dadurch können nicht nur die Präferenzen besser erfaßt werden, sondern auch Kompetenzen und Ressourcen der nicht-öffentlichen Planungsbeteiligten in die Planungs-

phase einbezogen werden, was zu fachlich besseren Planergebnissen sowie einer (finanziellen und personellen) Entlastung öffentlicher Planungsstellen führen sollte.
3. *Vorhalten von Umsteuerungspotentialen*: Da jedoch in einer dynamischen und damit unsicheren Umwelt nie abschließend und mit endgültiger Sicherheit geplant werden kann, wird man in Zukunft nicht umhin kommen Potentiale zur Änderung und Anpassung von Plänen sowie zur Umsteuerung eingesetzter Ressourcen, vorzuhalten.

Die angespannte Haushaltslage aller Planungsebenen wird Großprojekte, die in ihren Einflußfaktoren und Wirkungen hohe, teils kaum abschätzbare Komplexitätsgrade aufweisen, in absehbarer Zukunft in den Hintergrund drängen, wenn nicht ganz unmöglich machen. Viel eher ist eine weitere Fokussierung auf `hot spots´ zu erwarten. Trotzdem ist auch bei kleiner dimensionierten Projekten der Verflechtungsgrad von Maßnahmen und Wirkungen hoch und bedarf der Erfüllung der genannten Voraussetzungen.

2.2 Zunehmende Umweltprobleme

Die Begrenztheit des Raumes und die zunehmende Verknappung der Umwelt bei gleichzeitiger Zunahme der quantitativen wie qualitativen Ansprüche an beide Faktoren durch die Bevölkerung, führen zu einem weiter zunehmenden Bedarf an Leistungen der Raumordnung und der Raumplanung. Denn nur diese beiden scheinen aufgrund ihrer Querschnittsfunktion in der Lage zu sein, der Komplexität ökologischer Zusammenhänge ein integriertes, abgestimmtes Handeln über die fachpolitischen Grenzen hinaus zu entgegenzusetzen. Denn egal, ob es heute um die zunehmende Versiegelung von Flächen in städtischen Regionen, oder um konkurrierende Nutzungsansprüche an Freiflächen, Naturschutz, Gewerbestandorte etc. geht, stets sind eine Vielzahl unterschiedlichster Aspekte mit Fachverstand zu gewichten, und gegeneinander abzuwägen um letztendlich Entscheidungen zu treffen, die langfristig tragfähig sind.
Gerade Raumordnung und Raumplanung stehen aufgrund ihres interdisziplinären Ansatzes nicht im Verdacht, einseitig Interessen - seien es wirtschaftliche oder ökologische - zu vertreten, sondern mit ihrer Hilfe kann es gelingen Vertreter unterschiedlichster gesellschaftlicher Gruppierungen unter einem `neutralen Dach´ zusammenzubringen, um gemeinsam Lösungen für anstehende Probleme zu finden.
Ob jedoch die zunehmenden Umweltprobleme den notwendigen Schub für ein integriert angelegtes Raummanagement erzeugen, ist mehr als unsicher, denn nach der Hochphase des Umweltbewußtseins Ende der 70er/Anfang der 80er Jahre, nimmt dieses heute merklich ab und tritt im Bewußtsein der Bevölkerung hinter Themen wie Wirtschaft und Arbeitslosigkeit zurück.

Achtes Kapitel

Zusammenfassung der Ergebnisse und Ausblick

„Die zentrale Frage ist sicher diejenige, ob die Raumordnung den skizzierten Anforderungen unter den heutigen Bedingungen gerecht werden kann, ob die räumliche Planung hierfür überhaupt der richtige Adressat ist oder nicht möglicherweise in ihrer Koordinierungsfunktion und Steuerungskompetenz - wieder einmal - überschätzt wird."[1]

Einordnung des Kapitels in den Gesamtzusammenhang

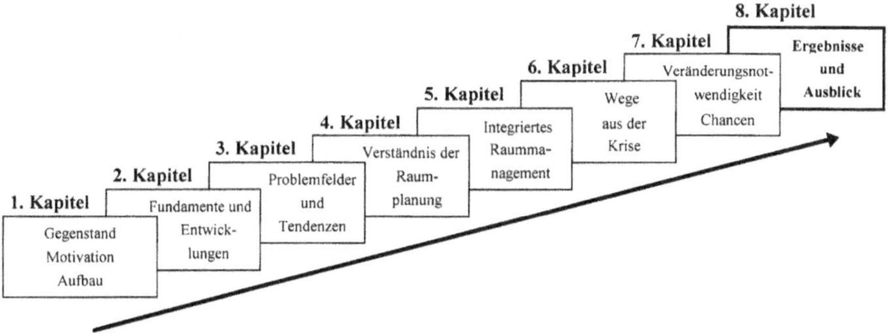

Quelle: Eigene Darstellung

Ausgehend von der Beobachtung, daß sich die gesellschaftlichen Nutzungsansprüche an den Raum in der Vergangenheit massiv verändert haben, war es Ziel dieser Arbeit zu zeigen, in wieweit das bestehende System der Raumordnung und Raumplanung diesen veränderten Anforderungen gerecht werden konnte beziehungsweise an welchen Stellen es zu Unzulänglichkeiten kam und heute noch kommt.
Auf Grundlage der Erkenntnis, daß der unterliegende Planungsprozeß in der Regel nicht weiter thematisiert wird, wurden prinzipiell denkbare Planungskonzeptionen sowie darauf aufbauend der Ansatz eines integrierten Raummanagements skizziert. Dies erforderte den Transfer theoretischer Überlegungen zum Planungsaufbau, wie sie im privatwirtschaftlichen Umfeld üblicherweise angestellt werden, hin zur Raumordnung und Raumplanung. Die derzeit in der Diskussion stehenden neueren Lösungsansätze konnten diesen Überlegungen in der Folge gegenübergestellt werden, bevor auf Basis institutionentheoretischer Überlegungen die Chancen für eine tiefer greifende Veränderung des bestehenden Raumordnungs- und Raumplanungssystems, beurteilt wurde.

1. Zentrale Ergebnisse

Folgende Ergebnisse der einzelnen Kapitel kristallisierten sich als wesentlich heraus und begründeten jeweils die weiteren Analyseschritte.

[1] HESSE, M.: Nachhaltige Raumentwicklung. In: BfLR (Hrsg.): RuR, H.2+3/.96, Bonn 1996, S.115

Kapitel I:

Bereits bei der Darstellung des Untersuchungsgegenstands sowie der Intension der Arbeit zeigte sich schnell, daß vor einer näheren Betrachtung der Problemkreise grundlegende Aspekte zu erläutern sind.

- So bildet der Raum als begrenzte natürliche Ressource die Grundlage jeglichen menschlichen Handelns, wobei zuerst die physische Umwelt die soziale Umwelt prägte, bevor in neuerer Zeit zunehmend veränderte Bedürfnisse und Sozialstrukturen die Raum-, Landschafts- und Siedlungsstrukturen veränderten. Die massiven Änderungen der räumlichen Nutzungsmuster innerhalb des letzten Jahrhunderts sprechen hier eine deutliche Sprache.

- Um sich dem Thema weiter erfolgversprechend zu nähern, bedarf es einer klaren und eindeutigen Abgrenzung der verwandten Begriffe hinsichtlich ihrer Bedeutung, ihrer Unterschiede sowie ihrer Zusammenhänge. Nur wenn die Unterschiede von Raumordnung und Raumplanung, Landes- und Regionalplanung sowie Raumordnungs-, Regional- und Umweltpolitik herausgearbeitet werden, kann eine Diskussion beginnen, in der miteinander und nicht aneinander vorbei geredet wird. Und erst so finden Raumordnung und Raumplanung, als traditionsreiche Politikfelder, ein tragfähiges Fundament für ihre weitere Entwicklung.

- In der Raumordnungspolitik sind konzeptionelle Änderungen zu beobachten, die sich nicht zuletzt im Wechsel raumordnerischen und raumplanerischen Paradigmen äußerten. Letztere entwickelten sich vom `Städtebau´ über das `Management des Wachstums´ hin zur `Animation räumlicher Entwicklungen´ beziehungsweise einer `Begleitung der räumlichen Umgestaltung´.

Kapitel II:

Um den Ausgangspunkt weiterer Überlegungen zu bestimmen, mußte selbstverständlich der Status Quo der Raumordnung und Raumplanung sowie die bislang erfolgten Veränderungen und deren Grundlagen aufbereitet werden.

- Die wirtschaftlichen Umbrüche innerhalb des letzten Jahrhunderts (zu einem großen Teil in der Nachkriegszeit) stellen einen der Hauptgründe für sich verändernde Werthaltungen in der Gesellschaft dar. Deutlichen Einfluß hatten die Phasen starken wirtschaftlichen Wachstums, der Stagnation und - daran anschließend - der zunehmend spürbaren negativen Wachstumsfolgen, wobei wesentlich war, daß sich die Einheit von Wirtschaftswachstum und räumlichem Wachstum aufgelöst hat und wirtschaftliche Entwicklungen immer weniger von räumlichen Konflikten gebremst werden.
  Im Ergebnis verschoben sich die gesellschaftlichen Ziele dergestalt, daß innerhalb der Raumordnungspolitik die `Zieldualität´ (Ökonomie - Soziales) durch ein `Magisches Dreieck´ (Ökonomie - Soziales - Ökologie) ersetzt wurde.

- Da in einem marktwirtschaftlich-liberalistisch verfaßten Gesellschaftssystem jeder staatliche Eingriff in gesellschaftliche Prozesse zu rechtfertigen ist, muß auch in bezug auf raumordnungspolitische Eingriffe die Frage nach deren grundsätzlichen Rechtfertigung gestellt werden. Dieser Frage kommt um so mehr Bedeutung zu, als daß in der Regel

raumordnungspolitische Diskussionen nur von einem kleinen Expertenkreis geführt werden, die - vielleicht aus intuitiver Überzeugung ihres eigenen Tuns - oftmals eine Rückbesinnung auf das `Warum´ dieses Tuns vermissen lassen.
Resultat dieser Überlegungen ist, daß sich innerhalb der freiheitlichen Ordnung einer Marktwirtschaft ausreichend gute Gründe finden, die staatliches Handeln legitimieren. Gründe reichen vom klassischen Marktversagen mit negativen externen Effekten bis zu Aspekten intergenerativer Gerechtigkeit. Dabei zeigt sich, daß zwar ökonomische und ethisch-moralische Gründe für Raumordnung und Raumplanung existieren, von rechtlichen Aspekten aber keine originäre Rechtfertigung raumordnungspolitischer Eingriffe ausgeht. Ihre Bedeutung liegt allerdings dort, wo Gesetze Eingriffsgrenzen festlegen - etwa im Rechtsschutz des Individuums.

Kapitel III:

Ausgehend von der Bestandsaufnahme der beiden ersten Kapitel, konnten als Problemkerne politisch-institutionelle sowie personell-organisatorische Gegebenheiten ausgemacht werden.

- Die komplexe Organisationsstruktur der Raumordnung und Raumplanung mit ihrer ausgeprägten Hierarchie und fachbereichübergreifenden Themenstellungen führt zu deutlichen Reibungsverlusten und eingeschränkter Funktionsweise. Daß dabei sowohl die politische wie die administrative Seite betroffen ist, verstärkt diese Schwierigkeiten weiter. Gegen das `Primat der Politik´ wird aufgrund der Informationsvorsprünge der Verwaltung, oftmals verstoßen.

- Die Raumordnungspolitik gehört aufgrund ihrer Planungsinhalte zu den Querschnittsplanungen. Entsprechende Kompetenzen und eine adäquate personelle Ausstattung wurden ihr aber bislang verwehrt. Zudem trägt sie überwiegend Fachplanungsergebnisse zusammen, ohne eigene gestalterische Kraft zu entfalten.

- Betrachtet man die verschiedenen Gruppen von Planungsbeteiligten, so kristallisiert sich heraus, daß weder Politik noch Verwaltung der Raumordnungspolitik gesteigertes Interesse entgegenbringen. Politiker verlegen sich lieber auf kurzfristig wirkende, fachpolitische Maßnahmen und innerhalb der Fachbereiche dominieren Ressortegoismen. Daß in weiten Teilen der Bevölkerung das notwendige Verständnis für eine koordinierende Planung fehlt und raumplanerische Maßnahmen und Instrumente in der Regel nur mittel- bis langfristige Ergebnisse (`time lags´) erzielen, verstärkt diese Umstände weiter. Die Folge sind `Nachvollzugsplanung´ und abnehmende Akzeptanz der räumlicher Planungen durch die Öffentlichkeit.

- Eine der Hauptaufgaben zukünftiger Raumordnungspolitik ist es, festzulegen, welche Personen und Gruppierungen an Entscheidungen teilhaben sollen und wie eine ausreichende Informationsbereitstellung für Interessenträger organisiert werden kann. Innerhalb der Raumordnung selbst werden Planer zunehmend Generalisten sein müssen, um Anforderungen aus den Fachressorts kompetent zu behandeln und, wo nötig, entgegentreten zu können.

- Daß sich ändernde Anforderungen an Raumordnung und Raumplanung auch Änderungen des raumordnungspolitischen Instrumentariums verlangen ist verständlich. Daß konkreten

Problemen nur ungenügend präzisierte Ziele gegenüberstehen, die eine Abstimmung verfügbarer Instrumente beinahe unmöglich machen, war hingegen nicht zu erwarten. Durch die mangelhafte Effektivitäts- und Effizienzkontrolle fielen diese `miss matches´ bislang jedoch kaum auf.
Das vorhandene Instrumentarium selbst bietet dagegen zwar maßgeschneiderte Problemlösungen für die räumlichen Folgen des Wachstums in den letzten Jahrzehnten, entspricht aber immer weniger den heutigen Anforderungen der Gesellschaft, die vielmehr Fragen der Stagnation und Restrukturierung sowie einer wirtschaftlichen, politischen, sozialen und kulturellen Polarisierung im Vordergrund sieht.

Kapitel IV:

Ausgehend von den grundsätzlich denkbaren Planungsansätzen (`bottom up´ und `top down´), war zu untersuchen, ob das heutige, den Instituten der Raumordnung und Raumplanung zugrunde liegende Planungsverständnis den bisherigen Anforderungen gerecht wurde und ob es dies auch in Zukunft noch werden kann.

- Dabei mußte festgestellt werden, daß zwar - verlautbart und gesetzlich festgelegt - ein Planungsansatz, der Komponenten des `bottom up´ mit denen des `top down´ verbindet, bevorzugt wird, dies in der Praxis aber nicht gegeben ist. Daß darüber hinaus bislang ungeklärt ist, in wieweit Komponenten einer umfassenden mit Komponenten einer inkrementalen Planung verbunden werden sollen, ergänzt die derzeitige Orientierungslosigkeit um eine weitere Facette.
  Somit verwundert es kaum, daß die heute innerhalb dieses Rahmens diskutierten Verständnisformen der Raumplanung für die Zukunft oftmals nur unbefriedigende Alternativen aufzeigen. So ist etwa einer weiteren Demontage der Kompetenzen von Raumordnung und Raumplanung im Zuge einer reinen Übernahme fachplanerischer Inhalte, ebenso eine Absage zu erteilen, wie einer reinen Informationsbereitstellung für die übrigen raumwirksam Handelnden. Zu fordern ist hingegen eine verstärkte Rückbesinnung auf die politische Systemlogik und - dem folgend - eine zunehmende Prozeßlogik im gesamten Planungsprozeß und über alle Planungsbereiche hinweg. Ebenfalls der politischen System- und Verfassungslogik folgend, ist eine stärkere tatsächliche Föderalisierung der Planungssysteme erstrebenswert.

- Sollen die bestehenden Grenzen des Planungssystems zukünftig überschritten werden, so dürfen fundamentale Prozesse der (Industrie- und Dienstleistungs-)Gesellschaft nicht länger verdrängt werden. Einer der wesentlichen Aspekte liegt in der Lücke zwischen den durchaus sehr detaillierten Zielen und deren konkreter Umsetzung im Rahmen eines integrierten Gesamtkonzepts.

Kapitel V:

Um das Zusammenspiel der verschiedenen raumwirksamen Aktivitäten und Planungen in gesellschaftlich wünschenswerte Bahnen zu lenken, braucht es integrierende Konzepte. Denn nur diese werden dem Umstand gerecht, daß Raumordnung und Raumplanung Querschnittsaufgaben sind und die raumbedeutendsten Maßnahmen nur in den seltensten Fällen in Raumplanungsministerien beschlossen werden.

- Zentrale Integrationsbereiche sind dabei Ziele, Träger und Instrumente. Nur konsistente, logisch strukturierte und somit umsetzungsfähige Zielsysteme können dauerhaft einen Orientierungspunkt für die Akteure im Planungsprozeß bieten. Damit bei der Aufstellung geeigneter Zielsysteme wesentliche gesellschaftliche Interessen nicht außer acht gelassen werden, sind alle von räumlichen Planungen Betroffene in den Zielbildungsprozeß einzubeziehen ('private-public-partnership'). Deren Beteiligung darf aber dort nicht halt machen, denn auch bei der Festlegung geeigneter Planträger und Instrumente sollten die unterschiedlichen Interessenlagen weitest möglich beachtet werden, um eine tragfähige Basis für eine zukunftsweisende Raumordnungspolitik zu begründen. Daß nur abgestimmte Maßnahmenbündel - sowohl im Sinne der Effektivität und Effizienz als auch im Sinne des funktionalen Föderalismus - zielführend sind, ist selbstverständlich. Interdisziplinäre Projektteams könnten einen wesentlichen Beitrag hierzu leisten.
  Die Integrationsgrenze wird durch den steigenden Planungsaufwand in einem integrierten Planungssystem vorgegeben. Hier gilt es den Punkt zu finden, an dem der Grenznutzen einer weiteren Integration von Zielen, Trägern und Instrumenten sowie die möglichst genaue Abbildung der Umweltkomplexität in der Planung, den damit verbundenen Grenzaufwand nicht mehr kompensiert.

- Ein integrativ angelegtes Raummanagement, das diese Bezeichnung verdient, hat strategische und operative Komponenten gleichberechtigt nebeneinander zu institutionalisieren. Als Grundlage hierzu eignen sich privatwirtschaftliche Planungskonzeptionen, bieten sie doch die notwendige Flexibilität bei gleichzeitiger Konkretisierung der festgelegten Ziele. Ein Umstand, der unbedingt gewährleistet sein muß, will man nicht weiterhin an der (eher noch zunehmenden) Umweltdynamik scheitern.
  Eine Orientierung der Raumplanung an Planungssystemen, wie sie in Konzernen zum tragen kommen, erwies sich somit als leicht zu begründen. Beide Planungsbereiche werden von den gleichen Faktoren beeinflußt, beide Planungssysteme weisen vergleichbare Komplexitätsgrade auf (sowohl was die horizontale wie die vertikale Differenzierung betrifft) und in beiden Systemen handeln Personen und Personengruppen, die von unterschiedlichen Motiven und Werten getrieben sind.

- Obwohl eine solchermaßen konzipierte Planung eine höhere Toleranz gegenüber der Umweltdynamik hat, darf dies nicht von der Notwendigkeit effektiver Kontrollinstitute ablenken! Die Kontrollfunktion muß dabei klar gegliedert sein, um in jeder Phase des Planungsprozesses ihre volle Wirksamkeit entfalten zu können. Hierzu sind strategische wie operative Kontrollkomponenten anzulegen. Erstere als 'feed-forward'-Kontrolle, letztere auch als 'feed-back'-Kontrolle. Beide Kontrollkonzepte adaptiv ausgerichtet und sich gegenseitig ergänzend, sichern höchstmögliche Planungssicherheit. Daß jedoch absolute Sicherheit nie erreicht werden kann, ist einzugestehen und zu akzeptieren.
  Wenn bislang Kontrollmechanismen in die Prozesse implementiert wurden, dann waren diese meist operativ angelegt. In Zukunft wird jedoch die strategische Kontrolle zur Überwachung sich verändernder Rahmenbedingungen bei langfristigen und teuren räumlichen Planungen zunehmend Bedeutung erlangen.

Kapitel VI:

Kernthemen neuerer Ansätze in Raumordnung und Raumplanung sind die 'Dynamisierung der Planungsprozesse', die 'Integration der Implementationsphase in den Planungsprozeß' sowie die `Einbeziehung breiter Bevölkerungsgruppen in die Planungsvorgänge´, die zumeist mit Tendenzen der `Föderalisierung´ verknüpft werden.

- Nur eine dynamisch angelegte Planung wird in Zukunft größere Unsicherheiten und schnellere Wechsel im sozio-ökonomischen System kompensieren und wenigsten teilweise kontrollierbar machen können. Fünf- und mehrjährige Planungswerke, die mittels `command and control´ gesteuert werden, sind an dieser Stelle zum Scheitern verurteilt.

- Die Föderalisierung der Raumplanung mündet im Endergebnis in deren Regionalisierung. Der überwiegende Teil räumlicher Problemlagen spielt sich auf dieser Ebene ab, so daß die Problemnähe dort am höchsten ist. Dazu ist das Know-how zur Problemlösung in der Regel ausreichend vorhanden und der Kontakt zu den betroffenen Personen- und Interessengruppen leicht herzustellen, was einerseits die konzeptionell-planerische Funktion der Raumplanung handhabbar macht und andererseits die Umsetzung der Planergebnisse im ursprünglich intendierten Sinne ermöglicht.

- Regional differenzierte Lösungsansätze können die Eigenverantwortlichkeit der Regionen in einer föderalisierten Raumordnungspolitik stärken. Vernetzten Lösungen kommt hierbei eine wesentliche Rolle zu, ermöglichen sie es doch, daß alle zum Planungs- und Entscheidungsprozeß Zugelassenen integriert, ihre Problemkenntnis berücksichtigt und ihre Lösungskompetenzen genutzt werden. Daß jedoch der Netzwerkgedanke innovativ und neu ist, wie vielfach dargestellt, muß verneint werden. In allen Politikfeldern - und damit auch in der Raumordnungspolitik - haben stets materielle wie imaterielle, funktionale wie persönliche Beziehungen ein Geflecht gebildet, aus dem heraus Lösungen generiert wurden. So gesehen, handelt es sich bei Netzwerken um `alten Wein in neuen Schläuchen´. Einzig die Aufnahme in den Kanon raumordnungspolitischer Konzepte sowie die offizielle Förderung von (Städte-)Netzwerken, verstärkt den Nachdruck mit dem diese Kooperationsformen räumlicher Einheiten, Unternehmen, Experten, Bevölkerungsgruppen etc. in der politischen Diskussion auftreten und mit der die von ihnen gemeinsam entwickelten Ergebnisse Anspruch auf allgemeine Akzeptanz erheben.

- Aufgrund zunehmend merklicher Umweltschädigungen gewinnt die Ökologie als einer der konstitutiven Fachbereiche der Raumordnung und Raumplanung weiter an Bedeutung. `Nachhaltigkeit´ wird darum zukünftig eine wichtige Rolle spielen. Soll hier aber nicht lediglich mit einer Worthülse hantiert werden, muß es gelingen klare Vorstellungen von deren Inhalten zu finden und hierüber Konsens zu erzielen. Leitende Gedanken werden Assimilationskapazitäten, Reproduktionsraten innerhalb des ökologischen Systems, intergenerative Gerechtigkeit sowie Überlegungen zur Substituierbarkeit unterschiedlicher Zielgrößen der Raumordnung sein müssen. `Nachhaltige Entwicklung´ hat somit Umwelt-, Sozial und Wirtschaftspolitik zu umschließen und sich nicht ausschließlich um natürliche Ressourcen zu kümmern.

- Weniger gestalterische Lösungsvorschläge, bei denen Raumordnung und Raumplanung nur noch Rahmendienstleistungen erbringen, würden zu einer weiteren Demontage raumordnungspolitischer Kompetenzen führen und sind im Angesicht der breit gefächerten und damit Führung benötigenden Interessen- und Problemlagen abzulehnen. Gerade hier werden dringend neutrale und unabhängige Institution gebraucht, sollen Partikularinteres-

sen im Zaum gehalten und nicht lediglich Lösungen auf dem jeweils kleinsten gemeinsamen Nenner formuliert werden.
Dies bedeutet jedoch nicht, daß Moderations- und Mediationsansätze ebenfalls abzulehnen sind. Sie werden zukünftig in integrierenden Konzepten eine zentrale Rolle einnehmen, um widerstreitende Interessen einander anzunähern und gemeinsame Ziele zu definieren. Sollten diese Methoden jedoch scheitern, müssen alternative Entscheidungsformen bereit stehen um effektiv und effizient dauerhaft tragfähige Lösungen zu generieren.

- Die bislang verlautbarten offiziellen Schwerpunkte der Raumordnung in der Bundesrepublik sind dahingehend nicht zufriedenstellend, als einigen der vorgeschlagenen Wege weitestgehend ein theoretisches Fundament fehlt. Insofern muß der Vorwurf bestätigt werden, daß lediglich Trends und Strömungen gefolgt wird und weniger durchdachte, abgestimmte Konzepte verfolgt werden. Zudem höhlen einige der eingesetzten Instrumente die Raumordnung und Raumplanung in ihrer ursprünglichen Konzeption aus, da sie eine gesetzliche Basis vermissen lassen; ein Umstand, der nachdenklich stimmen sollte.

Kapitel VII:

Wollte man Raumordnung und Raumplanung durchgreifend reformieren um sie effektiver und effizienter zu gestalten, so müßten auch institutionelle Rahmenbedingungen verändert werden. Betrachtet man jedoch die vorhandenen raumordnungpolitischen Institutionen und deren Veränderungspotential aus theoretischem Blickwinkel, so scheint es fraglich, ob diese in ihrem gesellschaftlichen Umfeld und innerhalb ihrer politisch-administrativen Einbindung geeignete Voraussetzungen finden, Veränderungsprozesse sowohl in die geboten erscheinende Richtung zu lenken als auch in der notwendigen Geschwindigkeit zu implementieren.

- Keiner der im polit-ökonomischen Prozeß involvierten Gruppierungen (Bürokraten, Politiker/Regierung, Interessengruppen und Wähler) konnten begründete Motive nachgewiesen werden, durchgreifende Veränderungen im bestehenden Raumordnungs- und Raumplanungssystem zu forcieren, es sei denn die Vorteile potentieller Änderungen kämen jeweils ihnen zugute. Dadurch paralysieren sich die gesellschaftlichen Kräfte dort, wo sie sich in ihren Interessenlagen gegenüberstehen. Fast ausschließlich an den Stellen, an denen Beharrungskräfte zu einem Zementieren des institutionellen Status Quo tendieren, finden sich komplementäre Gruppeninteressen.
  So kommt es nur dann zu institutionellen Änderungen auf dem jeweils kleinsten gemeinsamen Nenner, wenn Transaktionskosten bestehender institutioneller Lösungen zunehmen und die Kosten institutioneller Neuerungen niedrig sind. Auf diese Weise erfährt der Instrumentenkasten der Raumordnungspolitik immer wieder Ergänzungen, tiefgreifende oder gar revolutionäre Änderungen sind jedoch nicht zu erwarten.

- Einzig pragmatische Gesichtspunkte geben Hinweise darauf, daß Veränderungsprozesse so dringlich werden könnten, daß polit-ökonomische Barrieren sowie institutionelle Veränderungsschwellen überwunden und diese Prozesse zügig und zielführend eingeläutet werden. Jedoch spricht auch hier vieles dafür, daß fachpolitische und somit partikulare Lösungen präferiert werden. Ein abgestimmtes, unterschiedlichen Politikbereiche und die unterschiedlichen Interessen- sowie Planträger integrierendes Vorgehen wird dann wiederum nicht gewählt.

2. Abschließende Bemerkungen

Nach der Phase des Umbruchs, in der Wachstum von Stagnation abgelöst wurde, Krisen (etwa finanzielle Engpässe) zu bewältigen waren, feste Bindungen durch wirtschaftlich definierte Funktionen und befristete Interessengemeinschaften ersetzt wurden[2], gewinnt in der Raumordnung und Raumplanung zukünftig die Animation von Entwicklungen und die Gestaltung des Wandels an Bedeutung. Paradigmenwechsel und geänderte Leitbilder weisen bereits darauf hin.
Dabei kann es aber nicht das Ziel sein, die Raumordnung maximal zu deregulieren und billigend eine Verschlechterung der räumlichen Qualitäten hinzunehmen. Dies würde mittelfristig die regionalen Potentiale schwächen und damit die regionale Konkrurrenzfähigkeit mindern. Vielmehr muß durch den Aufbau von situativ-strategischen Potentialen versucht werden, die Fähigkeit räumlicher Systeme zur Aufnahme und Verarbeitung von (unvorhersehbaren) Problemen, steigender Umweltdynamik und zunehmender Komplexität der Planungszusammenhänge, zu stärken.

Das Aufgabenspektrum der Raumordnungspolitik und der damit befaßten Institutionen wird sich dabei nicht verringern, seine Schwerpunkte allerdings hin zu systemrelevanten Dienstleistungen verschieben: Ordnungspolitische Leitideen, die marktwirtschaftliche Überlegungen berücksichtigen, werden mittel- und langfristig den raumwirksam Handelnden Orientierung geben. Politik und Verwaltung bleiben aufgefordert, im Zusammenspiel mit direkt und indirekt Betroffenen, ordnungskonforme Prozesse zu initiieren und neue Lösungen für auftretende Probleme zu finden, um dauerhaft tragfähige gesellschaftliche Ziele anzusteuern. Nur wenn der Raumordnung und Raumplanung dies gelingt, wird sie gesellschaftliche Bedürfnisse aufnehmen, einen Bedeutungsgewinn erfahren und gesellschaftlichen Nutzen stiften können. Andernfalls bliebe ihr nur der Rückzug in die Bedeutungslosigkeit und es wäre zu fragen, ob raumordnungspolitische Aktivitäten überhaupt noch zu rechtfertigen sind.

Die Planungsanstrengungen öffentlicher Stellen werden zukünftig vermehrt durch freiwillige private Planungsleistungen ergänzt. Da letztere aber nur dort ansetzen, wo dies kurzfristig spürbare wirtschaftliche Vorteile nach sich zieht, werden diese stets punktuelle planerische Eingriffe bleiben. Ein Ersatz für flächendeckende öffentliche Planungen können die privaten Planungen damit nicht bieten, jedoch trotzdem eine willkommene Ergänzung sein.

Nur wen die 'beplante' Bevölkerung - als Kunde der Raumplanung - dauerhaft den Eindruck hat, zufriedenstellende Ergebnisse effektiv und effizient geliefert zu bekommen, wird wieder eine tragfähige gesellschaftliche Basis für Raumordnung und Raumplanung zu finden sein. Und nur dann ist auch die Grundfrage von SCHNEIDER, die sich für alle Problemräume stellt, inhaltlich konkretisiert und zukunftsweisend beantwortet:

„Wie macht man, daß auch dort etwas läuft, wo eigentlich nichts mehr läuft?"[3]

---

2 vgl. ZALAD, K.: Von der Raumplanung zum Raummanagement? In: ORL (Hrsg.): Planungssysteme - Planungskonzepte, wie weiter? ORL-Bericht 101/1996, Zürich 1996, S.89

3 SCHNEIDER, Andreas: Schwierigkeiten der Raumplanung - Nur ein Versagen von Planungssystemen und -konzepten? In: ORL (Hrsg.): Planungssysteme - Planungskonzepte, wie weiter? ORL-Bericht 101/1996, Zürich 1996, S.106

Literaturverzeichnis

Ache, P; et al: Auswirkungen des europäischen Binnenmarktes auf die Raum- und Siedlungsstruktur in Westdeutschland. In: BMBau (Hrsg.): Raumordnerische Aspekte des EG-Binnenmarktes. Bonn 1992

Aguilar, F.: Scanning the Business Environment. New York 1967

Albers, G.: Über den Wandel im Planungsverständnis. In: RaumPlanung, Nr. 61, Juni 1993, S.97-103

Albrechts, L.; Moulaert, F.; et al. (Hrsg.): Regional Policy at the Crossroads - European Perspectives. London 1989

Anders, P.E.: Betriebswirtschaft non olet - Humor oeconomici mit süss-saurem haut goût. Wiesbaden 1995

ARL (Hrsg.): Zukunftsaufgabe Regionalplanung. Anforderungen - Analysen - Empfehlungen. Forschungs- und Sitzungsberichte, Bd.200, Hannover 1995

Arrow, K.J.: Social Choice and Individual Values. 2. Aufl., New Haven/London 1963

Arrow, K.J.: The Organisation of Economic Activity: Issues Pertinent to the Choice of Market Versus Nonmarket Allocation. In: Joint Economic Committee (Hrsg.): The Analysis and Evaluation of Puplic Expenditure - The PPB System, Vol.1, Washington 1969, S.47-64

Badura, S.R.: Time Lags in der Geldpolitik. In: WiSt, Bd.4, München u. Frankfurt/Main 1975, S.557-564

Bahr, G.: Die Achsenkonzeption als Leitvorstellung für die städtebauliche Ordnung in Hamburg. In: Zur Problematik von Entwicklungsachsen. Forschungs- und Sitzungsbericht der ARL, Bd.113, Hannover 1976, S.196-227

Bastian, O.; Schreiber, K.-F.: Analyse und ökologische Bewertung der Landschaft. Jena u. Stuttgart 1994

Batt, H.-L.: Regionale und lokale Entwicklungsgesellschaften als Public-Private-Partnerships - Kooperative Regime subnationaler Politiksteuerung. In: Bullmann, U.: Regionale Modernisierungspolitik - Nationale und internationale Perspektiven, Opladen 1997, S.166-192

Baumgärtler, T.: Regional-Portfolioanalyse und eine Anwendung in den Teilregionen Nordportugals. In: Schrettenbrunner, H. (Hrsg.): Tutorium Wirtschaftsgeographie/ Planung - Raumordnung, Landes- und Regionalplanung, Portfolioanalyse Nordportugal, Wirtschaftsinformationen, Graphentheoretische Simulation eines Verkehrsnetzes.

ERASMUS-Projekt: Geographie, Projekt-Nr. ICP-93-D-0185/07, Nürnberg 1994, S.29-44

Baumgart, S.: Anforderungen an die Raumplaner-Ausbildung aus der Sicht eines privaten Planungsbüros. In: BfLR (Hrsg.): RuR, H.5/95, Bonn 1995, S.397-399

Baumheier, R.: Langzeitaufgabe Kooperation. In: BfLR (Hrsg.): RuR, H.3/97, Bonn 1997, S.192-198

Baumheier, R.: Städtenetze - Raumordnungspolitische Ziele und Anforderungen an den weiteren Ausbau der städtischen und regionalen Vernetzung. In: BfLR (Hrsg.): RuR, H.6/94, Bonn 1994, S.383-387

Baumheier, R.; Krautzberger, M.; Wékel, J.: Wandel der Raumordnungspolitik in Bund und Ländern - Anforderungen an die Raumplaner-Ausbildung. In: BfLR (Hrsg.): RuR, H.5/95, Bonn 1995, S.384-387

Baumol, W.; Oates, W.: The Theory of Environmental Policy. 2. Aufl., Cambridge 1988

Bea, F.X.; et.al.: Allgemeine Betriebswirtschaftslehre. 7.Aufl., Stuttgart/Jena 1997

Becker, K.: Koordination in der Raumplanung: Schwerpunkt Regionalplanung. In: BfLR (Hrsg.): RuR, H.1+2/87, Bonn 1987, S.1

Behrendt, A.; Kleine-Limberg, W.: Evaluierung einer regionalen Kooperation. In: BfLR (Hrsg.): RuR, H.6/97, Bonn 1997, S.450-456

Beirat für Raumordnung (Hrsg.): Gesellschaftliche Indikatoren für die Raumordnung. In: Schriftenreihe des BMBau: Empfehlungen vom 16. Juni 1976, Bonn 1976

Bender, H.-U.; Kümmerle, U.; Ruhren, N.v.d.; Thierer, M.: Räume und Strukturen. 1. Aufl., Stuttgart 1985

Benz, A.; Fürst, D.: Regionalisierte Strukturpolitik in Sachsen-Anhalt - prozessuale Begleitforschung. Jahresbericht 1997/98 (Manuskript), Halle/Hannover 1998

Berg, H.; Cassel, D.: Theorie der Wirtschaftspolitik. In: Vahlen´s Kompendium der Wirtschaftstheorie und Wirtschaftspolitik, Bd.2, München 1990, S.157-232

Bernholz, P.; Breyer, F.: Grundlagen der Politischen Ökonomie. 2. Aufl., Tübingen 1984

Beyer, H.-T.: Personallexikon. München/Wien/Oldenbourg 1990

BfLR (Hrsg.): Informationen zur Raumentwicklung - Die Reformen der Kommunalfinanzen. H.8+9/95, Bonn 1995

Bievert, B.; Held, M. (Hrsg.): Das Naturverständnis der Ökonomik: Beiträge zur Ethikdebatte in den Wirtschaftswissenschaften. Frankfurt/Main 1994

Binder, K.G.: Regional differenzierte Gewässergütepolitik - Wirkungscharakteristik und regionale Ausstattungsunterschiede als Kriterien für Auswahl und Ausgestaltung ökonomischer Anreizinstrumente im Gewässerschutz. München 1990

Bischoff, A.; Selle, K.; Sinning, H.: Informieren, Beteiligen, Kooperieren - Kommunikation in Planungsprozessen. Eine Übersicht zu Formen, Verfahren, Methoden und Techniken. 2. Aufl., Dortmund 1996

Blum, U.: Growth Poles and Regional Evolution. In: Jahrbuch für Sozialwissenschaft, Bd.37, Göttingen 1986

BMBau (Hrsg.): Grundlagen einer Europäischen Raumentwicklungspolitik. Bonn 1995

BMBau (Hrsg.): Habitat II - Siedlungsentwicklung und Siedlungspolitik. Nationalbericht Deutschland. Bonn 1996

BMBau (Hrsg.): Raumordnung in Deutschland. Bonn 1996

BMBau (Hrsg.): Raumordnungspolitischer Handlungsrahmen. In: Ders.: Raumordnung in Deutschland, Bonn 1996

BMBau (Hrsg.): Raumordnungspolitischer Handlungsrahmen. Beschluß der Ministerkonferenz für Raumordnung in Düsseldorf am 8. März 1995. Bonn 1995

BMBau (Hrsg.): Raumordnungspolitischer Orientierungsrahmen - Leitbilder für die räumliche Entwicklung der Bundesrepublik Deutschland. In: Ders.: Raumordnung in Deutschland. Bonn 1996

Böventer, E.v.; Hampe, J.; Steinmüller, H.: Theoretische Ansätze zum Verständnis räumlicher Prozesse. In: ARL (Hrsg.): Grundriß der Raumordnung, Hannover 1982

Boustedt, O.: Statistische Grundlagen. In: ARL (Hrsg.): Grundriß der Raumordnung, Hannover 1982, S.96-124

Brake, K., Richter, U. (Hrsg.): Sustainable Development - Ausgangsüberlegungen zur Theorie einer nachhaltigen Stadtentwicklung. Oldenburg 1996

Bramsemann, R.: Handbuch Controlling - Methoden und Techniken. 2. Aufl., München 1990

Braudel, F.: Aufbruch zur Weltwirtschaft. München 1986

Braun, A.: Wir starten jetzt durch. In: Sonntag Aktuell, Nr.47 vom 22. November 1998, S.8

Braybrooke, D.; Lindblom, C.: A Strategy of Decision - Policy Evaluation as a Social Process. London 1963

Brockhaus - Die Enzyklopädie, 18. überarb. und aktual. Aufl., Leipzig/Mannheim 1988

Brockhaus - Die Enzyklopädie, 20. überarb. und aktual. Aufl., Leipzig/Mannheim 1996

Brodkin, E.Z.: Policy Politics: If we can't govern, can we manage? In: Political Science Quarterly, Bd. 102, 1987, S.571-587

Brösse, U.: Raumordnungspolitik. 1. Aufl., Berlin, New York 1974

Brösse, U.: Raumordnungspolitik. 2. Aufl., Berlin, New York 1982

Buchanan, J.M.: Die Grenzen der Freiheit. Tübingen 1984

Buchwald, K.: Aufgabenstellung ökologisch-gestalterischer Planungen im rahmen umfassender Umweltplanung. In: Buchwald, K.; Engelhardt, W.: Handbuch für Planung, Gestaltung und Schutz der Umwelt (Bd.3): Die Bewertung und Planung der Umwelt, München 1980, S.1-26

Buchwald, K.: Landschaftsplanung als ökologisch-gestalterische Planung - Ziele, Ablauf, Integration. In: Buchwald, K.; Engelhardt, W.: Handbuch für Planung, Gestaltung und Schutz der Umwelt (Bd.3): Die Bewertung und Planung der Umwelt, München 1980, S.26-59

Bullmann, U.: Regionale Modernisierungspolitik - Nationale und internationale Perspektiven. Opladen 1997

Bundesministerium für Umwelt, Naturschutz und Reaktorsicherheit (Hrsg.): Konferenz der Vereinten Nationen für Umwelt und Entwicklung im Juni 1992 in Rio de Janeiro - Dokumente. Agenda 21. Bonn, o.J.

Camhis, M.; Fox, S.: The European Community as Catalyst for European Urban Networks. In: Ekistics 352/353 (1992)

Cassel, D.: Wirtschaftspolitik in alternativen Wirtschaftssystemen - Begriffe, Konzepte, Methoden. In: Cassel, D.; Blaich, F.: Wirtschaftspolitik im Systemvergleich - Konzeption und Praxis der Wirtschaftspolitik in kapitalistischen und sozialistischen Wirtschaftssystemen. München 1984, S.1-19

Cezanne, W.; Mayer, A.: Neue Institutionenökonomik - Ein Überblick. In: WiSu, H11/98, Düsseldorf 1998, S.1345-1353

Christaller, W.: Das Grundgerüst der räumlichen Ordnung in Europa - Die Systeme der europäischen zentralen Orte. Frankfurt 1950

Christaller, W.: Die Zentralen Orte in Süddeutschland. Jena 1933

Coase, R.: The Nature of the Firm. Economica, N.F.; Vol.4, 1937, S.386-405

Cohon, J.L.: Multiobjective Programming and Planning. New York 1978

David, C.-H.: Ausländische Raumordnungsprobleme in rechtsvergleichender Sicht. In: Beiträge zum Siedlungs- und Wohnungswesen und zur Raumplanung, Bd.30, Münster 1975

David, C.-H.: Bundesrepublik Deutschland. In: ARL (Hrsg.): Daten zur Raumplanung. Zahlen - Richtwerte - Übersichten (Teil A), Hannover 1981, II 2 (1) - (9)

Deiters, J: Ist das Zentrale-Orte-System als Raumordnungskonzept noch zeitgemäß? In: Erdkunde, 50/95, o.O. 1996, S.26-34

Demsetz, H.: The Cost of Transacting. In: Quarterly Journal of Economics, Vol.83/68, 1968, S.33-53

Demsetz, H.: Toward a Theory of Property Rights. In: American Economic Review, Vol.57, 1967, S.347-359

Dickertmann, D.; Lehmann, M.: Ansatzpunkte einer ökonomischen Handlungstheorie - ein Beitrag zur Integration neo-institutionalistischer Analyseansätze. Arbeitspapier Nr.50, Trier 1998

Die Region Nürnberg e.V. (Hrsg.): Raum für starke Visionen - Entwicklungsleitbild. Erlangen o.J.

Dietiker, J.: Gewandeltes Rollenverständnis des Planers. In: Baudirektion des Kantons Bern (Hrsg.): Information Raumplanung, H.6/91, Bern 1991, S.4-12

Dietrichs, B.: Konzeptionen und Instrumente der Raumplanung - Eine Systematisierung. Veröffentlichungen der ARL: Abhandlungen, Bd.89, Hannover 1986

Diller, Ch.: Die Regionalplanung als Mediatorin einer nachhaltigen Entwicklung. In: BfLR (Hrsg.): RuR, H.4/96, Bonn 1996, S.228-234

Döhne, S.U.; Gruber, R.: Gebietskategorien, Zentrale Orte, Entwicklungsachsen und Entwicklungsschwerpunkte in den Bundesländern. Dortmund 1976

Domhardt, H.-J.; Jacoby, C. (Hrsg.): Raum- und Umweltplanung im Wandel. Kaiserslautern 1994

Downs, A.: Eine ökonomische Theorie des politischen Handelns in einer Demokratie. In: Recktenwald, H.C. (Hrsg.): Finanzpolitik, Köln/Berlin 1969, S.49-67

Downs, A.: Inside Bureaucracy. Boston 1968

Dürr, E.: Grundlagen der Sozialen Marktwirtschaft. In: WiSu, H.11/78, Düsseldorf 1978, S.533-538

Dunzinger, J.: Die Portfolio-Methode - ein Instrument der strategischen Regionalplanung? Unveröffentlichte Diplomarbeit der Friedrich-Alexander-Universität Erlangen-Nürnberg, Lehrstuhl für Wirtschafts- und Sozialgeographie, Nürnberg 1989

Eichenberger, K.: Gewandelte Staatlichkeit im entfalteten Leistungsstaat. In: Neue Züricher Zeitung vom 4.10.1990

Elsner, W.: Institutionen und ökonomische Institutionentheorie. In: WiSt, H.1/87, München u. Frankfurt/Main 1987, S.5

Empirica Gesellschaft für Struktur- und Stadtforschung (Hrsg): Dezentrale Konzentration - Neue Perspektiven der Stadtentwicklung in den Stadtregionen? Bonn 1996

Enquete-Kommission „Schutz des Menschen und der Umwelt“ (Hrsg.): Bewertungskriterien und Perspektiven für umweltverträgliche Stoffkreisläufe in der Industriegesellschaft. Bundestags-Drucksache 12/8260 vom 12.7.1994, Bonn 1994

Erz, W.: Bewerten und Erfassen für den Naturschutz in Deutschland - Anforderungen und Probleme aus der UVP. In: Usher, M.B.; Erz, W.: Erfassen und Bewerten im Naturschutz, Heidelberg 1994, S.131-166

Eucken, W.: Grundsätze der Wirtschaftspolitik. 5.Aufl., Tübingen 1975

Europäische Kommission, Generaldirektion XVI (Hrsg.): European Cooperation Networks. Brüssel 1992

Europäische Kommission (Hrsg.): Europa 2000+. Brüssel o.J.

Finke, L.: Landschaftsökologie. 2. Aufl., Braunschweig 1994

Fischer, K.: Fortentwicklung der Regionalplanung und Anforderungen an die räumliche Forschung. In: BfLR (Hrsg.): Informationen zur Raumentwicklung, H.2/3, Bonn 1989, S.143-149

Flood, R.L.: Complexity - A Definition by Construction of a Conceptual Framework. In: Systems Research, Vol.4, No.3, 1987, S.177-185

Folke, C.: Socio-Economic Dependence on the Life-Supporting Environment. In: Folke C.; Kaberger, T. (Hrsg.): Linking the Natural Environment and the Economy: Essays from the Eco-Eco-Group, Dordrecht 1991, S.77-94

Folke C.; Kaberger, T. (Hrsg.): Linking the Natural Environment and the Economy: Essays from the Eco-Eco-Group, Dordrecht 1991

Fränzle, O. (Hrsg.): Handbuch der Umweltwissenschaften - Grundlagen und Anwendungen der Ökosystemforschung (Band II). Landsberg/Lech 1997

Frey, B.S.: Moderne Politische Ökonomie. München 1981

Frey, B.S.: Neue Politische Ökonomie II. In: WiSu, H.2/74, Düsseldorf 1974, S.73-77

Frey, B.S.; Bohnet, I.: Der ökonomische Blickwinkel - Ein Ansatz zu einer einheitlichen Sozialwissenschaft. In: WiSt, H.2/93, München u. Frankfurt/Main 1993, S.95-97

Frey, R.L.: Umweltschutz als wirtschaftspolitische Aufgabe. In: Schweizerische Zeitschrift für Volkswirtschaft und Statistik, Jg. 108, 1972

Frieling, H.D.v.; Schamp, E.W.: Internationale Konkurrenz und Produktionsstandorte. In: Geographische Rundschau, H.12, 1985,S.616-622

Fürst, D.: Regionale Netzwerke im politischen Umfeld. In: Domhardt, H.-J.; Jacoby, C. (Hrsg.): Raum- und Umweltplanung im Wandel, Kaiserslautern 1994, S.57-62

Fürst, D.: Regionalkonferenzen zwischen offenen Netzwerken und fester Institutionalisierung. In: BfLR (Hrsg.): RuR, H.3/94, Hannover 1994, S.184-192

Fürst, D.: Stadt und Region. In: Mäding, H. (Hrsg.): Stadtperspektiven. Difu-Symposium 1993, Berlin 1994

Fürst, D.: Stadt und Region in Verdichtungsräumen. In: Blanke, B. (Hrsg.): Staat und Stadt - Systematische, vergleichende und problemorientierte Analyse „dezentraler“ Politik, PVS Sonderheft 22/91, Opladen 1991, S.93-112

Fürst, D.: Von der Regionalplanung zum Regionalmanagement. In: Die öffentliche Verwaltung, Heft 7/93, o.Ort 1993, S.147-161

Fürst, D.; Klemmer, P.; Zimmermann, K.: Regionale Wirtschaftspolitik. 1. Aufl., Tübingen 1976

Fürst, D.; Hesse, J.J.: Landesplanung. Düsseldorf 1981

Fürst, D.; Löb, S.: Sanierungs- und Entwicklungsgebiete - das Modellvorhaben Okertal/ nördliches Harzvorland. In: BfLR (Hrsg.): Informationen zur Raumentwicklung, 3/97, Bonn 1997, S.193-200

Fürst, D.; Ritter, E.-H.: Landesentwicklungsplanung und Regionalplanung - Ein verwaltungswissenschaftlicher Grundriß. 2.Aufl., Düsseldorf 1993

Fürst, D.; Ritter, E.-H.: Perspektiven der Entwicklung ländlicher Räume in Deutschland. In: ARL-Nachrichten, H.1, Hannover 1995

Fürst, D.; Scholles, F.; Sinning, H.: Planungsmethoden - Partizipative Planung. In: Institut für Landesplanung und Raumforschung (Hrsg.): Gesellschaftswissenschaftliche Grundlagen, http://www.laum.uni-hannover.de/ilr/lehre/Ptm/Ptm_Part.htm (Stand: 02.05.00), S.1-22

Furubotn, E.G.; Pejovich, S.: Property Rights and Economic Theory - A Survey of Recent Literature. In: Journal of Economic Literature, Vol.12/72, 1972, S.1137-1162

Furubotn, E.G.; Richter, R.: The New Institutional Economics: An Assessment. In: Furubotn, G.E.; Richter, R.: The New Institutional Economics - A Collection of Articles from the Journal of Institutional and Theoretical Economics, Tübingen 1991, S.1-32

Gabler (Hrsg.): Wirtschaftslexikon. 12. Aufl., Wiesbaden 1988

Gälweiler, A.: Strategische Unternehmensplanung. In: Steinmann, H.: Planung und Kontrolle, München 1979, S.84-101

Gather, M.: Die Umweltverträglichkeitsprüfung von Plänen und Programmen: Ein wirkungsvolles Instrument für die Raumplanung? In: BfLR (Hrsg.): RuR, H.4+5/97, Bonn 1997, S.260-268

Gatzweiler, H.-P.: Siedlungsentwicklung und Siedlungspolitik in Deutschland. In: BfLR (Hrsg.): RuR, H.2+3/96, Bonn 1996, S.129-136

Giersch, H.: Das ökonomische Grundproblem der Regionalpolitik. In: Jahrbuch für Sozialwissenschaften, H.3/14, 1963, S.386-400

Göb, R.: Abschied von der Stadtentwicklungsplanung. In: BfLR (Hrsg.): RuR, H.5/6, Hannover 1989, S.289-296

Goppel, K.: Vernetzung und Kooperation - das neue Leitziel der Landesplanung. In: BfLR (Hrsg.): RuR, H.2/94, Bonn 1994, S.101-104

Groeben, H.v.d.: Die Europäische Gemeinschaft und die Herasuforderungen unserer Zeit. Baden-Baden 1987

Gruber, R.: Vergleichende Analysen zur Anwendung von Entwicklungsachsen als Element landesplanerischer Konzeptionen. In: Kistenmacher, S.H.: Zur Problematik von Entwicklungsachsen. Foschungs- und Sitzungsberichte der ARL, Bd.113, Hannover 1976, S.50-91

Grüske, K.-D.: Öffentliche Ausgaben - Hauptstudium Finanzwissenschaft. Skript, Nürnberg 1995

Güßefeldt, J.: Zentrale Orte - ein Zukunftskonzept für die Raumplanung! In: BfLR (Hrsg.): RuR, H.4+5/97, Bonn 1997, S.327-336

Gust, D.: Auftrag und Anwendung der Regionalplanung. In: ARL (Hrsg.): Regional- und Landesplanung für die 90er Jahre - wissenschaftliche Plenarsitzung, Hannover 1990

Haber, W.: Nachhaltige Entwicklung aus ökologischer Sicht. In: ZAU, H.1/94, Berlin 1994, S.9-13

Haber, W.: „Sustainability“ und „Sustainable Development“ ökologisch kommentiert. In: ARL (Hrsg.): Dauerhafte, umweltgerechte Raumentwicklung. Arbeitsmaterialien Bd.212, Hannover 1994, S.156-187

Hachmann, R.: Städtekooperation MAI - Standortvorsorge durch Vernetzung. In: BfLR (Hrsg.): Informationen zur Raumentwicklung, H.7/997, Bonn 1997, S.451-452

Hamhaber, J.; Rabels, M.C.; Barker, M.L.: Grundlagen der Umweltverträglichkeitsprüfung. In: Arbeiten aus dem geographischen Institut der Universität des Saarlandes, Sonderheft Nr.6, Saarbrücken 1992

Hanusch, H.: Nutzen-Kosten-Analyse. 2. Aufl., München 1994

Hartel, H.: Offene regionalplanerische Strukturen. In: BfLR (Hrsg.): RuR, H.4+5/97, Bonn 1997, S.288-292

Hartwig, K.-H.: Bundesrepublik Deutschland: Wirtschaftspolitik in der Sozialen Marktwirtschaft. In: Cassel, D.; Blaich, F.: Wirtschaftspolitik im Systemvergleich - Konzeption und Praxis der Wirtschaftspolitik in kapitalistischen und sozialistischen Wirtschaftssystemen, München 1984, S.179-195

Hausmann, U.; Egger, U.K.: Strukturwandel und produktionsorientierte Dienstleistungen. In: DISP 122, ORL-Institut Zürich 1995

Healey, P.; Williams, R.: European Urban Planning Systems: Diversity and Convergence. In: Urban Studies, Vol.30, Nos.4/5 1993, S.701-720

Healey, P.: Development Plans - New Approaches to Making Frameworks for Land Use Regulation. In: European Planning Studies, Vol.2/No.1, 1994, S.39-57

Healey, P.: The Reorganisation of State and Market in Planning. In: Urban Studies, Vol.29, Nos.3/4 1992, S.411-434

Heine, W.: Methodologischer Individualismus - Zur geschichtsphilosophischen Begründung eines sozialwissenschaftlichen Konzepts. Würzburg 1983

Heins, B.: Nachhaltige Entwicklung aus sozialer Sicht. In: ZAU, 1/94, Berlin 1994, S.19-25

Helbrecht, I.: Das Ende der Gestaltbarkeit - Zu Funktionswandel und Zukunftsperspektiven räumlicher Planung. Oldenburg 1991

Hemmer, H.-R.: Von der traditionellen Preistheorie zur Neuen Institutionenökonomik - Eine Einführung. In: ders. (Hrsg.): Die Bedeutung der Neuen Institutionenökonomik für die Entwicklungsländer, Tagungsband zum 1. Limburg-Seminar „Wissenschaft und Praxis der Entwicklungsökonomik“, KfW Kreditanstalt für Wiederaufbau, Frankfurt 1998, S.1-10

Henderson. B.: Henderson on Corporate Strategy. Cambridge 1979

Herdzina, K.: Einführung in die Mikroökonomik. 5. Aufl., München 1997

Hesse, M.: Nachhaltige Raumentwicklung. In: BfLR (Hrsg.): RuR, H.2+3/96, Bonn 1996, S.103-117

Hoffmann-Axthelm, D.: Die dritte Stadt. Frankfurt/Main 1993

Homann, K.; Habisch, A.: Wirtschaftsethik 2000 - ein Forschungsprogramm. In: Siemens-Zeitschrift, H.1/94, Erlangen 1994, S.34-37

Hosse, O.; Schübel, S.: Neue Ansätze der Regionalplanung und -politik in Thüringen. In: BfLR (Hrsg.): RuR, H.4/96, Bonn 1996, S.235-247

Hübler, K.-H.: Raumordnungspolitik und Wertewandel - Überlegungen zur Fortentwicklung der Raumordnungspolitik. In: ARL (Hrsg.), Bd.103, Hannover 1987

Hübler, K.-H.: Regionales Entwicklungspotential - Anmerkungen zu einem Beitrag von G. Strassert. In: BfLR (Hrsg.): RuR, H.1/85, Bonn 1985, S.38-41

Hübler, K.-H.: Regionale Sektorstrukturen - Verfahren zur Schätzung und Auswertung regionaler Input-Output-Beziehungen. Berlin 1979

Huebner, M.: Moderation als Instrument der Kontextsteuerung im Prozeß einer kooperativen Regionalplanung. In: BfLR (Hrsg.): RuR, H.4+5/97, Bonn 1997, S.279-287

Irmen, E.; Blach, A.: Räumlicher Strukturwandel - Konzentration, Dekonzentration, Dispersion. In: BfLR (Hrsg.): Information zur Raumentwicklung, H.7+8/94, Hannover 1994, S.445-464

Jürgensen, H.: Raumwirtschaft II: Politik. In: HdWW, Bd.6, Stuttgart, S.429-441

Kaufmann, S.: Die globale Zivilisation. In: N.N.: Denkanstöße '98 - Ein Lesebuch aus Philosophie, Natur- und Humanwissenschaften. München 1997, S.152-158

Keller, S.; Stamm, T.: Grenzen und Perspektiven von grenzüberschreitenden Städtenetzwerken. In: BfLR (Hrsg.): RuR, H.1/97, Hannover 1997, S.14-23

Kenis, P.; Schneider, V.: Policy Networks and Policy Analysis - Scrutinizing a New Analytical Toolbox. In: Marin, B.; Mayntz, R.: Poliyc Networks, Frankfurt 1991, S.25-59

Kienle, T.; Waldmüller, B.: Strukturelle Entwicklungen im Raum Mittelfranken - Regionalökonomie zwischen Theorie und Empirie. In: Klaus, J. (Hrsg.): Beiträge zur wirtschaftswissenschaftlichen Forschung, Nr.7, Nürnberg 1996

Kirsch, G.: Föderalismus. Stuttgart/New York 1977

Kistenmacher, S.H.: Achsen. In: ARL (Hrsg.): Daten zur Raumplanung. Zahlen - Richtwerte - Übersichten (Teil A), Hannover 1981, AV.1.4(1)

Kistenmacher, S.H.: Elemente und Konzeptionen für großräumige Siedlungsstrukturen. In: ARL (Hrsg.): Grundriß der Raumordnung, Hannover 1982, S.247-333

Kistenmacher, S.H.: Raumordnung und raumbezogene Politik in Frankreich und Deutschland. In: ARL (Hrsg.): Beiträge, Bd.129, Hannover 1994

Kistenmacher, S.H.: Zur Problematik von Entwicklungsachsen. Foschungs- und Sitzungsberichte der ARL, Bd.113, Hannover 1976

Klaus, J.: Analyse eines wasserwirtschaftlichen Jahrhundertprojekts - Bayerisches Überleitungssystem und Fränkisches Seenland. In: Universität Erlangen-Nürnberg (Hrsg.): Erlanger Universitätsreden, Erlangen 1998

Klaus, J.: Grundlegende Aspekte der Planungsrationalität und Planungsmethodik. In: Klaus, J.: Entscheidungshilfen für die Infrastrukturplanung - Neuere Entwicklungen auf dem Gebiet der Analyse und Bewertung öffentlicher Projekte. Sonderdruck, Baden-Baden, o.J., S.15-32

Klaus, J.: Institutionelle Veränderungen als Folge von Beschäftigungskrisen. In: Schriften des Vereins für Socialpolitik, Neue Folge Band 178, Beschäftigungsprobleme hochentwickelter Volkswirtschaften, Berlin 1989, S.197-216

Klaus, J.: Modelle der optimalen Umweltnutzung. In: WISU, H.5/87, Düsseldorf 1987, S.263-269

Klaus; J.: Raumwirtschaft III: Ordnung. In: HdWW, Bd.6, Stuttgart 1981, S.442-456

Klaus, J.: Stadtentwicklungspolitik. Bern 1977

Klaus, J.; Blankenburg, W.; Lerch, B.: Der wirtschaftsfördernde Wert der Überleitung von Altmühl- und Donauwasser in das Regnitz-Maingebiet, München 1971

Klaus, J.; Horbach, J.: Umweltpolitik aus der Sicht der Neuen Politischen Ökonomie. In: WiSt, H.8/91, München u. Frankfurt/Main 1991, S.400-407

Klaus, J.; Schleicher, H.: Kritik und Reformkonzepte zur Regional- und Raumordnungspolitik in der Bundesrepublik Deutschland. In: WISU, H.12/80, Düsseldorf 1980, S.151-156

Klaus, J.; Schleicher, H.: Räumliche Wirtschaftspolitik - Grundlagen und strukturpolitische Konzepte. München 1983

Klemmer, P.: Nachhaltige Entwicklung aus ökonomischer Sicht. In: ZAU, H.1/94, Berlin 1994, S.14-18

Klemmer, P.; Kraemer, D.: Regionale Arbeitsmärkte: Ein Abgrenzungsvorschlag für die Bundesrepublik Deutschland. Bochum 1975

Klump, R.: Wirtschaftswachstum und institutionelle Entwicklung. In: Hemmer, H.-R. (Hrsg.): Die Bedeutung der Neuen Institutionenökonomik für die Entwicklungsländer, Tagungsband zum 1. Limburg-Seminar „Wissenschaft und Praxis der Entwicklungsökonomik, KfW Kreditanstalt für Wiederaufbau, Frankfurt 1998, S.107-124

Knieling, J.: Intermediäre Organisationen und kooperative Regionalentwicklung. In: BfLR (Hrsg.): RuR, H.2/94, Bonn 1994, S.116-126

Kohsaka, H.: A Central Place Model as a Two-Level Location-Allocation System. In: Environment & Planning, Bd.15, London 1983, S.5-14

Kolb, G.: Grundwissen Wirtschaft - Ordnungstheoretische Grundlagen des Wirtschaftssystems. In: Institut für wirtschafts- und sozialwissenschaftliche Bildung e.V. (Hrsg.): Wirtschaftliche Grundbildung, H.1/92, Münster 1992, S.17-25

Krautzberger, M.: Städtenetze: Ein Leitbild des raumordnungspolitischen Orientierungsrahmens als ExWoSt-Forschungsfeld. In: Institut & Energie (Hrsg.): Dokumentation der Vorbereitung und Durchführung des Auftaktseminars zum Forschungsfeld „Städtenetze", Hamburg 1994

Kreikebaum, H.: Strategische Unternehmensplanung. 2. Aufl., Stuttgart 1987

Kreikebaum, H.: Strategische Unternehmensplanung. 4. Aufl., Stuttgart 1991

Krieger-Boden, Ch.: Die räumliche Dimension in der Wirtschaftstheorie - Ältere und neuere Erklärungsansätze. Kiel 1995

Kruse, H.: Reform durch Regionalisierung - Eine politische Antwort auf die Umstrukturierung der Wirtschaft. Frankfurt/Main 1990

Kunzmann, K.R.: Deutschland ist keine Insel: Das Studium der Raumplanung in Europa. In: BfLR (Hrsg.): RuR, H.5/95, Bonn 1995, S.375-380

Kunzmann, K.R.: Europäische Städtenetze und die Hauptstadt Berlin. In: BfLR (Hrsg.): Informationen zur Raumentwicklung, H.2/3 1995, Hannover 1995

Kunzmann, K.R.: Strategische Städtenetze in Europa: Mode oder Chance? Überarbeiteter Beitrag zum Symposium des Instituts für Europäische Integrationsforschung e.V. zum Thema: Regionalentwicklung im Prozeß der Europäischen Integration. Bonn 19.10.1994

Länderdienstverlag (Hrsg.): Heute für morgen - Landesentwicklung und Umweltfragen in Bayern. München 1986

Lampert, H.: Die Wirtschaftsordnung - Begriff, Funktionen und typologische Merkmale. In: WiSt, H.8+9/73, München u. Frankfurt/Main 1973, S.393-399

Leineweber, N.: Das säkulare Wachstum der Staatsausgaben - Eine kritische Analyse. Göttingen 1988

Lendi, M.: Ethik der Raumplanung. In: BfLR (Hrsg.): RuR, H.5/91, Bonn 1991, S.292-295

Lendi, M.: Grundriß einer Theorie der Raumplanung - Einleitung in die raumplanerische Problematik. 2. Aufl., Zürich 1995

Lenk, H.; Maring, M. (Hrsg.): Wirtschaft und Ethik. Stuttgart 1992

Lepsius, M.R.: Institutionenanalyse und Institutionenpolitik. In: Nedelmann, B. (Hrsg.): Politische Institutionen im Wandel, Kölner Zeitschrift für Soziologie und Sozialpsychologie, Sonderheft 35/95, Opladen 1996, S.392-403

Lichtblau, K.: Von der Transfer- in die Marktwirtschaft - Strukturpolitische Leitlinien für die neuen Länder. Köln 1995

Löffler, H.: Infrastrukturplanung. In: Europäische Hochschulschriften, Reihe V, Bd.81, Bern 1974

Lösch, A.: Die räumliche Ordnung der Wirtschaft. 3. Aufl., Stuttgart 1962

Lorange, P.: Strategic Control: Some Issues in Making it Operationally More Useful. In: Lamb, R.: Competitive Strategic Management, Englewood Cliffs (N.Y.) 1984

Lorenzen, P.: Philosophische Fundierungsprobleme einer Wirtschafts- und Unternehmensethik. In: Steinmann, H.; Löhr, A.: Unternehmensethik, Stuttgart 1989, S.25-57

Luhmann, N.: Zweckbegriff und Systemrationalität. Frankfurt/Main 1973

Maier, G.; Tödtling, F.: Regional- und Stadtökonomik - Standorttheorie und Raumstruktur. 2. Aufl., Wien 1995

Mainzer, K.: Handlungstheorie. In: Mittelstraß, J. (Hrsg.): Enzyklopädie Philosophie und Wissenschaftstheorie, Bd.2, Mannheim 1980, S.35ff.

Malchus, V. Frhr. v.: Anforderungen an die Ausbildung von Raumplanern. In: BfLR (Hrsg.): RuR, H.5/95, Bonn 1995, S.337-338

Marx, D.: Überlegungen zur Frage nach den Umsetzungsmöglichkeiten des allgemeinen umweltpolitischen Ziels „dauerhafte und umweltgerechte Entwicklung" in Raumforschung und Landesplanung. In: ARL (Hrsg.): Dauerhafte, umweltgerechte Raumentwicklung, Hannover 1994, S.1-23

Masser, I.: Some dilemmas of Urban Planning. In: Nijkamp, P.; Rietveld, P. (Ed.): Cities in Transition: Problems and Policies, Alphen aan de Rjin, NL, 1981, S.391-406

Masser, I.: The Analysis of Planning Processes: Some Methodological Considerations. In: Environment & Planning, Vol.9, London 1982, S.5-14

Mayntz, R.: Policy-Netzwerke und die Logik von Verhandlungssystemen. In: Héritier, A. (Hrsg.): Policy-Analyse - Kritik und Neuorientierung, Opladen 1993

Mayntz, R.; Scharpf, F.W.: Der Ansatz des akteurzentrierten Institutionalismus. In: Mayntz, R.; Scharpf, F.W. (Hrsg.): Gesellschaftliche Selbstregulierung und politische Steuerung. Frankfurt a.M. 1995

Mayntz, R.; Scharpf, F.W.: Steuerung und Selbstorganisation in staatsnahen Sektoren. In Mayntz, R.; Scharpf, F.W. (Hrsg.): Gesellschaftliche Selbstregulierung und politische Steuerung, Frankfurt a.M. 1995

Meyer, M.: Operations Research - Systemforschung: eine Einführung in die praktische Bedeutung. 2. Aufl., Stuttgart 1986

Messner, D.: Die Netzwerkgesellschaft - Wirtschaftliche Entwicklung und internationale Wettbewerbsfähigkeit als Probleme gesellschaftlicher Steuerung. In: Schriftenreihe des Deutschen Instituts für Entwicklungspolitik, Bd.108, Köln 1995

Migué, J.L.; Bélanger, G.: Toward a General Theory of Managerial Discretion. In: Center for Studies of Public Choice (Hrsg.): Public Choice, Bd.17, Blacksburg/Virginia 1974, S.27-43

Mudrich, G.: Internationale Organisationen. In: ARL (Hrsg.): Daten zur Raumplanung. Zahlen - Richtwerte - Übersichten (Teil A), Hannover 1981, 1.1 (1) - (18)

Mudrich, G.: Internationale Organisationen und Raumordnung. Hannover 1978

Musgrave, R.A.: Excess Bias and the Nature of Budget Growth. In: Journal of Public Economics, Bd.28, 1985

Naschold, F.: Alternative Raumpolitik - Ein Beitrag zur Verbesserung der Arbeits- und Lebensverhältnisse. 1. Aufl., Berlin 1978

Neumann, M.: Theoretische Volkswirtschaftslehre III - Wachstum, Wettbewerb und Verteilung. München 1982

Neumann, M.: Zukunftsperspektiven im Wandel - lange Wellen in Wirtschaft und Politik. Tübingen 1990

Netzband, A.; Brake, K.: Zu Zielen und Leitbildern „nachhaltiger Entwicklung“ im Hinblick auf die Siedlungsstruktur in Großstädten. In: Brake, K., Richter, U. (Hrsg.): Sustainable Development - Ausgangsüberlegungen zur Theorie einer nachhaltigen Stadtentwicklung. Oldenburg 1996

Nijkamp, P.; Mills, E.S.: Advances in Regional Economics. Amsterdam 1986

Niskanen, W.A.: Bureaucracy and Representative Government. Chicago 1971

N.N.: Wirtschaftsregion Nürnberg hat sich ein Programm für den Aufschwung gegeben - Ein 'Leitbild' weist in die Zukunft. In: Nürnberger Nachrichten vom 19.03.1998, S.22

Nordhaus, W.D.: The Political Business Cycle. In: Review of Economics Studies, Vol.42, 1975, S.169-190

North, D.: Institutions, Institutional Change and Economic Performance. Cambridge 1990

North, D.: Transaction Costs, Institutions, and Economic History. In: Zeitschrift für die gesamte Staatswissenschaft, Bd.140, Tübingen 1984, S.7-17

Olson, M.: Das Prinzip „fiskalischer Gleichheit": Die Aufteilung der Verantwortung zwischen verschiedenen Regierungsebenen. In Kirsch, G.: Föderalismus, Stuttgart/New York 1977, S.66ff.

Olson, M.: Die Logik des kollektiven Handelns. 2. Aufl., Tübingen 1985

Otremba, E.: Der Raum und sein Wirkungsgefüge. In: ARL (Hrsg.): Grundriß der Raumordnung. Hannover 1982

Papp, A.v.: Achsen in der Raumordnungspolitik des Bundes - Überlegungen zur Präzisierung der Achsenkonzepte. In: ARL (Hrsg.): Zur Problematik von Entwicklungsachsen, Forschungs- und Sitzungsbericht der ARL, Bd.113, Hannover 1976, S.92-101

Parr, J.B.: Temporal Change in a Central-Place-System. In: Environment & Planning, Bd.13, London 1981, S.97-118

Peemöller, V.: Controlling - Grundlagen und Einsatzgebiete. 2. Aufl., Berlin 1992

Pehle, H.: Weg zur integrierten Umweltpolitik? In: Friedrich-Alexander-Universität Erlangen-Nürnberg (Hrsg.): uni-kurier, Nr.98, 5/98, Erlangen 1998, S.80

Peters, H.R.: Wirtschaftspolitik. München 1992

Pfisterer, T.: Der Föderalismus von morgen: Die Kantone zwischen Kooperation und Konkurrenz. Zürich 1995

Pfohl, H.-Ch.: Planung und Kontrolle. Stuttgart 1981

Pinzler, P.: Alle Politik ist lokal. In: Die Zeit, Nr. 45, 29. November 1998

Plank, U.: Wertewandel und demographische Veränderungen. ARL (Hrsg.): Beiträge, Bd.91, Hannover 1986, S.27-48

Prahalad, C.K.; Hamel, G.: Nur Kernkompetenzen sichern das Überleben. In: HARVARDmanager, H.2/91, Harvard 1991, S.66-78

Preble, J.F.: Towards a Comprehensive System of Strategic Control. In: Journal of Management Studies, No.29, Oxford und Cambridge 1992

Pyrgiotis, Y.N.: Urban Networking in Europe. In: Ekstcis 350/351 (1991)

Recktenwald, H.C.: Lexikon der Staats- und Geldwirtschaft. München 1983

Recktenwald, H.C.: Umfang und Struktur der öffentlichen Ausgaben. In: Handbuch der Finanzwissenschaft, 3. Aufl., Tübingen 1981, S.715-752

Reuter, E.: Verantwortung im Dialog. In: Stuttgarter Nachrichten, 21. Februar 1989

Richter, R.: Geldtheorie - Vorlesung auf der Grundlage der Allgemeinen Gleichgewichtstheorie und der Institutionenökonomik. 2.Aufl., Berlin 1990

Richter, R.: Institutionen ökonomisch analysiert. Tübingen 1994

Richter, R.: Sichtweise und Fragestellung der Neuen Institutionenökonomik. In: ZWS, 110. Jg., 1990, S.571-591

Richter, R.; Bindseil, U.: Neue Institutionenökonomik. In: WiSt, H.3/95, München u. Frankfurt/Main 1995, S.132-140

Rinza, P.: Nutzwert-Kosten-Analyse - eine Entscheidungshilfe. Düsseldorf 1992

Ritter, H.: Raumpolitik mit `Städtenetzen´ oder: Regionale Politik der verschiedenen Ebenen. DÖV, Bd.10, 1995, S.393-403

Ritter, W.: Allgemeine Wirtschaftsgeographie - Eine systemtheoretisch orientierte Einführung. 2. Aufl., München 1993

Rothgang, M.: Ökonomische Perspektiven des Naturschutzes - Analyse naturschutzpolitischer Ansätze im Hinblick auf das Zusammenwirken von ökologischen Begrenzungen, institutionellen Strukturen und ökonomischen Erfordernissen. Berlin 1997

Runkel, P.: Städtenetze als neues Instrument der Raumordnung. In: Informationsdienst und Mitteilungsblatt des VHW, Heft 15/16 1994, S.159-165

Sauerborn, K.: Die Regionalisierung der Wirtschaft als Beitrag zu einer nachhaltigen Entwicklung. In: BfLR (Hrsg.): RuR, H.2+3/96, Bonn 1996, S.148-153

Sauerborn, K.; Peters, U.: Potentiale und Ansatzpunkte für eine nachhaltige Regionalentwicklung - Vom Leitbild der Nachhaltigkeit zur Operationalisierung und empirischen Anwendung in Regionen. NARET-Arbeitspapiere Nr.5, Trier 1995

Schaffer, F.: Die Sozialgeographie im Dienste der Öffentlichkeit - Karl Ruppert zum 65. Geburtstag. In: Goppel, K.; Lendi, M.; Schaffer, F. (Hrsg.): Raumplanung in den 90er

Jahren. Grundlagen, Konzepte, politische Herausforderungen in Deutschland und Europa - Bayern im Blickpunkt. Festkolloquium für Karl Ruppert, Augsburg 1991

Scharrf, R.: Regionalpolitik und regionale Entwicklungspotentiale. Hohenheimer Volkswirtschaftliche Schriften, Bd.18, Frankfurt 1993

Schimank, U.: Theorien gesellschaftlicher Differenzierung. Opladen, 1996

Schmerbach, T.: Entwicklung und Perspektiven der deutschen und schweizerischen Regionalpolitik: ein Vergleich. In: BfLR (Hrsg.): RuR, H.2+3/96, Bonn 1996, S.184-192

Schmidt, U.: Vom Umgang mit Planungssystemen und Planungskonzepten. In: ORL (Hrsg.): Planungssysteme - Planungskonzepte, wie weiter?, ORL-Bericht 101/1996, Zürich 1996, S.110-114

Schmidtke, R.F.: Das neue Konzept der USA zur Planung wasserwirtschaftlicher Infrastrukturen - Ergebnis eines langjährigen Lernprozesses. In: wasser und abwasser bauintern, Heft 5, 1979

Schneider, A.: Schwierigkeiten der Raumplanung - Nur ein Versagen von Planungssystemen und -konzepten? In: ORL (Hrsg.): Planungssysteme - Planungskonzepte, wie weiter?, ORL-Bericht 101/1996, Zürich 1996, S.101-109

Schneider, H.K.: Planung und Modell. In: Zur Theorie der allgemeinen und der regionalen Planung, Bielefeld 1969

Schön, K.-P.: Struktur und Entwicklung des Städtesystems in Europa. In: BfLR (Hrsg.): Informationen zur Raumentwicklung, H.9+10/93, Bonn 1993, S.639-654

Schönhofer, J.: Begriffe der Raumplanung. In: ARL (Hrsg.): Daten zur Raumplanung. Zahlen - Richtwerte - Übersichten (Teil A), Hannover 1981, I.

Schotter, A.: The Economic Theory of Social Institutions. Cambridge 1981,

Schrettenbrunner, H. (Hrsg.): Tutorium Wirtschaftsgeographie/Planung - Raumordnung, Landes- und Regionalplanung, Portfolioanalyse Nordportugal, Wirtschaftsinformationen, Graphentheoretische Simulation eines Verkehrsnetzes. ERASMUS-Projekt: Geographie, Projekt-Nr. ICP-93-D-0185/07, Nürnberg 1994

Schretzenmayr, M.: Was führt zum Scheitern raumplanerischer Konzepte? In: BfLR (Hrsg.): RuR, H.6/96, Bonn 1996, S.397-410

Selle, K.: Kooperative Problemlösungen. In: Bochning, S.; Selle, K. (Hrsg.): Freiräume für die Stadt - Sozial und ökologisch orientierter Umbau für Stadt und Region, Bd.2, Wiesbaden 1994, S.282-297

Selle, K.: Was ist bloß mit der Planung los? Dortmund 1994

Sieverts, R.; Ganser, K.: Vom Aufbaustab Speer bis zur Internationalen Bauausstellung Emscher Park und darüber hinaus - Planungskulturen in der Bundesrepublik Deutschland. In: DISP (Hrsg.): Dokumente und Informationen zur Schweizerischen Orts-, Regional- und Landesplanung, H.29/93, Zürich 1993, S.31-37

Soja, E.W.: Postmodern Geographies. London 1989

Spangenberg, V.: Städtenetze - der neue interkommunale und raumordnerische Ansatz. In: BfLR (Hrsg.): RuR, H.5/96, Bonn 1996, S.313-320

Spehl, H.: Nachhaltige Regionalentwicklung - Ansätze und Perspektiven. NARET-Arbeitspapiere Nr.3, Trier 1994

Staehle, W.H.: Management: eine verhaltenswissenschaftliche Perspektive. 8. Aufl., München 1999

Stein, U.: Raumplanung zwischen Staat, Markt und Gesellschaft. In: BfLR (Hrsg.): RuR, Heft 5/95, S.393-396

Steinle, C.; et al. (1946) In: Görres Gesellschaft (Hrsg.): Staatslexikon - Recht, Wirtschaft, Gesellschaft (Band 4), 6. Aufl., Freiburg 1988

Steinmann, H.; Löhr, A.: Die Diskussion um eine Unternehmensethik in der Bundesrepublik Deutschland. In: Lenk, H.; Maring, M. (Hrsg.): Wirtschaft und Ethik, Stuttgart 1992, S.235-252

Steinmann, H.; Löhr, A.: Grundlagen der Unternehmensethik. Stuttgart 1991

Steinmann, H.; Schreyögg, G.: Management: Grundlagen der Unternehmensführung: Konzepte - Funktionen - Fallstudien. 3. Aufl.; Wiesbaden 1993

Stiens, G.: Rezension zu Wolf, J.: Nachhaltige Raumentwicklung. Ein Beitrag zu einem Leitbild der Raumordnung, Berlin 1996. In: BfLR (Hrsg.): RuR, H.4+5/97, Bonn 1997, S.369f.

StMLU (Hrsg.): Landesentwicklungsprogramm Bayern - Fortschreibung 1984. München 1984

Stöhr, W.B.: Ansätze zu einer neuen Fundierung der Regionalpolitik. In: Jahrbuch für Regionalwissenschaft, 5.Jg., 1984, S.7-28

Stöhr, W.B.: Regional Policy at the Crossroads - An Overview. In: Albrechts, L; Moulaert, F.; u.a. (Hrsg.): Regional Policy at the Crossroads - European Perspectives, London 1989, S.191-197

Stohler, J.: Zur rationalen Planung der Infrastruktur. In: Konjunkturpolitik, 11. Jg., 1965

Storbeck, D.: Gesellschaft und Raum. In: ARL (Hrsg.): Grundriß der Raumordnung, Hannover 1982, S. 202-231

Strauss, K.: Zum Stand des Raumordnungskatasters auf Bundes- und Landesebene. In: BfLR (Hrsg.): RuR, H.3/95, Bonn 1995, S.198-206

Streit, M.E.: Theorie der Wirtschaftspolitik. 4.Aufl., Düsseldorf 1991

Sturm, R.: Erfahrungen mit Modellen regionaler Wirtschaftsentwicklung und -förderung. In: Friedrich-Alexander-Universität Erlangen-Nürnberg (Hrsg.): Uni-Kurier, Erlangen 1996, S.27-31

Suchanek, A.: Institutionenökonomik und ökologische Herausforderung. In: Bievert, B.; Held, M. (Hrsg.): Das Naturverständnis der Ökonomik: Beiträge zur Ethikdebatte in den Wirtschaftswissenschaften, Frankfurt/Main 1994, S.88-105

Szyperski, N.; Winand, U.: Grundbegriffe der Unternehmensplanung. Stuttgart 1980

Teichmann, U.: Wirtschaftspolitik: Einführung in die demokratische und instrumentelle Wirtschaftspolitik. 3. Aufl., München 1989

Teubner, G.; Willke, H.: Kontext und Autonomie: Gesellschaftliche Selbststeuerung durch reflexives Recht. In: Zeitschrift für Rechtssoziologie, H.1/84, Wiesbaden 1984

Thiele, M.: Neue Institutionenökonomik. In: WiSu, H.12/94, Düsseldorf 1994, S.993-997

Thieme, J.; Steinbring, R.: Wirtschaftspolitische Konzeptionen kapitalistischer Marktwirtschaften. In: Cassel, D.; Blaich, F.: Wirtschaftspolitik im Systemvergleich - Konzeption und Praxis der Wirtschaftspolitik in kapitalistischen und sozialistischen Wirtschaftssystemen, München 1984, S.45-67

Thoss, R.: Potentialfaktoren als Chance selbstverantworteter Entwicklung der Regionen. In: BfLR (Hrsg.): Informationen zur Raumentwicklung, H.1+2/84, Bonn 1984, S.21-27

Tietzel, M.: Die Theorie der Property Rights: Ein Überblick. In: Zeitschrift für Wirtschaftspolitik, 30. Jg., Stuttgart 1981, S.207-213

Tomys, N.: Städtenetz ANKE - Arhem-Nijmegen-Kleve-Emmerich. In: BfLR (Hrsg.): Informationen zur Raumentwicklung, H.7/97, Bonn 1997, S.464-466

Tuchtfeld, E.: Wirtschaftspolitik. In: HDWW, Bd. 9, Stuttgart 1983, S.178-206

Turner, K.; Pearce, D.; Bateman, I.: Environmental Economics. Hempstead 1994

Turowski, G.: Raumplaner-Ausbildung im System der deutschen Raumplanung. In: BfLR (Hrsg.): RuR, H.5/95, Bonn 1995, S.382-384

Vahlen´s Kompendium der Wirtschaftstheorie und Wirtschaftspolitik, Bd.2, München 1990

Vanberg, V.: Markt und Organisation - Individualistische Sozialtheorie und das Problem korporativen Handeln. Tübingen 1982

Voelzkow, U.: Organisatorisch-institutionelle Aspekte einer regionalen Industriepolitik - illustriert am Beispiel Nordrhein-Westfalen. In: Jürgens, U. (Hrsg.): Industriepolitische Strategien - Bundesländer im Vergleich, Berlin 1991, S.137-154

Waarden, F.v.: Dimensions and Types of Policy Networks. In: European Journal of Political Research, Nr.21/92, 1992, S.29-52

Wahl, S.R.: Rechtsfragen der Landesplanung und Landesentwicklung. 2. Band: Die Konzepte zur Siedlungsstruktur in den Planungssystemen der Länder. Berlin 1978

Waldmüller, B.: Sozio-ökonomische Entwicklung und Ökologie - Planungs- und Bewertungsprobleme bei Infrastrukturprojekten. Frankfurt a.M. 2000

WCED (Hrsg.): Our Common Future. Oxford 1987

Weber, M.: Parlament und Regierung im neugeordneten Deutschland (1918). In: Winkelmann, J. (Hrsg.): Max Weber - Gesammelte Politische Schriften, 3. Aufl. Tübingen 1971

Weber, M.: Politik als Beruf. Stuttgart 1992

Weber, M.: Vom inneren Beruf zur Wissenschaft. In: ders.: Soziologie, Universalgeschichtliche Analysen, Politik, 5. Aufl., Stuttgart 1973, S.311-339

Wegener, T.: Institutionelle Aspekte der Regionalisierung von Wirtschafts- und Strukturpolitik - Das Beispiel Sachsen-Anhalt. In: ifo Institut für Wirtschaftsforschung (Hrsg.): ifo Dresden-Studien, Bd.24, München 2000

Wicke, L.: Umweltökonomie: Eine praxisorientierte Einführung. 4. Aufl., München 1993

Wild, J.: Grundlagen der Unternehmensplanung. 4. Aufl., Reinbek 1982

Williamson, O.E.: Die ökonomischen Institutionen des Kapitalismus. Tübingen 1990

Winkelmann, J. (Hrsg.): Max Weber - Gesammelte Politische Schriften, 3. Aufl. Tübingen 1971

Wolf, J.: Nachhaltige Raumentwicklung - Ein Beitrag zu einem Leitbild der Raumordnung. Berlin 1996

Würgler, H.: Die obersten Zielsetzungen der Wirtschaftspolitik. In: Schweizerische Zeitschrift für Volkswirtschaft, Bern 1960, Bd.96, S.195-227

Zalad, K.: Von der Raumplanung zum Raummanagement? In: ORL (Hrsg.): Planungssysteme - Planungskonzepte, wie weiter?, ORL-Bericht 101/1996, Zürich 1996, S.81-100

Zeck, H.: Fallbeispiel „Städtenetze“ - Kooperationskonzept in der Planung. In: ORL (Hrsg.): Planungssysteme - Planungskonzepte, wie weiter?, ORL-Bericht 101/1996, Zürich 1996, S.41-53

Zilleßen, H.; Barbian, T.: Ökologie und Politik - Möglichkeiten der Berücksichtigung ökologischer Erfordernisse in umweltpolitischen Entscheidungsverfahren. In: Fränzle, O. (Hrsg.): Handbuch der Umweltwissenschaften (II-3.8), Landsberg/Lech 1997, S.3-11

Zimmermann, H.; Henke, K.-D.: Einführung in die Finanzwissenschaft. 6. überarb. u. erg. Aufl., München 1990

Kolibri 360 GmbH
Ferdinand-Jühlke-Straße 7
99095 Erfurt, Deutschland
produktsicherheit@kolibri360.de

Druck:
CPI Druckdienstleistungen GmbH
im Auftrag der
Kolibri 360 GmbH
Ferdinand-Jühlke-Str. 7
99095 Erfurt